**浙江省重点研发项目：**
茶树花果的功能因子和相关产品研发及产业化示范（2017C02G2010946）

# 羡树花

屠幼英 杨子银 夏 琛 主编

浙江大学出版社
ZHEJIANG UNIVERSITY PRESS

图书在版编目（CIP）数据

茶树花 / 屠幼英，杨子银，夏琛主编. — 杭州：浙江
大学出版社，2020.1（2020.12重印）
ISBN 978-7-308-19675-8

Ⅰ. ①茶… Ⅱ. ①屠… ②杨… ③夏… Ⅲ. ①茶树
Ⅳ. ①S571.1

中国版本图书馆CIP数据核字（2019）第249335号

**茶树花**

屠幼英　杨子银　夏　琛　主编

| | | |
|---|---|---|
| **策划编辑** | 金　蕾（jinlei1215@zju.edu.cn） | |
| **责任编辑** | 金　蕾（jinlei1215@zju.edu.cn） | |
| **责任校对** | 王安安 | |
| **封面设计** | 海　海 | |
| **出版发行** | 浙江大学出版社 | |
| | （杭州市天目山路148号　邮政编码310007） | |
| | （网址：http://www.zjupress.com） | |
| **排　　版** | 杭州兴邦电子印务有限公司 | |
| **印　　刷** | 浙江省邮电印刷股份有限公司 | |
| **开　　本** | 787mm×1092mm　1/16 | |
| **印　　张** | 22.75 | |
| **字　　数** | 394千 | |
| **版 印 次** | 2020年1月第1版　2020年12月第2次印刷 | |
| **书　　号** | ISBN 978-7-308-19675-8 | |
| **定　　价** | 76.00元 | |

# 编委会

# 序 一

茶树花的开发价值、工艺优化、应用推广的研究尚处于起步阶段，茶产业面临的最大问题是产业的产销不平衡，造成部分地区产能过剩，而且茶农对于茶叶的关注程度远远大于对其副产品的关注，这导致了茶树花和茶籽这些具有开发利用价值的资源的严重浪费。茶叶的全方位利用是我国茶产业转型升级的核心内容。研究茶树花的开发价值、工艺优化、应用推广，是揭示茶产业升级的关键科学问题。

由屠幼英与她的研究团队撰写的这本专著《茶树花》，正是一份对这一关键科学问题的翔实答卷。国内外针对茶树花开展的相关研究较少，相关专著更为稀少。本专著从4个方面展开，即基础篇、工艺篇、功效篇、应用篇，层层递进，深入剖析茶树花果综合利用及产业示范的影响力，填补此类研究在茶产业领域的空白，对拉长茶产业链、调整农业产业结构具有重要的示范作用，同时为国家的未病工程提供优质高活的有机食品和日化用品，在减少环境二次污染和提高生活质量方面具有巨大的消费市场，对于改善我国茶制品的质量、提高我国茶制品的国际竞争力起到推波助澜的作用。

屠幼英教授是第七届全国优秀科技工作者，第三届全国优秀茶叶科技工作者，中国国际茶树花研发中心主任，中国国际茶文化研究会学校联盟副主席兼秘书长，获得浙江省科技进步奖一等奖、二等奖和三等奖多次，还获得第40届日内瓦国际发明银奖。农业部、科技部、教育部项目和成果评委。主编"十二五"和"十三五"全国高等院校统编教材数部。获得了多项国家发明专利。本书是屠幼英教授和她的研究团队近20年学术精华的结晶，是浙江省科技厅重点研发计划"茶树废弃物质资源化利用—茶树花果的功能因子和相关产品研发及产业化示范"（2017C02G2010946）、重点研发计划"茶树花新资源综合利用与生产示范"（2013C02024—4）等项目成果的总结，在写作上注重机理方面的深入研究与进展，可以作为茶产业领域的科研人员以及高校师生的重要参考书。

刘仲华

国家重点植物资源工程中心主任

2019年9月10日于湖南

# 序　二

　　茶树花一直以来困扰着茶农，开花是茶树生殖生长以及形成茶果的必要阶段，但是茶树的开花、结果，会消耗来年新茶生长所需要的营养物质，导致茶叶产量和品质的下降，所以茶树花一度被认为是茶叶生产中的"废物"，茶农只是采摘茶树的鲜嫩芽叶，而对于茶树花则任其自生自灭，有的茶农通过在花芽生理分化期喷施赤霉素抑制花芽分化或在盛花期喷施乙烯利等植物生长调节剂来除去茶树花，从而增加茶叶产量。茶花与茶鲜叶同为茶树的生物产出，纯粹的采摘茶鲜叶，而丢弃茶树花，对茶资源是一种极大的浪费。卫生部根据《中华人民共和国食品安全法》和《新资源食品管理办法》，在2013年1月4日批准茶树花为新资源食品，使得茶树花具有了广阔的市场应用前景和学术研究价值。

　　《茶树花》专著收集整理了我们学术团队从2000年至今近20年的科研成果，其中不少的本科生、硕士生和博士生作为毕业论文进行了认真的研究；不少企业也和我们课题组合作，为茶树花的研究不仅提供经费而且积极配合生产和取样，付出了许多的心血。其间，团队发表了SCI论文30余篇，国内期刊和网络论文20余篇，所以，本书是集体智慧的结晶，是大家共同成果的呈现，为国内外茶树花的研究者提供原始的参考资料。

　　《茶树花》专著分为四篇。第一篇为不同品种茶树花的花型和特征、茶树花的采摘与加工、茶花皂素、茶花多糖、茶花蛋白质、香气和茶花黄酮理化成分结果，以及部分单体和复合物提取和分离，为金玉霞、夏会龙、余华军、翁蔚、吴媛媛、贾玲燕等作者的研究结果。第二、第三篇介绍茶树花的工艺、生物活性和功能，主要包括茶花皂素、茶花多糖、茶花蛋白质和茶花黄酮的抗氧化、抗癌、降脂减肥、抑菌和美容护肤的体内外研究结果，为杨子银、凌泽杰、金锋、何普明、熊昌云、李博、韩铨、高颖、王耀民、金恩惠等作者的研究结果。第四篇为茶树花化妆品和食品2个领域的研究结果，为张丹、夏琛、陈贞纯和屠幼英等作者的研究结果。尤其感谢美国合作教授Charlie Chen（查理·陈）一直指导我们的博士生们在美国他的研究室进行茶树花成分对于肿瘤的作用及其机理研究。福鼎市原文联主席郑清清女士是我国专攻茶树花的画家，属凤毛麟角之人，在第二次印刷中加入了她的8幅茶树花代表作，让本书更有意义。

因为研究时间较久，涉及内容较多，撰写工作量大，并且团队每年有新内容出现，所以不断更新和补充，本书历时3年才完成初稿。本书的部分研究成果得到浙江省科技厅重点研发计划"茶树废弃物质资源化利用—茶树花果的功能因子和相关产品研发及产业化示范"（2017C02G2010946）、重点研发计划"茶树花新资源综合利用与生产示范"（2013C02024—4）的支持，在此表示感谢！

茶学研究需要继往开来，本书仅仅起到了抛砖引玉的作用，还望同领域专家提出宝贵意见和建议，并且同时我们会不断深入研究茶树花的基础和功能研究，发现更有价值的成分，为社会发展进步做出贡献。书中定有不足之处，还请谅解。

屠幼英

浙江大学

2020年12月16日于杭州

# 目 录

## 第一篇 基础篇

# 第二篇　工艺篇

## 第三篇　功效篇

## 第四篇　应用篇

『第一篇』 基础篇

茶树花素有『安全植物的胎盘』『茶树上的精华』的美誉。茶作为世界上消费量第三大的饮品，犹如一张烙印着中华民族上千年传统文化的名片，向世界展示着中国。随着21世纪中国经济的高速腾飞，我们提出以『喝茶、饮茶、吃茶、用茶、玩茶、事茶』为核心的六茶共舞新理念。为了满足人们日益增长的物质文化需求，我们不能再局限于传统茶行业，而如何利用我国丰富的茶资源，产品创新、工艺创新、理念创新等多种渠道，使茶产业价值得到更好的提升。

# 第一章 茶树花新资源及应用现状

## 第一节 茶树花概述

茶树在植物学分类系统中属被子植物门(Spermatophyta),双子叶植物纲(Dicotyledoneae),山茶目(Theales),山茶科(Theaceae),山茶属(*Camellia*),茶种(*Camellia sinensis*),1950年植物学家将茶树命名为 *Camellia sinensis*(L.) O. Kuntze。中国是世界上最早栽培和利用茶的国家,中国西南地区是茶树的原产地,茶叶和茶种由中国传播到世界各地。

茶树花(图1.1)为两性花,由花柄、花萼、花冠、雌蕊和雄蕊五部分组成,是茶树的生殖器官,具有"寿命短、花期长、花量大、结实少"的特性。茶树花芽从6月份开始分化,经20~30天形成花蕾,再经80天左右进入始花期,每朵花从初开到全开约1~7天。我国大部分茶区始花期在9月至10月下旬,盛花期在10月中旬到11月中旬,终花期在11月中旬到12月;气候条件对茶树花开花影响较大,茶树花开花最适宜的温度在18~20℃。茶树花产量高,叶乃兴等研究发现茶树开花数在不同茶树品种之间差异较大,一般茶树花干花产量在每亩(1亩≈667平方米)100~150kg。2016年全国20个产茶省茶园总面积近4400万亩,其中开采茶园面积达3637万亩,按亩产100~150kg茶树花干花推算,茶树花干花每年理论总产量达363万~545万吨,但只有极小

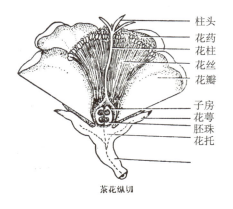

柱头
花药
花柱
花丝
花瓣

子房
花萼
胚珠
花托

茶花纵切

图1.1 茶树花

部分被采摘下来利用,大多数未得到合理采摘而被废弃在茶园里。这一方面会由于茶树花开花结果而消耗次年茶芽萌发所需的营养物质,从而导致茶叶产量下降、品质下降;另一方面会造成资源的极大浪费。为减少茶树生殖器官消耗的营养物质,在20世纪70年代,茶园多采用"剪边枝"、种植遮阴树、引种开花少的茶树品种或在茶树花盛花期喷施植物激素α-氯乙基磷酸(乙烯利)等措施以控制茶树生殖器官的营养消耗,促进茶树营养器官生长,达到提高茶叶产量的目的。至20世纪90年代,有研究表明茶树花含有与茶叶相似的生化成分,可以将茶树花制成红碎茶以提高茶树的经济产量,但这一时期仍以控制茶树生殖生长为研究重点,茶树花的合理利用还未引起足够重视。进入21世纪,越来越多的研究人员系统研究了茶树花的生化成分、生物活性及安全性评价,证明茶树花是一种具有重大开发利用价值的茶树新资源。卫生部根据《中华人民共和国食品安全法》和《新资源食品管理办法》,在2013年1月4日将茶树花批准为新资源食品,使得茶树花具有了广阔的市场应用前景和学术研究价值。图1.2为茶树花干花。

我国是全球第一产茶大国,茶树花的资源可谓十分丰富,充分开发利用茶树花,使茶树的整体附加值得到有效提高,对于茶业的发展可谓是意义重大。

图1.2　茶树花干花

## 第二节　茶树花主要生化成分及活性功能

### 1. 茶树花多酚

茶树花含有丰富的多酚类物质,儿茶素、黄酮、黄酮醇类、花青素、花白素类均属于多酚类物质,茶树花中多酚类物质含量为6%～10%。研究人员对茶树花多酚的提取工艺、检测鉴定方法、纯化方法进行了系统研究。用100℃沸水及75%乙醇溶液在60℃下提取茶树花多酚类物质,用HPLC测定,发现采用75%乙醇溶液的提取率高,茶树花及茶树叶片中有EGCG、EGC、C、EC和ECG这5种儿茶素,且花中多酚类物质含量要显著低于叶片中的。采用温度50℃、料液比1:30、提取时间10min的工艺提取茶树花多酚,干花的提取率达75.13mg/g。用大孔树脂纯化工艺使茶树花多酚纯度从19.43%提高到84.32%,进一步经葡聚糖凝胶Sephadex LH-20柱层析预分离和硅胶柱分离纯化,得到了4种儿茶素单体EGCG、ECG、EC和GCG,纯度分别为98.6%、96.8%、98.9%和97.1%。Morikawa等建立了同时定量测定茶树花中15种多酚类物质的LC/MS方法,可实现对中国、日本、印度等不同产地茶树花中茶多酚的定量检测。

茶树花和茶叶的多酚不仅组分类似,而且活性功能也相似,均具有抗氧化、抗炎、抗肿瘤等多种生物活性。杨子银等研究了茶树花提取物清除DPPH自由基的能力,发现茶树花乙酸乙酯萃取物清除自由基能力最强($SC_{50}$为11.6μg/mL),推测茶树花提取物具有强自由基清除能力是由于富含茶多酚类物质。Chen等以急性和慢性炎症小鼠为实验模型,评价了茶树花多酚提取物的体内抗炎效果,发现茶树花多酚提取物可以有效抑制由巴豆油诱导的耳水肿和由角叉菜胶诱导的爪水肿,通过逆转组织学损伤和增加血浆丙氨酸氨基转移酶(ALT)以减轻脂多糖诱导的肝脏炎症症状。此外,茶树花多酚提取物也可通过抑制肝脏中一氧化氮(NO)、肿瘤坏死因子(TNF)和白细胞介素-1β(IL-1β)的mRNA的表达来发挥抗炎作用。向明钧等研究了茶树花黄酮类物质的抗肿瘤作用,发现茶树花中的黄酮类物质能显著抑制乳腺癌细胞MCF-7的增殖。

## 2. 茶树花多糖

茶树花多糖是茶树花中的有效功能成分,其是以单糖为基本单位,与蛋白质结合在一起而形成的具有生物活性的极性大分子化合物。原料的采摘和提取制备方法对茶树花多糖的组成影响很大。目前,对于茶树花多糖的研究多集中于分离纯化和分析结构及生物活性。已有不少学者报道了茶树花多糖的提取、纯化和结构组成。杨玉明等对茶树花多糖的提取工艺进行了探究,发现在温度90℃、料液比1:40、提取时间120min的工艺下,茶树花多糖的提取率达2.13%。韩铨等研究了茶树花多糖的提取纯化条件,发现21.75倍水量,在90℃提取1.89h,脱蛋白后经Sephadex G-100凝胶柱层析分离,得到两种颜色呈灰白色的茶树花多糖,分别是分子量167.5kDa的TFP-1和分子量10.1kDa的TFP-2。TFP-1的单糖组成为葡萄糖、木糖、鼠李糖和半乳糖,TFP-2的单糖组成为葡萄糖、木糖、鼠李糖和阿拉伯糖。陈婷婷等将茶树花干粉按1:25的料液比,96℃提取230min,然后过0.1μm超滤膜及DEAE-52纤维素柱,得到了

6个茶树花多糖纯化组分。

茶树花多糖具有抗氧化、保护肝、调节免疫、抗肿瘤等多种活性功能。茶树花多糖通过清除DPPH自由基、清除OH·自由基、螯合$Fe^{2+}$、还原$Fe^{3+}$发挥抗氧化作用；还能显著提高肝脏中超氧化物歧化酶（SOD）和谷胱甘肽过氧化物酶（GSH-Px）的活性，减少肝脏丙二醛（MDA）的生成，从而保护由四氯化碳（$CCl_4$）诱导的小鼠急性肝损伤。Han等用S180荷瘤小鼠为模型，研究了不同剂量的茶树花多糖对荷瘤小鼠肉瘤抑制率、存活率和细胞免疫的影响，发现可以显著抑制肉瘤的生长、延长存活时间、增强吞噬细胞的吞噬作用，证明了茶树花多糖可增强机体对肿瘤的防御功能。品种、生育期和加工工艺等因素的差异对茶树花多糖组分和活性功能的影响鲜有报道。因此，对茶树花多糖组分构成及药理活性功能的研究仍是当前的热点和难点。

### 3. 茶树花中其他活性成分和主要功能

茶树花中还含有蛋白质、游离氨基酸、功能性蛋白酶、茶树花精油、咖啡碱、亚精胺衍生物等多种活性成分。茶树花具有"高蛋白、低脂肪"的特点，伍锡岳等研究发现云南大叶种茶树花的鲜花蛋白质含量达27.46%。侯玲等研究了茶树花蛋白碱法提取和酶法提取的工艺，用碱法提取，在最佳工艺条件下蛋白质的提取率达91.45%，纯度达90%；用酶法提取，在最佳工艺条件下蛋白质提取率达79.12%，纯度为55%；并进一步研究了抗氧化功能，发现碱提和酶提的茶树花蛋白对DPPH自由基的清除率分别为50.79%和56.04%，证实茶树花蛋白具有抗氧化功能。Wang等用HPLC检测了茶树花和茶叶中游离氨基酸的含量，发现茶树花中游离氨基酸和茶叶中游离氨基酸的含量与组成成分不同，茶树花中游离氨基酸的含量更高，达到8089μg/g。其中，茶氨酸（4769μg/g）是茶树花中含量最高的氨基酸，而且组氨酸（1208μg/g）在茶树花中的含量要远高于其在茶叶中的含量。此外，茶树花中仅含有微量的酪氨酸、苯丙氨酸、异亮氨酸、亮氨酸和赖氨酸；氨基酸是生命活动的必备物质，不仅是蛋白质和多肽的构建单元，其中的功能性氨基酸如精氨酸、半胱氨酸、谷氨酰胺、脯氨酸等还是生长、繁殖和免疫等代谢途径的重要调控因子，茶氨酸具有保护脑神经、镇静、抗抑郁、改善经期综合征、保护神经细胞、降血压、增强抗癌药物疗效和减缓神经压力等多种功能。2014年7月，国家卫生和计划生育委员会发布第15号公告，依据《中华人民共和国食品安全法》和《新食品原料安全性审查管理办法》的规定，批准茶叶茶氨酸为新食品原料。茶树花富含丰富的茶氨酸和其他游离氨基酸，这将使茶树花在食品领域和营养健康领域发挥更大的作用。杨子银等首次发现茶树花中含有对茶叶蛋白质具有强水解能力的功能性蛋白酶——丝氨酸羧肽酶样蛋白（SCLP）。LC-MS/MS分析和蛋白酶抑制实验表明，SCLP是茶树花主要的蛋白酶之一，可以用来提高茶汤氨基酸的含量以改善茶汤品质。茶树花精油是茶树花中重要的次生代谢产物，由小分子的化合物组成，在常温下多为油状液体，具有强烈香气，是茶树花中的呈香物质和风味物质。金玉霞探究了超临界二氧化碳萃取茶树花精油的方法，在压力30Mpa、静态萃取时间10min、动态萃取时间90min、温度40℃的最佳工艺条件下，茶树花精油的萃取得率达到（1.208±0.094）%，经检测萃取到的茶树花精油含有50种主要的香气成分，而且证实茶树花精油具有明显的抗氧化效果，可清除DPPH自由基，而且浓度和清除能力呈正相关，茶树花精油独特的芳香成分和活性功能为茶树花新资源的合理利用提供了新的途径。此外，茶树花咖啡碱含量要比茶叶低，这为茶树花成为咖啡碱敏感人群的替代性饮品提供了新的可能。而且，杨子银等首次从茶树花中分离鉴定出了4种亚精胺-酚酸偶联物。亚精胺-酚酸偶联物是植物花器官中重要的次生代谢产物，在防御病原体及昆虫侵害、花形成、性分化、细胞分化等过程中发挥重要作用，其在茶树花中大量出现，提示人们应重新审视茶树花的生态作用；另外，从经济角度看，其为茶树花作为保健食品和制药行业的原料提供了重要的科学依据。

## 4. 茶树花提取物的功能研究

茶树花的不同成分具有不同的活性功能，对茶树花提取物进行安全性评价和活性功能研究是研发茶树花相关产品的基础。研究人员通过体外实验、体内小鼠实验等多种手段证实了茶树花提取物的安全性及其具有的抗氧化、抑制癌细胞增殖、预防肥胖和高脂血症等多种功能。

李博等最早评价了茶树花的安全性，通过急性毒性实验，发现茶树花提取物对实验动物没有影响，半数致死量$LD_{50}>12.0g/(kg \cdot BW)$，归属于实际无毒级；此外，污染物致突变性检测（Ames）实验、小鼠精子畸形实验及骨髓嗜多染红细胞微核实验，均表明茶树花提取物无致突变的作用。而且，喂养大鼠90天茶树花提取物的实验发现，对大鼠血液、血生化、病理组织、体重等各项指标无显著影响，表明茶树花提取物在实验剂量内的安全性，为茶树花提取物的功能研究提供了重要的科学依据。邓宇杰等评价了6个品种（梅占、福选九号、金观音、福鼎大白、福安大白和四川群体种）茶树花提取物的抗氧化活性。其中,四川群体种的体外抗氧化活性和细胞抗氧化活性最强。此外,酚类物质含量高的茶树花花粉提取物的体外抗氧化能力、抑制HepG2人肝癌细胞的增殖能力最强。Way等研究发现茶树花提取物可以抑制人乳腺癌细胞MCF-7增殖并诱导凋亡,揭示茶树花提取物具有潜在的抗癌作用。凌泽杰等研究了茶树花对大鼠肥胖病和高脂血症的预防作用,发现在饲料中添加5%的茶树花后效果最好;茶树花添加组的大鼠体重、甘油三酯(TG)、脂肪系数、总胆固醇(TC)、低密度脂蛋白胆固醇(LDL-C)和动脉粥样硬化指数(AI)均低于高脂饲料组,表明茶树花具有降脂减肥的作用。

## 第三节　茶树花的应用现状

正是由于茶树花含有上述多酚、多糖、蛋白质等多种活性成分及功能,目前,茶树花已在多个领域得到应用,如直接制茶或辅助制茶、茶树花饮品、茶树花食品和茶树花日化用品等。

### 1. 直接制茶或辅助制茶

将茶树花制成花茶是最直接的利用方式。凌彩金等研究了茶树花制茶的工艺技术,发现云大茶、台茶、八仙茶、清远笔架茶4个茶树品种的鲜花制成的茶树花茶品质存在一定的差别,台茶制成的茶树花茶的综合品质最好。此外,加工工艺对茶树花茶的品质影响较大,用"萎凋→蒸汽蒸花→干燥"的加工方法制出来的成品茶的综合品质最好,制成的茶树花茶汤色明亮、滋味清醇、香气高长。辅助制茶也是茶树花的一种利用方式。伍锡岳等对茶树花特征、茶树花化学成分、红碎茶加工技术进行了系统研究,发现利用茶树花辅助制成的红碎茶,具有优异的品质特征,符合出口要求;将呈朵型的茶树花干花与绿茶配合,制成"二合一"的混合茶,既有传统的绿茶风味和独特的花香,又具有很高的观赏性;目前,市场上也有将茶树花与茶叶一起压制成茶树花饼茶的方法,这是一种新的利用方式。

### 2. 茶树花饮品

茶树花富含的活性成分可作为辅料制成各类饮品,如茶树花冰茶、茶树花酸奶及茶树花酒等。赵旭等进行了茶树花冰茶的研制,通过设计浸提实验和正交实验得到了茶树花汁最优的浸提条件和茶树花冰茶配方:最优的浸提条件为固液比1:60,在80℃下浸提5min;茶树花冰茶的最佳配方为20mL茶树花浸提液、5g蔗糖、0.5mL柠檬酸、0.5mL薄荷香精和适量维生素C,得到的成品茶树花冰茶可在室温下长期存放,符合茶饮料的质量要求。于健等研制了茶树花酸奶的制作方法,将茶树花提取液与牛奶按照0.3:1(V/V)的比例混合后,再加入8%白砂糖、0.2%的稳定剂及发酵菌类,发酵后得到优质的茶树花酸奶。此外,茶树花糖分高、香气物质丰富,使得茶树花适宜应用到发酵酒行业。如发酵型茶树花苹果酒及保健型茶树花鲜啤酒,添加茶树花发酵后的酒具有茶树花的独特风味和活性成分,口感和品质均有改善。在日本,市场上已有针对肥胖人群的具有降脂减肥功能的茶树花饮料。

## 3. 茶树花食品

茶树花含有丰富的功能成分从而使茶树花可以被应用到食品领域。张文杰等以茶树花提取液为原料,将浸提液添加到软糖中,制作了一种既具有传统软糖风格又有茶树花清香的茶树花软糖,为茶树花新资源的综合利用提供了一条新途径。

## 4. 茶树花日化用品

茶树花富含皂苷和多糖,具有保湿、表面活性剂、消炎抑菌等功效,可应用到日化行业。张丹等进行了茶树花皂的研制和性能测试,通过对不同pH的皂基、是否添加茶树花花瓣和不同质量分数的茶树花粉末进行的3因素3水平的正交实验,发现采用弱碱性皂基、不添加茶树花花瓣和添加2%的茶树花粉末制成的茶树花皂护肤性能最好。目前,杭州英仕利生物科技有限公司还上市了茶树花面膜、茶树花洗发水等其他日化用品。

我国茶产业持续发展,茶园面积和产量均居世界首位,但同时,每年还有约150万吨的茶树干花和550多万吨茶果资源没有被充分利用。茶叶全方位利用是新世纪我国茶产业转型升级的核心内容。茶产业转型升级就是从现有的茶叶经营模式向更新、更科学、更高效的经营组织模式转变。因此,如何充分高效利用茶的叶、花、果是茶产业面临的重要任务之一;同时,在茶叶化学活性物质被不断发现后,怎样进行开发利用也是茶树再次为人类健康生活保驾护航的新的时代要求。

数千年来,人们种茶只关心芽叶,没有注意到富含营养成分和活性物质的茶树花与果,更没有对它进行开发利用。茶树的花芽比芽叶萌发率高,特别是有性系茶园老龄化水平高,茶树花开花率和结果率较高,管理水平低的无性系茶园也有相同现象。随着无性繁殖技术的日益普及,茶树花果与芽叶争夺水肥,成为茶农的累赘和负担。

茶树花作为茶树的重要生殖器官,年鲜花产量900万吨,干花产量150万吨。茶树花主要成分包括11%茶皂甙、30%蛋白质、35%总糖、7%~15%茶多酚、1%~4%氨基酸、1%~3%黄酮类化合物、小于1%的咖啡因。每公顷茶园可以采摘2吨茶籽,我国多数品种茶树茶果平均含油量约25%,274万公顷茶园每年茶果产量达到550万吨,产油量达到69万吨。茶叶籽油具有极高的营养价值,是一种高级食用油。其脂肪酸成分为油酸、亚油酸、棕榈酸、硬脂酸、亚麻油酸、豆蔻酸等,功能性成分含量远高于菜油、花生油和豆油等传统食用油。其油中的亚油酸、亚麻油酸是维持人体皮肤、毛发生长所不可缺少的功能性物质,具有预防动脉硬化、抗氧化、清除自由基、降血压和降血脂的作用。此外,茶叶籽皂素含量约为12%,年总量约为33万吨。茶树花果中黄酮、皂苷、多糖、蛋白质含量远远高于茶叶,具有极高的营养和保健功效,可以应用到食品、饮料、日用化妆品、妇女儿童卫生用品等领域中,以增加产品的功能;利用现代分离纯化技术,提取茶树花果内活性成分,可应用于医药、化工等行业。随着人们对纯天然产物的日益重视及对茶树花果研究的不断深入,茶树花果将具有越来越高的开发价值和广阔的市场前景。

可促进茶树资源最大化利用。茶树花果与茶树同源,无须进行特殊种植,也不需要专门管理,更不需占用额外的土地,只需要按要求进行采摘加工,大大降低原料成本。茶树花果采摘后,可促进来年茶园增产提质,减少或不用生长调节剂来抑制花果生长,在增加经济收益的同时,又极大地改善和保护了生态环境,促进了茶产区的良性循环。

可促进劳动力和机器资源利用最大化。茶树花果的采收在农闲和茶叶机械空置的秋季,可以充分利用茶厂的场地和机械设备,充分利用从农田中走出来的闲置劳动力,降低固定资产的折旧率,增加企业的收入。将是扩大农民就业、增加农民收入、发展农村经济的一条好途径。通过产业化的实施,茶树花果综合利用及产业示范可实现很好的经济、社会和生态效益,对拉长茶叶产业链、调整农业产业结构具有重要示范作用。

开发茶族新种类,提高茶制品国际竞争力是我国茶产业当务之急。利用丰富的茶树花果资源,采用高新技术,开发茶树花果新产品,对于改善我国茶制品的质量,提高我国茶制品国际竞争力将起重大推动作用。

另外,非常重要的社会意义是茶树花果活性成分可以作为清洁用的化妆品、蛋白质营养补充、减肥和糖尿病保健食品等领域的天然资源,为国家的治未病工程提供优质高活的有机食品和日化用品。

## 第四节　茶树花的产业化前景

我国拥有极其丰富的茶树花果原料,150万吨的茶树干花按照每公斤100元计算,产值1500亿元;550多万吨新鲜茶树果按照6元/公斤,产值330亿元;这些资源每年可再生,可认为"零成本"天然植物资源,至今还没有被充分利用。其内含活性成分含量高,功能明显并且众多,对人体具有解毒、抑菌、降脂、降糖、延缓衰老、抗癌抑癌、美容、滋补和壮体等功效,还有清除自由基,抗氧化、杀菌、美白、保湿和护肤功效。

2015年全球营养健康食品的市场已超过13万亿美元,且每年以10%的速度增长,大大超过了一般食品2%的年增长速度。美国每年降糖保健食品市场销售额高达25亿～30亿美元,品种达上百种之多。我国目前白领的亚健康约为80%,每年国家用于"三高"人群的药物支出为300多亿元;并且现在全国有2.1亿60岁以上老人有许多慢性病,需要天然功能性食品提高其生活质量。仅浙江省2011年保健食品销售总产值60亿元,如果能够开发茶树花降压、降血脂和降脂减肥产品,不仅可以提升茶树花和果的利用率,提高附加值,而且可以帮助消费者预防"三高"的发病,提高生活质量。这具有巨大的消费市场。

随着我国洗护产品市场的快速发展,作为重要细分领域的洗发洗浴市场也保持了稳定增长,包括洗发水、护发素、沐浴露等产品。据Euromonitor统计,2014年中国化妆品零售交易规模为2937亿元(含个人护理产品),到2019年,这一规模将达到4230亿元,2014年中国日化行业市场规模已经超过2900亿元。当今世界,崇尚自然和健康营养食品和日用品,而茶树花果的功能性食品、化妆品完全符合这一要求。相宜本草正是采用天然植物的概念,每年化妆品销量达到几十亿。而日本茶食品消费占到全部食品的40%以上。日本可口可乐的茶花茶从2006年上市热销至今。我国台湾地区黑松公司的茶花茶产品也同样处于领先的销售位置,并且国内已经有多家大企业积极开发茶花果的产品,如果把这些资源利用好,不仅增加茶农收入,并且为健康产业提供优质的天然资源。以这些资源开发健康、有机的化妆品和日化用品将有非常好的市场前景。

因此，以浙江省特色的茶树花和果副产物为原料生产营养健康食品和日化用品，既能满足国家"2030健康行动计划"要求，又能满足当前国民健康需求，并且能带动农业的良性发展，增加三农收入，且原料具有区域或价廉量足优势，提升茶树附加值，社会效益和经济效益均十分明显。

# 第二章　茶树花的采摘与加工

　　优良的品种、地域和栽培措施都是铸就一杯好茶必不可少的条件。茶树作为少数的需要植物营养生长产物的作物,其茶叶的品质与茶树生殖生长过程具有十分重要的关系。营养生长是植株成活的关键,也是生殖生长的基础和前提,营养生长旺盛,光合产物多,种子和果实就能健康发育。生殖生长对营养生长的影响具有两面性:一方面,生殖生长势必要夺去一些植物储存的物质,从而影响植物的营养生长;另一方面,生殖器官在发育的过程中会合成促进植株生长的激素,从而也能侧面促进植株的营养生长,所以茶树花的生长以及采摘对茶叶就有相当重要的影响。

## 第一节　茶树花采摘对次年春茶品质和产量的影响

### 一、茶树花的采摘处理方法

　　去除茶树花会使得茶叶产量和质量得到改善,但是目前茶园对茶树花并没有进行广泛的处理。本研究针对浙江省衢州市开化县种植面积最大的3个品种(鸠坑、翠峰、福鼎大白),对5年以上树龄的山地茶园和平地茶园各10亩的茶叶进行摘花和不摘花的实验对照处理,对上述3个品种摘花和不摘花的次年春茶进行田间调查及茶叶生化品质分析,研究茶树花采摘措施对开化县主要茶叶品种品质的影响。

#### 1. 样本采集

　　每个品种各取长势相近、面积相同的平地与坡地两块茶田。于秋冬进行隔行摘花,并做上耐久性佳的标记,取采集的花做测定。取各实验组合对照组次年春茶一芽三叶,用微波高火5min干燥,做生化指标测定。

### 2. 春茶芽头密度测定

单位采摘面积(33cm×33cm)内春茶第一轮萌发芽的数量,按密度大小一般分为稀、中、密。当春茶第一轮越冬芽萌展至鱼叶期时对其进行观测,随机选取3～5个点,目测并记录每个观测点33cm×33cm蓬面内已萌发芽的个数,得出发芽数目的平均值。

### 3. 春茶百芽重测定

当春季第一轮侧芽的一芽三叶占全部侧芽数的50%时,从新梢鱼叶叶位处随机采摘一芽三叶。称100个新鲜一芽三叶的重量,精确到0.1g。

## 二、摘花措施对次年春季平地茶叶品质的影响

### 1. 摘花措施对次年春季茶叶发芽密度、百芽重的影响

于2014年、2015年清明节后进行田间调查,前往浙江衢州开化县实验茶田采集大田数据,见表2.1。

表2.1　摘花与不摘花的次年平地春茶大田数据

| 茶样 | | 发芽密度(个) | | 百芽重(g) | | 平均单芽重(g) | |
|---|---|---|---|---|---|---|---|
| | | 2014年 | 2015年 | 2014年 | 2015年 | 2014年 | 2015年 |
| 鸠坑 | 不摘花 | 48 | 45 | 15.4 | 32.5 | 0.154 | 0.325 |
| | 摘花 | 53 | 51 | 16.9 | 33.2 | 0.169 | 0.332 |
| 翠峰 | 不摘花 | 42 | 44 | 21.7 | 41.6 | 0.217 | 0.416 |
| | 摘花 | 47 | 48 | 24.3 | 42.4 | 0.243 | 0.424 |
| 福鼎大白 | 不摘花 | 43 | 46 | 18.0 | 40.2 | 0.180 | 0.402 |
| | 摘花 | 45 | 50 | 19.4 | 44.0 | 0.194 | 0.440 |

由表2.1可得,平地鸠坑品种发芽密度较高,但是百芽重与平均单芽重较低;平地翠峰品种的百芽重与平均单芽重较高,其发芽密度与福鼎大白品种相当。各平地品种摘花之后次年茶叶的产量与质量均有上升,即摘花后的发芽密度、百芽重和平均单芽重与不摘花的对照组相比均有较显著的增长。其中,平地3个品种摘花比不摘花的发芽密度的增长范围为8.7%～13.3%,鸠坑品种的增长率最高,福鼎大白的最低;3个品种的百芽重与平均单芽重增长范围为1.9%～9.7%,福鼎大白品种的增长率最高,

翠峰的最低。总体来说,摘花对翠峰品种春茶发芽密度和百芽重及平均单芽重影响较大,对平地福鼎大白品种春茶的发芽密度和百芽重及平均单芽重影响较小。

## 2. 摘花措施对次年春季茶叶营养成分的影响

采用国标法对水浸出物、蛋白质、氨基酸、可溶性糖、多酚、咖啡因和黄酮含量进行了检测,检测结果如表2.2所示。

表2.2  摘花措施对次年春季平地茶生化成分和含量的影响　　　　　(单位:%)

| 茶样 | | 鸠坑 | | 翠峰 | | 福鼎大白 | |
|---|---|---|---|---|---|---|---|
| | | 不摘花 | 摘花 | 不摘花 | 摘花 | 不摘花 | 摘花 |
| 水浸出物 | 2014年 | 40.01±0.00b | 41.18±0.00a | 41.49±0.00b | 43.60±0.00a | 40.31±0.00b | 40.50±0.00a |
| | 2015年 | 35.89±0.74b | 38.86±0.74a | 35.51±0.83a | 35.68±1.88a | 36.70±0.47b | 39.80±2.06a |
| 蛋白质 | 2014年 | 2.34±0.01a | 2.35±0.03a | 2.55±0.04b | 2.67±0.04a | 2.53±0.04b | 2.61±0.04a |
| | 2015年 | 5.39±0.50b | 5.68±0.34a | 5.33±1.06a | 5.54±0.23a | 5.15±0.15b | 5.98±0.98a |
| 氨基酸 | 2014年 | 2.53±0.00b | 2.69±0.02a | 4.09±0.01b | 4.18±0.01a | 4.17±0.01b | 4.62±0.01a |
| | 2015年 | 5.59±0.24a | 5.63±0.10a | 6.10±0.00b | 6.56±0.02a | 5.10±0.08b | 5.94±0.14a |
| 可溶性糖 | 2014年 | 5.05±0.02b | 6.22±0.02a | 6.20±0.03b | 6.66±0.03a | 6.10±0.03b | 6.90±0.03a |
| | 2015年 | 6.01±0.34b | 7.10±0.36a | 5.81±0.35b | 6.94±0.68a | 6.44±0.32b | 7.15±1.06a |
| 多酚 | 2014年 | 19.10±0.05b | 21.38±0.06a | 16.13±0.05b | 18.05±0.05a | 17.32±0.05b | 17.82±0.05a |
| | 2015年 | 21.66±0.10b | 23.72±0.05a | 23.77±0.13a | 21.38±0.20b | 22.74±0.03b | 23.12±0.07a |
| 咖啡因 | 2014年 | 3.11±0.02b | 3.22±0.01a | 3.06±0.01b | 3.17±0.00a | 3.23±0.01b | 3.35±0.03a |
| | 2015年 | 2.29±0.19a | 1.77±0.07b | 3.31±0.01b | 3.86±0.01a | 2.87±0.03b | 2.94±0.01a |
| 黄酮 | 2015年 | 0.60±0.04a | 0.57±0.01b | 0.69±0.03a | 0.65±0.01b | 0.59±0.03b | 0.82±0.08a |

总体而言,平地3个品种的茶树摘花之后,次年的新茶各生化指标均有一定程度的增长。其中水浸出物的增长范围为0.5%～8.0%,蛋白质的增长范围为0.4%～5.0%,个别的增幅达16%(2015年福鼎大白),氨基酸的增长范围为1%～16%,可溶性糖增长范围为7.4%～23.1%,鸠坑和翠峰多酚的增幅约为11%,福鼎大白多酚的增幅为2%,咖啡因的增长范围为2%～3.7%,个别增幅达17%(2015年翠峰)。所有指

标中仅有两个数据发生了下降,即2015年翠峰多酚含量降低了11%和2015年的鸠坑咖啡因含量下降了29%。摘花处理对鸠坑和翠峰黄酮的含量影响较小,但使福鼎大白增加了39%。

采用高效液相色谱法对3个品种茶树摘花和不摘花处理后春茶中各种儿茶素含量进行了检测,检测结果如表2.3所示。

表2.3　3个品种茶树摘花和不摘花处理后平地春茶茶叶中各儿茶素含量　（单位:%）

| 儿茶素 | | 鸠坑 | | 翠峰 | | 福鼎大白 | |
|---|---|---|---|---|---|---|---|
| | | 不摘花 | 摘花 | 不摘花 | 摘花 | 不摘花 | 摘花 |
| 总儿茶素 | 2014年 | 10.40±0.12b | 12.12±0.13a | 9.82±0.05b | 10.47±0.04a | 8.94±0.05b | 9.52±0.02a |
| | 2015年 | 12.54±0.31b | 14.88±0.32a | 15.01±0.15a | 11.40±0.2b | 14.06±0.13a | 10.85±0.18b |
| GC | 2014年 | 2.01±0.05b | 2.15±0.05a | 1.85±0.03b | 2.08±0.02a | 1.95±0.03b | 2.60±0.00a |
| | 2015年 | 2.06±0.02a | 1.70±0.03b | 1.25±0.01b | 1.39±0.00a | 1.94±0.00a | 1.68±0.01b |
| EGC | 2014年 | 3.09±0.01b | 5.17±0.01a | 3.25±0.00b | 3.67±0.01a | 3.15±0.01a | 2.54±0.01b |
| | 2015年 | 1.22±0.02b | 1.35±0.04a | 2.07±0.00a | 1.86±0.01b | 1.12±0.01b | 1.24±0.02a |
| C | 2014年 | 1.33±0.01a | 1.20±0.03b | 0.85±0.01a | 0.85±0.00a | 0.72±0.00a | 0.72±0.00a |
| | 2015年 | 0.31±0.03b | 0.61±0.00a | 1.11±0.02a | 0.78±0.01b | 0.53±0.01a | 0.41±0.00b |
| EC | 2014年 | 1.79±0.04a | 1.40±0.03b | 1.56±0.01b | 1.72±0.00a | 1.30±0.01a | 1.17±0.01b |
| | 2015年 | 0.88±0.07b | 1.74±0.04a | 1.10±0.01a | 0.97±0.01b | 1.42±0.02a | 1.10±0.02b |
| EGCG | 2014年 | 1.40±0.01b | 1.79±0.01a | 1.56±0.00b | 1.72±0.01a | 1.30±0.01a | 1.17±0.01b |
| | 2015年 | 3.86±0.08b | 4.47±0.11a | 3.84±0.01a | 2.53±0.03b | 4.09±0.03a | 3.42±0.05b |
| GCG | 2014年 | 0.20±0.00a | 0.20±0.00a | 0.20±0.00a | 0.20±0.00a | 0.18±0.00b | 0.20±0.00a |
| | 2015年 | 2.40±0.04b | 2.83±0.04a | 2.84±0.07a | 2.11±0.11b | 3.09±0.00a | 1.67±0.06b |
| ECG | 2014年 | 0.07±0.00a | 0.07±0.00a | 0.07±0.00a | 0.07±0.00a | 0.07±0.00a | 0.07±0.00a |
| | 2015年 | 1.44±0.04b | 1.76±0.05a | 2.29±0.01a | 1.37±0.03b | 1.45±0.01a | 1.11±0.02b |
| CG | 2014年 | 0.07±0.00a | 0.07±0.00a | 0.07±0.00a | 0.07±0.00a | 0.07±0.00a | 0.07±0.00a |
| | 2015年 | 0.38±0.01b | 0.43±0.01a | 0.51±0.02a | 0.39±0.00b | 0.41±0.05a | 0.22±0.00b |

从各物质含量来看,各实验组摘花后三个平地茶树品种简单儿茶素中的GC和EGC含量大都呈上升趋势,但另外两种简单儿茶素C和EC含量有下降;平地鸠坑品种复杂儿茶素中EGCG、GCG、ECG和CG的含量在摘花后有明显的上升趋势,但另两个实验品种即翠峰和福鼎大白在摘花后各复杂儿茶素含量却有下降;摘花后三个平地品种茶树春茶中总儿茶素含量较不摘花大多有显著提高,其中平地鸠坑品种提高

最明显,但2015年翠峰和福鼎大白的总儿茶素含量却有下降。

## 三、摘花措施对次年春季坡地茶叶品质的影响

### 1. 摘花措施对次年春季茶叶发芽密度、百芽重的影响

2014年、2015年清明后前往浙江衢州开化县实验茶田采集大田数据,见表2.4。

**表2.4　摘花与不摘花的次年春季坡地茶大田数据**

| 茶样 | | 发芽密度(个) | | 百芽重(g) | | 平均单芽重(g) | |
|---|---|---|---|---|---|---|---|
| | | 2014年 | 2015年 | 2014年 | 2015年 | 2014年 | 2015年 |
| 鸠坑 | 不摘花 | 41 | 42 | 16.8 | 23.7 | 0.168 | 0.237 |
| | 摘花 | 47 | 48 | 17.1 | 25.1 | 0.171 | 0.251 |
| 翠峰 | 不摘花 | 33 | 40 | 23.5 | 41.2 | 0.235 | 0.412 |
| | 摘花 | 34 | 46 | 23.9 | 43.1 | 0.239 | 0.431 |
| 福鼎大白 | 不摘花 | 39 | 38 | 18.0 | 36.3 | 0.180 | 0.363 |
| | 摘花 | 38 | 40 | 19.1 | 42.1 | 0.191 | 0.421 |

由表2.4可知,坡地鸠坑品种发芽密度较高,但是百芽重与平均单芽重较低;坡地翠峰品种的百芽重与平均单芽重较高,其发芽密度与福鼎大白品种相当。各坡地品种摘花之后次年茶叶的产量与质量均有上升,即摘花后的发芽密度、百芽重和平均单芽重与不摘的对照相比有显著的增长。可以看出,摘花处理对次年茶叶产量和质量的影响在平地和坡地上大体一致。

坡地3个品种摘花比不摘花发芽密度的增加3%~15%,翠峰品种增长率最高,福鼎大白最低(2014年甚至出现负增长);2014年3个品种的百芽重与平均单芽重的增加范围为1.7%~6.1%,而2015年则为4.6%~16.0%,两个年份皆呈福鼎大白品种增长率最高、翠峰最低的规律。总体来说,摘花与不摘花对次年春茶产量的影响坡地比平地的大,而且平地上摘花处理对3个品种春茶发芽密度影响较大,对百芽重和平均单芽重影响相对较小;坡地上摘花处理对3个品种春茶的发芽密度、百芽重和平均单芽重影响均较大。

### 2. 摘花措施对次年春季茶叶营养成分的影响

用国标法对水浸出物、蛋白质、氨基酸、可溶性糖、多酚、咖啡因和黄酮含量进行了检测,检测结果如表2.5所示。

表2.5　摘花措施对次年春季坡地茶生化成分和含量　　　　（单位：%）

| 生化成分 | | 鸠坑 | | 翠峰 | | 福鼎大白 | |
|---|---|---|---|---|---|---|---|
| | | 不摘花 | 摘花 | 不摘花 | 摘花 | 不摘花 | 摘花 |
| 水浸出物 | 2014年 | 36.89±0.00b | 41.62±0.00a | 40.48±0.00b | 41.49±0.00a | 40.51±0.00b | 41.85±0.00a |
| | 2015年 | 34.68±0.79a | 35.65±0.67a | 33.73±1.24a | 34.79±0.33a | 35.34±0.33a | 33.84±0.99b |
| 蛋白质 | 2014年 | 2.29±0.01b | 2.34±0.03a | 2.44±0.04b | 2.52±0.04a | 2.51±0.04a | 2.54±0.04a |
| | 2015年 | 5.61±0.26a | 5.66±0.16a | 5.40±0.54b | 5.81±0.24a | 5.81±0.26a | 5.49±0.15b |
| 氨基酸 | 2014年 | 2.85±0.00b | 2.91±0.02a | 3.10±0.01b | 3.47±0.01a | 4.39±0.01b | 4.61±0.01a |
| | 2015年 | 5.37±0.45a | 5.38±0.00a | 5.94±0.53a | 6.08±0.04a | 6.36±0.11a | 6.19±0.08b |
| 可溶性糖 | 2014年 | 3.17±0.02b | 4.14±0.02a | 5.13±0.03b | 5.32±0.03a | 5.80±0.03b | 5.97±0.03a |
| | 2015年 | 6.25±1.16a | 6.59±0.16a | 6.56±0.32a | 6.72±0.99a | 6.58±0.41a | 6.44±0.34a |
| 多酚 | 2014年 | 22.42±0.05b | 22.74±0.06a | 17.55±0.05b | 17.85±0.05a | 17.32±0.05b | 18.18±0.05a |
| | 2015年 | 22.72±0.19b | 23.64±0.11a | 23.51±0.50a | 22.42±0.17b | 22.95±0.21a | 21.59±0.02b |
| 咖啡因 | 2014年 | 3.11±0.02b | 3.22±0.01a | 3.06±0.01b | 3.17±0.00a | 3.23±0.01b | 3.35±0.03a |
| | 2015年 | 2.80±0.07b | 3.53±0.00a | 2.65±0.07b | 2.87±0.03a | 2.73±0.11a | 2.39±0.16b |
| 黄酮 | 2015年 | 0.61±0.03a | 0.57±0.04a | 0.62±0.04b | 0.69±0.03a | 0.75±0.01a | 0.77±0.04a |

　　由表2.5可知，3个品种的茶树摘花之后，次年新茶的各方面品质均有较大的提升，其中2014年的提升幅度普遍高于2015年。坡地鸠坑品种摘花处理后次年新茶比不摘花新茶水浸出物含量提高12.8%，蛋白质含量提高2.2%，氨基酸含量提高2.1%，可溶性糖含量提高30.6%，多酚含量提高4.0%，咖啡因含量提高26%。坡地翠峰摘花处理后次年新茶各种成分均有提高，分别为水浸出物2.5%，蛋白质3.3%，氨基酸1.9%，可溶性糖3.7%，多酚11.7%，咖啡因8.0%。坡地福鼎大白品种摘花处理后次年新茶各种成分均有提高，分别为水浸出物3.3%，蛋白质1.2%，氨基酸5.0%，可溶性糖2.9%，多酚5.0%，咖啡因3.7%。摘花处理对3个品种的黄酮含量基本没有影响。

　　从生化指标上来看，除福鼎大白品种外，摘花处理后平地和坡地各指标普遍高于不摘花处理，且平地的增长率高于坡地。其中，新茶水浸出物含量增加最多的是平地鸠坑品种，坡地福鼎大白的没有增加；摘花后新茶蛋白质和氨基酸含量增加最多的是平地福鼎大白品种，而坡地的反而降低；摘花后新茶可溶性糖平地均有显著增长，坡地增长较小；摘花后新茶多酚含量增长最多的是平地翠峰品种；摘花处理对平地和坡地次年新茶的黄酮含量基本没有影响。

以上实验结果表明，去除秋季平地茶树生殖生长的茶树花可以在一定程度上提高茶叶生化品质。

采用高效液相色谱法对3个品种坡地茶树摘花处理后坡地春茶中各种儿茶素含量进行了检测，检测结果如表2.6所示。

表2.6　3个品种茶树摘花处理后坡地春茶各儿茶素含量 　　　（单位：mg/g）

| 儿茶素 | | 鸠坑 | | 翠峰 | | 福鼎大白 | |
|---|---|---|---|---|---|---|---|
| | | 不摘花 | 摘花 | 不摘花 | 摘花 | 不摘花 | 摘花 |
| 总儿茶素 | 2014年 | 9.69±0.12b | 10.43±0.13a | 9.26±0.05b | 10.08±0.04a | 8.94±0.05b | 9.49±0.02a |
| | 2015年 | 14.89±0.36a | 12.27±0.22b | 13.86±0.11a | 13.99±0.3a | 13.33±0.5a | 12.53±0.1b |
| GC | 2014年 | 1.76±0.05b | 2.21±0.05a | 1.85±0.03b | 2.08±0.02a | 1.76±0.03b | 2.05±0.00a |
| | 2015年 | 1.17±0.02b | 1.96±0.01a | 1.18±0.01b | 1.34±0.02a | 2.06±0.00a | 1.58±0.01b |
| EGC | 2014年 | 3.71±0.01b | 3.77±0.01a | 3.15±0.00b | 3.28±0.01a | 3.28±0.01b | 3.31±0.01a |
| | 2015年 | 1.75±0.08a | 1.30±0.03b | 1.98±0.01a | 1.94±0.03b | 1.37±0.01a | 1.26±0.02b |
| C | 2014年 | 0.72±0.01b | 0.85±0.03a | 0.85±0.01a | 0.85±0.00a | 0.72±0.00b | 0.75±0.00a |
| | 2015年 | 0.64±0.08a | 0.44±0.00b | 1.03±0.02a | 0.94±0.02b | 0.50±0.01b | 0.59±0.00a |
| EC | 2014年 | 1.36±0.04a | 1.33±0.03a | 1.33±0.01b | 1.66±0.00a | 1.20±0.01b | 1.30±0.01a |
| | 2015年 | 1.13±0.03a | 0.90±0.02b | 1.19±0.00a | 1.07±0.01b | 1.37±0.11b | 1.44±0.03a |
| EGCG | 2014年 | 1.37±0.01b | 1.46±0.01a | 1.37±0.00b | 1.46±0.01a | 1.27±0.00b | 1.30±0.01a |
| | 2015年 | 4.54±0.07a | 3.45±0.08b | 3.55±0.01b | 3.69±0.14a | 3.88±0.25a | 3.45±0.00b |
| GCG | 2014年 | 0.20±0.00b | 0.26±0.00a | 0.20±0.00a | 0.20±0.00a | 0.13±0.00b | 0.20±0.00a |
| | 2015年 | 3.30±0.05a | 2.56±0.03b | 2.61±0.04a | 2.50±0.02b | 2.35±0.02a | 2.17±0.00b |
| ECG | 2014年 | 0.07±0.00a | 0.07±0.00a | 0.07±0.00a | 0.07±0.00a | 0.07±0.00a | 0.07±0.00a |
| | 2015年 | 1.84±0.03a | 1.60±0.04b | 1.81±0.01b | 1.88±0.05a | 1.46±0.08b | 1.59±0.03a |
| CG | 2014年 | 0.07±0.00a | 0.07±0.00a | 0.07±0.00a | 0.07±0.00a | 0.07±0.00a | 0.07±0.00a |
| | 2015年 | 0.53±0.00b | 0.06±0.01a | 0.51±0.01b | 0.63±0.01a | 0.35±0.01b | 0.46±0.01a |

由表2.6可知，从各物质含量来看，2014年各坡地实验组3个茶树品种摘花后简单儿茶素中的GC含量上升明显，但另外3种简单儿茶素EGC、C和EC含量有明显下降；坡地鸠坑品种和坡地翠峰品种的复杂儿茶素中EGCG含量在摘花后有下降；摘花后3个品种坡地茶树春茶中其他酯型儿茶素的含量均变化不大；3个品种坡地茶树春茶中

总儿茶素含量摘花后较不摘花有显著提高。

2015年鸠坑品种次年新茶摘花后比不摘花新茶坡地的简单儿茶素中GC含量上升,EGC、C、EC含量下降。复杂儿茶素EGCG、GCG、ECG、CG的含量呈下降趋势,而且总儿茶素下降。翠峰品种摘花后次年新茶比不摘花新茶坡地的简单儿茶素中GC含量上升,EGC、C、EC含量下降。复杂儿茶素除GCG的含量下降,EGCG、ECG和CG的含量上升,总儿茶素含量略微上升。福鼎大白品种摘花后次年新茶比不摘花新茶坡地的简单儿茶素C、EC含量上升,GC、EGC含量下降;复杂儿茶素EGCG、GCG含量下降,ECG、CG的含量上升,总儿茶素含量下降。

综上所述,摘花后3个品种平地和坡地茶树春茶中平地鸠坑与坡地翠峰品种的总儿茶素含量上升,其他处理的总儿茶素含量均有不同程度的下降。

根据以上研究可知茶树花内含多种有效成分,包括茶多酚、氨基酸、茶多糖、黄酮、蛋白质、可溶性糖等,其中可溶性糖、蛋白质、氨基酸含量都高于茶叶中的含量。茶树平地摘花实验表明,同样条件下的茶树在摘花后可使春茶发芽密度、百芽重、平均单芽重增加,可使蛋白质、氨基酸、可溶性糖、多酚等生化品质提高,儿茶素含量也增加。其中3个茶树品种中的翠峰、福鼎大白品种氨基酸和蛋白质相对增加最多,鸠坑品种可溶性糖含量增加最多,多酚含量相对增加最多的是鸠坑和翠峰品种。

茶树坡地摘花实验表明,对比同等条件下的茶树,坡地摘花后相比坡地不摘花发芽密度、百芽重、平均单芽重增加,蛋白质、氨基酸、可溶性糖、多酚等生化品质得到提高。其中三个品种中坡地翠峰品种氨基酸、蛋白质和可溶性糖含量相对增加最多,坡地鸠坑品种可溶性糖含量增加最多。

根据平地摘花实验和坡地摘花实验结果,摘花组比不摘花组表现优异,所以建议在实际生产中,于秋季摘除茶树花,既能促进茶树花产业发展,又能提高次年春茶产量和品质,这是一项非常值得推广的措施。

以上实验仅针对浙江省衢州市开化县3个茶树品种进行,具有一定的代表性,可在一定程度上指导当地茶农对茶树花和茶叶的栽培管理,定向提高茶树花和茶叶的品质,取得更大的经济效益。

## 第二节 加工技术对茶树花品质的影响

近年来从茶树花的众多功效研究中逐步发现,对茶树花的功效研究越来越多,但是关于茶树花加工工艺的研究仍然较少。茶树花的加工基本包括萎凋、杀青、干燥3个工序。

江平等对茶树花杀青和干燥技术进行研究,采用热力、微波、蒸汽杀青和热力、紫外光、远红外复合干燥技术,分别加工成干花。经感官评审和主要生化成分测定,结果表明:热力杀青、微波杀青、紫外光复合干燥、远红外复合干燥技术组合是茶树花初加工较适合的工艺流程。张婉婷等对采用不同杀青方式和干燥方式加工的成茶进行感官评审。实验结果表明,蒸汽杀青和远红外干燥更适宜茶树花的加工。谭少波等研究了茶树花加工过程中的萎凋时间和干燥温度对茶树花感官品质与生化成分的影响,结果表明在自然萎凋6h、微波杀青后90℃干燥2h的条件下,茶树花干花品质最佳。聂樟清等对采用不同萎凋时间、不同杀青方式和不同干燥方式加工成的茶树花的品质进行研究。结果表明,萎凋时间和杀青方式对茶树花的感官品质和生化成分的影响较大,而干燥方式则对茶树花的感官品质影响较大,对生化成分的影响不太明显。对三工艺交互因素进行正交实验,结果表明采用萎凋22h、蒸汽杀青、微波初干、低温干燥、高温提香工艺加工的茶树花的感官品质最优。

我们以福鼎茶树花为原料,以不同摊放厚度、不同杀青温度和时间、不同干燥温度和时间的加工方式处理茶树花样品,分别测定其含水率和茶多酚、黄酮、茶多糖含量,希望探究出不同加工方式对茶树花生化成分的影响,根据相关文献分析造成这些成分含量差异的原因,旨在为茶树花的生产应用提供理论依据。

所用茶树花来源于浙江省衢州市开化县茶园,茶树品种为福鼎。采摘时间为2015年11月中旬,采摘的是盛开期的茶树花。

## 一、不同摊放厚度对茶树花品质的影响

采用室内自然摊放的形式进行萎凋,设计摊放厚度分别为单层、双层和三层,在0~9h内每小时各取一次样进行不同摊放厚度下茶树花水分变化情况的研究,并取得摊放9h后的单层、双层和三层样品,用于生化成分检测。

### 1. 茶树花萎凋的失水特性

不同摊放厚度下(单层、双层、三层)的茶树花失水曲线如图2.1所示。我们采用减重法,在9h中,每小时测定一次。从图中可知,在摊放过程中,不同的摊放厚度对茶树花失水的影响比较大。在摊放过程中,同一时刻厚度越大,含水率越低,失水越

多。同时,随着时间的推移,各个厚度之间在同一时刻的含水率差异越来越大。

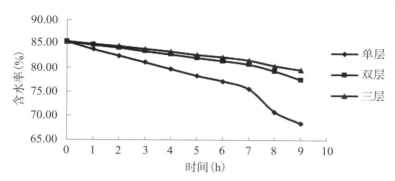

图2.1　不同摊放厚度下茶树花的失水曲线

## 2. 不同摊放厚度对茶树花生化成分的影响

不同摊放厚度(单层、双层、三层)的茶树花,在9h后,其总多酚、总黄酮和多糖的含量如表2.7所示。摊放厚度对茶树花总多酚和总黄酮的影响达到了显著水平,而对多糖的含量没有影响。摊放厚度为三层的茶树花的总多酚和总黄酮含量均高于摊放厚度为单层和双层的茶树花。摊放厚度为单层和双层的茶树花的总多酚和总黄酮含量的差异不显著。由于单层摊放较有利于水分的散失,所以茶树花摊放厚度以单层为宜。

表2.7　不同摊放厚度对茶树花生化成分的影响　　　　　(单位:%)

| 摊放厚度 | 总多酚 | 总黄酮 | 多糖 |
|---|---|---|---|
| 单层 | 5.10±0.13b | 0.52±0.03b | 3.24±0.23a |
| 双层 | 4.84±0.14b | 0.51±0.02b | 3.61±0.19a |
| 三层 | 5.43±0.06a | 0.60±0.05a | 2.94±0.03a |

不同摊放厚度对茶树花中各儿茶素单体含量的影响见表2.8。除了GC和CG的含量三层显著高于双层和单层外,其他儿茶素单体没有显著性差异,可见茶树花加工过程中,摊放厚度对儿茶素的含量没有影响,可见摊放的过程对茶多酚的影响主要是通过黄酮及其他非儿茶素多酚来实现。

表2.8　不同摊放厚度对茶树花中儿茶素含量的影响　　　　（单位:mg/g）

| 类别 | 单层 | 双层 | 三层 |
| --- | --- | --- | --- |
| GA | 0.15±0a | 0.26±0.10a | 0.17±0.02a |
| GC | 1.49±0.20a | 1.89±0.17b | 2.20±0.12c |
| EGC | 6.66±0.40a | 8.82±2.88a | 7.50±1.08a |
| C | 0.68±0.05a | 0.91±0.26a | 0.72±0.08a |
| EC | 2.15±0.09a | 2.74±0.75a | 2.51±0.27a |
| EGCG | 11.33±0.46a | 13.75±3.73a | 12.78±1.49a |
| GCG | 0.37±0a | 0.46±0.10a | 0.43±0.03a |
| ECG | 5.43±0.18a | 6.64±1.52a | 5.93±0.56a |
| CG | 2.05±0.01a | 2.54±0.38ab | 2.31±0.10b |
| 总量 | 30.15±0.98a | 37.75±9.79a | 34.38±3.49a |

## 二、不同杀青处理对茶树花品质的影响

采用蒸汽杀青的方式进行杀青,设定蒸汽杀青的温度分别为110℃、130℃、150℃,时间分别为20s、30s、40s,取得所需要的杀青样品。对蒸汽杀青温度为130℃、时间为30 s的茶树花进行脱水,在110℃条件下,分别脱水20s、30s、40s,取得所需要的杀青样品,用于生化成分检测。

### 1. 不同杀青处理对茶树花生化成分的影响

不同杀青温度(110℃、130℃、150℃)以及不同杀青时间(20s、30s、40s)的茶树花的总多酚、总黄酮和多糖的含量如表2.9所示。在相同杀青时间下,不同杀青温度(110℃、150℃)对总多酚含量无显著影响,这主要是由于在蒸汽温度为110℃时,已经达到了多酚氧化酶活性的钝化温度。而杀青时间对总多酚含量具有影响,随着杀青时间的延长,总多酚含量呈上升趋势。这是因为杀青时间短,多酚氧化酶活性钝化的时间也短,总多酚的损失相对较大,总多酚含量相对也较低;反之,杀青时间长,多酚氧化酶活性钝化的时间也长,总多酚的损失相对较小,总多酚含量相对也较高。

表2.9　不同杀青温度和杀青时间对茶树花中生化成分的影响

| 杀青温度(℃) | 杀青时间(s) | 总多酚含量(%) | 总黄酮含量(%) | 多糖含量(%) |
|---|---|---|---|---|
| 110 | 20 | 4.53±0.27d | 0.55±0.03b | 3.43±0.24de |
| | 30 | 5.07±0.40c | 0.67±0.01a | 3.67±0.01cde |
| | 40 | 5.34±0.08bc | 0.64±0.02a | 4.42±0.45ab |
| 130 | 20 | 3.65±0.22e | 0.37±0.01d | 4.60±0.05ab |
| | 30 | 5.46±0.18ab | 0.65±0.04a | 4.16±0.48abc |
| | 40 | 5.84±0.06a | 0.64±0.02a | 4.90±0.38a |
| 150 | 20 | 4.25±0.09d | 0.48±0.03c | 3.96±0.58bcd |
| | 30 | 5.00±0.25c | 0.48±0.01c | 2.99±0.34e |
| | 40 | 6.06±0.06a | 0.56±0.01b | 4.20±0.20abc |

　　杀青温度和杀青时间对总黄酮含量的影响均达到显著水平。总体而言,随杀青温度的升高,总黄酮含量呈下降趋势,这可能是因为温度过高导致黄酮类化合物氧化分解,导致总黄酮含量下降。随杀青时间的延长,总黄酮含量呈上升趋势,这是因为在杀青过程中黄酮类物质被分解为黄酮苷元,经过加热后黄酮苷元类物质与糖又结合生成黄酮苷类物质。而杀青时间越长,总黄酮的保留量越多,这说明杀青过程需要一定的时间使酶被充分钝化,从而有利于总黄酮的保留。

　　对多糖而言,不同的杀青温度和时间也会对其含量产生影响。在实验设置的3个温度梯度下,130℃的多糖含量最高。究其原因,与茶多糖的物化性质有关:茶多糖的稳定性差,在热的作用下,糖类物质可与氨基酸和蛋白质反应发生美拉德反应从而形成糖胺化合物,还可发生脱水、缩合、聚合、焦糖化等一系列反应,使多糖含量降低。此外,杀青的高温会使茶叶内的水解酶迅速失活,从而抑制了淀粉、果胶和纤维素分解成水溶性多糖。杀青时间对多糖的影响与多酚和黄酮类似,都随着时间的延长,保留量显著增加。

　　杀青处理对儿茶素的影响见表2.10。不同杀青温度对儿茶素含量的影响主要在杀青阶段前期,温度越高,儿茶素含量越高,而当杀青时间足够长(40s)时,不同温度间并没有显著性差异;不同杀青时间对儿茶素含量的影响都是40s时最高,20s时最低,可见只有当杀青时间足够时,才能使多酚氧化酶活性充分失活。

（单位：mg/g）

表2.10 不同杀青温度和时间对茶树花中儿茶素含量的影响

| 儿茶素 | 110℃ | | | 130℃ | | | 150℃ | | |
|---|---|---|---|---|---|---|---|---|---|
| | 20s | 30s | 40s | 20s | 30s | 40s | 20s | 30s | 40s |
| GA | 0.32±0.02b | 0.41±0.00a | 0.34±0.02b | 0.25±0.02b | 0.25±0.03b | 0.62±0.01a | 0.21±0.01a | 0.11±0.01b | 0.07±0.01c |
| GC | 1.81±0.44a | 1.01±0.06b | 1.20±0b | 0.89±0.11c | 1.78±0.22a | 1.39±0.12b | 1.11±0.05a | 0.82±0.07b | 1.06±0.16a |
| EGC | 4.41±0.19a | 4.23±0.22a | 3.30±0.07b | 3.67±0.79b | 8.39±0.94a | 8.61±0.36a | 4.98±0.65b | 4.56±0.18b | 9.46±1.15a |
| C | 0.66±0.06b | 0.72±0.03a | 0.46±0.01c | 0.63±0.10c | 0.92±0.07b | 1.07±0.02a | 0.71±0.03b | 0.52±0.05c | 0.98±0.15a |
| EC | 1.51±0.07b | 1.61±0.07a | 1.16±0.00c | 1.11±0.15b | 2.70±0.25a | 2.51±0.15a | 1.81±0.08b | 1.48±0.13c | 3.34±0.34a |
| EGCG | 7.14±0.37a | 5.92±0.26b | 4.11±0.01c | 5.94±0.92b | 13.97±0.76a | 14.81±0.22a | 9.75±0.26b | 8.32±0.85b | 16.06±2.70a |
| GCG | 0.35±0.03a | 0.33±0.02a | 0.28±0.02b | 0.31±0.04c | 0.40±0.02b | 0.48±0.02a | 0.38±0b | 0.30±0.06b | 0.50±0.10a |
| ECG | 4.32±0.19a | 3.87±0.20b | 2.92±0.01c | 3.22±0.37c | 6.58±0.02b | 7.10±0.07a | 5.05±0.16b | 3.96±0.55c | 7.48±1.30a |
| 总量 | 22.12±1.39a | 19.61±1.02b | 15.37±0.09c | 17.14±2.70b | 36.71±2.25a | 38.10±0.69a | 25.50±1.35b | 21.21±2.05b | 40.83±6.16a |

## 2. 不同脱干时间对茶树花品质的影响

蒸汽杀青后,茶树花的含水率较高,需要马上对花进行一定的脱干处理,降低其含水率。表2.11和表2.12显示了杀青后不同的脱干时间(36s、58s、100s)对茶树花生化成分的影响。随着脱干时间的增加,样品的总多酚和总黄酮都呈增加趋势,在相同的杀青温度下,杀青后脱干时间较长(100s)的儿茶素各组分的含量都显著高于36s和58s处理组。对多糖而言,增加脱水时间对其含量没有显著的影响。综上,适当提高杀青后脱干时间,减少杀青后花样的含水率,有利于茶树花生化成分的保持。

表2.11　不同脱水时间对茶树花中生化成分的影响　　(单位:%)

| 脱水时间 | 总多酚 | 总黄酮 | 多糖 |
|---|---|---|---|
| 36s | 3.69±0.28c | 0.41±0.02b | 4.13±0.07a |
| 58s | 4.25±0.26b | 0.49±0.04a | 3.91±0.38a |
| 100s | 4.76±0.15a | 0.52±0.00a | 4.03±0.24a |

表2.12　不同脱干时间对茶树花中儿茶素含量的影响　　(单位:mg/g)

| 儿茶素 | 36s | 58s | 100s |
|---|---|---|---|
| GA | 0.27±0.03b | 0.27±0.09b | 0.37±0.01a |
| GC | 2.13±0.23a | 2.06±0.68a | 2.38±0.09a |
| EGC | 4.73±0.39b | 4.95±1.71b | 7.09±0.18a |
| C | 0.71±0.08a | 0.72±0.25a | 0.96±0.03a |
| EC | 1.82±0.17b | 2.01±0.55b | 2.78±0.09a |
| EGCG | 7.61±0.71b | 8.30±2.65b | 10.93±0.27a |
| GCG | 0.39±0.05b | 0.41±0.12b | 0.57±0a |
| ECG | 4.28±0.41b | 4.69±1.48b | 6.10±0.08a |
| CG | 2.00±0.18b | 2.00±0.49b | 2.58±0.03a |
| 总量 | 23.67±2.20b | 25.14±7.93b | 33.40±0.77a |

## 三、不同干燥温度下茶树花品质的动态变化

对相同条件下杀青的茶树花,采用热风干燥的方式,设定热风干燥温度分别为80℃、100℃、120℃和140℃,每隔5min取一次样,直至足干,进行不同热风干燥温度下茶树花水分变化情况的研究,并取得各个干燥温度下每隔5min的样品,用于生化成

分检测。

## 1. 茶树花热风干燥的失水特性

不同温度下(80℃、100℃、120℃、140℃)的茶树花热风干燥曲线如图2.2所示,在热风干燥过程中,不同的干燥温度对茶树花含水率的影响较大。相同时间下,温度越高,含水率越低,干燥到安全贮藏含水率所需的时间越短。在相同温度下,随着含水率的降低,失水速率一直降低,处于降速阶段。这是由于蒸发水分所需要的热量必须从物料表面逐步传递到内部。在热风干燥过程中,茶树花表面的水分先被蒸发,茶树花内部水分向外迁移速率小于茶树花表面水分散失速率,茶树花表面很快会变得干燥,内部水分向外部传递的阻力增大,从而导致水分蒸发量的大幅度降低。因此,干燥过程一直处于降速阶段。

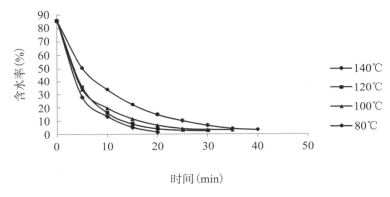

图2.2 不同温度下茶树花的干燥曲线

## 2. 不同温度下茶树花生化成分的动态变化

不同干燥温度(80℃、100℃、120℃、140℃)的茶树花的各生化组分的动态变化见图2.3至图2.5。由图2.3和图2.4可以看出,在干燥过程中,总多酚含量变化和总黄酮含量变化基本一致:随干燥时间先增加后减少,而且温度越高,拐点出现得越早。之所以会出现拐点,是由于在干燥的过程中,茶树花温度逐渐上升,在达到酶促反应的最适温度之前,总多酚和总黄酮含量变化逐渐增加,达到酶促反应的最适温度之后,总多酚和总黄酮含量变化开始减少。温度越高,茶树花升温越快,达到酶促反应的最适温度越快,则总多酚和总黄酮含量变化最大处也出现得越早,即拐点出现得越早。而干燥温度为140℃的茶树花的总多酚和总黄酮含量变化呈下降趋势,这是因为

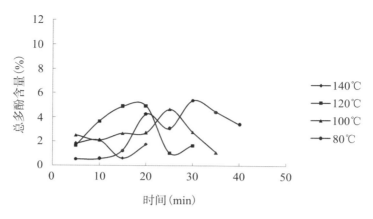

图2.3 不同干燥温度对茶树花中总多酚含量的影响

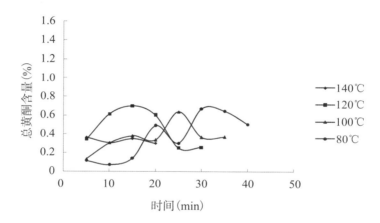

图2.4 不同干燥温度对茶树花中总黄酮含量的影响

140℃已经超过了酶促反应的最适温度。

由图2.5可见,干燥温度为80℃的试样,干花的多糖含量一直上升;干燥温度为100℃和120℃的试样,干花的多糖含量呈现先上升后下降的规律;干燥温度为140℃的试样干花的多糖含量一直下降。通过SPSS统计软件的多因素分差分析可得,茶树花干花的多糖含量与干燥温度和干燥时间都显著相关($P < 0.01$)。根据图2.5可得,随着干燥温度的上升,茶树花干花的多糖含量开始下降的时间越来越短:干燥温度为140℃的试样的茶多糖含量从5min起开始下降,干燥温度为120℃和100℃的试样茶多糖含量分别从15min和20min起开始下降,干燥温度为80℃的试样茶多糖含量在整个干燥过程中都在逐渐增加。

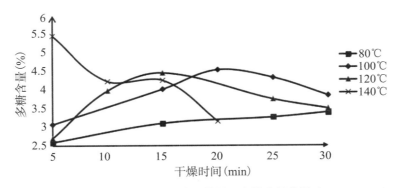

图2.5　不同干燥温度对茶树花多糖含量的影响

　　在茶树花萎凋过程中,摊放厚度会对茶树花的总多酚和总黄酮含量产生影响,但对多糖没有影响。在茶树花杀青过程中,杀青温度、时间和脱干时间都会对总黄酮有影响,杀青温度和脱干时间会对多糖有影响,杀青时间和脱干时间对茶多酚有影响。干燥过程中茶树花各生化组分的动态变化大都呈先增加后减少的趋势。

# 第三章 茶树花的毒理学研究

虽然茶树花在我国民间早有应用,但至今尚未对其进行系统的安全性评价和毒理学研究,这严重阻碍了相关产品的研发和市场化进程。本研究根据中华人民共和国《食品安全性毒理学评价程序》(GB15193.1—1994),对茶树花进行了急性毒性实验、遗传毒性实验以及亚慢性毒性实验,为其安全性评价提供了科学依据。

## 第一节 急性毒性实验

SD大鼠(清洁级)购自北京市维通利华实验动物技术有限公司。动物房温度为(22±3)℃,相对湿度30%~60%,12h光暗交替。实验采用最大耐受量法。选取SD大鼠20只(雌雄各10只),体重为181~205g。实验样品配成0.20g/mL蒸馏水溶液,按12g/(kg·BW)灌胃[分三次灌胃,每次剂量为20mL/(kg·BW)]。实验期间所用动物自由饮水取食。连续观察14天,记录动物中毒表现和死亡情况。未见明显的中毒症状,无死亡。所有实验动物均正常生长。实验期间,雌鼠平均体重由(191.2±5.9)g增至(216.1±8.3)g,雄鼠体重由(192.8±6.1)g增至(289.4±12.3)g。这些结果表明雌雄大鼠的急性毒性耐受剂量及$LD_{50}$均大于12.0g/kg体重,供试样品经口急性毒性为实际无毒级。

## 第二节 遗传毒性实验

### 1. Ames实验

采用经鉴定符合要求的鼠伤寒沙门氏菌组氨酸缺陷型TA97、TA98、TA100和TA102 4个菌株进行实验。使用多氯联苯(PCB)诱导的大鼠肝匀浆S9作为活化系统。实验设每皿0.008、0.04、0.2、1.0和5.0mg 5个剂量,加样量均为每皿100μl,同时设未处理对照组、溶剂对照组和阳性对照组。在顶层琼脂中加入0.1mL菌液、0.1mL受试样品溶液和0.5mLS9(当需要代谢活化时),混匀后倒入底层培养基平板上,37℃培养48h,计数每皿回变菌落数。阳性标准设定为样品处理回变菌落数是溶剂对照的两倍以上,并有剂量-效应关系。整个实验在相同条件下重复一次。

如表3.1所示,对照皿回变菌落数在正常范围内,各处理组回变菌落数均在对照两倍范围内,亦无剂量-效应关系。这表明在加与不加S9时,供试样品对4个菌株均无致基因突变作用。

表3.1 Ames实验:茶树花提取物对回变菌落数的影响 （单位：mg/皿）

| 样品 | | 剂量 | S9 | 菌株 | | | |
|---|---|---|---|---|---|---|---|
| | | | | TA97 | TA98 | TA100 | TA102 |
| 对照组 | TFE | 0.008 | — | 145.0±15.7 | 47.0±7.0 | 149.7±20.6 | 294.0±10.8 |
| | | 0.04 | — | 146.0±16.5 | 50.0±6.0 | 126.0±7.0 | 291.3±27.6 |
| | | 0.2 | — | 136.0±23.4 | 48.0±7.0 | 155.7±8.3 | 285.7±19.2 |
| | | 1.0 | — | 150.0±18.3 | 42.0±10.0 | 130.3±11.5 | 277.7±13.6 |
| | | 5.0 | — | 129.3±5.5 | 46.0±8.9 | 157.7±12.5 | 286.0±14.8 |
| | BC | | — | 134.3±14.4 | 49.7±10.0 | 139.3±12.1 | 275.0±3.6 |
| | SC | | — | 138.0±5.6 | 48.0±8.9 | 146.7±14.6 | 266.7±12.3 |
| | PC | | — | 1645.3±92.6[c] | 2181.3±419.7[c] | 1768.7±136.2[a] | 2483.3±316.3[d] |
| 处理组 | TFE | 0.008 | + | 140.7±15.6 | 42.0±10.5 | 128.0±20.3 | 295.0±14.7 |
| | | 0.04 | + | 145.7±11.7 | 50.0±3.0 | 159.0±7.0 | 286.0±25.0 |
| | | 0.2 | + | 134.3±20.1 | 37.0±6.2 | 150.7±33.7 | 280.7±26.8 |
| | | 1.0 | + | 133.3±6.7 | 38.0±1.7 | 147.0±20.1 | 279.0±31.4 |
| | | 5.0 | + | 121.3±15.5 | 56.3±3.2 | 151.0±5.3 | 288.3±5.1 |
| | BC | | + | 142.7±5.9 | 45.0±8.2 | 140.0±12.5 | 308.7±4.0 |
| | SC | | + | 148.0±14.2 | 41.7±9.0 | 132.3±23.7 | 274.7±15.0 |
| | PC | | + | 1157.3±139.1[b] | 2868.0±223.0[b] | 1698.7±276.2[b] | 874.3±85.0[e] |

注：BC,空白对照;SC,溶剂对照(蒸馏水);PC,阳性对照. 阳性对照试剂：a,叠氮化钠(1.5µg/皿);b,2-氨基芴(10.0µg/皿);c,4-硝基-o-次苯二胺(20.0µg/皿);d,丝裂霉素C(2.5µg/皿);e,1,8-二羟蒽酮(50.0µg/皿)

## 2. 小鼠骨髓嗜多染红细胞微核实验

健康昆明种小鼠(清洁级)购自中国医学科学院实验动物研究所繁育场。采用两次间隔24h经口灌胃法进行实验。选用体重25~30g小鼠50只,按体重随机分为5组,每组10只,雌雄各半。以40mg/kg体重剂量的环磷酰胺为阳性对照,蒸馏水为阴性对照,供试样品剂量为0.67、2.00、6.00g/(kg·BW)。各剂量组的灌胃量为3mL/100g。末次样品灌胃处理后6h颈椎脱臼处死动物,取胸骨骨髓,用小牛血清稀释涂片,甲醇固定,Giemsa染色。在生物学显微镜下,每只动物计数200个红细胞(RBC)中的嗜多染红细胞数(PCE),计算其所占比例。对每只动物计数1000个嗜多染红细胞,其微核发生率以含微核的PCE千分率计。

如表3.2所示,各受试物剂量组嗜多染红细胞PCE/RBC比值不少于阴性对照的20%,表明受试物在测试剂量范围内无细胞毒性。雄性和雌性小鼠的环磷酰胺阳性对照组的微核发生率均明显高于阴性对照组和受试物各剂量组($P < 0.01$),而受试物各剂量组和阴性对照组无显著性差异($P > 0.05$)。这些结果表明受试物对小鼠体细胞染色体无致突变作用。

表3.2 茶树花提取物对小鼠骨髓微核发生率的影响

| 性别 | 剂量 [g/(kg·BW)] | 动物数 (只) | PCE | | | 微核 | | |
| --- | --- | --- | --- | --- | --- | --- | --- | --- |
| | | | 观察RBC数 (个/只) | PCE数 (个/只) | PCE/RBC (%) | 观察PCE数(个/只) | 微核数 (个/只) | 微核率 (‰) |
| 雌 | 0.00 | 5 | 200 | 119±9 | 56.6 | 1000 | 1.4±0.5 | 1.4 |
| | 0.67 | 5 | 200 | 105±6 | 52.9 | 1000 | 1.6±1.3 | 1.6 |
| | 2.00 | 5 | 200 | 111±4 | 55.4 | 1000 | 1.0±1.0 | 1.0 |
| | 6.00 | 5 | 200 | 106±13 | 52.9 | 1000 | 1.4±0.5 | 1.4 |
| | PC | 5 | 200 | 93±7 | 46.6 | 1000 | 25.2±4.8 | 25.2 |
| 雄 | 0.00 | 5 | 200 | 112±10 | 56.2 | 1000 | 1.6±0.9 | 1.6 |
| | 0.67 | 5 | 200 | 108±5 | 54.1 | 1000 | 1.4±0.9 | 1.4 |
| | 2.00 | 5 | 200 | 102±11 | 51.2 | 1000 | 2.4±0.9 | 2.4 |
| | 6.00 | 5 | 200 | 106±8 | 52.9 | 1000 | 1.6±1.1 | 1.6 |
| | PC | 5 | 200 | 89±11 | 44.6 | 1000 | 26.4±3.5 | 26.4 |

## 3. 小鼠精子畸形实验

选用体重25~28g的性成熟雄性小鼠35只,按体重随机分为5组,以40mg/(kg·BW)剂量的环磷酰胺为阳性对照,以蒸馏水为阴性对照,供试样品剂量为0.67、2.00、6.00g/(kg·BW)。各剂量组灌胃量为3mL/100g,每日灌胃1次,连续5天。末次灌胃30天后每组随机抽取5只动物,颈椎脱臼处死,取两侧附睾,去脂肪,在生理盐水中剪碎,1000rpm离心7min,去上清液(留少许),混匀滴于玻片上涂片,风干后用甲醇固定,1.5%伊红染色并镜检,对每只动物计数1000个精子,计算畸变精子发生率,以百分率计。

如表3.3所示,阳性对照精子畸变发生率明显高于阴性对照组和受试物各剂量组($\chi^2$检验 $P<0.01$),受试物各剂量组与阴性对照组畸变率比较无显著性差异($\chi^2$检验 $P>0.05$),表明该受试物对小鼠生殖细胞无致畸变作用。

表3.3　茶树花提取物对小鼠精子畸形发生率的影响

| 剂量<br>[g/(kg·BW)] | 动物数(只) | 受检精子数(个/只) | 精子畸形数(个/只) | 精子畸形率(%) |
|---|---|---|---|---|
| 0.00 | 5 | 1000 | 21.2±4.0 | 2.12 |
| 0.67 | 5 | 1000 | 23.4±3.6 | 2.34 |
| 2.00 | 5 | 1000 | 20.0±1.9 | 2.00 |
| 6.00 | 5 | 1000 | 20.8±2.4 | 2.08 |
| PC | 5 | 1000 | 47.6±9.1 | 4.76 |

# 第三节　亚慢性毒性实验

选用体重63～88g断乳大鼠80只,随机分为4组,即1个对照组和3个处理组,每组20只,雌雄各半。受试物用蒸馏水溶解,分1.0、2.0和4.0g/(kg·BW)3个剂量,样品每日配置,均为20mL/kg。动物单笼饲养,喂饲基础饲料块料,自由饮食,每周称体重两次以调整灌胃量,连续灌胃观察13周。实验中期及实验结束采血来测各项血液学和血生化指标,实验结束时进行病理组织学检查。

动物的普通生理学指标包括日常表现、体重、饮食量和食物利用率。实验中期和末期对动物血常规和生化指标进行分析,包括白细胞计数及其分类、红细胞计数、血红蛋白、血小板计数、谷草转氨酶、谷丙转氨酶、碱性磷酸酶、尿素氮、肌酐、胆固醇、甘油三酯、血糖、总蛋白、白蛋白。

13周喂养实验中,受试物各剂量组和对照组均无死亡和明显的病理变化。各组的体重增长(图3.1)和饮食量(图3.2)均未受影响,各处理组和对照组间的13周的食物利用率也无显著差异(表3.4)。

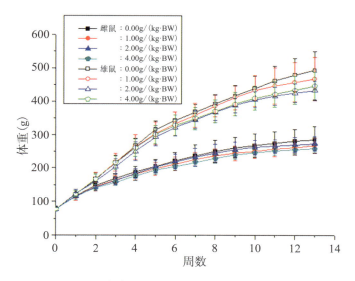

图3.1　13周实验期间茶树花提取物对大鼠体重的影响

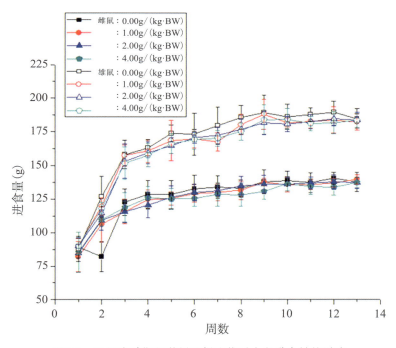

图3.2　13周实验期间茶树花提取物对大鼠进食量的影响

表3.4  13周实验期间大鼠每周和总食物利用率

| 项目 | | 剂量[g/(kg·BW)] | | | |
|---|---|---|---|---|---|
| | | 对照 | 1.0 | 2.0 | 4.0 |
| 雌 | 1 | 44.1±4.6 | 46.6±20.2 | 44.0±6.6 | 43.7±5.1 |
| | 2 | 28.0±8.6 | 26.8±11.2 | 24.6±5.9 | 22.9±7.2 |
| | 3 | 16.7±5.0 | 16.5±6.5 | 16.5±6.1 | 13.8±4.0 |
| | 4 | 14.4±4.9 | 14.0±5.1 | 17.4±6.3 | 15.4±7.7 |
| | 5 | 13.3±6.1 | 12.9±3.4 | 16.2±5.5 | 13.8±5.9 |
| | 6 | 12.5±9.8 | 11.9±4.4 | 12.0±4.7 | 8.8±4.5 |
| | 7 | 11.2±6.3 | 10.6±4.5 | 10.5±5.3 | 10.2±3.8 |
| | 8 | 9.4±4.4 | 7.4±3.6 | 9.2±4.4 | 8.5±3.8 |
| | 9 | 8.4±3.8 | 6.1±2.9 | 7.6±4.2 | 8.0±2.5 |
| | 10 | 4.6±4.4 | 4.6±4.6 | 4.7±2.7 | 5.1±2.4 |
| | 11 | 5.2±2.4 | 4.4±3.7 | 3.0±2.3 | 4.0±1.5 |
| | 12 | 4.6±4.4 | 3.8±2.6 | 3.2±2.1 | 2.8±2.4 |
| | 13 | 3.7±3.7 | 3.7±2.8 | 2.6±1.4 | 2.8±2.2 |
| | 总食物利用率 | 12.4±2.2 | 11.6±1.2 | 12.0±1.4 | 11.2±1.0 |
| 雄 | 1 | 50.9±9.2 | 49.6±12.9 | 51.6±12.1 | 50.5±5.8 |
| | 2 | 35.3±9.0 | 38.5±9.5 | 33.0±11.7 | 37.6±7.8 |
| | 3 | 31.8±4.5 | 31.1±5.6 | 27.8±5.3 | 31.9±13.3 |
| | 4 | 30.5±8.5 | 28.2±9.3 | 29.3±9.0 | 28.7±9.2 |
| | 5 | 28.5±6.6 | 24.9±5.0 | 26.2±7.8 | 24.1±8.0 |
| | 6 | 15.6±5.7 | 16.9±5.3 | 16.6±3.8 | 16.2±3.9 |
| | 7 | 14.1±5.2 | 15.4±5.2 | 13.5±3.1 | 12.2±5.8 |
| | 8 | 13.1±4.9 | 15.4±5.3 | 13.1±5.5 | 12.0±5.2 |
| | 9 | 13.0±2.5 | 13.6±5.8 | 11.6±4.2 | 12.1±4.1 |
| | 10 | 12.0±4.9 | 11.4±7.1 | 9.6±7.8 | 9.8±4.5 |
| | 11 | 12.1±4.9 | 8.4±5.3 | 5.9±3.6 | 6.5±4.1 |
| | 12 | 9.5±4.0 | 5.5±3.7 | 5.3±4.9 | 6.5±4.5 |
| | 13 | 7.2±5.2 | 6.0±4.1 | 4.1±2.1 | 7.4±2.8 |
| | 总食物利用率 | 19.1±2.6 | 18.4±2.7 | 16.9±1.3 | 17.6±2.1 |

实验中期(6周)和末期(13周)对处理组和对照组进行血常规检测,结果如表3.5和表3.6所示。除实验中期雄性大鼠2.0g/(kg·BW)剂量组白细胞分类中淋巴细胞计数显著性降低($P<0.05$);实验末期雌性4.0g/(kg·BW)剂量组血小板计数和1.0、

2.0g/(kg·BW)剂量组血细胞蛋白计数显著性升高($P<0.05,P<0.01$)外,其他雌雄各受试物剂量组的白细胞计数及分类、红细胞计数、血红蛋白、血小板计数各项血液学指标与对照组比较均无显著性差异($P>0.05$)而各计数的检测值均在正常对照检测范围内,其差异无生物学意义。

表3.5 茶树花提取物实验中期对大鼠血常规的影响

| 性别 | 指标 | 剂量 | | | |
| --- | --- | --- | --- | --- | --- |
| | | 对照 | 1.0 | 2.0 | 4.0 |
| 雌性 | 白细胞($\times10^9$/L) | 9.39±3.07 | 10.88±1.70 | 11.01±3.33 | 9.07±2.97 |
| | 红细胞($\times10^{12}$/L) | 6.88±0.53 | 7.06±0.20 | 6.95±0.45 | 7.04±0.35 |
| | 血小板($\times10^{12}$/L) | 983.30±141.90 | 1019.10±122.80 | 1066.80±247.80 | 1017.80±108.20 |
| | 血红蛋白(g/L) | 150.60±10.70 | 152.80±4.30 | 153.00±8.70 | 153.40±4.40 |
| | 淋巴细胞(%) | 77.50±5.90 | 80.30±4.80 | 78.80±3.50 | 77.70±4.30 |
| | 中性细胞(%) | 13.20±3.90 | 12.70±3.60 | 13.30±2.90 | 13.80±3.90 |
| | 其他细胞(%) | 9.30±3.00 | 7.00±2.20 | 7.90±1.40 | 8.50±1.40 |
| 雄性 | 白细胞($\times10^9$/L) | 13.12±4.19 | 10.74±3.08 | 14.93±2.21 | 13.07±3.02 |
| | 红细胞($\times10^{12}$/L) | 7.15±0.40 | 7.40±0.54 | 7.41±0.37 | 6.41±2.29 |
| | 血小板($\times10^{12}$/L) | 1005.40±131.70 | 1046.40±179.40 | 1067.50±132.80 | 1056.10±124.40 |
| | 血红蛋白(g/L) | 156.00±6.60 | 159.70±8.90 | 159.30±8.10 | 156.40±6.50 |
| | 淋巴细胞(%) | 79.90±4.00 | 80.50±4.50 | 74.50±4.90* | 77.30±3.50 |
| | 中性细胞(%) | 13.30±4.10 | 12.90±4.00 | 17.50±4.60 | 14.10±3.50 |
| | 其他细胞(%) | 6.80±1.30 | 6.60±1.10 | 8.00±1.40 | 7.60±1.10 |

表3.6 茶树花提取物实验末期对大鼠血常规的影响

| 性别 | 指标 | 剂量 | | | |
| --- | --- | --- | --- | --- | --- |
| | | 对照 | 1.0 | 2.0 | 4.0 |
| 雌性 | 白细胞($\times10^9$/L) | 8.53±2.48 | 8.74±2.82 | 8.16±2.32 | 9.17±3.76 |
| | 红细胞($\times10^{12}$/L) | 7.05±0.42 | 7.05±0.27 | 7.13±0.40 | 6.72±0.35 |
| | 血小板($\times10^{12}$/L) | 941.10±142.90 | 1008.20±217.80 | 1130.30±203.70 | 1192.60±175.40* |
| | 血红蛋白(g/L) | 144.00±2.40 | 148.30±5.20** | 149.00±7.00* | 140.70±7.20 |
| | 淋巴细胞(%) | 84.00±3.80 | 82.20±4.50 | 81.30±4.40 | 78.90±3.00 |
| | 中性细胞(%) | 11.00±2.40 | 11.40±2.10 | 11.70±3.20 | 13.80±3.00 |
| | 其他细胞(%) | 5.00±1.80 | 6.40±2.60 | 7.00±2.40 | 7.30±1.40 |

续表

| 性别 | 指标 | 剂量 | | | |
|---|---|---|---|---|---|
| | | 对照 | 1.0 | 2.0 | 4.0 |
| 雄性 | 白细胞($\times10^9$/L) | 10.58±2.29 | 13.78±4.02 | 13.53±2.58 | 12.60±4.44 |
| | 红细胞($\times10^{12}$/L) | 7.69±0.41 | 7.57±0.39 | 7.72±0.37 | 7.70±0.31 |
| | 血小板($\times10^{12}$/L) | 1058.40±144.70 | 1087.50±145.70 | 1174.10±165.20 | 1176.40±83.90 |
| | 血红蛋白(g/L) | 155.10±6.80 | 155.10±5.40 | 156.80±4.40 | 150.60±9.60 |
| | 淋巴细胞(%) | 80.50±2.80 | 78.50±2.70 | 78.40±4.90 | 77.50±6.60 |
| | 中性细胞(%) | 12.60±3.10 | 13.10±2.80 | 13.70±5.40 | 15.80±4.80 |
| | 其他细胞(%) | 6.90±1.50 | 8.40±1.70 | 8.00±1.70 | 8.70±3.00 |

表3.7和表3.8表明,与对照组相比,雌雄各受试物剂量组的谷草转氨酶、谷丙转氨酶、碱性磷酸酶、尿素氮、肌酐、胆固醇、甘油三酯、血糖、总蛋白、白蛋白在实验中期和末期均无显著性差异($P>0.05$)。各检测值均在正常对照检测范围内,其差异无生物学意义。

表3.7　茶树花提取物实验中期对大鼠血生化指标的影响

| 性别 | 指标 | 剂量 | | | |
|---|---|---|---|---|---|
| | | 对照 | 1.0 | 2.0 | 4.0 |
| 雌性 | 谷丙转氨酶（U/L） | 39.10±13.60 | 29.80±7.10 | 32.20±8.60 | 38.60±8.20 |
| | 谷草转氨酶（U/L） | 162.00±38.90 | 178.70±38.60 | 163.10±28.60 | 178.80±19.40 |
| | 碱性磷酸酶（U/L） | 105.50±39.80 | 132.70±31.40 | 141.80±44.50 | 114.20±37.60 |
| | 尿素氮（mmol/L） | 6.49±1.13 | 6.14±1.35 | 5.24±0.99 | 5.95±1.00 |
| | 肌酐（μmol/L） | 67.70±5.30 | 60.50±6.90 | 60.50±8.70 | 59.80±4.70 |
| | 胆固醇（mmol/L） | 1.72±0.24 | 1.76±0.40 | 1.82±0.34 | 1.81±0.28 |
| 雌性 | 甘油三酯(mmol/L) | 0.56±0.15 | 0.50±0.15 | 0.57±0.25 | 0.69±0.24 |
| | 血糖（mmol/L） | 4.56±0.38 | 4.53±0.52 | 4.50±0.54 | 4.54±0.50 |
| | 总蛋白（g/L） | 69.00±2.80 | 67.50±4.80 | 70.00±4.10 | 68.60±3.90 |
| | 白蛋白（g/L） | 36.10±1.60 | 37.60±0.80 | 36.40±1.70 | 36.60±1.00 |

续表

| 性别 | 指标 | 剂量 | | | |
|---|---|---|---|---|---|
| | | 对照 | 1.0 | 2.0 | 4.0 |
| 雄性 | 谷丙转氨酶（U/L） | 41.40±12.80 | 38.90±8.10 | 45.20±11.10 | 43.00±13.00 |
| | 谷草转氨酶（U/L） | 166.70±27.50 | 194.30±42.10 | 198.80±79.70 | 202.10±55.30 |
| | 碱性磷酸酶（U/L） | 149.70±39.60 | 154.10±42.60 | 114.80±40.50 | 145.70±63.30 |
| | 尿素氮（mmol/L） | 4.99±1.40 | 5.20±1.51 | 4.85±0.89 | 5.35±1.44 |
| | 肌酐（μmol/L） | 62.10±10.40 | 59.10±4.80 | 56.00±6.80 | 59.50±10.40 |
| | 胆固醇（mmol/L） | 1.56±0.44 | 1.35±0.28 | 1.45±0.27 | 1.59±0.40 |
| | 甘油三酯（mmol/L） | 0.84±0.32 | 0.73±0.17 | 0.66±0.16 | 0.66±0.16 |
| | 血糖（mmol/L） | 4.07±0.69 | 3.84±0.81 | 3.97±0.91 | 4.66±0.88 |
| | 总蛋白（g/L） | 67.60±3.10 | 68.10±2.40 | 68.60±4.60 | 67.90±3.90 |
| | 白蛋白（g/L） | 34.70±1.80 | 35.70±1.10 | 35.90±1.00 | 34.70±1.60 |

表3.8 茶树花提取物实验末期对大鼠血生化指标的影响

| 性别 | 指标 | 剂量 | | | |
|---|---|---|---|---|---|
| | | 对照 | 1.0 | 2.0 | 4.0 |
| 雌性 | 谷丙转氨酶（U/L） | 34.40±5.70 | 32.10±5.70 | 34.10±8.70 | 39.60±6.10 |
| | 谷草转氨酶（U/L） | 228.50±39.30 | 208.00±40.10 | 228.80±32.40 | 261.80±52.50 |
| | 碱性磷酸酶（U/L） | 71.50±15.80 | 56.80±10.70 | 59.60±16.70 | 80.30±31.50 |
| | 尿素氮（mmol/L） | 7.20±0.98 | 7.82±1.02 | 7.89±1.29 | 8.36±1.42 |
| | 肌酐（μmol/L） | 71.40±5.50 | 74.20±9.60 | 69.30±4.30 | 66.10±7.60 |
| | 胆固醇（mmol/L） | 1.73±0.38 | 1.92±0.34 | 1.79±0.34 | 1.63±0.32 |
| | 甘油三酯（mmol/L） | 0.52±0.19 | 0.53±0.25 | 0.58±0.10 | 0.51±0.10 |
| | 血糖（mmol/L） | 4.47±0.55 | 4.35±0.45 | 4.48±0.54 | 4.02±0.74 |
| | 总蛋白（g/L） | 74.60±3.90 | 74.00±3.80 | 72.50±2.20 | 72.20±4.20 |
| | 白蛋白（g/L） | 39.10±1.60 | 40.30±2.10 | 40.00±1.20 | 37.40±2.30 |

续表

| 性别 | 指标 | 剂量 | | | |
|---|---|---|---|---|---|
| | | 对照 | 1.0 | 2.0 | 4.0 |
| 雄性 | 谷丙转氨酶(U/L) | 39.00±5.80 | 41.60±9.30 | 45.50±10.70 | 47.20±7.70 |
| | 谷草转氨酶(U/L) | 203.80±41.30 | 186.10±32.90 | 210.20±38.60 | 223.30±53.60 |
| | 碱性磷酸酶(U/L) | 92.70±15.70 | 102.70±29.40 | 92.60±20.50 | 96.10±20.40 |
| | 尿素氮(mmol/L) | 6.16±1.03 | 5.72±1.04 | 6.02±1.03 | 6.35±1.39 |
| | 肌酐(μmol/L) | 65.10±13.00 | 63.10±9.40 | 69.40±7.70 | 68.00±8.70 |
| | 胆固醇(mmol/L) | 1.50±0.27 | 1.57±0.20 | 1.67±0.34 | 1.49±0.26 |
| | 甘油三酯(mmol/L) | 0.93±0.34 | 0.79±0.24 | 0.63±0.14 | 0.74±0.36 |
| | 血糖(mmol/L) | 4.99±0.66 | 5.02±0.69 | 5.10±0.38 | 5.40±0.62 |
| | 总蛋白(g/L) | 69.00±3.60 | 68.00±3.00 | 68.20±4.70 | 68.00±4.10 |
| | 白蛋白(g/L) | 35.40±0.70 | 35.70±1.50 | 35.10±1.10 | 35.60±1.10 |

如表3.9所示,各受试物剂量组宰杀体重、肝脏、肾脏、脾脏、心脏、胸腺和睾丸的重量及各脏器脏体比与对照组比较均无显著性差异($P>0.05$)。大体解剖肉眼观察时均未发现异常,个别动物的个别器官出现常见病变,属正常现象,与受试物无关。

表3.9 茶树花提取物对大鼠脏器重量和脏体比的影响

| 性别 | 脏器 | 组别 | 剂量 | | | |
|---|---|---|---|---|---|---|
| | | | 对照 | 1.0 | 2.0 | 4.0 |
| 雌性 | 终体重(g) | | 261.60±38.00 | 240.50±20.60 | 250.90±20.60 | 236.00±14.40 |
| | 肝 | A | 6.57±0.94 | 5.81±0.71 | 6.19±0.67 | 6.04±0.64 |
| | | R | 2.51±0.11 | 2.42±0.25 | 2.48±0.31 | 2.56±0.17 |
| | 肾 | A | 1.69±0.33 | 1.70±0.19 | 1.78±0.21 | 1.74±0.12 |
| | | R | 0.66±0.14 | 0.71±0.05 | 0.71±0.09 | 0.74±0.04 |
| | 脾 | A | 0.50±0.07 | 0.47±0.14 | 0.45±0.09 | 0.45±0.09 |
| | | R | 0.19±0.04 | 0.19±0.06 | 0.18±0.04 | 0.19±0.05 |
| | 胸腺 | A | 0.39±0.18 | 0.32±0.23 | 0.36±0.09 | 0.27±0.12 |
| | | R | 0.15±0.05 | 0.14±0.09 | 0.15±0.09 | 0.11±0.04 |
| | 心脏 | A | 0.97±0.23 | 1.00±0.16 | 0.90±0.16 | 0.87±0.20 |
| | | R | 0.37±0.06 | 0.41±0.05 | 0.36±0.07 | 0.37±0.06 |

续表

| 性别 | 脏器 | 组别 | 剂量 | | | |
|---|---|---|---|---|---|---|
| | | | 对照 | 1.0 | 2.0 | 4.0 |
| 雄性 | 终体重(g) | | 456.2±55.50 | 434.80±59.10 | 406.40±28.90 | 407.60±56.30 |
| | 肝 | A | 10.84±1.46 | 9.79±1.69 | 9.69±1.06 | 10.88±1.85 |
| | | R | 2.37±0.08 | 2.26±0.36 | 2.38±0.21 | 2.69±0.49 |
| | 肾 | A | 2.73±0.27 | 2.64±0.46 | 2.46±0.36 | 2.54±0.51 |
| | | R | 0.60±0.04 | 0.61±0.10 | 0.60±0.06 | 0.63±0.13 |
| | 脾 | A | 0.77±0.08 | 0.67±0.17 | 0.73±0.12 | 0.69±0.20 |
| | | R | 0.17±0.02 | 0.16±0.05 | 0.18±0.03 | 0.17±0.05 |
| | 胸腺 | A | 0.51±0.22 | 0.47±0.21 | 0.37±0.09 | 0.48±0.34 |
| | | R | 0.11±0.04 | 0.11±0.04 | 0.09±0.03 | 0.11±0.07 |
| | 心脏 | A | 1.36±0.29 | 1.35±0.17 | 1.24±0.16 | 1.38±0.18 |
| | | R | 0.30±0.04 | 0.31±0.04 | 0.31±0.04 | 0.34±0.04 |
| | 睾丸 | A | 3.03±0.52 | 3.32±0.38 | 3.18±0.33 | 3.21±0.29 |
| | | R | 0.67±0.13 | 0.78±0.13 | 0.79±0.12 | 0.80±0.13 |

## 第四节　致畸毒性实验

清洁级健康、成熟三个月龄的SD大鼠,雌性体重为230~260g,雄性体重为250~300g,由北京维通利华实验动物技术有限公司提供。雌雄大鼠1:1同笼交配,每天清晨检查阴栓,以查到阴栓的雌鼠为孕鼠,当天即视为妊娠的第0天,并称体重。孕鼠单笼饲养,随机分为4组,每组至少12只。第1组为对照组(给蒸馏水);第2~4组分别为受试物的低、中、高三个剂量组,剂量分别为0.5、1.0、2.0g/kg。受试物以蒸馏水配制,各剂量组分别在妊娠的7~16天灌胃给予,灌胃量为10mL/kg,每日一次。动物自由饮水、进食,于受孕的0、7、12、16、20天称体重,并调整灌胃量。

于妊娠第20天断头处死孕鼠,从腹中线剪开腹壁来暴露子宫角,记录着床数、活胎数、死胎数和吸收胎数;迅速取出子宫角并剪开,逐个检查胎鼠有无外观异常,并称胎鼠体重,量体长。将一半胎鼠放于Bouin氏液中固定后,进行内脏检查;另一半剥皮后用0.01%茜素红液染色,并经透明液脱色透明后检查骨骼的发育情况。

外观检查包括检查全身状况和头、脊柱、胸、腹、尾、四肢、趾等发育状况。将胎鼠固定一周后,做解剖进行以下各断面的内脏检查:经口从舌与两口角向枕部横切,观察大脑、间脑、舌及腭裂;在眼前面做垂直纵切,观察鼻部;从头部垂直通过眼球中央做纵切,观察眼球;沿头部最大横位处穿过脑做切面,观察舌、上颚、鼻、脑和脑室异常;沿下颚水平通过颈部中部做横切面。检查以上各断面后,再小心剖开胸、腹腔,依次检查呼吸系统、消化系统和泌尿生殖系统各器官的大小、形状、缺失及位置等。

骨骼检查包括颅骨、颈椎、胸椎、腰椎、尾骶椎、盆骨、四肢骨、胸骨、肋骨、骨盆等,观察有无骨化延缓、缺失融合、分叉、数目增多或减少、排列不齐、形状异常等改变。

由表3.10可见,实验期间各剂量组孕鼠生长良好,无一死亡,各受试物剂量组孕鼠体重在第0、7、12、16、20天与阴性对照组均无显著性差异($P>0.05$),母鼠受孕率为80.6%。表3.11为茶树花提取物对胚胎形成的影响。

表3.10　茶树花提取物对孕鼠体重的影响

| 剂量<br>[g/(kg·BW)] | 不同妊娠天数的孕鼠体重(g) | | | | |
|---|---|---|---|---|---|
| | 0d | 7d | 12d | 16d | 20d |
| 阴性对照 | 233.9±11.4 | 257.1±14.0 | 276.1±27.2 | 308.8±31.8 | 336.1±42.3 |
| 0.5 | 237.4±16.2 | 265.2±16.1 | 289.6±16.6 | 312.9±27.9 | 333.3±35.4 |
| 1.0 | 243.6±18.2 | 262.9±18.2 | 278.7±24.3 | 299.5±32.9 | 319.7±44.4 |
| 2.0 | 237.0±13.3 | 263.6±13.6 | 282.4±16.2 | 305.8±24.6 | 328.5±34.9 |

表3.11　茶树花提取物对胚胎形成的影响

| 剂量<br>[g/(kg·BW)] | 交配鼠数<br>(只) | 孕鼠数<br>(只) | 活胎数<br>(只) | 窝平均胎<br>数(只) | 吸收胎数<br>(只) | 死胎数<br>(只) | 胎鼠损<br>失率(%) |
|---|---|---|---|---|---|---|---|
| 阴性对照 | 16 | 13 | 135 | 10.4 | 6 | 0 | 4.26 |
| 0.5 | 16 | 13 | 124 | 9.5 | 5 | 0 | 3.88 |
| 1.0 | 17 | 13 | 134 | 10.3 | 8 | 0 | 5.63 |
| 2.0 | 18 | 15 | 140 | 9.3 | 9 | 0 | 6.04 |

由表3.12可见,除受试物低剂量组(0.50g/kg)胎鼠体长高于对照组外($P<0.01$),其余各组胎鼠体重、体长与对照组比较均无显著性差异($P>0.05$)。表3.13、表3.14和表3.15数据表明,胎鼠外观未发现异常;内脏检查除个别胎鼠肾盂积水外(对照组与各剂量组无显著差异),其余脏器均正常。此外,样品各剂量组胎鼠骨骼的异常数发生率与阴性对照组相比均无显著性差异($P>0.05$)。

表3.12　茶树花提取物对胎鼠生长发育的影响

| 剂量[g/(kg·BW)] | 观察胎鼠数 | 体重(g) | 体长(cm) |
|---|---|---|---|
| 阴性对照 | 135 | 3.73±0.32 | 3.84±0.19 |
| 0.5 | 124 | 3.73±0.32 | 3.90±0.16 |
| 1.0 | 134 | 3.67±0.36 | 3.86±0.19 |
| 2.0 | 140 | 3.75±0.68 | 3.82±0.18 |

表3.13　茶树花提取物对胎鼠外观发育的影响

| 剂量[g/(kg·BW)] | 观察胎鼠数 | 各部位畸形数 | | | | |
|---|---|---|---|---|---|---|
| | | 头 | 脊柱 | 胸、腹 | 尾 | 四肢、趾 |
| 阴性对照 | 135 | 0 | 0 | 0 | 0 | 0 |
| 0.5 | 124 | 0 | 0 | 0 | 0 | 0 |
| 1.0 | 134 | 0 | 0 | 0 | 0 | 0 |
| 2.0 | 140 | 0 | 0 | 0 | 0 | 0 |

表3.14　茶树花提取物对胎鼠骨骼发育的影响

| 剂量[g/(kg·BW)] | 观察胎鼠数 | 颅骨骨化迟缓 | 胸骨异常 | 其余骨骼异常 | 骨骼异常率%（异常胎数/检查数） |
|---|---|---|---|---|---|
| 阴性对照 | 70 | 6 | 12 | 0 | 22.8(16/70) |
| 0.5 | 64 | 9 | 10 | 0 | 25.0(16/64) |
| 1.0 | 70 | 3 | 21 | 0 | 28.6(20/70) |
| 2.0 | 74 | 6 | 24 | 0 | 28.4(21/74) |

表3.15　茶树花提取物对胎鼠内脏发育的影响

| 剂量[g/(kg·BW)] | 观察胎鼠数 | 各部位畸形数 | | | |
|---|---|---|---|---|---|
| | | 头部 | 食管、气管、延髓 | 胸腔 | 肾盂积水 |
| 阴性对照 | 65 | 0 | 0 | 0 | 3 |
| 0.5 | 60 | 0 | 0 | 0 | 0 |
| 1.0 | 64 | 0 | 0 | 0 | 4 |
| 2.0 | 66 | 0 | 0 | 0 | 1 |

# 第五节　小　结

　　茶树花食用安全实验是在国家指定机构"中国疾病预防控制中心营养与食品安

全所"完成的。茶树花通过一系列食用安全化验和动物实验,其结果如下:

(1)急性毒性实验:茶树花粉对雌雄性大鼠经口急性毒性,$LD_{50}$均大于12.0g/(kg·BW)。根据急性毒性分级,茶树花粉属实际无毒物。

(2)遗传毒性实验:Ames实验、小鼠骨髓嗜多染红细胞微核实验、小鼠精子畸实验,结果均未见茶树花粉有致突变作用。

(3)90天喂养实验:以不同剂量的茶树花粉给大鼠灌胃90天,结果显示,动物活动正常,雌雄性各剂量组体重与对照组比较未见不良影响,未见受试物对雌雄各剂量组食物利用率、血液学、血生化、脏体比和病理组织学有不良影响。

(4)大鼠致畸实验:在茶树花粉大鼠致畸实验中,未见茶树花粉对孕鼠生长和胚胎发育有不良影响,未见致畸作用。

# 第四章　茶树花主要生化成分种类与分析

　　有学者2003年在茶树花生化成分方面作了比较细致的研究,首次通过与茶鲜叶中儿茶素和咖啡因含量的比较,描述了茶树花中儿茶素和咖啡因的含量水平。他们用高效液相色谱分别对不同品种茶树鲜叶、茶树花及鲜叶制成的绿茶、红茶、乌龙茶中总儿茶素和咖啡因的含量进行了测定。结果表明,茶树花中的总儿茶素含量为10～38mg/g,与茶鲜叶中的含量相当,而远低于绿茶及乌龙茶中的总儿茶素含量,品种之间存在差异;茶树花中的咖啡碱含量为3～8mg/g,远低于茶树鲜叶及各种干茶中的含量;对云南大叶种茶树鲜花进行测定,茶树花含有与茶鲜叶相似的主要生化成分,含茶多酚13.02%、氨基酸2.84%、咖啡碱2.59%、蛋白质27.46%、儿茶素总量63.42mg/g、总糖38.47%。Takashi Mizuno等在1955年将茶树花分为花瓣、花蕊与花粉囊这几部分,然后分别利用不同的溶剂及方法进行处理,发现各部分都含有多种糖类。

　　茶树花和茶鲜叶提取液均能有效地在Fenton反应体系中发挥自由基清除作用和在脂多糖诱导鼠单核细胞体系中发挥NO抑制作用。基于这个结果,提出可用茶树花作为生产茶饮料的原料,并从经济学的观点出发,认为在研究中应同等对待茶树花和茶叶,对茶树花开展更广泛和深入的研究以促使这一资源的充分利用。

　　对于茶树花花粉中的有机、无机成分,都有人做过比较详细的测定。浙江大学苏松坤等在2000年比较全面地测定了茶树花粉中的多种营养成分。结果表明,茶树花粉具有高蛋白、低脂肪的特点,其蛋白质含量为29.18%,脂肪含量为2.34%,还原糖含量为27.72%;含有维生素A、维生素D、维生素$B_2$等多种维生素,含量丰富;超氧化物歧化酶(SOD)和过氧化氢酶(CAT)的活性也较高,分别为203.80U/g和321.90U/g;与油菜、荞麦、玉米、向日葵4种主要商品花粉相比,茶树花粉蛋白质含量最高,脂肪含量最低,氨基酸含量最高,维生素$B_2$的含量也最高,还原糖含量居中。花粉素来就以"高蛋白、低脂肪"为其营养特点,而茶树花粉在这一点上尤为突出,体现了茶树花粉是一种优质花粉。食品中必需氨基酸的含量及各种氨基酸的配比是评价蛋白质营养价值的重要指标,实验还得出茶树花粉中必需氨基酸配比接近且超出1997年FAO/WHO颁发的标准模式值,证明茶树花粉中的蛋白质质量很高,而且是一种优质的蛋白质营养源。赖建辉等在1996年对茶树花粉、油茶树花粉和杂花粉中的水解氨基酸、必需氨基酸和游离氨基酸分别进行了平行测定,结果表明,茶树花粉中氨基酸种类齐全,与其他天然花粉一样,脯氨酸含量很高,水解必需氨基酸和游离氨基酸的总量均高于油茶树花粉和杂花粉,由此得出茶树花粉可以作为天然氨基酸的优质来源的结论。吕文英等在2003年采用原子吸收法测定了葵花粉和茶树花粉中Zn、Fe、Ca、Mg、Cu、Mn、K、Na这8种无机元素的含量,结果表明,葵花粉和茶树花粉中微量元素的含量都比较高,而除了Ca以外,茶树花粉中其余7种元素的含量均高于葵花粉或与之差别不大。这为进一步研究茶树花粉对于补充人体微量元素的作用提供了基础数据。

我们以中国农业科学院茶叶研究所品种资源圃的茶树为来源,比较分析了龙井43、祁门、黄金桂这三个品种茶树花在不同花期、不同采摘时间的各生化成分,对比结果如表4.1所示。

（1）茶树花花瓣和花蕊所含的化学成分基本一致,含量大多以花瓣中的稍高,但一朵茶树花中花瓣和花蕊的质量比为(14∶25)～(21∶25),花粉较花瓣更重,因此从绝对含量来说,各种化学成分在花瓣和花蕊中相差不大,故可以考虑不将花瓣和花蕊分离,而直接对整朵茶树花进行提取。

（2）茶树花中蛋白质和还原糖的含量相当高,两者之和占到干物重的大半,因此,还原糖和蛋白质是茶树花的主要化学成分;茶树花中SOD活力也较高,达476～775 U/g。鉴于蛋白质是一种有效的营养物质,还原糖、SOD和咖啡碱具有多种生理活性和功能,儿茶素中EGCG在最近的研究中也被证明有很好的生物活性,随着人们对健康的重视,这些物质的提取和纯化已成为研究的热点,开发利用前景广阔。因此,有必要对茶树花中蛋白质、还原糖、SOD、咖啡碱和EGCG做进一步的研究,以明确高含量蛋白质、还原糖和高活力SOD的优势茶树品种,以及适宜的采花时期,为以后这些物质的提取和分离提供理论依据。

表4.1 茶树花花瓣与花蕊中主要化学成分含量

| 化学成分 | 普通干燥 | | 冷冻干燥 | |
|---|---|---|---|---|
| | 花瓣 | 花蕊 | 花瓣 | 花蕊 |
| 氨基酸含量(%) | 1.06 | 4.40 | 2.40 | 5.70 |
| 还原糖含量(%) | 36.48 | 13.35 | 47.85 | 36.25 |
| 蛋白质含量(%) | 35.31 | 31.95 | 43.72 | 49.41 |
| 咖啡碱含量(%) | 0.07 | 0.03 | 0 | 0.02 |
| 总儿茶素含量(%) | 1.29 | 0.86 | 1.04 | 1.00 |
| EGCG含量(%) | 0.06 | 0.05 | 0.07 | 0.03 |
| 果胶含量(%) | 1.34 | 0.61 | 1.25 | 0.67 |
| SOD活力(U/g) | 774.50 | 476.00 | 675.25 | 611.00 |
| 水分含量(%) | 3.54 | | 13.71 | |
| 花瓣:花蕊(质量) | 21:25 | | 14:25 | |

# 第一节 儿茶素和咖啡碱

## 1. 不同品种和开花状态茶树花儿茶素和咖啡碱含量

取不同品种和开花状态茶树花样品用HPLC进行分析,得液相图谱,取其部分如图4.1,经外标法处理得干物重,处理结果如表4.2,在咖啡碱和8种儿茶素中,最值得关注的是咖啡碱、总儿茶素以及儿茶素中生物活性最好的EGCG的含量。作图如下:3种茶树花露白期咖啡碱、EGCG和总儿茶素含量均为龙井43>祁门>黄金桂;而盛开期为龙井43>黄金桂>祁门。而露白期和盛开期间并没显著差异。总的来说,龙井43是其中含量较高的品种。

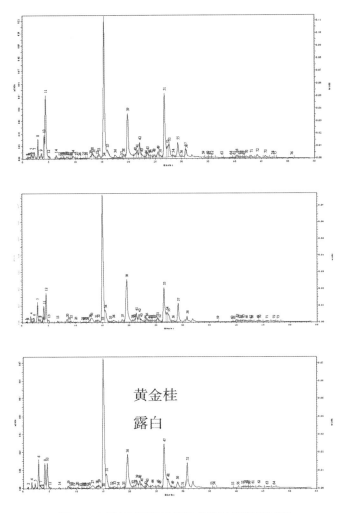

图4.1　不同品种和开花状态茶树花液相图谱

表4.2　不同品种和开花状态茶树花儿茶素和咖啡碱含量比较

| 品种 | 时期 | 咖啡碱 | EGCG | 总儿茶素 |
|---|---|---|---|---|
| 龙井43 | 露白期 | 7.58±0.17 | 3.33±0.05 | 16.85±0.74 |
| | 盛开期 | 7.05±0.22 | 4.50±0.16 | 31.14±0.94 |
| 祁门 | 露白期 | 5.39±0.42 | 3.05±0.22 | 16.64±0.04 |
| | 盛开期 | 3.97±0.08 | 2.05±0.09 | 18.68±0.74 |
| 黄金桂 | 露白期 | 4.76±0.28 | 2.03±0.23 | 11.39±1.74 |
| | 盛开期 | 5.77±0.18 | 2.50±0.03 | 23.42±0.49 |

## 2. 不同品种茶树花儿茶素总量及单体含量

另外对鸠坑、翠峰、福鼎3个品种总儿茶素和单体进行分析,由表4.3可知,3个品种茶树花简单儿茶素(即非酯型儿茶素)中GC和EGC的含量在鸠坑种茶树花中最高,福鼎大白中最低;简单儿茶素中C和EC含量则是翠峰和福鼎大白茶树花显著高于鸠坑种;复杂儿茶素(即酯型儿茶素,包括EGCG、GCG、ECG、CG)和总儿茶素含量都是鸠坑种显著高于其他2个品种,翠峰次之,福鼎大白中含量最少。从品种来看,鸠坑品种茶树花中总儿茶素含量和部分简单儿茶素(GC、EGC)最高;翠峰品种茶树花中各儿茶素含量居中;福鼎大白茶树花中部分简单儿茶素(C和EC)含量最高,而其他儿茶素含量最低。

表4.3　不同品种茶树花的儿茶素含量　　　　（单位：mg/g）

| 茶样 | 总儿茶素 | GC | EGC | C | EC | EGCG | GCG | ECG | CG |
|---|---|---|---|---|---|---|---|---|---|
| 鸠坑 | 2.71±0.29a | 0.32±0.04a | 0.52±0.04a | 0.06±0.01c | 0.14±0.00c | 0.65±0.03b | 0.28±0.06a | 0.65±0.06a | 0.09±0.05a |
| 翠峰 | 2.66±0.15b | 0.27±0.06b | 0.50±0.01b | 0.13±0.01b | 0.19±0.01a | 0.67±0.03a | 0.26±0.02b | 0.59±0.01b | 0.05±0.00b |
| 福鼎 | 2.43±0.17c | 0.24±0.02c | 0.47±0.03c | 0.15±0.03a | 0.18±0.02b | 0.56±0.02c | 0.23±0.02c | 0.55±0.03c | 0.05±0.00b |

# 第二节　游离氨基酸

采用Zorbax Eclipse XDB-C18色谱柱和DAD检测器对茶树花中的游离氨基酸进行HPLC分析,图4.2表明,茶树花中的主要游离氨基酸得到了有效的分离。由于OPA衍生化方法不能检测脯氨酸,所以采用苯磺酰氯衍生化方法分析了茶树花中的游离脯氨酸,结果表明茶树花中含有游离的脯氨酸。根据各氨基酸标准样的保留时间,实验发现茶树花中含有16种游离氨基酸,其中15种为蛋白质氨基酸,1种为非蛋白质氨基酸(茶氨酸),而且F-1与F-2的游离氨基酸组成基本相同。

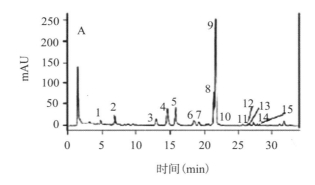

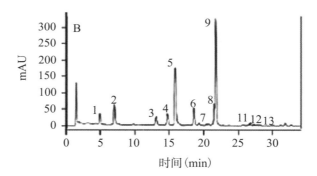

**图4.2　茶树花F-1（A）与F-2（B）中游离氨基酸的HPLC图谱**

注：1.Asp；2.Glu；3.Asn；4.Ser；5.His；6.Arg；7.Thr；8.Ala；9.Thea；10.Tyr；11.Met；12.Trp；13.Phe；14.Ile；15.Leu。

根据各氨基酸的工作曲线,对茶树花中的游离氨基酸的含量进行分析,结果见表4.4。茶树花中茶氨酸(4.93mg/g)、组氨酸(2.14mg/g)、脯氨酸(1.28mg/g)的含量较高；F-1与F-2相比,F-1中含有较多的脯氨酸(2.15mg/g),而F-2中茶氨酸(5.94mg/g)、组氨酸(5.57mg/g)、谷氨酸(1.42mg/g)和精氨酸(1.12mg/g)的含量较高。

**表4.4　茶树花中游离氨基酸含量**　　　　　　　　　（单位：mg/g）

| 氨基酸 | 样品 | | |
|---|---|---|---|
| | F-1 | F-2 | 茶树花 |
| Asp | 0.17±0.03 | 0.91±0.02 | 0.21±0.003 |
| Glu | 0.53±0.04 | 1.42±0.02 | 0.59±0.01 |
| Asn | 0.26±0.03 | 0.48±0.01 | 0.27±0.009 |
| Ser | 0.32±0.03 | 0.28±0.005 | 0.28±0.01 |
| His | 1.21±0.12 | 5.57±0.12 | 2.14±0.01 |
| Arg | 0.34±0.03 | 1.12±0.01 | 0.39±0.02 |

续表

| 氨基酸 | 样品 | | |
|---|---|---|---|
| | F-1 | F-2 | 茶树花 |
| Ala | 0.58±0.05 | 0.39±0.001 | 0.52±0.004 |
| Thr | 0.02±0.003 | 0.07±0.009 | 0.08±0.004 |
| Thea | 4.77±0.49 | 5.94±0.09 | 4.93±0.02 |
| Pro | 2.15±0.49 | 0.11±0.01 | 1.28±0.03 |
| Tyr | 0.02±0.003 | ND | 0.01±0.002 |
| Met | 0.01±0.004 | Trace | 0.01±0.002 |
| Trp | 0.08±0.007 | 0.17±0.002 | 0.10±0.004 |
| Phe | 0.03±0.008 | ND | 0.03±0.004 |
| Ile | 0.04±0.006 | 0.01±0.001 | 0.03±0.003 |
| Leu | Trace | ND | Trace |
| 总量 | 10.59 | 16.47 | 10.87 |

注:ND 为未检测到;Trace 为微量(小于0.01mg/g)。

茶氨酸是茶叶和部分山茶科植物特有的酰胺类物质,也是重要的功能成分。茶氨酸具有抗肿瘤、保护神经、增强记忆、抗糖尿病、降血压、抗疲劳、缓解抑郁症、保护心脑血管、减轻酒精对肝脏的伤害、增强对流行性感冒病毒疫苗的免疫响应等生理作用。与茶叶相比,茶树花中茶氨酸的含量(4.93mg/g)高于茶叶中的含量(1.6~4.12mg/g)。

## 第三节　蛋白质

龙井43、祁门和黄金桂3个品种茶树花露白期蛋白质含量均较高,为25.69%~53.07%。其中以绿茶品种龙井43平均含量最高,达46.42%;乌龙茶品种黄金桂次之,为44.83%;红茶品种祁门含量最低,为30.83%。龙井43品种茶树花露白花苞中蛋白质平均含量比黄金桂和祁门分别高出1.49和15.59个百分点。

### 1. 不同品种露白期茶树花蛋白质含量变化

各品种露白期茶树花蛋白质含量在5次采摘中变化均有一定的波动;龙井43和祁门品种蛋白质含量均呈波浪式下降趋势,最后一次采摘样品中蛋白质含量均低于初次采摘的样品;而黄金桂品种蛋白质含量先下降至最小值,然后略有回升(见表4.5)。

表4.5　不同品种茶树露白花苞在各采摘时间的蛋白质含量

| 品种 | | 10月31日 | 11月7日 | 11月17日 | 11月24日 | 12月1日 | 平均 |
|---|---|---|---|---|---|---|---|
| 龙井43 | 露白 | 50.47 | 52.99 | 41.88 | 38.00 | 48.77 | 46.42 |
| | 盛开 | 50.57 | 40.62 | 40.99 | 32.60 | 37.15 | 40.39 |
| 祁门 | 露白 | 34.87 | 25.69 | 30.72 | 32.69 | 30.16 | 30.83 |
| | 盛开 | 41.52 | 29.81 | 30.55 | 24.53 | 30.27 | 31.33 |
| 黄金桂 | 露白 | 48.87 | 46.66 | 42.50 | 33.04 | 53.07 | 44.83 |
| | 盛开 | 45.86 | 35.50 | 32.97 | 30.20 | 33.87 | 35.68 |

## 2. 不同品种完全盛开茶树花蛋白质含量变化

各品种完全盛开茶树花各次采摘样品中蛋白质含量均为绿茶品种龙井43＞乌龙茶品种黄金桂＞红茶品种祁门。蛋白质含量随时间的变化趋势一致,均平缓下降,末次采摘样品中蛋白质含量均低于首次采摘样品含量,以绿茶品种龙井43下降最多,为13.42个百分点,祁门和黄金桂分别下降11.25和11.99个百分点。对龙井43、祁门、黄金桂这三个品种来说,无论是露白期还是完全盛开的茶树花中的蛋白质含量总有以下的规律:龙井43＞黄金桂＞祁门。这与它们叶片中的蛋白质含量规律是一致的。这两者之间是否存在一定的正相关还有待进一步的研究。

## 3. 不同花期茶树花蛋白质含量比较

绿茶品种龙井43和乌龙茶品种黄金桂露白花苞中蛋白质平均含量均高于完全盛开茶树花中蛋白质的含量,分别高出6.03和9.15个百分点;红茶品种祁门不同花期茶树花中蛋白质平均含量相当。

总的说来,在蛋白质含量方面,露白花苞高于完全盛开花朵,这与以往一些在鲜切花中的研究结果相符。蛋白质作为一种营养物质,在植物体同一器官中的含量比较上幼嫩组织高于成熟组织,如茶树新梢中的蛋白质含量高于成熟老叶中的含量。完全盛开花朵与露白花苞相比,前者显然属于衰老器官,故我们可以推测茶树花中也存在同样的规律,即露白茶树花中的蛋白质含量高于完全盛开的茶树花。已有研究表明,蛋白质含量在花朵盛开及衰老中的下降可能是由两方面的原因造成的:一是蛋白质合成机制老化;二是蛋白质的含量随着蛋白质的水解而降低。

综合看起来,不管是露白期还是盛开期,也不管是什么品种,随着时间的推移,茶树花中所含的蛋白质都是呈现出逐渐下降的趋势。其可能可以从植物生理学的角度来解释。茶树一般从6月即开始花芽分化,其营养体细胞的内含物就开始向生殖体转移。在花器官的形成和开花过程中,花就是当时的生长中心,植物体内大量的无机和有机营养物质向花运输,为花器官的正常生长发育提供碳骨架、能源和原生质组分,以维持花的正常发育。随着茶树的生长,体内养分消耗,在整个生育期中,茶树体内的蛋白质含量逐渐降低,因此,越早形成的花蕾就积累越多的营养物质,时间越是向后推迟,花中的蛋白质含量也就越低。另外,有栽培学的资料显示,通常先开花的茶树花生命力较强,结实率也高,这也从观察结果这一角度证明了以上结论。

利用SAS8.0统计软件对结果进行分析,表明茶树品种、花期和采花时间对茶树花中蛋白质含量的影响达到极显著水平,品种和花期互作对茶树花中蛋白质含量的影响达到显著水平。龙井43和黄金桂之间的蛋白质含量差异不显著,而与祁门种有显著差异。其中,龙井43和黄金桂茶树花中蛋白质平均含量相对较高,是茶树花高蛋白质含量的优势品种。

从茶树品种和花期的互作中可以看出,对龙井43来说,露白期和盛开期茶树花中蛋白质含量存在显著差异,露白期较高;祁门种的露白期和盛开期蛋白质含量不存在显著差异;黄金桂的露白期和盛开期蛋白质含量存在极显著差异。在露白期时,龙井43和黄金桂之间的蛋白质含量差异不显著,而与祁门种有显著差异;在盛开期时,龙井43与祁门种之间蛋白质含量有显著差异,而其余两两差异均不显著。综上所述,高蛋白质含量茶树花的适宜花期为露白期,适宜品种为龙井43和黄金桂,适宜的采花时间是开花初期。

# 第四节 还原糖

## 1. 不同品种露白花苞还原糖含量

龙井43、祁门和黄金桂3个品种露白花苞的还原糖含量均较高,平均含量均为20%。其中以红茶品种祁门平均含量最高,为22.83%。乌龙茶品种黄金桂次之,绿茶品种龙井43含量最低。祁门品种还原糖平均含量比黄金桂和龙井43分别高出3.26和4.81个百分点。

不同品种露白花苞还原糖含量随时间呈现变化,在整个采花期中,龙井43、祁门和黄金桂3个品种露白花苞还原糖含量均有波浪式平缓下降的趋势,末次采摘样品中还原糖含量均低于首次采摘样品中的含量,其中以祁门下降最多,为4.42个百分点,黄金桂和龙井43下降幅度相当,分别为1.80和1.76个百分点。在整个采花期中,红茶品种祁门各次采摘的露白花苞中还原糖含量均高于相同采摘期的黄金桂和龙井43品种,因此,还原糖含量总体水平以红茶品种祁门最高。

### 2. 不同品种完全盛开茶树花还原糖含量

不同品种完全盛开茶树花中还原糖含量均高于22%,以黄金桂采摘样品中的含量最高,达35.57%。各品种还原糖平均含量相差不大,其中以乌龙茶品种黄金桂最高,为29.62%,红茶品种祁门和绿茶品种龙井43分别为27.97%和26.79%。不同品种盛开茶树花还原糖含量随时间的变化基本都有下降趋势。对这3个品种还原糖含量来说,露白期以祁门最高,黄金桂次之,龙井43居第三;完全盛开期以黄金桂最高,祁门次之,龙井43居第三。这与三者叶片中的还原糖含量亦有一定的关系。

### 3. 不同花期茶树花还原糖含量

龙井43、祁门和黄金桂3个品种露白花苞中还原糖平均含量均低于完全盛开茶树花中的含量。乌龙茶品种黄金桂不同花期间还原糖平均含量的差值最大,为10.05个百分点,其次为绿茶品种龙井43,为8.77个百分点,红茶品种祁门为5.14个百分点。在整个采花期中,除祁门品种采摘的露白茶苞和盛开茶树花中还原糖含量相当外,其余时间中龙井43和黄金桂每次采摘的盛开茶树花中还原糖含量均高于同一时间采摘的露白花苞中的含量。在还原糖含量方面,完全盛开花朵高于露白花苞,这与一些现有研究结果一致。还原糖作为碳骨架和能源物质,对花的正常生长发育、维持花的正常代谢均具有重要意义。茶树花在从露白花苞发育为完全盛开的花朵的过程中,还原糖含量增加,这可能是非还原性糖转化的结果。另外,糖类是植物体内的同化产物,是一种能量物质,在成熟组织中积累,其含量与组织的老化外形有关,在越成熟的组织中其纤维素、糖类的含量越高,这也从一定程度上解释了以上结果。在整个开花期中,茶树花中还原糖含量出现波动性缓慢下降。这可能是因为随着茶树花的盛开,体内糖类物质大量消耗,同时到了开花末期的冬季,茶树光合作用相对减弱,因此在整个开花期中总体上有下降的趋势。不同品种可能对外界自然条件和人为干扰影响的敏感性不同而导致品种间在变化趋势上存在了一些差异。

利用SAS8.0统计软件对不同品种、不同花期茶树花还原糖含量进行统计分析,结果表明,花期对还原糖含量的影响达0.01的极显著水平。而茶树品种、品种与花期互作、采花时间对茶树花中还原糖含量的影响均不显著。花期间两两比较结果表明,露白期与盛开期间差异显著,盛开期还原糖含量高。综合这些结果,由于品种间差异不显著,当以还原糖作为目标成分时,龙井43、祁门和黄金桂都可以选用。适宜采摘花期为盛开期,因为虽然采花时间上不存在差异,但结合生产,最好是选在茶树花量最大的盛花期。

# 第五节　茶皂素

## 1. 各花期茶皂素含量比较

茶树花各花期茶皂素含量为11.72%~12.98%。SAS8.0统计软件分析结果表明,青花蕾与其他4个时期茶皂素含量有显著差异,而半露白、全露白、初开、盛开4个时期的茶皂素含量无显著差异。即青花蕾中茶皂素含量最高,为12.98%,半露白后4个时期茶皂素含量变化不大。青花蕾到半露白的茶皂素含量降低,而从花芽到花蕾之间的茶皂素含量变化以及青花蕾到半露白之间的茶皂素含量变化是属于渐变还是突变尚需进一步研究。

## 2. 茶树花各部分茶皂素含量比较

测茶树花各部分鲜重、水分以及高效液相色谱峰面积,计算分析得出,盛开的茶树花中花蕊部分的茶皂素含量最高,达到12.0%,其含量分别是花瓣的1.53倍,花萼的1.91倍,花托的1.54倍。而其中花萼部分的茶皂素含量最低,几乎是花蕊的一半,花瓣和花托部分的茶皂素含量接近,在7.8%左右。

盛开的茶树花中的茶皂素在花蕊部分占了大部分,达64.33%,占总量的2/3,几乎是其他各部分总和的两倍。其余1/3的茶皂素量花瓣占15.69%,花萼占9.45%,花托占10.53%。本实验结果表明,青花蕾、半露白、全露白、初开、盛开5个茶树花花期中,青花蕾茶皂素含量最高,半露白、全露白、初开、盛开茶皂素含量无显著差异,从青花蕾到半露白茶皂素含量明显减少。5个花期的整花茶皂素量变化为,青花蕾含量最低,从青花蕾到半露白茶皂素量明显增加,从半露白到盛开茶皂素量缓慢增加。盛开的茶树花4个部分中,花蕊茶皂素含量最高,花蕊茶皂素量约占了整花茶皂素量的2/3。与谭新东、肖纯测定的茶树各部分茶皂素含量比较,实验测定的半露白、全露白、初开、盛开茶树花茶皂素含量在其所测定的老茎和嫩茎之间,青花蕾茶皂素含量略比其所测的老茎高。而其所得茶皂素有向形态学下端富集的趋势,则所测得茶树花中茶皂素含量应当比茎中的少,这可能是不同提取方法以及测定方法所引起的差异。

关于茶皂素的毒性研究,目前基本是基于注射到体内的研究方法。胡绍海等研究了油茶皂素对SD大鼠的经口、经皮急性毒性和蓄积毒性,得出油茶皂素的经口急性毒性为低毒,经此急性毒性为实际无毒物质,蓄积系数为5.3,有轻度蓄积作用。其用目测概率单位法计算得经口 $LD_{50}$ 为4466.8mg/kg,95%可信限为2951~6824mg/kg。本实验测得茶树花中茶皂素占干物质的117200~129800mg/kg,占鲜重的21330~35175mg/kg,提取液含量为711~1172mg/kg(假定密度同水的密度)。在假定茶皂素毒性与油茶皂素毒性相等,茶树花中无其他有毒物质,茶树花中其他物质不会对茶皂素毒性产生影响的情况下,我们得出一个参考结果,即直接食用干花、鲜花对SD大鼠有低毒经口急性毒性,而饮用其提取液对SD大鼠无急性毒性。因为盛开的茶树花最易采摘,茶皂素量也最大,所以假设在应用时用盛开的茶树花干为原料,将茶树花用于化妆品等不直接食用行业时是安全的,直接食用有毒,作为添加剂时干花含量应低于1.63%,而不考虑本实验提取方法和一般冲泡方法得率差异,饮用茶树花应加入61.3倍的水体积。在实验中发现茶皂素溶解于溶液后有易分解现象,1周后的茶皂素溶液的色谱图已难以测得茶皂素峰,此现象也可以用于减少茶树花的毒性。关于茶树花的准确毒性还需要进一步研究。

# 第六节　超氧化物歧化酶(SOD)

## 1. 不同品种茶树花SOD活性比较

露白期和盛开期茶树花中SOD活性平均值均以绿茶品种龙井43最高,分别为1450.73U/g干重和1428.61U/g干重,以祁门品种茶树花中SOD平均活性最低,露白和盛开茶树花中分别为1246.96U/g干重和890.45U/g干重。露白花苞中龙井43品种的SOD活性分别比黄金桂和祁门品种高出2.58%和16.34%。盛开茶树花中SOD活性龙井43分别比黄金桂和祁门品种高31.55%和60.44%,差异明显。

总的来说,不同品种露白花苞和完全盛开茶树花中SOD平均活性均为龙井43＞黄金桂＞祁门。SOD是公认的抗衰老因素,具有清除体内过量的活性氧、维持活性氧代谢平衡、保护膜结构的功能。茶树体内的茶多酚同样也是一类氧化还原电位较低、还原能力极强的抗氧化剂,极易将细胞电子传递链中产生的自由基还原,从而起到清除自由基的作用。当它们共同存在来维持机体内活性氧代谢水平时,往往会出现此消彼长的情况。而同时又有研究表明,实验的3个品种中,以祁门种儿茶素含量最高,达15.6%,这或许能够解释以上结果。

### 2. 不同花期茶树花SOD活性比较

龙井43、祁门和黄金桂3个品种茶树花中SOD平均活性均以露白花苞高于完全盛开的茶树花,其中以祁门品种两个花期茶树花中SOD平均活性差值最大,达40.03%;其次为黄金桂,为30.13%;龙井43品种最小,为1.55%。

露白花苞的生命活力最强,故SOD活性也最强。从露白到盛开,可以看作是衰老的前奏。随着SOD活性的下降,其功能也逐渐减弱,从而引起衰老。自由基衰老学说认为衰老过程即活性氧代谢失调累积的过程。这与花衰老过程中SOD活性的下降显然是一致的。不同品种不同花期茶树花中SOD活性和比活除个别处理外,在整个开花期中均有波浪式上升的趋势。这应该与温度的变化有关。随时间推迟,气温下降,环境条件逐渐恶劣,SOD表现出抗逆境的保护性,活性会增加。

利用SAS8.0统计软件分析结果表明,茶树花品种对SOD活性的影响达极显著水平,花期差异达显著水平,品种和花期互作与采花时间对SOD活性的影响不显著。龙井43和祁门间差异显著,其余两两之间差异均不显著。其中,龙井43的SOD活性高。露白期与盛开期之间差异显著,以露白期的SOD活性高于盛开期。综合起来,生产上应该选用龙井43的露白花苞。

## 第七节 茶多酚

茶树花含有丰富的茶多酚类物质,总含量约为6%～10%,包括儿茶素、黄酮、黄酮醇类、花青素、花白素类等。研究人员对茶树花多酚的提取工艺、检测鉴定方法、纯化方法进行了系统研究。Lin等分别用100℃沸水和75%乙醇溶液在60℃下提取茶树花多酚类物质,用HPLC测定了茶树鲜花及叶片中的EGCG、EGC、C、EC和ECG 5种儿茶素单体含量,发现75%乙醇溶液提取率高,而且茶树花里多酚类物质含量要低于叶片中的含量。Morikawa等建立了同时定量测定茶树花中15种多酚类物质的LC/MS方法,可实现对中国、日本、印度等不同产地茶树花中茶多酚的定量检测。董瑞建等研究了茶树花多酚的提取工艺,发现在温度50℃、料液比1:30、提取时间10min最佳工艺下,茶树花多酚浸提得率可达75.13mg/g干花。黄阿根等研究了茶树花多酚的大孔树脂纯化工艺,用HZ-806大孔树脂纯化后使茶树花多酚纯度从19.43%提高到84.32%,并将茶树花多酚经葡聚糖凝胶Sephadex LH-20柱层析预分离和硅胶柱分离纯化,得到了四种儿茶素单体,纯度为98.6%的EGCG、纯度为96.8%的ECG、纯度为98.9%的EC和纯度为97.1%的GCG。

茶树花多酚和茶叶多酚不仅组分类似,而且活性功能也类似,均具有抗氧化、抗炎、抗肿瘤等多种生物活性。杨子银等研究了茶树花提取物清除DPPH自由基的能力,发现茶树花乙酸乙酯萃取物清除自由基能力最强($SC_{50}$为11.6μg/mL),推测茶树花提取物具有的强自由基清除能力是由于富含的茶多酚类物质。Chen等以急性和慢性炎症小鼠为实验模型,评价了茶树花多酚提取物的体内抗炎效果,发现茶树花多酚提取物可以有效抑制由巴豆油诱导的耳水肿和由角叉菜胶诱导的爪水肿,通过逆转组织学损伤和增加血浆丙氨酸氨基转移酶来减轻脂多糖诱导的肝脏炎症症状。此外,茶树花多酚提取物也可通过抑制肝脏中一氧化氮(NO)、肿瘤坏死因子(TNF)和白细胞介素-1β(IL-1β)的mRNA的表达来发挥抗炎作用。向明钧等研究了茶树花黄酮类物质的抗肿瘤作用,发现茶树花中的黄酮类物质能强烈抑制乳腺癌细胞MCF-7的增殖。

我国是全球最大产茶国，茶资源极为丰富。从独具地域特色的六大茶类（绿、红、白、青、黄、黑），到不同栽培环境下的茶树成熟叶片片大小（小叶种、中叶种、大叶种），以及其各种附加产品（茶树花、茶籽、茶梗）为整个茶产业的发展提供得天独厚的温床。现在面临的最大问题是产业的产销不平衡，造成部分地区产能过剩，而且我们对于茶叶的关注程度远远大于对其副产品的关注。这也导致了长期以来，茶园中闲置了大量茶树花和茶籽，资源浪费较为严重。而茶树花、茶籽中含有一些丰富的生物活性成分，如多糖、黄酮、皂素等，这些活性成分对于人体的健康与免疫系统的调节有重要的作用，合理利用好这些副产物，不仅可以提高茶产品的附加值，还能有效减缓茶树生殖器官对于营养物质的争夺，让更多的营养物质在叶片中积累，从而提高茶叶品质。伴随着深加工技术日渐成熟，人们对于茶叶副产品的重视程度也在逐渐提高，茶树花因为富含茶多糖、黄酮、皂苷等生物活性物质，具有巨大的开发利用价值。因此，对于这些活性物质的分离、纯化的工艺优化，以及它们在植物体内的分布情况进行研究就显得尤为重要。

# 第五章　茶树花多糖

将茶树花与茶叶成分进行比较,发现茶树花中功效相对比较突出的一个表现成分就是多糖,且其含量要远超过茶叶中的含量。正因如此,关于茶树花多糖的提取技术吸引了大量的科技工作者去研究。

## 第一节　茶树花多糖提取工艺

### 一、溶剂浸提技术

多糖的提取一般采用热水、酸、碱、乙醇等作为溶剂,多糖中含有羟基、氨基或羧酸基,为极性较大的大分子化合物,因此从植物或真菌中提取多糖时宜用热水。酸性条件可能致使糖苷键断裂,多不采用。稀碱液提取法适用于多糖与结合蛋白质的分离。热水提取的缺点是提取温度高、耗时长且效率低、成本高、安全性较低,但提取率相对较高。碱提取法具有相对较快的速度,但是酸碱提取易破坏多糖的空间结构及活性。

采用热水法提取茶树花多糖,具体步骤为:称取100g的茶树花,将其研磨粉碎,在茶树花粉末中加入氯仿:甲醇(2:1)的混合液900mL,剧烈摇晃,重复4~5次,直到有机层基本无色为止,将提取渣取出,晾晒挥发有机溶剂。再加入一定体积的蒸馏水加热浸提数小时,连续提取3次,合并滤液后60℃旋转蒸发浓缩至1/5体积,在浓缩液中加入5倍体积的无水乙醇来沉淀多糖,静置过夜沉淀,5000rpm、20min离心收集沉淀。从茶树花多糖中提取得到的总多糖在湿态下接触空气会氧化变色,因此水提醇沉得到的茶树花多糖,应依次用无水乙醇、丙酮、乙醚洗涤,尽可能保留较少的水分,真空干燥或冻干,可在一定程度上避免氧化发生。将茶树花多糖粗品用蒸馏水溶解后,Sevag法脱蛋白,氯仿:正丁醇=4:1,(氯仿+正丁醇):样品=1:5,充分混合,剧烈震荡30min,3000rpm离心10min,收集上层清液,重复4次,直至无变性蛋白层产生。

加入5％的活性炭脱色,3000rpm离心后过滤活性炭,冷冻干燥后得到茶树花粗多糖TFP。

杨玉明等用水浴提取茶树花多糖,通过正交实验表明,影响茶树花多糖浸提效率各因素的主次顺序为固液比、时间、温度,最佳提取工艺为:温度90℃、时间120min、料液比1:40,在此工艺条件下多糖提取得率为2.126％。本实验采用热水提取法提取茶树花多糖,利用中心组合设计实验考察了提取温度、时间、液料比对多糖得率的影响,确定了最佳提取条件,并比较了Sevag法、三氯乙酸法、盐酸法和氯化钙法脱蛋白效果以及活性炭吸附法脱色、H₂O₂氧化法和溶剂洗涤法的脱色效果,经Sephadex G-100凝胶柱层析获得了TFP-1和TFP-2两个多糖组分,为下一步的结构鉴定奠定了基础。

## 1. 热水浸提的单因素实验

为了探讨不同因素及同一因素的不同水平对茶树花粗多糖提取得率的影响,并为之后的响应面分析提供理论依据,对茶树花多糖提取工艺参数进行了研究。

（1）不同料液比对多糖提取率的影响

茶树花提取液料比越大,茶树花细胞内外的多糖浓度差就越大,这样传质推动力也越大,越有利于茶树花粗多糖的浸出。但当液料比继续增大时,多糖得率上升缓慢,考虑到浸提液过多会对后续浓缩工序造成影响,故液料比不宜过大。

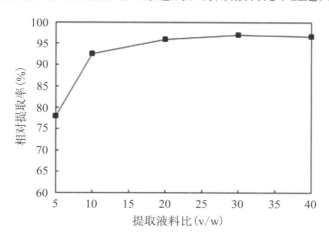

图5.1　提取料液比对提取率的影响

（2）不同提取温度对提取率影响的比较

随着提取温度的提高,茶树花粗多糖的提取率也得到提高(图5.2)。这是因为热作用使分子运动速度加快,传质运动加快,使得细胞内的多糖容易浸出;同时,热作用加大了对茶树花细胞壁的破坏,使细胞内茶树花多糖容易浸出。但当温度高于90℃后,茶树花粗多糖的提取率上升趋势变缓。

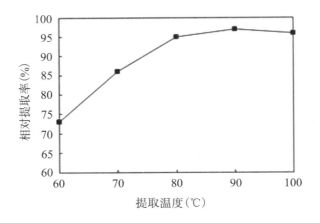

图5.2 提取温度对提取率的影响

(3) 不同提取时间对提取率影响的比较

茶树花粗多糖的提取率随着浸提时间的延长而增加(图5.3),这可能是因为在被浸提物与浸提液未达到扩散平衡之前,浸提时间越长也就意味着被浸提物与浸提液的相互作用时间越长,多糖提取率越高。当时间从1.5h增至2.5h,多糖提取率上升缓慢,这可能是因为在1.5h时,被浸提物与浸提液之间已经达到扩散平衡,继续浸提对茶树花粗多糖提取率的影响不显著。

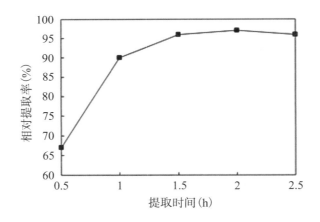

图5.3 提取时间对提取率的影响

## 2. Box-Behnken 中心组合设计实验优化提取参数

响应面方法(response surface methodology,RSM)是一种有效的统计方法,它是利用实验数据,通过建立数学模型来解决受多因素影响的最优组合问题。该方法在更广泛的范围内全面、高效地考虑因素的组合,分析响应面区域内的必要信息,可有效降低成本、优化加工条件,已广泛应用于农业、生物、化学及食品等领域。该方法系采用多元二次回归方程来拟合因素与响应值之间的函数关系,进而通过回归方程的分析来寻求最优工艺参数,具有周期短、回归方程精密度高等优点。Box-Benhnken 设计是响应面法中常用的设计方案,该设计因因素少、实验次数少的优点,近年来在食品工业中已得到了较大关注。利用响应面法优化茶树花多糖的提取工艺,提高茶树花多糖的提取率,为茶树花提高利用附加值提供相关的理论依据。参考由单因素实验确定的各条件,将提取时间、提取温度、提取液料比三因素各取三水平,按 Box-Behnken 中心组合设计安排优化提取参数(表5.1)。按照实验流程提取茶树花多糖后,过滤,浓缩至一定的体积,离心弃渣,定容,用蒽酮-硫酸法测定多糖在620nm处的吸光度,考察茶树花多糖的得率,确定最优的提取条件。

由回归分析结果(表5.2)可知,三因素对TFP得率的影响并非简单的一次线性关系,而是呈二次抛物线关系,各因素经方差分析后,得到以下回归方程:

$$Y=8.06+0.87 \times A+0.55 \times B+0.47 \times C+0.41 \times A \times B-0.21 \times A \times C-0.16 \times B \times C-0.64 \times A \times A-0.60 \times B \times B-0.38 \times C \times C$$

表5.1 Box-Behnken实验结果

| 实验编号 | 因素A<br>提取温度(℃) | 因素B<br>提取时间(h) | 因素C<br>液固比(v/w) | Y<br>粗多糖得率(%) |
|---|---|---|---|---|
| 1 | 0 | 1 | −1 | 7.15 |
| 2 | 0 | 0 | 0 | 8.08 |
| 3 | −1 | 0 | 1 | 6.70 |
| 4 | 0 | 1 | 1 | 7.89 |
| 5 | 1 | −1 | 0 | 6.53 |
| 6 | 0 | −1 | 1 | 5.94 |
| 7 | −1 | 0 | −1 | 5.46 |
| 8 | 0 | 0 | 0 | 8.03 |
| 9 | −1 | −1 | 0 | 5.78 |

续表

| 实验编号 | 因素A<br>提取温度(℃) | 因素B<br>提取时间(h) | 因素C<br>液固比(v/w) | Y<br>粗多糖得率(%) |
|---|---|---|---|---|
| 10 | 0 | 0 | 0 | 7.98 |
| 11 | 1 | 0 | −1 | 7.79 |
| 12 | 1 | 0 | 1 | 8.19 |
| 13 | 1 | 1 | 0 | 8.69 |
| 14 | −1 | 1 | 0 | 6.28 |
| 15 | 0 | −1 | 1 | 7.33 |
| 16 | 0 | 0 | 0 | 8.15 |
| 17 | 0 | 0 | 0 | 8.04 |

表5.2　回归分析结果

| 方差来源 | 自由度 | 平方和 | 均方 | F值 | Pr>F | 显著性 |
|---|---|---|---|---|---|---|
| A | 1 | 6.09 | 6.09 | 213.58 | <0.0001 | ** |
| B | 1 | 2.45 | 2.45 | 86.03 | <0.0001 | ** |
| C | 1 | 1.78 | 1.78 | 62.31 | <0.0001 | ** |
| A×B | 1 | 0.69 | 0.69 | 24.16 | 0.0017 | ** |
| A×C | 1 | 0.18 | 0.18 | 6.19 | 0.0418 | * |
| B×C | 1 | 0.11 | 0.11 | 3.70 | 0.0957 | |
| A×A | 1 | 1.72 | 1.72 | 60.34 | 0.0001 | ** |
| B×B | 1 | 1.50 | 1.50 | 52.59 | 0.0002 | ** |
| C×C | 1 | 0.61 | 0.61 | 21.52 | 0.0024 | ** |
| 模型 | 9 | 15.55 | 1.73 | 60.59 | <0.0001 | |
| 错误 | 7 | 0.20 | 1.73 | | | |
| 总计 | 16 | 15.75 | | | | |

从表5.1和表5.2中可以看出,用上面的方程描述因子回归的$P<0.05$,方程回归显著,同时相关系数$R^2=0.9873$,说明这种实验方法是可靠的,能够很好地描述实验结果,使用该方程代替真实的实验点进行分析是可行的。方差分析结果中,A、B、C项$P<0.05$,说明提取温度、提取时间以及液固比三个因素对茶树花多糖的提取影响显著,A×B、A×C、A×A、B×B和C×C项的$P<0.05$,说明A(提取温度)的平方项、B(提取时间)的平方项、C(提取液固比)的平方项,以及A(提取温度)与B(提取时间)、

A（提取温度）与C（提取液料比）的交互作用的影响显著。

　　图5.4为因素提取温度（A）和提取时间（B）相互关系的3D图形。图中显示当提取温度较低时，随着提取时间的增加，多糖提取率先增加后下降，而提取温度较高时随着提取时间的增加，多糖提取率呈增加趋势。提取温度在不同的范围内对提取时间的影响不同，提取温度与提取时间的交互作用显著。这与方差分析中A×B（$P = 0.0017$）的结果相吻合。

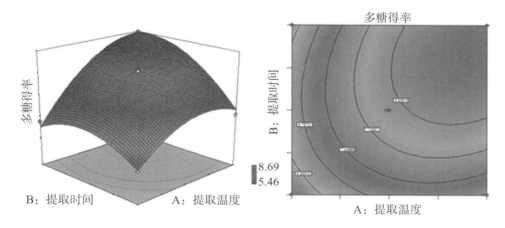

**图5.4　提取时间、提取温度的响应面立体图和等高图**

　　图5.5为因素提取温度（A）和提取液固比（C）相互关系的3D图形。图中显示当提取温度较低时，随着提取液固比的增加，多糖提取率先稍微增加后下降，而提取温度较高时，随着提取液固比的增加，多糖提取率也是呈现先增加后下降趋势。提取温度在不同的范围内对提取液固比的影响没有像对提取时间那么显著。这与方差分析中A×C（$P = 0.0418$）的结果相吻合。

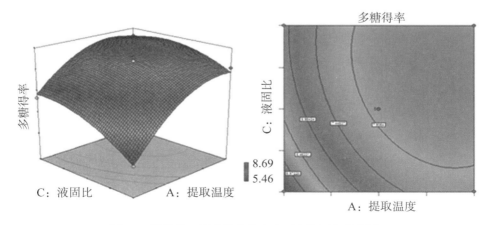

**图5.5　液料比、提取温度的响应面立体图和等高图**

图5.6为因素提取时间(B)和提取液固比(C)相互关系的3D图形。从图中可以看出,提取时间与提取液固比对多糖提取率的影响规律并不会随着另一因素的改变而有明显变化。在提取时间较短时,随着提取液固比的增加,多糖提取率先增加后减小;而提取时间较长时,随着提取液固比的增加,多糖提取率表现出同样的趋势。提取时间与提取液固比交互作用并不显著。这同样与方差分析B×C($P=0.0957$)的结果吻合。

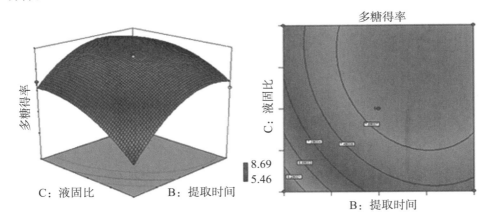

图5.6　液料比、提取时间的响应面立体图和等高图

Design-Expert软件分析可知,最优提取条件为:提取温度90℃,提取时间1.89h,液料比21.75,此时茶树花粗多糖提取率为8.69％。验证实验得出实际提取率为8.60％,证实了回归方程为茶树花粗多糖提取提供了可靠模型。

## 二、酶法提取技术

酶法是通过酶反应将原料组织分解,加速有效成分的释放和提取,选择适宜条件将影响提取的杂质分解去除,促进某些极性低的脂溶性成分转化成糖苷类等易溶于水的成分,降低提取的难度。这种方法具有条件温和、易去除杂质、回收率高和节约能源等优点,在应用时多采用复合酶时,既要注意复合酶间的协同关系,还要兼顾酶解设备与工艺参数(如物料颗粒大小、pH、温度和时间)衔接问题。俞兰等研究利用了戊聚糖复合酶、纤维素酶、葡聚糖酶、中性蛋白酶及果胶酶,按表5.3中的条件加入酶制剂→90℃灭酶10min→过滤→渣水提,料液比为1:8,时间1h,温度55℃→过滤、离心→两次清液合并→浓缩→醇沉→沉淀、冻干→多糖样品。

表5.3　不同酶制剂提取茶树花多糖的最适参考条件

| 项目 | 戊聚糖复合酶 | 纤维素酶 | 葡聚糖酶 | 中性蛋白酶 | 果胶酶 |
|---|---|---|---|---|---|
| 缓冲液pH | 4.4 | 4.8 | 4.0 | 6.6 | 4.2 |
| 温度(℃) | 55 | 55 | 55 | 55 | 55 |
| 加酶量(%) | 0.06 | 0.06 | 0.06 | 0.5 | 0.5 |

　　研究结果表明中性蛋白酶、纤维素酶、戊聚糖复合酶的添加使得多糖得率明显上升,其中中性蛋白酶多糖得率为33.4%,纤维素酶多糖得率为17.9%,戊聚糖复合酶多糖得率为18.3%,但是戊聚糖复合酶提取得到的茶多糖中的酸性糖含量较其他两种酶提得到的茶多糖的酸性糖含量高,且戊聚糖复合酶提取得到的茶多糖的蛋白质含量也较低,故选择戊聚糖复合酶提取茶树花多糖。

## 第二节　茶树花多糖检测分析技术

　　多糖的含量测定方法可分为两大类:一类是直接测定多糖含量,如高效液相色谱法、气相色谱法和酶法等;另一类是利用组成多糖的单糖缩合反应而建立的间接测定法(比色法),如苯酚-硫酸法、蒽酮-硫酸法等。间接测定法是多糖在浓硫酸水合作用产生的高温下迅速水解,产生单糖,单糖在强酸条件下与苯酚(或蒽酮)反应生成橙色(或深绿色)衍生物。因此,首先测定样品中总糖和游离单糖的含量,然后计算总糖的含量与游离单糖的含量的差值,即为总多糖的含量。近几年的有关茶多糖检测的研究主要方法如下。

### 一、间接测定法

　　准确测定茶多糖含量对选择原料、评价提取、纯化工艺非常重要,但却一直困扰着茶多糖的测定。目前,国内外快速测定多糖含量主要是用苯酚-硫酸法或蒽酮-硫酸法,均以无水葡萄糖为对照品,用分光光度法测定,计算含量。这两种方法快速、方便、准确,但这两种测定方法对有色样品都不理想,苯酚-硫酸法受样品颜色的影响更大,因此,常多用蒽酮-硫酸法测定有色样品的总糖含量。徐人杰等采用苯酚-硫酸法测定茶树花中的多糖含量,以葡萄糖为标准品,测得茶树花中粗多糖得率为6.67%～6.89%。

## 1. 多糖含量测定

采用改良的蒽酮-硫酸比色法,糖类遇到浓硫酸脱水生成糠醛或羟甲糠醛,可与蒽酮试剂缩合产生蓝绿色糠醛衍生物,于620nm处有最大吸收,显色与多糖含量呈线性关系。实验采用蒽酮-硫酸比色法测定多糖含量,计算得到回归方程为 $A=6.75C-0.011$,$R^2=0.9985$(C为糖溶液浓度,A为其在620nm处的吸光度),这表明在0.02~0.1g/L范围内葡萄糖的含量与吸光度呈良好的线性关系。根据多糖的稀释倍数,最终计算出茶树花粗多糖的含量为9.3%,组分TFP-1和TFP-2的多糖含量分别为83.6%和87.9%。

## 2. 多糖糖醛酸含量测定

实验采用改良的硫酸-咔唑法对茶树花多糖中的糖醛酸含量进行测定。该方法的原理是多糖经水解生成己糖醛酸,在强酸中与咔唑试剂发生缩合反应,生成紫红色化合物,产生紫外吸收,其呈色强度与己糖醛酸含量成正比,且在一定浓度的范围内,该衍生物吸收值与糖醛酸含量呈线性关系,可通过比色法对糖醛酸含量进行计算。

实验采用硫酸-咔唑法测定糖醛酸含量,计算得到回归方程为 $A=9.415C-0.0011$,$R^2=0.9974$(C为半乳糖醛酸含量,A为其在523nm处的吸光度),这表明在0.01~0.1g/L范围内半乳糖醛酸含量与吸光度呈良好线性关系。计算得出茶树花多糖组分TFP-1和TFP-2的糖醛酸含量分别为2.7%和7.1%。

## 3. 多糖蛋白含量测定及脱蛋白方法

### (1) 茶树花多糖蛋白质含量的测定

采用改良的考马斯亮蓝法对茶树花多糖中蛋白质含量进行测定。蛋白质分子均具有酰胺基团,棕红色的考马斯亮兰G-250染料上的阴离子与蛋白质的酰胺结合,使溶液变为蓝色,其最大吸收峰也由465nm变为595nm,蛋白质在1~1000μg范围内,蛋白质与色素物质结合物在595nm波长下的吸光度与蛋白质含量成正比,可用于测定蛋白质含量。蛋白质与考马斯亮蓝G-250结合在2min左右的时间内达到平衡,完成反应十分迅速,其结合物在室温下1h内保持稳定。考马斯亮蓝法测定蛋白质含量,计算得到回归方程为 $A=7.863C+0.0104$,$R^2=0.9899$(C为牛血清蛋白含量,A为其在595nm处的吸光度),这表明在0.01~0.1g/L范围内牛血清蛋白含量与吸光度呈良好线性关系。计算得出茶树花粗多糖TFP的蛋白质含量为3.31%,组分TFP-1和TFP-2的蛋白含量为1.5%和2.9%。

（2）茶树花粗多糖脱蛋白的方法

Sevag法由于比较温和,常需要重复多次脱蛋白处理才能将蛋白质基本除尽,也会造成多糖损失。而三氯乙酸法的反应较剧烈,容易引起多糖的降解,影响多糖的生物活性。盐酸法和氯化钙法在本实验的脱蛋白率也不尽理想,但是操作简单,人为引起的误差较小。综合比较得出Sevag法脱蛋白率最高,并且多糖保留量也最大。因此,实验选择Sevag法作为茶树花粗多糖脱蛋白的方法。

表5.4 茶树花多糖不同脱蛋白方法的比较

| 方法 | 蛋白质(%) | 脱蛋白率(%) | 多糖含量(%) |
|---|---|---|---|
| 脱蛋白前 | 8.82 | 0.00 | 76.4 |
| 三氯乙酸法 | 4.67 | 47.1 | 43.2 |
| Sevag法 | 3.42 | 61.2 | 63.8 |
| 盐酸法 | 4.76 | 46.0 | 41.3 |
| 氯化钙法 | 4.85 | 45.0 | 39.5 |

（3）多糖脱色方法的比较

在多糖的提取过程中常会引入一些色素(游离色素或结合色素),必须提前除去,否则会影响后面的分离,不易得到纯品。提取前可先用甲醇、乙醇、乙酸乙酯等提取脱去一部分色素,再用热水提取。多糖经粗提后,一般还需再次进行脱色处理。多糖中常采用的脱色方法有:$H_2O_2$氧化脱色法、有机溶剂反复洗涤法以及吸附剂脱色法等。在采用$H_2O_2$脱色时,表5.5中的色度以$A_{450}$表示,$A_{450}$值越大,说明脱色的效果就越不理想。脱色前溶液呈棕色,用$H_2O_2$氧化脱色后,溶液呈浅黄色,说明脱色效果较好。$H_2O_2$氧化脱色法虽然脱色效果好于丙酮-乙醚-无水乙醇洗涤法和活性炭脱色法,但易引起多糖的降解,浪费大量多糖。而有机溶剂洗涤法的多糖得率高,多糖含量为66.9%,但是脱色效果最差,并且有机溶剂的大量使用会伤害人体与污染环境。综合比较,为了保持多糖结构的完整性以及较强的脱色能力,本研究采用活性炭吸附脱色。活性炭是黑色细微粉末,无毒、无臭、无味,具有多孔结构,它能吸附糖液中的色素物质,具有脱色、脱臭的良好效果。但是要得到满意的效果,必须选择质量好、可溶性灰分少、杂质少的产品,并注意控制温度、pH值、搅拌与脱色时间等条件。

表5.5　茶树花多糖不同脱色方法的比较

| 方法 | A$_{450}$ | 脱色率（%） | 多糖含量（%） |
|---|---|---|---|
| 脱色前 | 0.413 | 0.0 | 74.6 |
| H$_2$O$_2$氧化脱色法 | 0.192 | 53.5 | 44.2 |
| 溶剂洗涤法 | 0.275 | 33.4 | 66.9 |
| 活性炭脱色法 | 0.213 | 48.4 | 61.2 |

首先用氨水调节pH至8,于40～50℃下用20%H$_2$O$_2$脱色,然后用稀HCl中和至pH＝7。此方法采用H$_2$O$_2$氧化色素时,也容易使多糖氧化分解,从而使多糖得率较低。在采用溶剂反复洗涤法脱色时,常用的溶剂系统有:丙酮-乙醚-无水乙醇、丙酮-石油醚-无水乙醇等。吸附剂脱色法常采用纤维素、硅藻土、活性炭等。本研究采用活性炭吸附色素,即将多糖溶于适量蒸馏水中,加热至80℃,加入多糖重量5%的经活化的活性炭,80℃维持10min,过滤,滤液加4倍量的乙醇,沉淀干燥得脱色多糖。

（4）Sephadex G-100纯化

凝胶层析又称为凝胶排阻层析、凝胶过滤、凝胶渗透层析等。它是以多孔性凝胶填料为固定相,按分子大小顺序分离样品中各个组分的液相色谱方法。凝胶层析是生物化学中一种常用的分离手段,它具有设备简单、操作方便、样品回收率高、实验重复性好、不改变样品生物学活性等优点。凝胶柱层析具有分子筛的作用,分子量不同的物质在层析柱中受到的阻滞作用不同。分子量大的物质随洗脱液流动而不能透入凝胶颗粒内部,随溶液顺凝胶间隙下流,受到的阻滞小,故流程短而较先流出;而分子量小的物质可以进入凝胶颗粒内部的多孔网状结构,受到较大的阻滞作用,流动缓慢而较后流出。这样样品中的不同的相对分子量的物质按其流出柱子的先后顺序而得到分离,流出液经检测后如果只有一个对称的峰,则表明为均一组分。

①填料预处理:取16g Sephadex G-100凝胶放入烧杯中,加重蒸水加热煮沸3h膨化,待凝胶膨化后,用水反复漂洗,倾泻去除表面的杂质和不均一的细小凝胶颗粒,加入0.5M NaOH溶液中,浸泡0.5h左右,不时搅拌,以去离子水洗涤,直至滤液中性为止,再抽滤。湿法装柱,填料要致密均匀,避免气泡产生。

②凝胶柱装柱方法及平衡:采用5.0cm×60cm标准凝胶柱。先将层析柱校正于垂直位置,柱内塞入少许湿润的玻璃丝,并加入少量的双蒸水,移动出口细管来排除滤板下面的空气,使滤板及下部完全充满液体,旋紧出口螺旋夹。以玻璃棒为引导,先将双蒸水加至层析管1/4左右,再把已经脱气的凝胶调成70%浓度,缓慢调匀,沿玻璃

棒缓慢倒入柱内,一次加完,打开恒流泵,将流速调为2倍于上样时的速度,直到胶体沉降完全为止。加入双蒸水洗脱平衡72h,流速介于装柱时的流速和样品洗脱速度之间。凝胶装填要做到在柱中没有裂缝或沟槽及气泡,不造成柱的径向和轴向凝胶粒度不均匀,减少涡流扩散导致的峰宽效应。

③上样与洗脱:100mg茶树花粗多糖TFP在20mL蒸馏水充分溶解后,沿柱壁缓慢上样,蒸馏水连续洗脱,控制流速为1mL/min,收集器收集,每隔5min收集一管。用改良的蒽酮-硫酸法跟踪检测,在620nm波长处测其吸光度。以洗脱溶液的管数为横坐标,吸光值为纵坐标作图(图5.7)。

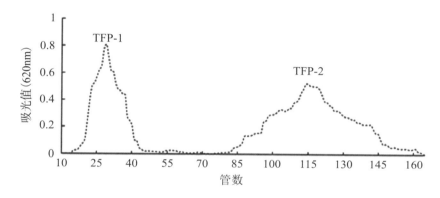

图5.7 Sephadex G-100对TFP的分离纯化

## 二、直接测定法

直接测定法是指以高纯度茶多糖为标准品进行检测的一种茶多糖检测方法,如高效液相色谱法。由于高纯度茶多糖标准品缺乏商品化,也无法制得统一规格的标准品,因此,直接测定法测定的大多不是多糖含量,一般常是多糖组分分布情况,如气相色谱法(或气质联用色谱法)、离子色谱法、薄层色谱法及毛细管电泳法等。采用Sugar-D(Nacalai Tesque Inc.)为色谱柱,乙腈-水(75:25,V/V)为流动相,示差检测器对茶树花中的可溶性糖进行HPLC分析,结果显示茶树花中可溶性糖组分为果糖:葡萄糖:蔗糖(67.6:57.5:91.8),茶树花中可溶性糖含量(216.85mg/g)远高于茶叶(绿茶~5mg/g)。许金伟等采用Dionex公司CarboPac PA10金电极,$H_2O$-NaOH-NaAc梯度洗脱,安培积分-离子色谱分析检测;茶树花多糖中的单糖有岩藻糖、鼠李糖、阿拉伯糖、木糖、半乳糖、葡萄糖、甘露糖、果糖、核糖、半乳糖醛酸、葡萄糖醛酸等11种,其相对含量依次为4.21:3.87:16.94:22.78:34.43:1.43:2.03:3.10:3.60:6.76:0.86。直接测定法具有重现性好、相对准确性好等优点,但是由于茶多糖是一种结构较复杂的不均一酸性糖蛋白,其化学组成、多级结构非常复杂。目前由于茶多糖的化学组成、多级结构、分离纯化技术等研究滞后,很难获取高纯度茶多糖,即使获得纯度较高的茶多糖,也只代表一定分子质量范围的均一组分,所以直接检测法并没有广泛应用于茶多糖含量检测,而大多应用于多糖中的单糖组分分析方面。

## 第三节　茶树花多糖理化性质与结构分析

结构是多糖活性的基础,多糖一级结构的研究包括单糖残基的种类、单糖残基间的顺序、单糖残基在糖苷键中的位置、环状结构的类型和糖苷键的构型。而组成多糖的单糖品种繁多,单糖的连接顺序、连接位置的不同以及可能有的侧链使多糖结构更具复杂性,其结构鉴定也更困难。目前,常用的多糖结构分析方法主要分为3大类,即化学分析法、物理分析法和生物学分析法。包括酸水解、高碘酸氧化、Smith降解、甲基化分析等在内的化学分析法仍然是多糖结构分析常用的方法;物理分析法主要包括紫外(UV)、红外(IR)、质谱(MS)和核磁共振(NMR);生物学分析法主要是酶学方法,即利用各种特异性糖苷酶水解多糖分子而得到寡糖片断,通过分析寡糖片断的结构来推测多糖的结构。本实验经过热水提取、乙醇沉淀、去蛋白、脱色、Sephadex G-100纯化获得了较高糖含量的茶树花多糖组分TFP-1和TFP-2,对其进行了初步的理化性质分析和化学结构的鉴定。

以实验提取的茶树花多糖组分TFP-1及TFP-2为对象进行理化分析,其为灰白色粉末,多糖含量分别为83.6%和87.9%,蛋白质含量分别为1.5%和2.9%,糖醛酸含量分别为2.7%和7.1%。

## 一、茶树花多糖理化特性

### 1. 颜色反应

（1）碘-碘化钾反应

配成1mg/mL溶液,加入碘-碘化钾试剂(含0.02%$I_2$的0.2%KI溶液),以观察其颜色变化,茶树花多糖组分TFP-1和TFP-2与$I_2$-KI溶液反应为阴性,说明其不含淀粉及纤维素。

（2）费林试剂反应

费林试剂反应常用来检测还原糖,还原糖中的还原性醛基可以将费林试剂中的 $Cu^{2+}$ 转化为 $Cu$,生成红色沉淀。取费林试剂 A（3.45g硫酸铜和50μL浓硫酸,以蒸馏水定容于500mL的容量瓶）和费林试剂B（6.25g氢氧化钠和6.85g酒石酸钠钾,以蒸馏水定容于25mL的容量瓶）各0.25mL混匀,分别加入茶树花多糖溶液数滴,沸水浴加热2～3min,观察其颜色变化。结果显示,茶树花多糖组分TFP-1和TFP-2与费林试剂反应呈阴性,说明其不含还原糖。

（3）茚三酮反应

取10mL试管,加入茶树花多糖溶液lmL,加入茚三酮溶液l0滴,将试管放入沸水中加热10min,观察现象,有蓝紫色化合物生成,则反应为阳性。茶树花多糖组分TFP-1和TFP-2与硫酸-咔唑反应呈阳性,说明其含有糖醛酸。

（4）三氯化铁反应

取10mL试管,加入茶树花多糖溶液lmL,加入1％三氯化铁溶液1～2滴,观察颜色。结果显示茶树花多糖组分TFP-1和TFP-2与$FeCl_3$反应呈阴性,说明其不含多酚类物质。

（5）双缩脲反应

取l0mL试管,加茶树花多糖溶液l0滴,加入10％氢氧化钠5滴,摇匀加入1％硫酸铜溶液5滴,观察颜色,有紫红色配合物生成,则反应为阳性。茶树花多糖组分TFP-1和TFP-2与双缩脲反应呈阳性,考马斯亮蓝反应呈阳性,均说明茶树花多糖组分中含有蛋白质。

## 2. 溶解度测定

茶树花多糖TFP-1和TFP-2冷冻干燥后,为灰白色粉末。TFP-1较TFP-2更易溶于冷水、二甲基亚砜、稀酸、稀碱,两者均不溶于高浓度的乙醇、乙醚、丙酮、三氯甲烷、正丁醇、乙酸乙酯等有机溶剂。

## 3. 比旋度测定

茶树花多糖组分TFP-1和TFP-2的水溶液在自动旋光仪上测定5次,取平均值,由公式计算得到TFP-1和TFP-2的$[\alpha]_D^{20}$分别为51.84和17.60。

## 4. 茶树花多糖分子量的测定

采用高效凝胶色谱法,多糖在分子排阻色谱柱上的洗脱体积或保留时间与其分子量密切相关。在一定的分子量范围内,多糖的洗脱体积或保留时间与其分子量的对数呈线性关系。根据这个特性,可用一系列已知分子量的标准多糖在一定色谱条件下制作分子量的对数值与其洗脱体积(或保留时间)的标准曲线,然后根据待测多糖在相同色谱条件下的洗脱体积(或保留时间),从标准曲线上求出茶树花多糖组分的分子量(图5.8)。

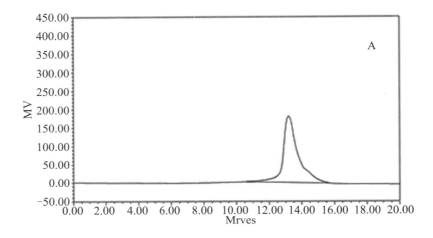

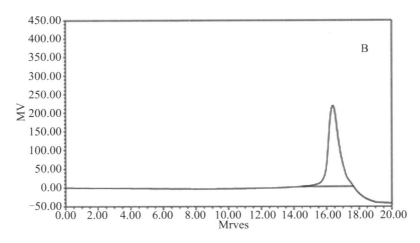

**图5.8 茶树花多糖的分子量测定的高效凝胶色谱图**

注:A为茶树花多糖组分TFP-1的凝胶色谱图,B为茶树花多糖组分TFP-2的凝胶色谱图。

多糖的摩尔质量具有相对性,通常所测定的摩尔质量只能是一种统计平均值,代表相似链长的平均分布。研究采用高效凝胶色谱法测定了茶树花多糖组分TFP-1和TFP-2的分子量。TFP-1和TFP-2的分子量计算公式：Log Mol Wt＝8.42e－3.00e$^{-1}$T（$R^2$＝0.9907），计算得出TFP-1分子量为167.5kDa，TFP-2分子量为10.1kDa。Mw/Mn比值为多糖摩尔质量多分散系数（d），其大小可作为判断样品摩尔质量分布是否均匀的指标，如果样品分子大小比较均一，则d值应比较小或接近1.0。实验结果显示TFP-1的d值为1.18，TFP-2的d值为1.06，说明TFP-2相对于TFP-1而言，摩尔质量分布相对更均一。

顾亚萍的研究表明茶树花多糖T1分子量为79.6kDa，含有七种单糖的组成比例为甘露糖：核糖：鼠李糖：半乳糖醛酸：葡萄糖：半乳糖：阿拉伯糖＝2.09：0.70：8.56：2.65：10.07：39.94：35.98。在本研究中测得茶树花多糖TFP-1和TFP-2的分子量分别为167.5kDa和10.1kDa。Wei等的研究表明通过传统的水提法提取的茶树花多糖TFP-1和TFP-2的分子量分别为31kDa和4.4kDa。茶树花多糖分子量及单糖组成比例的差别，可能与多糖的提取分离方法及茶树花的来源不同有关。

## 5. 茶树花多糖单糖组成分析

采用美国Waters公司515型高效液相色谱仪系统，以阿拉伯糖、木糖、葡萄糖、半乳糖、鼠李糖、果糖和甘露糖样品作为对照。茶树花多糖TFP-1和TFP-2的单糖分析的液相色谱结果如图5.9所示。TFP-1中的单糖已经被成功分离，鉴定出的单糖有葡萄糖、木糖、鼠李糖、半乳糖，其摩尔比为葡萄糖：木糖：鼠李糖：半乳糖＝1.0：1.2：0.81：0.98。而TFP-2中单糖有葡萄糖、木糖、鼠李糖、阿拉伯糖，其摩尔比为葡萄糖：木糖：鼠李糖：阿拉伯糖＝1.0：0.76：2.3：2.3。两个多糖组分中不仅单糖种类有所不同，而且单糖之间的比例存在着较大的差异。

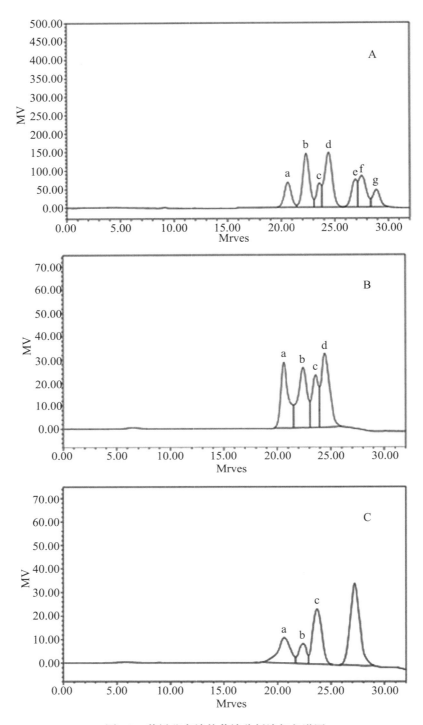

图5.9　茶树花多糖的单糖分析液相色谱图

注:单糖标准品(A)、茶树花多糖TFP-1(B)和茶树花多糖TFP-2(C)的液相色谱图。
a,葡萄糖;b,木糖;c,鼠李糖;d,半乳糖;e,阿拉伯糖;f,岩藻糖;g,果糖。

## 6. 氨基酸组成分析

采用日本L-8900氨基酸自动分析仪,以17种氨基酸作为标准品(天冬氨酸、苏氨酸、丝氨酸、谷氨酸、脯氨酸、甘氨酸、丙氨酸、半胱氨酸、缬氨酸、甲硫氨酸、异亮氨酸、亮氨酸、酪氨酸、苯丙氨酸、赖氨酸、组氨酸、精氨酸),根据相同条件下得到的TFP-1和TFP-2水解后氨基酸的保留时间计算出氨基酸组成含量。

由表5.6可知,TFP-1主要由天冬氨酸、苏氨酸、丝氨酸、谷氨酸、脯氨酸、甘氨酸、丙氨酸、半胱氨酸、缬氨酸、亮氨酸、酪氨酸、赖氨酸、组氨酸等13种氨基酸组成,其氨基酸的总含量为0.931%。TFP-2主要由天冬氨酸、苏氨酸、丝氨酸、谷氨酸、脯氨酸、甘氨酸、丙氨酸、缬氨酸、异亮氨酸、亮氨酸、酪氨酸、赖氨酸、组氨酸等13种氨基酸组成,其氨基酸的总含量为1.417%。

表5.6　茶树花多糖的氨基酸组成

| 氨基酸 | TFP-1(%) | TFP-2(%) |
|---|---|---|
| Asp | 0.141 | 0.198 |
| Thr | 0.018 | 0.118 |
| Ser | 0.054 | 0.157 |
| Glu | 0.341 | 0.297 |
| Pro | 0.022 | 0.024 |
| Gly | 0.083 | 0.083 |
| Ala | 0.046 | 0.160 |
| Cys | 0.132 | ND |
| Val | 0.049 | 0.110 |
| Met | ND | ND |
| Ile | ND | 0.047 |
| Leu | 0.018 | 0.137 |
| Tyr | 0.005 | 0.018 |
| Phe | ND | ND |
| Lys | 0.017 | 0.051 |
| His | 0.005 | 0.017 |
| Arg | ND | ND |
| 总计 | 0.931 | 1.417 |

## 7. β-消去反应

β-消去反应是检测糖蛋白糖肽键的简易又而快速的方法。具有O-型糖苷键的糖蛋白在β-消去反应过程中，与糖肽键相连的丝氨酸(Ser)和苏氨酸(Thr)变成α-氨基丙烯酸和α-氨基丁烯酸。这两种不饱和氨基酸会导致240nm处的光吸收增加，而与天冬酰胺相连的N-型糖苷键则不会发生此变化。用0.2M NaOH于45℃下处理1.5h后，测定190~400nm的吸收光谱，茶树花多糖组分处理前后的紫外光谱见图5.10：TFP-1和TFP-2在240nm处虽未出现明显的新的吸收峰，但在240nm处的吸光值明显增加，表明茶树花多糖中的糖蛋白糖肽键以O-连接。由此可见，茶树花多糖是以与蛋白质相结合的形式存在的。

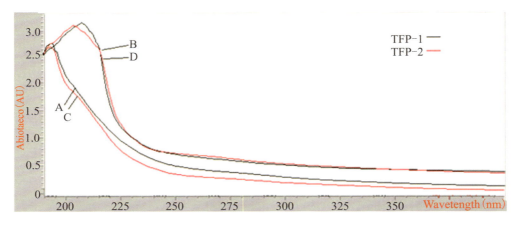

图5.10　茶树花多糖用NaOH处理前后紫外吸收光谱

注：A:TFP-1；B:TFP-2；C:TFP-1处理后；D:TFP-2处理后。

## 8. 茶树花多糖红外光谱分析

充分干燥后的茶树花多糖组分TFP-1和TFP-2在4000~500cm$^{-1}$范围内进行红外光谱分析，从图5.11可以看出TFP-1和TFP-2都具有以下结构特征。在TFP-1的红外光谱中，3380.22cm$^{-1}$的宽峰是O-H和N-H伸缩振动峰，存在着分子间和分子内的氢键，且其宽峰形状为典型的-COOH峰形。在2934.27cm$^{-1}$的一组峰是糖类不对称C-H伸缩振动，1416.35cm$^{-1}$的一组峰是C-H的变角振动，这两组峰则可以初步判断该化合物为糖类化合物。1591.69cm$^{-1}$是N-H的变角振动，1140.10cm$^{-1}$的强吸收峰是吡喃环的醚键(C-O-C)和羟基的吸收峰。827.46cm$^{-1}$的小尖峰是α-吡喃环的弯曲振动特征峰，896.31cm$^{-1}$是β-吡喃环的弯曲振动特征峰，表示多糖组分TFP-1结构中同时含有α-配糖键以及β-配糖键。622.24cm⁻¹是O—H的外平面振动峰。

在TFP-2的红外光谱中,3423.04cm⁻¹宽峰是O—H和N—H伸缩振动峰,在2926.35cm⁻¹的一组峰是糖类C—H伸缩振动,包含于1600～1872cm⁻¹组峰中1745.03和1633.98cm⁻¹为—COOH的C＝O吸收峰,1538.83cm⁻¹是N—H的变角振动,1442.63cm⁻¹、1373.16cm⁻¹和1262.00cm⁻¹的一些组峰是C—H的变角振动,1104.1cm⁻¹和1019.91cm⁻¹的尖峰是C—O伸缩振动峰。831.80cm⁻¹和922.17cm⁻¹的小尖峰都是α-吡喃环的弯曲振动特征峰,表示多糖组分TFP-2结构中以α-配糖键连接。762.37cm⁻¹处是D-葡萄吡喃糖环C—O—C的振动吸收峰。638.75cm⁻¹则是O—H的外平面振动峰。

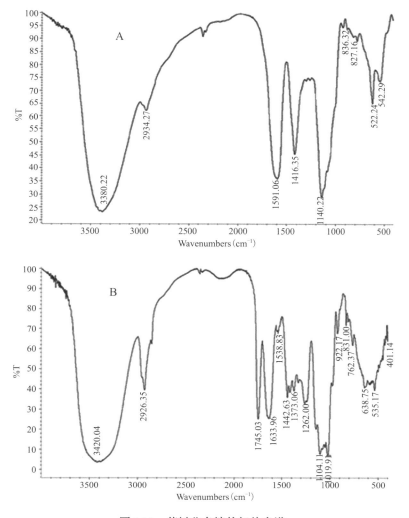

图5.11 茶树花多糖的红外光谱

注:A为茶树花多糖组分TFP-1的红外光谱,B为茶树花多糖组分TFP-2的红外光谱。

### 9. 茶树花多糖的 ¹H NMR 分析

¹H NMR 可用于确定多糖中糖残基的糖苷键构型。将 20mg 多糖样品 TFP-1 和 TFP-2 用 1mL 重水溶解,冷冻干燥交换 3 次,将活泼氢用氘置换。用 0.5m $D_2O$ 溶解后置于核磁管,于 25℃ DMX-500 核磁共振波谱仪测定其 ¹H NMR(图 5.12)。对于多糖分子来说,由于不同糖残基中非异头质子的亚甲基和次甲基的化学位移非常靠近,它的 ¹H NMR 谱峰严重重叠,大部分质子共振峰出现在 δ3.5～5.5ppm 这个非常狭小的区域内,给解析带来困难。¹H NMR 谱图中,δ3.5～4.5ppm 为糖环质子信号。一般 α 构型糖苷的异头碳上氢的共振比 β 构型糖苷向低场位移 0.3～0.5ppm,前者一般出现在 δ 4.8～5.3ppm,而后者一般出现在 δ4.4～4.8ppm 处。此外,由 ¹H NMR 的特征信号可以确定某些糖残基或基团。化学位移小于 δ3.5ppm 有系列小峰,说明该糖中可能有烷基或蛋白质中支链氨基酸残基的存在,进一步证明 TFP-1 和 TFP-2 是一种糖蛋白缀合物,还比如 6 位脱氧糖的甲基质子信号出现在高场区 δ0.8～1.4ppm;乙酰基($CH_3COO-$)的甲基质子信号出现在低场区 δ1.8～2.2ppm;而甲酯($-COOCH_3$)的甲基质子信号则位于 δ3.0～3.8ppm。

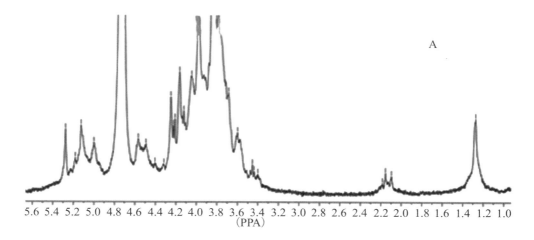

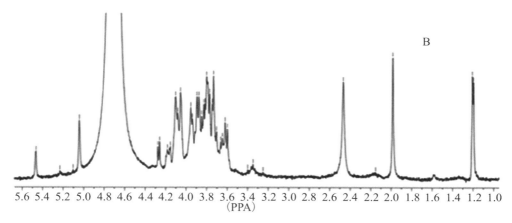

图5.12　茶树花多糖的¹H NMR图谱

注：A：TFP-1，B：TFP-2。

茶树花多糖组分TFP-1的¹H NMR图谱（图5.12A）显示：

①δ5.25ppm归属α-D-Galp残基的异头质子，δ5.15和δ5.10ppm归属α-D-Galp-NAc和α-D-Xylp残基的异头质子。α-D-Glcp和β-D-Glcp残基的异头质子信号分别位于δ4.97和δ4.54ppm。由异头质子的化学位移和耦合常数推出残基的构型。除了δ4.54ppm的残基为β构型外，其余残基都为α构型。

②高场区δ1.24ppm处的共振信号为6位脱氧糖L-Rhap残基的甲基质子信号。

③δ2.07ppm和δ2.13ppm为O-乙酰基（CH₃COO-）的甲基质子信号，二重峰说明乙酰基取代位置发生在糖链中糖残基的不同位置。

茶树花多糖组分TFP-2的¹H NMR图谱（图5.12B）显示：

①δ5.46ppm归属α-L-Arap残基的异头质子，δ5.23和δ5.10ppm归属α-D-Glcp和

α–D–Xylp 残基的异头质子。α–D–GlcpNAc 残基的异头质子信号位于δ5.04ppm。由异头质子的化学位移和耦合常数推出残基的构型,TFP–2 的残基均为α构型。

②高场区δ1.16 和δ1.17ppm 处的共振信号为 6 位脱氧糖 L–Rhap 残基的甲基质子信号,此型号以成对的峰出现表明 Rha 残基有 2 种不同的糖苷键连接方式(1,2–Rhap 及 1,2,4–Rhap)。

③δ2.12ppm 为 O–乙酰基(CH₃COO–)的甲基质子信号。

根据核磁共振谱的结果,进一步确定了茶树花多糖是含有蛋白质的糖缀合物。样品多糖的组成复杂,在 ¹H NMR 谱中的信号分布区间较窄,使信号重叠,且存在耦合与裂分,因此在测试中进行多种相关的 ²D NMR 分析。

## 10. X–射线衍射仪测定结晶性能

采用 X'Pert PRO 型,3Kw 旋转阴极 X–射线衍射仪测定茶树花多糖组分 TFP–1 和 TFP–2 的结晶性能。利用 X–射线衍射法可得到晶体的晶胞参数和晶格常数,再加上立体化学方面的信息(包括键角、键长、构型角和计算机模拟),就可以准确确定多糖的构型。茶树花多糖组分 TFP–1 和 TFP–2 的 X–衍射图谱见图 5.13,由图可知,TFP–1 和 TFP–2 在 2θ 为 3~65°范围内无明显的吸收峰,仅有少量小峰存在,说明茶树花多糖组分 TFP–1 和 TFP–2 在常态下不能形成单晶,为无定形态,这与 SEM 照片中观测到的结果一致。茶树花多糖分子的规整性不强,这与多糖复杂的一级结构有关。多糖通常是不能结晶的,但在适宜的条件下,它能以微晶态存在。所以,进行衍射分析的样品必须通过外界的诱导,其中有一定部分呈现微晶态,进一步的测定则需要 X–射线衍射的另一种方式纤维衍射来实现。

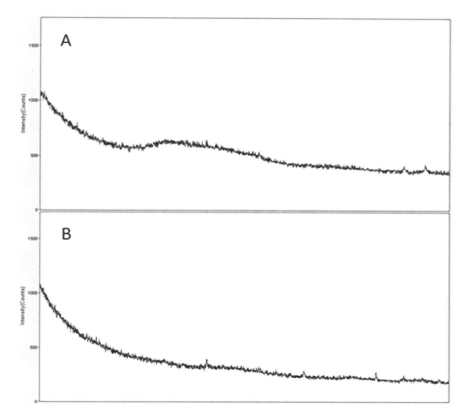

图5.13　茶树花多糖的X-射线衍射图谱

注：A：TFP-1；B：TFP-2。

## 11. 茶树花多糖的热特性

采用DSCQ1000型差示扫描量热仪研究茶树花多糖的热特性。加热速度10℃/min，测试范围为30～500℃，测定茶树花多糖的变性温度。茶树花多糖组分TFP-1和TFP-2在自然状态及氮气保护下加热的TGA图谱分析如图5.14所示。多糖质量在加热过程中的变化与多糖的组成、含水量、分子间的互相作用以及聚集态的行为有关，由图中TGA曲线可以分析得出以下结论。

①在空气中，TFP-1在30～100℃有一个失重峰，其失重量为13.13％，可以认为是自由水或者结合水的释放所导致的，还有可能是一些侧基的消去。无水的TFP-1在100～120℃区间相对稳定，在120～360℃，TFP-2经历了第二次失重，失重量为43.28％。在该温度范围内自身发生了分解反应，C-O键和C-C键发生断裂，这也说明TFP-1在120℃以下空气气氛中是相对稳定的。继续升温，则TFP-1失重趋势减

缓,在 360~500℃时失重量为 10.75%,最后残余物重量占 32.8%。

　　②在空气中,TFP-2 在 30~100℃有一个失重峰,其失重量为 8.36%。无水的 TFP-2 在 100~120℃区间相对稳定,在 120~360℃时,TFP-2 经历了第二次失重,失重量为 51.24%。再继续升温,则 TFP-2 失重趋势减缓,在 360~500℃时失重量为 11.94%,最后残余物重量占 26.5%。

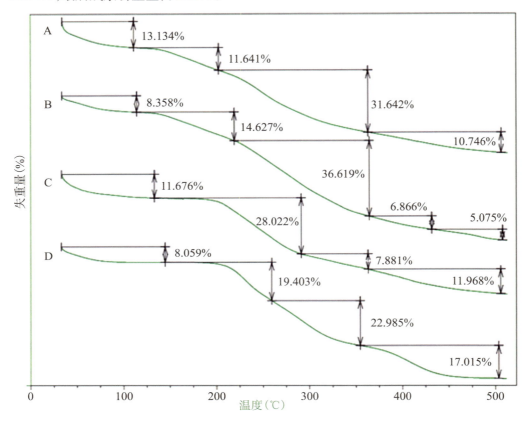

图5.14　茶树花多糖的升温 TGA 图谱

　　注:A:TFP-1(空气);B:TFP-2(空气);C:TFP-1(氮气);D:TFP-2(氮气)。

　　③在氮气保护中,TFP-1 在 30~100℃有一个失重峰,其失重量为 11.68%。无水的 TFP-1 在 100~180℃区间相对稳定。在 180~360℃,TFP-1 经历了第二次失重,失重量为 35.90%。再继续升温,则 TFP-2 失重趋势减缓,在 360~500℃时失重量为 11.97%,最后残余物重量占 40.45%。

　　④在氮气保护中,TFP-2 在 30~100℃有一个失重峰,其失重量为 8.06%。无水的 TFP-2 在 100~180℃区间相对稳定,在 180~360℃,TFP-2 经历了第二次失重,失重量为 42.39%。再继续升温,则 TFP-2 失重趋势减缓,在 360~500℃时失重量为 17.02%,

最后残余物重量占32.53%。与空气气氛中的失重过程相比,氮气保护中的TFP-1和TFP-2的第二次失重过程开始的温度从120℃提高到了180℃,说明空气中的氧参与了TFP-1的自身分解反应,降低了第二次失重的起始温度,并且从样品的残余量分析,空气气氛使得样品的自身分解反应更加彻底。

### 12. 茶树花多糖的SEM分析

取适量的干燥茶树花多糖样品黏着于样品台上,置于离子溅射仪中镀一层导电金膜后,在Hitachi S-4700扫描电镜下观察。工作条件:加速电压15kV,放大倍数(10000、25000和60000倍),选有代表性的视野照相记录。

茶树花多糖的SEM图像由图5.15所示。从外观形貌上看,TFP-1和TFP-2由自由分布的球状体组成。从颗粒排列的致密程度来比较:TFP-1＞TFP-2,TFP-1多糖颗粒易成团,较为紧实,而TFP-1颗粒之间有较多的间隙。从颗粒均匀程度来比较:TFP-2＞TFP-1。从颗粒完整程度来比较:TFP-2＞TFP-1,TFP-1的SEM图像中有一些提取过程中造成的碎片。从颗粒大小来比较:TFP-1≈TFP-2,其直径均为500nm左

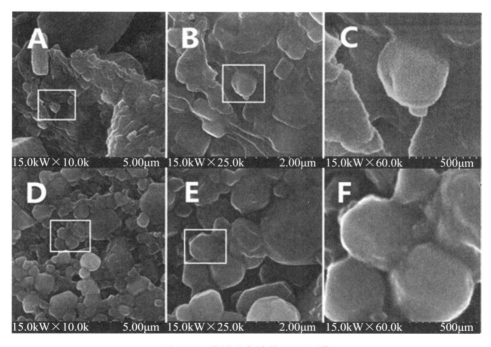

图5.15　茶树花多糖的SEM图像

注:A:TFP-1(10000倍);B:TFP-1(25000倍);C:TFP-1(60000倍);D:TFP-2(10000倍);E:TFP-2(25000倍);F:TFP-2(60000倍)。

右。从颗粒表面平整光洁程度来比较:TFP-2>TFP-1。对于不同来源的多糖,由于其结构不同,综合它们颗粒的各种外貌特征可以分辨开来。因此,扫描电子显微镜技术也可以作为区别和鉴定不同类型多糖物质的一种快速而有效的手段。

## 13. 茶树花多糖的 AFM 分析

原子力显微镜(AFM)是在扫描隧道显微镜基础上发展起来的一种新的物质结构分析工具。AFM 能使生物大分子样品在接近生理环境的条件下被直接观测。而且 AFM 能提供生物大分子纳米到亚微米级的三维结构信息,适合对生物大分子进行可视化和功能化研究,因此已被广泛用来研究高分子聚合物和生物大分子的表面形貌或结构。糖链的密度依赖于其起初浓度及其沉积到云母表面的量,图像的对比度依赖于探针针尖上的作用力,作用力太大则易损坏糖链,而太小则对比度差,很难得到清晰、稳定的图像。最佳的作用力大概在3~4nN量级以内。

将多糖样品 TFP-1 和 TFP-2 分别用蒸馏水配制成 1mg/mL 溶液,加热溶解,冷却至室温,再稀释,直至样品浓度为 20μg/mL 和 5μg/mL,加热使样品溶解完全且减少大聚集体的存在。将 5μL 稀释过的多糖溶液滴在新鲜解离的云母片上,常温常压下空气干燥,再滴加无水乙醇固定,防止多糖从云母表面脱附,样片干燥后即可进行测量。本实验采用 PicoScem 2100 原子力显微镜,扫描范围为 1.000μm×1.000μm,扫描频率为 1.00Hz,图像均在 tapping 模式下获得,接触作用力控制在3~4nN量级以内,原子力显微镜图像的形态学特征(如高度、宽度等)均采用原子力显微镜附带的软件进行分析。

由图5.16可知,在相同质量浓度 5μg/mL 下,茶树花多糖组分 TFP-1 和 TFP-2,在一定的视场范围(2.0μm×2.0μm)内观察所得图像的差异并不是很大:TFP-1 和 TFP-2 在形状上呈球状体,由于在检测中发现茶树花多糖中含有糖醛酸而带有负电荷,云母片本身也带负电荷,所以云母片会和茶树花多糖样品产生排斥力,从而使多糖分子聚集成团。TFP-1 的直径为 250nm,而 TFP-2 的直径为 150nm。据文献报道,多糖单链的直径一般为0.1~1nm,远远小于我们所观察到的数值,说明原子力显微镜观察到的图像是 TFP-1 和 TFP-2 糖链分子互相缠绕而形成的,并非是单个糖链分子,而是由多糖链中分子间范德华力相互作用以及糖链间氢键缔合所致。在茶树花多糖的红外光谱分析中我们就发现了在 3380cm⁻¹ 和 3423cm⁻¹ 处的强吸收峰,表示 TFP-1 和 TFP-2 有较多的羟基存在,使得糖链高度互相缠绕,从而形成非线形结构,即球状结构。当茶树花多糖浓度提高到20μg/mL时,样品TFP-1和TFP-2在视场范围(2.0μm×2.0μm)内观察所得的图像差异较大。TFP-1呈现不对称的团状,并且直径增大到500nm。而TFP-2还是球状,直径为200nm,和低浓度时相比直径变化不大。结合前面所测的茶树花多糖溶液的流变学基本特性,得到了以下的推断:TFP-1糖链上的糖醛酸羧基或者羧基负离子上的强电负性氧原子极易与本身或另外一糖链上的羟基氢形成分子间的氢键,依此类推,多个糖链缠绕形成线团状或者箱式结构。如图5.16所示,能把样品多糖溶液中的部分水分包裹在形成的三维结构的内部,所以看上去体积相对于低浓度时增大很多。当多糖溶液在低浓度时,不足以形成这样的三维结构,所以图5.16A所示的TFP-1球状体积和图5.16B所示的TFP-2球状体积差别不大。然而图5.16B和图5.16D中TFP-2的直径变化较小,说明糖链结构的差异,造成TFP-2的糖链缠绕形成的三维结构与TFP-1的相比有所不同,以致不能包裹较多的水分,这也是在同等浓度下,流变学特性分析中测得的TFP-1的黏度大于TFP-2的重要原因。

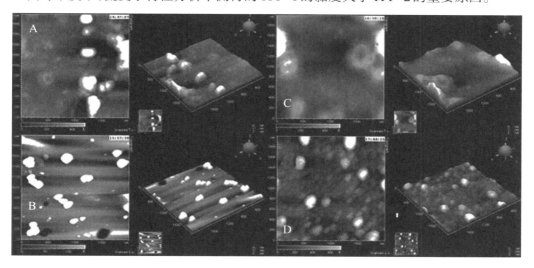

图5.16　茶树花多糖组分的AFM分析

注:A:TFP-1(5μg/mL);B:TFP-2(5μg/mL);C:TFP-1(20μg/mL);D:TFP-2(20μg/mL)。

### 14. 刚果红实验分析

多糖的分子链是由五元呋喃环或六元吡喃环链接而成,不同链接方式的糖苷键具有不同的柔顺性。因此,多糖在溶液中可形成不同的构象,如单螺旋、双螺旋和三股螺旋,可聚集和凝胶化等。刚果红是一种酸性染料,分子式为$C_{32}H_{22}N_6O_5S_2Na_3$,分子量为703,能溶于水和酒精,它可与具有三股螺旋链构象的多糖形成络合物,络合物的最大吸收波长同刚果红相比发生红移,在一定的 NaOH 浓度范围内,表现为最大吸收波长的特征变化(变成紫红色),当 NaOH 浓度大于 0.3M 后,最大吸收波长急剧下降。NaOH 终浓度在 0~0.5M 范围内,茶树花多糖组分 TFP-1、TFP-2 与刚果红形成的络合物在其溶液中的最大吸收波长的变化如图 5.17 所示,随着 NaOH 浓度的增高,茶树花多糖的最大吸收波长相应减小,但相对于刚果红本身最大吸收波长减小明显缓慢,并未表现出具有三股螺旋结构的多糖与刚果红形成的络合物在不同浓度的 NaOH 溶液中所表现出的特殊变化趋势,说明茶树花多糖不具有三股螺旋结构。

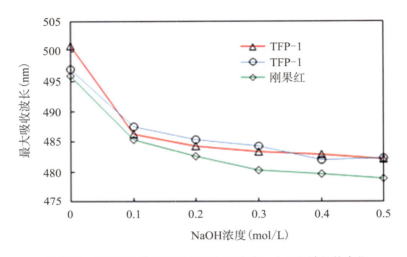

图5.17 茶树花多糖与刚果红混合碱溶液最大吸收波长的变化

## 15. 茶树花多糖流变学分析

采用 AR-G2 流变仪,在 22℃ 记录溶液的表观黏度随剪切速率的变化。从图 5.18 可知,茶树花粗多糖 TFP 溶液表现为剪切变稀,即溶液黏度随着剪切速率的增加而减小,这可能是由于在剪切力作用下多糖缠结的分子结构被拉直,缠结点减少,从而表现为黏度下降,称为"假塑性流体"。TFP-1 和 TFP-2 多糖溶液的性质和 TFP 相似,也归属为"假塑性流体"。但是可以明显看出,TFP 的溶液黏度远大于 TFP-1 和 TFP-2。例如,当剪切速率为 $100s^{-1}$ 时,TFP 的黏度为 3.26mPa·s,而 TFP-1 和 TFP-2 分别为 1.77 和 0.95mPa·s;当剪切速率为 $200s^{-1}$ 时,TFP 的黏度为 2.28mPa·s,而 TFP-1 和 TFP-2 分别为 1.52 和 0.92mPa·s。因此在相同的剪切速率下,茶树花多糖溶液黏度 TFP>TFP-1>TFP-2。

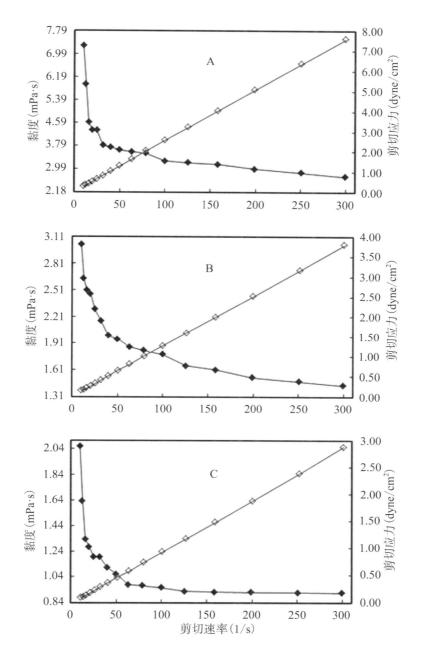

图5.18 剪切应力变化对茶树花多糖溶液黏度的影响

注:A:TFP;B:TFP-1;C:TFP-1;黏度;剪切应力。

## 16. 不同外界因素对茶树花多糖紫外吸收光谱的影响

取冷冻干燥的茶树花多糖组分 TFP-1 和 TFP-2,配制成 1.0mg/mL 的溶液,通过改变温度、pH 值,添加金属离子($Ca^{2+}$)、络合剂(刚果红)等不同外界因素,观察 TFP-1 和

TFP-2的紫外吸收光谱在190～400nm的变化,进而了解外界因素对茶树花多糖溶液构象的影响。

（1）温度对茶树花多糖构象的影响

图5.19为茶树花多糖水溶液在不同温度（20℃、60℃和100℃）分别处理30min后冷却至室温后的紫外吸收光谱,加热与冷却使茶树花多糖分子有一个变性与复性的相对可逆过程,但无论怎样都不能完全恢复到原来状态。从图中可看出,随着处理温度的升高,茶树花多糖在190～400nm的紫外吸收强度都在增加,峰形未发生明显偏移,说明多糖在加热和冷却过程中不对称构造重复单元的种类未变,表明经过升高温度处理后,茶树花多糖分子解聚的空间构象发生了改变,但在冷却后多糖分子间的相互作用又增强而产生聚集,从而不对称性增强,由此可见,茶树花多糖主要以无序结构存在。

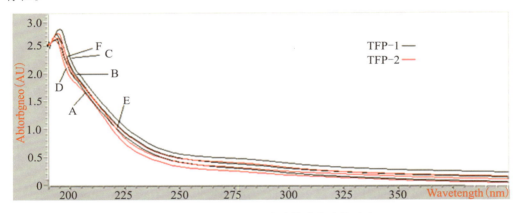

图5.19  温度对茶树花多糖紫外光谱的影响

注:A:20℃;B:60℃;C:100℃;E:20℃;F:60℃;G:100℃。

（2）pH值对茶树花多糖构象的影响

茶树花多糖为酸性多糖,其水溶液（1.0mg/mL）的pH＝6.5,茶树花多糖在不同pH值水溶液中的紫外光谱如图5.20所示。紫外光谱中,在pH＝2和pH＝12条件下,茶树花多糖的峰谷略有红移,特别是pH＝12时,紫外光谱的吸光度有了明显的增加,这是由于在碱性条件下茶树花多糖产生β-消去反应。以上结果显示,酸和碱都可以引起茶树花多糖构象的改变。

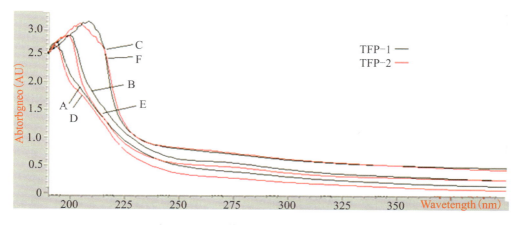

图5.20　pH对茶树花多糖紫外光谱的影响

注:A:pH=6.5;B:pH=2;C:pH=12;D:pH=6.5;E:pH=2;F:pH=12。

（3）钙离子对茶树花多糖构象的影响

为了研究离子强度对多糖构象产生的影响,本实验测定了茶树花多糖在含$Ca^{2+}$的水溶液中的紫外光谱。从图5.21可看出,在茶树花多糖水溶液中加入$CaCl_2$后,茶树花多糖在190~400nm的紫外吸收强度有明显增加,而且峰谷略有红移,表明由于$Ca^{2+}$的加入,茶树花多糖的构象发生了改变。

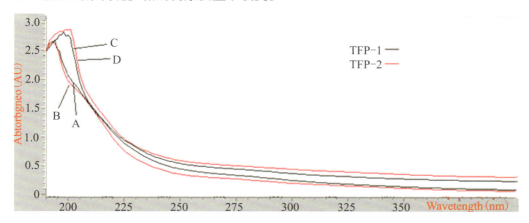

图5.21　钙离子对茶树花多糖紫外光谱的影响

注:A:TFP-1;B:TFP-2;C:TFP-1($CaCl_2$);B:TFP-2($CaCl_2$)。

采用紫外光谱对茶树花多糖构象的转变进行了研究,发现温度、酸、碱、离子强度等外界因素的改变均可对茶树花多糖的构象产生影响。多糖分子中除了氢键作用非常显著外,还含有糖醛酸。糖醛酸使得分子之间存在静电作用,于是影响多糖分子电荷分布的因素(如酸碱等)也将显著影响其溶液的构象,温度效应所产生的氢键相互作用变化也同样影响多糖的构象。

## 17. 茶树花多糖粒度测定

激光光散射粒度分析仪是根据颗粒能使激光产生散射这一物理现象测定粒度的大小及分布,其特点是快速、准确、分辨率高。本研究采用Brookhaven BI-9000激光光散射粒度分析仪测定了茶树花多糖TFP-1和TFP-2的溶液行为,浓度为10μg/mL的样品多糖溶液在加热处理前后的粒度分布变化如图5.22所示。TFP-1稀溶液的粒径的范围是50~170nm,平均粒径为110nm。TFP-2稀溶液的粒径的范围是5~100nm,平均粒径为40nm。茶树花多糖样品经沸水浴30min处理后,冷却至室温后测定,TFP-1的粒径变化范围为100~380nm,平均粒径为200nm。而TFP-2的粒径变化范围则为50~250nm,平均粒径为110nm。比表面指的是单位体积物质所具有的表面积,多糖溶液分散度越高,比表面也越大。本研究中TFP-1的比表面积由0.084减少到0.021,TFP-2的比表面积由0.151减少到0.062。TFP-1和TFP-2的水溶液分散度也随着升温处理后减小了,说明TFP-1和TFP-2经加热又冷却后产生不可逆的聚集行为,而且聚集体分布均匀。分析其聚集机理可能主要有以下两点:①实验提取的茶树花多糖样品为酸性多糖,并且多糖中存在大量的羟基和羧基,分子间易形成氢键而互相缠绕,并发生聚集行为。茶树花多糖的聚集体随着温度的不断升高,互相作用的糖链会解缠绕后伸展,使分子间相互作用的位点增加,当样品水溶液冷却后这些糖链又会重新聚集,形成分布相对均匀且粒径更大的聚集体。②经紫外检测,茶树花多糖是一种含有蛋白质的糖缀合物。在高温作用下,缀合物的蛋白质部分的严格的空间构象受到破坏,其理化性质被改变,并变性失去其生物活性。变性后由于蛋白质部分的肽链松散,面向内部的疏水基团暴露于多糖分子表面,多糖分子溶解度降低并互相凝聚。

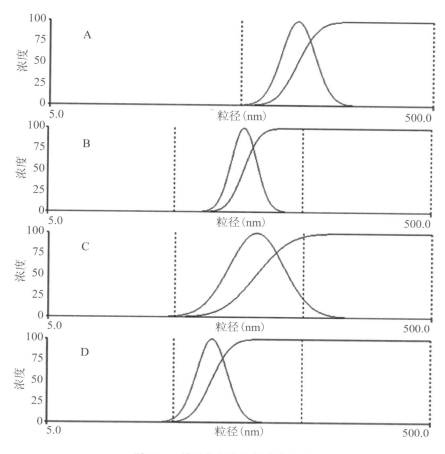

图5.22 茶树花多糖的粒度分布图

注:A:TFP-1,室温;B:TFP-1,加热处理;C:TFP-2,室温;D:TFP-2,加热处理。

### 18. 动静态激光光散射测定

参照文献方法,光散射采用BI-200SM广角激光光度计,在He-Ne激光源(激光波长λ=633nm)和25℃下测定不同角度(30～150º)各茶树花多糖溶液的散射光信号,茶树花多糖用0.1M NaCl水溶液配制成(0.05、0.067、0.10、0.15和0.20mg/mL)五个浓度的溶液,经砂芯漏斗过滤后,通过0.2μm孔径过滤器直接过滤到散射池中,示差折光指数增量($d_n/d_c$)用示差折光仪于633nm测量。

(1)静态激光光散射测定

茶树花多糖组分TFP-1和TFP-2的摩尔质量($M_w$)、均方根旋转半径($R_g$)以及二维里系数($A_2$)通过静态激光光散射检测根据经验方程,由Zimm图计算得到:

$$K_c/R_\theta = 1/M_w[1+16\pi^2n^2/3\lambda^2 \cdot R_g^2\sin^2(\theta/2)] + 2A_2C$$

（Rayleigh-Gans-Debye方程）

其中 $K=4\pi^2n^2(dn/dc)^2/(NA\lambda^4)$；NA 为阿伏伽德罗常数；n 为溶液折光指数；C 为溶质浓度；θ 为散射角度；λ 为入射光波长；$R_\theta$ 为瑞利因子，即 $I_\theta r^2/I_0$，$I_\theta$ 和 $I_0$ 为入射光和散射光的光强；r 为光源到测量点的距离。

具有多分散体系的高分子溶液的光散射，在极限情况下（即θ→0 及 C→0）可写成以下两种形式：

$$Kc/R_{\theta c\to 0}=1/M_w[1+16\pi^2n^2/3\lambda^2\cdot R_g^2\sin^2(\theta/2)]$$

$$Kc/R_{\theta\theta\to 0}=1/M_w+2A_2C$$

以 $Kc/R_\theta$ 对 $\sin^2(\theta/2)+Kc$ 作图，外推至 C→0、θ→0，便可得到两条直线，截距值＝$1/M_w$，因而可以求出高聚物的重均分子量。计算得 TFP-1 和 TFP-2 的分子量分别为 159kDa 和 11.2kDa，与之前用 HLGPC 测定的分子量（167kDa 和 10.1kDa）很接近，说明动态激光光散射法是一种准确可靠的研究高聚物分子结构的手段。从θ→0 的外推线看，其斜率为 $2A_2$，茶树花多糖 TFP-1 的 $A_2=4.85\times10^{-3}mol\cdot mL/g^2$，而 TFP-2 的 $A_2=2.35\times10^{-2}mol\cdot mL/g^2$。二维里系数 $A_2$ 反映高分子与溶剂相互作用的大小，$A_2$ 越大，说明分子与溶剂的相互作用越大，所以 TFP-2 与 NaCl 溶液的互相作用要大于 TFP-1。C→0 的外推线的斜率为 $16\pi^2n^2/3\lambda^2M_w\cdot R_g$，经计算后得出 TFP-1 和 TFP-2 的均方根旋转半径分别为 37.2 和 14.1nm。

（2）动态激光光散射测定

动态激光散射的基本原理与静态激光光散射相同，但它考虑了高分子在溶液中的布朗运动，从而可检测散射光强或频率随时间的涨落及产生的多普勒效应。散射光频率以入射光为中心形成一个很窄的分布，它包含了丰富的关于分子运动的信息。通过实验可得到散射光强(I)的自相关函数：

$$g2(r,q)=<I(r,q)I(0,q)><I(0,q)>$$

式中 r 为松弛时间；$q=4\pi n/\lambda_0\sin(\theta/2)$，为散射矢量；n、$\lambda_0$ 和θ分别为溶剂的折光指数、激光在真空中的波长以及散射角度。运用 Cumulant 分析法得到：

$$r=1/2limd(ln[g2(r,q)-1]/dr$$

式中 r 为反映散射光频移程度的线宽，由线宽可得到平移扩散系数 D：

$$D=r/q^2$$

图 5.23 为静态激光光散射测得 TFP-1 和 TFP-2 的齐姆图。

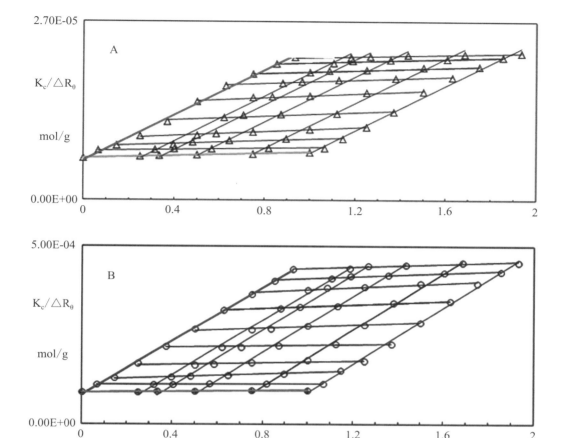

图5.23　静态激光光散射测得TFP-1和TFP-2的齐姆图

注：A：TFP-1；B：TFP-2。

依据经验公式，即可得到溶液中高分子的流体力学半径$R_h$：

$$R_h = K_B T / (6\pi\eta_0 D)（Stokes\text{-}Einstein方程）$$

式中$K_B$为玻尔兹曼常数，T为绝对温度，$\eta_0$为溶剂黏度，D为平移扩散系数。经计算后得出TFP-1和TFP-2的流体力学半径分别为44.8和14.4nm。

表5.7为茶树花多糖的激光光散射测试结果。

表5.7　茶树花多糖的激光光散射测试结果

| 类型 | $M_w$（g/mol） | $R_g$(nm) | $R_h$(nm) | $R_g/R_h$ | $A_2$(mol·mL/g$^2$) |
|---|---|---|---|---|---|
| TFP-1 | $15.9\times10^4$ | 37.2 | 44.8 | 0.83 | $4.85\times10^{-3}$ |
| TFP-2 | $1.12\times10^4$ | 14.1 | 14.4 | 0.98 | $2.35\times10^{-2}$ |

形状因子ρ定义为$R_g/R_h$,可用来描述茶树花多糖在0.1M NaCl溶液中的分子构象。当ρ<0.775,聚合物链呈现出球状;当ρ值在1.0～1.1之间,聚合物链以松散连接的高度分支链存在;而当ρ值在1.5～1.8之间,聚合物链以无规则线团形式存在;当ρ>2,聚合物链呈现出较强的刚性。ρ值是多聚体或者胶体的一个重要特征参数,不依赖于分子键长和聚合度,而与支化密度(支化度增加,ρ值降低)、多分散性(多分散性增加,ρ值增加)以及分子链固有的柔韧性(链柔韧性增加,ρ值降低)有密切关系。本实验中,ρ值从静态激光光散射与动态激光光散射中得到;经计算,TFP-1和TFP-2的ρ值分别为0.83和0.98,据此推测茶树花多糖分子在0.1M NaCl水溶液中以球状的构象存在。

### 19. 茶树花多糖特性粘数测定

高分子在溶液中的黏度可以反映分子链结构以及高分子与溶剂分子间相互作用等特性。与低分子不同,聚合物溶液甚至在极稀的情况下仍具有较大的黏度,黏度是分子运动时摩擦力的量度,因而溶液浓度增加,分子间作用力增强,运动时阻力就增大。表示聚合物溶液的黏度与浓度的关系常用以下两个经验公式:

$$\eta_{sp}/C = [\eta] + k'[\eta]^2 C \quad (\text{Huggins 方程})$$

$$\ln\eta_r/C = [\eta] - k''[\eta]^2 C \quad (\text{Kraemer 方程})$$

其中[η]为特性粘数,即单位质量聚合物在溶液中所占流体力学体积的大小;η为相对黏度,在溶液较稀时,$\eta = t/t_0$,即溶液的流出时间t与纯溶剂流出时间$t_0$的比值;$\eta_{sp}$为增比黏度,$\eta_{sp} = \eta - 1$,即溶液黏度比纯溶剂黏度增加倍数。$\eta_{sp}/C$为比浓黏度,即单位浓度的溶质所引起的黏度增大值;$\ln\eta_r/C$为比浓对数黏度。

参照文献方法,用常规乌氏黏度计测定茶树花多糖在0.1M NaCl水溶液中25℃的黏度。为抑制糖醛酸基引起的静电排斥效应,以0.1M NaCl为溶剂配制成(0.1、0.2、0.3、0.4、0.5和0.6g/dL)的溶液,由逐步稀释外推法按Huggins和Kraemer方程式计算特性粘数[η]和Huggins常数k'。

茶树花多糖TFP-1和TFP-2在0.1M NaCl溶液中的$\eta_{sp}/C\sim C$及$\ln\eta_r/C\sim C$的关系为直线(图5.24),然后外推至浓度C=0,方程的截距即为特性粘数[η]。TFP-1的Huggins方程y=0.2011x+0.7666,Kraemer方程为y=-0.1286x+0.7677。

TFP-2的Huggins方程为y=0.0169x+0.2069,Kraemer方程为y=-0.014x+0.2067。计算得出TFP-1的[η]=0.767L/g,k'=0.342;TFP-2的[η]=0.207L/g,k'=0.395。

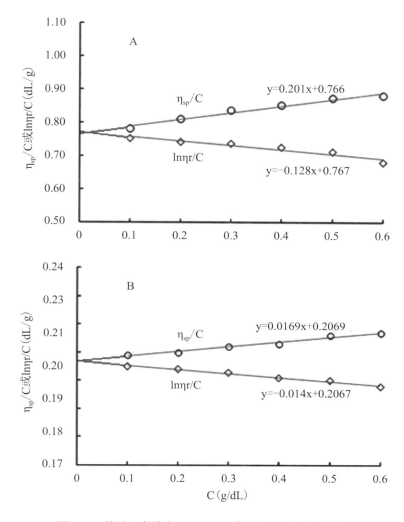

图5.24　茶树花多糖在0.1M NaCl溶液中特性粘数的测定

注：A：TFP-1；B：TFP-2。

　　特性粘数[η]的大小受到这些因素影响：①分子量：线性或轻度交联的聚合物分子量增大，[η]增大；②分子形状：分子量相同时，支化分子的形状趋于球形，[η]较线型分子的小；③溶剂特性：聚合物在良溶剂中，大分子较伸展，[η]较大，而在不良溶剂中，大分子卷曲，[η]较小；④温度：在良溶剂中，温度升高，对[η]影响不大，而在不良溶剂中，若温度升高，则溶剂变为良好，[η]增大。当聚合物的溶剂、温度确定后，[η]值只与聚合物的分子量有关。

　　表示聚合物的特性粘数[η]与分子量的关系用Mark-Houwink方程表示：$[η]=KM^{\alpha}$（式中 K 为系数，α为与分子形状有关的参数）。得出茶树花多糖在 0.1M NaCl 溶液中的黏性模建立的 Mark-Houwink 方程为：$[\eta] = 0.206 \times M^{0.494}$。通常情况下，高分子物质的 $\alpha$ 值为 $0.5 \sim 0.8$，较高的 $\alpha$ 值表明分子链的刚性较大，0.5 还表明分子的支化度很高。$\alpha = 0.5$ 时分子形状接近于球状，$\alpha$ 在 $0.6 \sim 0.8$ 时分子形状为柔性链，$\alpha > 1$ 时为棒状。根据 $\alpha = 0.494$，推知茶树花多糖在 NaCl 溶液中为紧密无规线团状，它不是线团紧密收缩，而是由大量支链造成链密度增加所致，呈现出球状的分子形状。

## 二、茶树花多糖组分与结构

### 1. 茶树花多糖与茶叶多糖组成

研究表明，茶叶多糖（TPS）组成与茶树花多糖（TFPS）有明显差异。倪德江等选择湖北福鼎大白茶、福建水仙以及云南大叶种鲜叶，三个产地不同的茶类多糖中性糖、糖醛酸含量高低为绿茶＞乌龙茶＞红茶，其中中性糖平均含量依次为32.1%（绿茶）、29.9%（乌龙茶）、16.5%（红茶），糖醛酸平均含量依次为20.5%（绿茶）、18.6%（乌龙茶）、14.5%（红茶）。在同一茶类中由于品种不同，茶多糖的单糖组分也不一致，如普通品种乌龙茶 TPS 中的单糖主要是葡萄糖、木糖、岩藻糖、半乳糖、阿拉伯糖（摩尔比为44.20∶2.21∶6.08∶41.99∶5.52）；闽北水仙乌龙茶 TPS 中的单糖主要是葡萄糖、木糖、鼠李糖、甘露糖、半乳糖、阿拉伯糖（摩尔比为3.30∶0.04∶0.11∶0.17∶0.12∶1.00）。不同茶类，茶多糖单糖组分差异就更明显，如屯溪绿茶 TPS 中的单糖主要为葡萄糖、甘露糖、岩藻糖、半乳糖和阿拉伯糖（摩尔比为0.62∶1.04∶0.23∶2.43∶1.00）。毛芳芳等利用离子色谱仪分析 TPS 主要由10种单糖组成，分别为岩藻糖、鼠李糖、阿拉伯糖、半乳糖、葡萄糖、木糖、甘露糖、核糖、半乳糖醛酸和葡萄糖醛酸（摩尔比为0.29∶0.87∶1.27∶1.00∶1.77∶0.07∶0.11∶0.30∶2.54∶0.24）。

许金伟等研究发现，茶树花多糖提取物去除单糖后经过离子色谱法（IC）分析，茶树花多糖中的单糖依次有岩藻糖、鼠李糖、阿拉伯糖、木糖、半乳糖、葡萄糖、甘露糖、果糖、核糖、半乳糖醛酸、葡萄糖醛酸，其摩尔比相应为0.46∶0.50∶1.75∶1.87∶2.72∶0.14∶0.16∶0.47∶0.54∶1.38∶0.12。韩铨等研究发现，茶树花多糖纯化后得到 TFPS1 和 TFPS2 两个馏分，经过 HPLC 分析，TFPS1 中的单糖依次有葡萄糖、木糖、鼠李糖、半乳糖，其摩尔比相应为1.00∶1.20∶0.81∶0.98；而 TFPS2 中的单糖依次有葡萄糖、木糖、鼠李糖、阿拉伯糖，其摩尔比相应为1.00∶0.76∶2.30∶2.30。两个馏分结合在一起，表明茶树花多糖中单糖组分有葡萄糖、木糖、鼠李糖、阿拉伯糖及半乳糖。徐人杰等利用纤维素层析柱对茶树花粗多糖进行分离纯化后得三个馏分TFPS1、TFPS2、TFPS3(总糖含量比为63.90：34.94：28.99)，糖醛酸在三个馏分中的含量分别为1.40%、37.69%、31.26%；采用GC分析其多糖的单糖组分，主要包含7种单糖，依次为鼠李糖、阿拉伯糖、岩藻糖、木糖、甘露糖、葡萄糖、半乳糖(摩尔比为1.02：4.95：0.26：0.15：0.27：1.15：2.20)。毛芳芳等利用DEAE Sepharose Fast Flow(2.5cm×60cm)凝胶柱纯化分离茶树花多糖，得到4个馏分，依次为TFPS0、TFPS1、TFPS2、TFPS3(份额比为27.32：37.54：39.17：22.54)，中性糖在四馏分中的含量依次为88.12%、92.17%、94.73%、90.53%，糖醛酸在四馏分中的含量依次为0%、10.58%、8.42%、12.17%；进一步用IC分析其多糖中的单糖组分，主要由8种单糖组成，分别为鼠李糖、阿拉伯糖、半乳糖、葡萄糖、木糖、甘露糖、半乳糖醛酸和葡萄糖醛酸(摩尔比为0.42：0.97：1.00：0.36：0.11：0.17：0.71：0.08)。

现有的文献分析表明，茶树花中茶多糖的主要单糖是半乳糖、阿拉伯糖、半乳糖醛酸(摩尔比接近2：1.5：1)，其次是鼠李糖、木糖(摩尔比接近1：1)；茶树花TFPS中的糖醛酸含量在10%～23%之间。

综上所述，TPS和TFPS中的单糖组成相近，但是单糖组分摩尔比不同。共有单糖主要有半乳糖、阿拉伯糖，并且茶树花多糖中还有高含量的半乳糖醛酸。

## 2. 茶树花多糖与茶叶多糖结构特征比较

茶多糖一级结构方面的研究较多，对不同茶叶原料中的单糖组成、单糖组成比例、分子量、糖苷键类型和连接方式均有报道。但因为茶多糖是大分子杂多糖，国内外报道的茶多糖单糖组成、单糖组成比例均不一致，分子量也各不相同。至于茶多糖的高级结构研究，主要集中在外部因素和内部因素对茶多糖在溶液中构象的影响，具体的二级结构、三级结构和四级结构报道很少。因此，茶多糖的糖苷键类型和连接方式，茶多糖在溶液中的构象变化，茶多糖的立体结构、伸展状态、柔顺性、缔合性等深入的结构研究，将是未来茶多糖结构的研究方向。

周鹏等通过对江西婺源自制粗老绿茶的茶多糖(TPS)进行结构表征研究发现，TPS在水溶液中以有序的螺旋构象存在，以一级结构为主链的骨架结构由鼠李糖、葡萄糖和半乳糖构成，这3种单糖都有可能连接支链，不接支链时其连接方式为β1→3；支链主要由阿拉伯糖构成，其连接方式可为β1→2、β1→3、β2→3三种；木糖以β1→存在于主链和支链的末端。王元凤等利用DEAE Sepharose凝胶将茶多糖纯化分离制得成分单一的 TPS1、TPS2 及 TPS4。现代综合技术分析表明,TPS1 是一个(3-1,4 连接的半乳聚糖,重复单元为→4)-(β-D-Galp-((1→4)-β-D-Galp-(1→;TPS2 和 TPS4 都是果胶类多糖,其中 TPS2 主链骨架包括 1,4-连接的 α-D-GalpA 构成的无分支的光滑区和由 1,2-连接的 α-L-Rha 和 1,4-连接的 α-D-GalpA 交替连接构成的带分支的毛发区,骨架可表示为[→4)-α-D-Ga1pA-(1→4)-α-D-Ga1pA-(1→4)-α-D-Ga1pA-(1→]n-[→4)-α-D-Ga1pA-(1→2)-α-L-Rhap-(1→]m。在鼠李糖的 4 位有分支,分支由 α-L-Araf 和 β-D-Galp 构成,该多糖中的 Ga1pA 形成了甲基,而且含有较高含量的乙酰取代基;TPS4 的主链骨架是由重复单元→2)-a-L-Phap-(1→4)-α-D-Galp-(1→4)-α-D-GalpA-(1→构成,该多糖中的 GalpA 甲基化程度较 TPS2 低,乙酰取代基含量较 TPS2 高,且取代位置较 TPS2 复杂。采用原子力显微镜对茶多糖 TPS1、TPS2、TPS4 高级结构进行了观察,发现 TPS1 集聚成均匀小圆球状颗粒,直径约为 10~40nm,高约为 1~6nm;TPS2 和 TPS4 集聚成大小、高低不等的小圆球状颗粒,TPS2 高度约 1~4nm 不等,直径约为 15~40nm,TPS4 直径约为 10~80nm,高度约为 5~15nm;三者局部都有火焰状突起。沈竞等运用多糖甲基化分析方法对茶多糖 NTPS、ATPS2 中的残基类型进行了研究,茶多糖中性糖 NTPS 含有 10 种残基,分别为→3,6-D-Manp 1→、T-D-Manp 1→、→5-L-Araf 1→、→2-L-Arap 1→、T-D-Glup 1→、→4,6-D-Glup 1→、→6-D-Glup1→、T-D-Galp 1→、→6-D-Galp 1→与→3-D-Galp 1→。其中→6-D-Glup 1→在多糖中所占比例最大,为 26.90%。茶叶多糖酸性糖 ATPS2 含有 8 种残基,分别为→2,4-L-Rhap 1→、→2-L-Fucp 1→、→5-L-Araf 1→、→6-D-Glup 1→、T-D-Galp 1→、→3-D-Galp 1→、→6-D-Galp 1→与→4-D-GalpA1→。其中→4-D-GalpA1→在多糖中所占比例最大,为 49.10%。

俞兰等对从茶树花中分离提取得到的 TFPS1 与 TFPS2-2 的一级化学结构进行了初步研究分析,表明 TFPS1 由 Rha、Ara、Man、Glu、Gal 组成,其摩尔比为 1.0:2.9:0.5:1.3:3.3。单糖残基为 α-与 β-两种糖苷键类型相连接。其糖链主链可能由 Glu、Gal 组成,而支链可能由 Ara、Gal 以及少量的 Rha 组成。TFPS2-2 是一种酸性多糖化合物,分子量为 200kDa,由 Rha、Ara、Gal、Glu、GalA 组成,其摩尔比为 1.60:4.40:6.94:1.00:13.83。TFPS2-2 糖链的主链可能由 GalA 及 Gal 组成,而支链可能由 Rha、Ara、Glc 以及 Gal 组成。IR 分析显示含有 D-葡萄吡喃糖环与 β-D-阿拉伯吡喃糖环。TFPS1、TFPS2-2 原子力显微镜下观察结果显示,TFPS1、TFPS2-2 在中性条件下为集聚成近球状颗粒,颗粒大小分别约为 50~70nm 与 80~100nm,并且均匀分布其中。沈竞等对茶树花多糖 TFPS1、TFPS2-2 中的残基类型进行了分析研究,茶树花多糖中性糖 TFPS1 含有 10 种残基,分别为→3,6-D-Manp 1→、→3-L-Araf 1→、→5-L-Araf 1→、→2,4-L-Rhap 1→、→3-L-Rhap 1→、T-D-Glup 1→、→4,6-D-Glup 1→、T-D-Galp 1→、→3-D-Galp 1→与→6-D-Galp 1→,其中 T-D-Galp 1→在多糖中所占比例最大,为 22.35%;茶树花多糖酸性糖 TFPS2-2 含有 6 种残基,分别为→2,6-D-Gluf 1→、→4-D-Glup 1→、→3-L-Rhap 1→、T-D-Galp 1→、→2-L-Arap 1→与→4-D-GalpA1→,其中→4-D-GalpA1→在多糖中所占比例最大,为 49.80%。

# 第六章  茶树花精油

## 第一节  茶树花精油的结构分析与提取方法

茶树花,多为白色,少数粉色或黄色,微有芳香,花瓣中有200~300个雄蕊,雌蕊位于雄蕊群的中央。成熟的茶树花分泌出的蜜汁芬芳诱人,其芳香物质以酚类为主,酸类次之,烷烃类、酯类、酮类和醇类含量依次减少。近年来,茶树花的研究日益受到关注。研究主要集中在茶树花提取物、茶树花鲜花的应用及茶树花香气方面。

植物性精油,即植物性天然香料,亦被称为芳香油或者挥发油,是存在于植物的花、叶、茎、根和果实中的一类重要的次生代谢物质,由分子量较小的简单化合物组成,常温下多为油状液体,具有一定的挥发性,具有强烈的香气味。它们通常是植物芳香的精华,一般是由几十至几百种化合物组成的复杂混合物。

精油在植物中大多以游离态存在,有的分布于植物全株,有的则分别存在于各部分器官中,且其含量因品种而异并取决于土壤成分、生长地区的气候、季节、空气和收获时节及年龄等。例如樟科的一些种和松柏科植物以茎秆或树秆中精油含量最高,薄荷、香茅等植物精油以叶子中的含量最高,八角茴香及芫荽等植物的精油以果实中的含量最高。

### 1. 植物精油主要成分

植物精油所含的化学成分比较复杂,主要可以分为四大类:①萜烯类化合物是精油的主要成分,是含量最多的芳香族化合物。根据其基本结构又可分三类:单萜衍生物,如薰衣草烯、茴香醇等;半倍萜衍生物,如金合欢烯、广藿香酮等;二萜衍生物,如泪杉醇等。②芳香族化合物是精油中仅次于萜烯类的第二大类化合物,其中包括萜源衍生物,如百里草酚、孜然芹烯等,以及苯并烷类衍生物,如桂皮中的桂皮醛等。③脂肪族化合物是精油中分子量较小的化合物,几乎存在于所有的精油中,但其含量一般较少,如橘子、香茅等精油中的异戊醛等。④含氮含硫化合物,如具有辛辣刺激香味的大蒜素、洋葱中的三硫化物、黑芥子中的异硫氰酸酯等。

## 2. 植物精油的提取方法

传统的精油提取方法是采用水蒸气蒸馏法和溶剂萃取法。水蒸气蒸馏法是目前最广泛应用的一种方法,适用于挥发性的、水中溶解度不大的成分,分为直接、间接、直间接并用法。但水蒸气蒸馏法耗能大,提取的产品产率低,操作温度较高,经常引起精油中热敏成分的热裂解,易水解成分的水解使活性成分被破坏得多,部分成分可能损失从而使产品失去新鲜的风味,所提取的精油必须除去夹带的水分以防止霉变,同时延长产品的储存和保质期。

有机溶剂萃取法是用挥发性有机溶剂连续回流提取或冷浸提,将植物原料中某些成分浸提出来后经蒸馏或减压蒸馏除去溶剂,即可得粗制精油。此过程主要是液固萃取过程,所得产物为浸膏、香树脂、油树脂、净油和酊剂等。该方法的精油得率较高,但植物体中的树脂、油脂和蜡等也同时被提出,致使精油杂质含量较多,需进一步精制。该技术可用有机溶剂或有机溶剂的混合物,前者的常用溶剂有石油醚、乙醇、甲醇、二氯乙烷等。有机溶剂萃取(有时伴有超声辅助)的主要缺点是有机溶剂残留,有毒,萃取时间长,效率低,萃取不完全;优点是所需设备简单,投资少,萃取范围宽,适于广泛应用。

压榨法是将精油含量较丰富的原料(如柑橘等)粉碎压榨,从植物组织中将精油挤压出来,然后静置分层或用离心机分出油分即得粗制精油。该方法在室温下操作,所得的挥发油可保持原有香味,故质量较好,但所得精油不纯,可能含有水分、叶绿素、黏液质及细胞组织等杂质而呈浑浊状态;同时很难将挥发油完全压榨出来,出油率低。因此,不适于工业生产。

蒸馏法是将样品蒸汽和萃取溶剂的蒸汽在密闭的装置中充分混合,反复萃取得到精油。此方法操作简单,得率较高,但是长时间的高温蒸煮会产生较多的人工效应物,香气失真。

微波辅助萃取是一种很有发展潜力的从天然物中提取香料的新方法。它是利用介电损耗和离子传导的原理,根据不同结构物质吸收微波能力的差异,对某些组分选择性加热,可使被萃取物质从体系中分离而进入萃取剂。由于微波辐照产生的热仅限于天然物(如香料物的维管束组织的内部),所以在天然物料的维管束和腺胞系统中升温更快,并且能保持此温度直至其内部压力超过细胞壁膨胀的能力,致使细胞破裂,位于细胞内的香料物质就从细胞壁流出、传递、转移至周围的萃取介质,进而在较低的温度下被萃取介质捕获并溶解其中,过滤分离残渣后即得萃取物。微波辅助萃取法的最大特点是质量稳定,产量大,选择性高,萃取时间短,得率较高。但是,微波辅助萃取法受萃取溶剂、萃取时间、萃取温度和压力的影响,选择不同的参数条件往往得到不同的提取效果。

吸收法是用油脂、活性炭或大孔吸附树脂等吸附性材料吸附植物香气成分,再用低沸点的有机溶剂将被吸收的成分提取出来的方法。

超临界$CO_2$萃取法是利用温度、压力处于临界点的超临界流体作为溶剂进行选择性提取生物有效成分的方法。作为一种新型提取分离技术,其具有萃取过程易控制、萃取效率高、无溶剂残留、萃取条件温和等优点,广泛应用于精油的提取分析中。

# 第二节　超临界$CO_2$萃取茶树花精油

## 一、超临界流体技术

### 1. 超临界流体

早在1822年,Cagniard首次报道了物质的超临界现象。经过一个多世纪,超临界流体萃取(supercritical fluid extraction,SFE)技术得到了迅速发展并广泛应用于化工、能源、燃料、医药、食品、香料、生物工程等多个领域。超临界流体是指物质高于其临界点,即高于其临界温度和临界压力时的一种物态。它既不是液体,也不是气体,但它同时具有液体的高密度和气体的低黏度,以及介入气液态之间的扩散系数等特征。一方面,超临界流体的密度通常比气体密度高2个数量级,因此具有较高的溶解能力;另一方面,它的表面张力几近为零,因此具有较高的扩散性能,可以和样品充分混合、接触,最大限度地发挥其溶解能力。表6.1列出了气体、液体和超临界流体的典型性质比较。从表中可知,超临界流体的密度比气体大数百倍,具体数值与液体相当。其黏度仍接近气体,但比液体要小2个数量级。扩散系数介于气体和液体之间,因而超临界流体既具有液体对溶质有比较大溶解度的特点,又有气体易于扩散和运动的特性,传质速率大大高于液相过程。

表6.1　气体、液体和超临界流体的典型性质

| 性质 | 气体 101.325kPa, 15~30℃ | 超临界流体 | | 液体 15~30℃ |
|---|---|---|---|---|
| | | $T_c, P_c$ | $T_c, 4P_c$ | |
| 密度(g/mL) | $(0.6~2)\times10^{-3}$ | 0.2~0.5 | 0.4~0.9 | 0.6~1.6 |
| 黏度[g/(cm·s)] | $(1~3)\times10^{-4}$ | $(1~3)\times10^{-4}$ | $(1~3)\times10^{-4}$ | $(0.2~3)\times10^{-2}$ |
| 扩散系数(cm²/s) | 0.1~0.4 | $0.7\times10^{-3}$ | $0.2\times10^{-3}$ | $(0.2~3)\times10^{-5}$ |

## 2. 超临界$CO_2$萃取技术(supercritical carbon dioxide extraction, SFE-$CO_2$)

超临界$CO_2$萃取技术是20世纪70年代兴起的一种以超临界流体作为流动相的新型分离提取技术,是利用某种流体(一般是$CO_2$)在临界点具有特殊溶解能力的特点进行物质的萃取分离,减压分离得到产品,利用相态的变化直接从固体或液体中萃取分离有效成分的新技术。图6.1为超临界$CO_2$萃取仪工作原理。

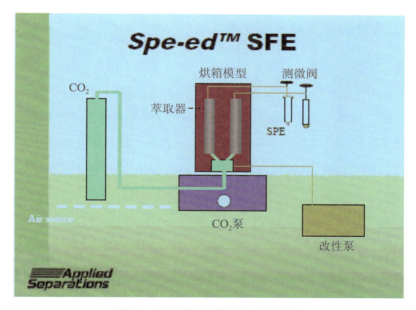

图6.1　超临界$CO_2$萃取仪工作原理

目前,被用作超临界流体的溶剂有乙烷、乙烯、丙烷、丙烯、甲醇、乙醇、水、二氧化碳等多种物质,其中$CO_2$是首选的萃取剂。这是因为$CO_2$的临界条件易达到($T_c$=31.1℃,$P_c$=73.8Bar),且无毒、无味、不燃、价廉、易精制,这些特性对热敏性和易氧化的产物更具有吸引力。

超临界$CO_2$的极性小,适宜非极性或极性较小物质的提取,若要提取极性较大的

成分,则可以加入合适的调节剂——夹带剂,以提高超临界流体对萃取组分的选择性和溶解性,从而改善萃取效果。目前,常用的夹带剂有甲醇、乙醇和水等。超临界$CO_2$萃取的主要特点是:①$CO_2$的临界温度$T_c$为31.3℃,可在接近室温的环境下进行萃取,不会破坏生物活性物质,并能有效地防止热敏性物质的氧化和逸散,因此,特别适合于分离、精制低挥发性和热敏性的物质;②具有良好的选择性,可通过改变温度和压力来改变密度,从而达到提取分离的目的,操作方便,过程调节灵活;③超临界$CO_2$具有极高的扩散系数和较强的溶解能力,有利于快速萃取和分离;④超临界$CO_2$萃取的产品纯度高,适当的温度、压力或夹带剂可提取高纯度产品,尤其适用于中草药中生理活性物质的提取浓缩;⑤溶剂和溶质分离方便,只通过改变温度和压力就可达到溶质和溶剂的分离,操作简便;⑥节省能源,在SFE-$CO_2$萃取工艺中一般没有相变的过程,从而节省能源;⑦没有残留溶剂,SFE是"最干净"的提取方法,全过程不使用有机溶媒,因而无有机溶剂残留,同时也不会对操作者造成毒害和对环境造成污染。

### 3. 超临界流体萃取技术的应用

超临界流体萃取技术在萃取和精馏过程中有着较大潜在的应用前景,在近几十年中,其发展速度十分迅速,已在医药、化工、食品、轻工和环保等领域获得了普遍应用。例如,德国、美国等国的咖啡厂利用超临界$CO_2$萃取技术对天然咖啡豆中的咖啡因进行脱除。该技术还可以用于啤酒花萃取,植物中香精油等风味物质的萃取,从动物油中萃取各种脂肪酸,从天然产物中萃取药用成分,从土壤里面萃取总烃,从土壤里面萃取有机物等。

用SFE-$CO_2$萃取香料不仅可以有效地提取芳香组分,而且还可以提高产品纯度,保持其天然香味,如从桂花、茉莉花、菊花、梅花、米兰花、玫瑰花中提取花香精,从胡椒、肉桂、薄荷中提取香辛料,从芹菜籽、生姜、芫荽籽、茴香、砂仁、八角、孜然等原料中提取精油,不仅可以用作调味香料,而且一些精油还具有较高的药用价值。高彦祥对茴香油超临界$CO_2$提取的研究结果表明,通过两个串联分级分离器,可获得含脂和含油两种产品且感官评价表明超临界提取的茴香油具有原料的芳香味。阿依古丽·塔什波拉提等利用超临界$CO_2$萃取芹菜籽油药用成分,用GC-MS联用技术鉴定出22种化合物,其主要药用成分为瑟丹内酯、苯并呋喃酮类等。庄世宏等采用超临界$CO_2$萃取小花假泽兰精油并对其主要成分和抑菌活性进行分析,优化得到较佳的工艺条件:静态萃取时间20min,萃取压力35MPa,萃取温度55℃,$CO_2$流速0.5~1.0 mL/min;鉴定到的64种成分主要为萜类、醇类、脂肪酸、酯类和甾体类;萃取物对小麦赤霉病菌和小麦纹枯病菌菌丝生长抑制的 $EC_{50}$ 分别为119.55mg·$L^{-1}$和78.27mg·$L^{-1}$。

啤酒花是啤酒酿造中不可缺少的添加物,具有独特的香气、清爽度和苦味。传统方法生产的啤酒花浸膏不含或仅含少量的香精油,破坏了啤酒的风味,而且残存的有机溶剂对人体有害。超临界流体萃取技术为啤酒花浸膏的生产开辟了广阔的前景。美国SKW公司从啤酒花中萃取啤酒花油,已形成生产规模。

## 二、不同因素对SFE-CO₂法萃取茶树花精油萃取率的影响

茶树花鲜花采自浙江大学茶叶研究所茶园;茶树花干花购自浙江省开化金茂茶场,其加工工艺如下:新鲜露白茶树花用汽热杀青5s,160℃热风干燥,在烘干机100℃下烘10~15min,烘干机80℃烘干并保存备用。考察不同因素对萃取率的影响,压力分别设置10、15、20、25、30MPa五个梯度,温度设40、45、50、55、60℃五个梯度,静态萃取时间设10、20、30、40、50min,动态萃取时间设50、60、70、80、90min,进行单因素实验。根据单因素实验,选定4因素3水平,根据正交实验设计法按表$L^9(3^4)$安排实验,以茶树花精油得率为考察指标,因素水平表见表6.2。

表6.2　SFE-CO₂法萃取茶树花精油正交实验因素水平表

| 水平 | 因素 | | | |
|---|---|---|---|---|
| | A压力(MPa) | B温度(℃) | C静态时间(min) | D动态时间(min) |
| 1 | 10 | 40 | 10 | 50 |
| 2 | 20 | 50 | 30 | 70 |
| 3 | 30 | 60 | 50 | 90 |

### 1. 压力对萃取的影响

以茶树花精油得率为考察指标,在其他萃取条件都相同的情况下分析萃取压力对萃取得率的影响,其结果见图6.2,单因素方差分析结果见表6.3。

表6.3　压力对茶树花精油萃取得率方差的分析

| 变异来源 | SS离差平方和 | DF自由度 | MS均方 | F | sig. |
|---|---|---|---|---|---|
| 压力A | 0.8710 | 4 | 0.2177 | 119.3808 | ** |
| 误差 | 0.0182 | 10 | 0.0018 | | |
| 总和 | 7.1674 | 15 | | | |

注:a. $R^2 = 0.979$(Adjusted $R^2 = 0.971$)。b. **表示 $P < 0.01$。

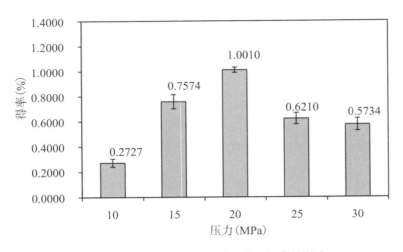

图6.2　不同压力对茶树花精油萃取得率的影响

在超临界萃取过程中,萃取压力是影响萃取得率的重要因素,它对超临界流体的相对体积质量、黏度和扩散系数的影响较大。根据表6.2可知,萃取压力对萃取率的方差分析结果中F＝119.3808＞Fcritical,表明压力对超临界萃取茶树花精油有显著影响($P<0.05$)。实验结果(图6.2)表明当萃取温度45℃,静态萃取时间10min,动态萃取时间90min保持不变时,在10MPa～20MPa压力范围内,茶树花精油萃取率随着压力的增大而增加,但两者并非线性关系变化,这可能是压力的增加使得流体单位体积质量显著增加,$CO_2$密度升高而对精油的溶解力提高,萃取率也随之显著上升;但当压力增大到一定的程度时,溶解能力增加平缓;当压力为20MPa时,萃取率达到最大,超过20MPa时萃取率反而下降,这可能是较高的压力使萃取的蜡质和蛋白质等增多,精油含量减少,香气成分的含量也随着降低。

## 2. 温度对萃取的影响

在其他萃取条件都相同的情况下分析萃取温度对茶树花精油萃取得率的影响,其结果见图6.3,单因素方差分析结果见表6.4。萃取温度是影响萃取得率的因素之一。根据表6.4可知,萃取温度对萃取率的方差分析结果中F＝30.9196＞Fcritical,表明萃取温度对超临界萃取茶树花精油有显著影响($P<0.05$)。由图6.3可知,当萃取压力40MPa,静态萃取时间10min,动态萃取时间90min保持不变时,在40～45℃范围内,精油萃取得率随温度升高而升高,但在超过45℃时,萃取率反而有小幅度下降。这是因为温度升高使分子运动速度加快,相互碰撞的概率增加,缔合机会增加。另

外,温度有利于提高溶质挥发性和物料的扩散系数,有利于精油的萃取;但温度升高
又降低了$CO_2$密度而导致溶质在$CO_2$中的溶解能力下降,对萃取不利。

表6.4　温度对茶树花精油萃得取率的方差分析

| 变异来源 | SS离差平方和 | DF自由度 | MS均方 | F | sig. |
|---|---|---|---|---|---|
| 温度B | 0.3548 | 4 | 0.0887 | 30.9196 | ** |
| 误差 | 0.0287 | 10 | 0.0029 | | |
| 总和 | 10.0239 | 15 | | | |

注:a. $R^2=0.925$(Adjusted $R^2=0.895$)。

b. **表示$P<0.01$。

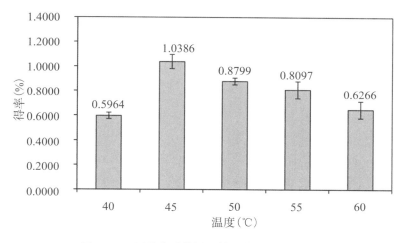

图6.3　不同温度对茶树花精油萃取得率的影响

### 3. 静态萃取时间对萃取的影响

以茶树花精油萃取得率为考察指标,在其他萃取条件都相同的情况下分析静态
萃取时间对茶树花精油萃取得率的影响,其结果见图6.4,单因素方差分析结果见表
6.5。在本实验中静态萃取时间作为萃取率的一个影响因子。根据表6.5可知,萃取压
力对萃取率的方差分析结果中F=1.1836<Fcritical,sig.=0.419,表明静态萃取时间对
超临界萃取茶树花精油没有显著影响($P>0.05$)。当萃取压力40MPa,萃取温度
45℃,动态萃取时间90min保持不变时,在静态萃取时间小于30min时,茶树花精油萃
取率随着静态萃取时间的上升而略有增加,但当超过30min后萃取率反而有所下降;
可能是因为在萃取开始阶段超临界$CO_2$还未与样品达到充分接触,一定的静态萃取时
间使溶质(样品)在开始阶段充分浸泡在溶剂($CO_2$)中,两者相互接触碰撞的概率增

加,缔合机会增加,但是浸泡时间过长,效率降低。

表6.5　静态萃取时间对茶树花精油萃取得率方差分析

| 变异来源 | SS离差平方和 | DF自由度 | MS均方 | F | sig. |
|---|---|---|---|---|---|
| 静态时间C | 0.0410 | 4 | 0.0103 | 1.1836 | — |
| 误差 | 0.0434 | 5 | 0.0087 | | |
| 总和 | 10.4328 | 10 | | | |

注:a. $R^2 = 0.486$(Adjusted $R^2 = 0.075$)。

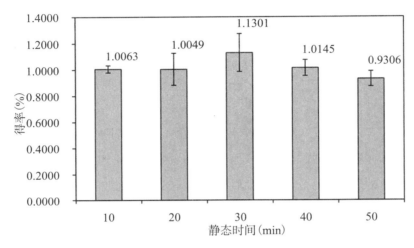

图6.4　不同静态萃取时间对茶树花精油萃取得率影响

### 4. 动态萃取时间对萃取的影响

　　以茶树花精油萃取得率为考察指标,在其他萃取条件都相同的情况下分析动态萃取时间对茶树花精油萃取得率的影响,其结果见图6.5,单因素方差分析结果见表6.6。动态萃取时间即为常规提及的萃取时间,也是萃取得率的影响因素之一。由表6.6可知,动态萃取时间对萃取率的方差分析结果中F＝6.6677＞Fcritical,sig.＝0.012,表明动态萃取时间对超临界萃取茶树花精油有显著影响($P < 0.05$)。当萃取压力40MPa,萃取温度45℃,静态萃取时间10min保持不变时,茶树花精油萃取率随萃取时间延长而增大,在50～70min之间,萃取得率呈一定的线性关系;在70～90min之间呈波形变化但没有增加,70min和90min的茶树花精油萃取得率没有显著性差异。这是由于在萃取开始阶段超临界$CO_2$还未与样品达到充分接触,萃取量较少,当时间延长时,超临界$CO_2$与样品得到良好的接触,增加了溶质与溶剂分子碰撞的概率和缔合机

会,使得萃取得率增大。在萃取后期,样品中待分离成分含量减少,故萃取量降低。

表6.6　动态萃取时间对茶树花精油萃取得率方差分析

| 变异来源 | SS离差平方和 | DF自由度 | MS均方 | F | sig. |
|---|---|---|---|---|---|
| 动态时间D | 0.1810 | 4 | 0.0453 | 6.6677 | * |
| 误差 | 0.0543 | 8 | 0.0068 | | |
| 总和 | 9.4842 | 13 | | | |

注:*表示 $P < 0.05$。

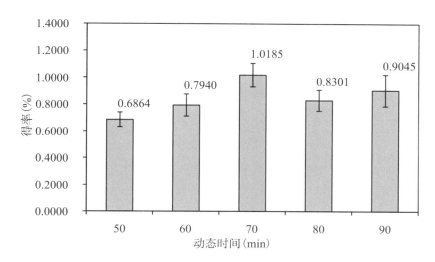

图6.5　不同动态萃取时间对茶树花精油萃取得率影响

## 5. 优化SFE-CO₂萃取茶树花精油的工艺参数

依据单因素实验结果确定正交实验中各个因素和水平,运用正交设计助手和SPSS软件设计正交实验,本实验不考虑交互作用的影响,选用L⁹(34)正交表来确定SFE-CO₂萃取茶树花精油的最佳工艺参数,结果见表6.7。由极差分析结果可知最佳萃取条件为A³B¹C¹D³,即压力30MPa,温度40℃,静态萃取时间10min,动态萃取时间90min。各因素对精油萃取得率影响的大小顺序为:压力>静态萃取时间>动态萃取时间>温度,即萃取压力对茶树花精油萃取率的影响最大,其次是静态萃取时间和动态萃取时间,萃取温度对精油萃取率的影响最小。但极差分析结果不能反映出各因素对茶树花精油得率影响的显著性效果。因此,做方差分析列于表6.8。

由表6.7可知,萃取压力、萃取温度、静态萃取时间及动态萃取时间四个因素对茶树花精油萃取率有显著性影响($P < 0.05$)。正交分析结果中各个因素均方为A

(0.19)＞C(0.14)＞D(0.06)＞B(0.06)，表明四个因素对精油萃取得率影响的大小顺序为:压力＞静态萃取时间＞动态萃取时间＞温度,最佳萃取条件为$A^3B^1C^1D^3$,这和极差分析结果一致。在筛选出的最佳工艺参数下进行实验,茶树花精油萃取得率为1.2740%,说明优化得到的最佳工艺参数可行,即:压力30MPa,温度40℃,静态萃取时间10min,动态萃取时间90min。

表6.7 超临界$CO_2$萃取茶树花精油正交实验结果

| 实验号 | 压力(MPa) | 温度(℃) | 静态萃取时间(min) | 动态萃取时间(min) | 得率(%) |
|---|---|---|---|---|---|
| 1 | 1(10) | 1(40) | 1(10) | 1(50) | 0.742±0.005 |
| 2 | 1(10) | 2(50) | 2(30) | 2(70) | 0.350±0.044 |
| 3 | 1(10) | 3(60) | 3(50) | 3(90) | 0.524±0.002 |
| 4 | 2(20) | 1(40) | 2(30) | 3(90) | 0.867±0.042 |
| 5 | 2(20) | 2(50) | 3(50) | 1(50) | 0.543±0.006 |
| 6 | 2(20) | 3(60) | 1(10) | 2(70) | 0.793±0.046 |
| 7 | 3(30) | 1(40) | 3(50) | 2(70) | 0.732±0.010 |
| 8 | 3(30) | 2(50) | 1(10) | 3(90) | 0.976±0.073 |
| 9 | 3(30) | 3(60) | 2(300) | 1(50) | 0.755±0.058 |
| K1 | 0.538 | 0.780 | 0.837 | 0.680 | |
| K2 | 0.734 | 0.623 | 0.657 | 0.625 | |
| K3 | 0.821 | 0.690 | 0.600 | 0.789 | |
| k1 | 0.179 | 0.260 | 0.279 | 0.227 | |
| k2 | 0.245 | 0.208 | 0.219 | 0.208 | |
| k3 | 0.274 | 0.230 | 0.200 | 0.263 | |
| R | 0.282 | 0.157 | 0.237 | 0.164 | |
| 因素主次 | $R_A>R_C>R_D>R_A$ | | | | |
| 优化方案 | $A^3B^1C^1D^3$ | | | | |

注:a.数值表示为平均值±标准差(S.D,n=3)。

表6.8 超临界$CO_2$萃取茶树花精油正交实验结果方差分析

| 变异来源 | SS离差平方和 | DF自由度 | MS均方 | F值 | sig. |
|---|---|---|---|---|---|
| 校正模型 | 0.89 | 8 | 0.11 | 137.24 | ** |
| 截距 | 13.15 | 1 | 13.15 | 16238.62 | ** |
| 萃取压力A | 0.38 | 2 | 0.19 | 232.58 | ** |
| 萃取温度B | 0.11 | 2 | 0.06 | 69.22 | ** |

续表

| 变异来源 | SS离差平方和 | DF自由度 | MS均方 | F值 | sig. |
|---|---|---|---|---|---|
| 静态萃取时间C | 0.27 | 2 | 0.14 | 169.82 | ** |
| 动态萃取时间D | 0.13 | 2 | 0.06 | 77.36 | ** |
| 误差 | 0.01 | 18 | 0.00 | | |
| 总和 | 14.05 | 27 | | | |
| 校正总和 | 0.90 | 26 | | | |

注:**表示 $P<0.01$。

由单因素实验结果分析得出,当萃取压力在20MPa时,茶树花精油萃取率最高,萃取压力过高反而使精油得率降低;精油萃取率在萃取温度为45℃时达到最大值,但是随着温度的持续上升,精油得率有下降的趋势;在静态萃取时间为10min时,茶树花精油的萃取率最高,而动态萃取时间在70min时萃取率最高,时间过长,萃取率不稳定,没有显著增加且造成一定的浪费。

## 第三节　茶树花精油主要成分分析

气相色谱-质谱联用技术(gas chromatography-mass spectrometry,简称GC-MS)是成分定性、定量分析的常用方法,近年来越来越广泛地应用到各个相关领域内,如化学、化工、食品、环保、医药等。GC-MS联用技术具有的快速、简便和应用性强等优点,使之成为天然精油化学成分分离、鉴定的重要方法。

### 一、超临界流体技术萃取精油成分分析

采用超临界流体技术提取的精油呈黄色油状,在设定条件下对茶树花精油进行GC-MS分析,其香气成分的分析结果见表6.9。

表6.9　超临界 $CO_2$ 技术提取茶树花精油香气成分

| 序号 | 保留时间(min) | 相对含量(%) | 化学成分 | | CAS |
|---|---|---|---|---|---|
| 1 | 6.44 | 1.34 | 左旋-a-蒎烯 | 1S-alpha-Pinene | 7785-26-4 |
| 2 | 9.52 | 0.58 | 苯乙酮 | Acetophenone | 98-86-2 |

| 序号 | 保留时间(min) | 相对含量(%) | 化学成分 | | CAS |
|---|---|---|---|---|---|
| 3 | 10.11 | 0.41 | 2-壬酮 | 2-Nonanone | 821-55-6 |
| 4 | 10.41 | 0.66 | 壬醛/天竺葵醛 | Nonanal | 124-19-6 |
| 5 | 12.84 | 0.29 | 癸醛/羊蜡醛 | Decanal | 112-31-2 |
| 6 | 14.55 | 0.53 | 8-甲基十七烷 | Heptadecane, 8-methyl- | 13287-23-5 |
| 7 | 15.39 | 3.07 | 甲基丙烯酸乙二醇酯 | 2-Propenoic acid, 2-methyl-1, 1'-(1,2-ethanediyl)ester | 97-90-5 |
| 8 | 15.59 | 0.29 | 2,3,6-三甲基癸烷 | Decane, 2,3,6-trimethyl- | 62238-12-4 |
| 9 | 17.22 | 0.23 | 十四烷 | Tetradecane | 629-59-4 |
| 10 | 17.65 | 0.47 | a-柏木烯 | 1H-3a, 7-Methanoazulene, 2,3,4, 7,8,8a-hexahydro- | 469-61-4 |
| 11 | 18.51 | 0.98 | 十六烷/鲸蜡烷 | Hexadecane | 544-76-3 |
| 12 | 18.77 | 0.25 | 2-甲基-3H-苯并[E]茚 | 3H-Benz[e]indene, 2-methyl- | 1000164-77-1 |
| 13 | 19.08 | 0.82 | 8-羟基-2-甲基喹啉 | 8-Quinolinol, 4-methyl- | 3846-73-9 |
| 14 | 19.21 | 0.66 | 十八烷 | Octadecane | 593-45-3 |
| 15 | 19.27 | 0.29 | 十五烷 | Pentadecane | 629-62-9 |
| 16 | 19.58 | 0.62 | 2,4-二叔丁基苯酚 | Phenol,2,4-bis(1,1-dimethylethly) | 96-76-4 |
| 17 | 21.24 | 0.39 | 邻苯二甲酸二乙酯 | Diethyl Phthalate | 84-66-2 |
| 18 | 21.53 | 0.96 | 丙基柏木醚 | Cedryl propyl ether | 1000131-90-6 |
| 19 | 23.12 | 0.32 | 十七烷 | Heptadecane | 629-78-7 |
| 20 | 23.34 | 0.05 | 二十烷 | Eicosane | 112-95-8 |
| 21 | 24.11 | 0.49 | 二十六烷 | Hexacosane | 630-01-3 |
| 22 | 24.57 | 0.47 | 5-乙基环戊烯-1-甲基酮 | 5- Ethylcyclopent- 1- enecarboxaldehyde | 36258-07-8 |
| 23 | 25.22 | 0.20 | 十四烷醛/肉豆蔻醛 | Tetradecanal | 124-25-4 |
| 24 | 25.75 | 2.99 | 植酮 | 2-Pentadecanone,6,10,14-trimethyl | 502-69-2 |
| 25 | 25.92 | 1.68 | 咖啡因 | Caffeine | 58-08-2 |
| 26 | 26.17 | 0.75 | 邻苯二甲酸二异丁酯 | Diisobutyl phthalate | 84-69-5 |
| 27 | 27.05 | 0.98 | 7,9-二叔丁基-1-氧(4, 5)-6,9-十酮 | 7, 9-Di-tert-butyl-1-oxaspiro(4, 5)deca-6,9-diene-2,8-dione | 1000143-92-4 |
| 28 | 27.73 | 4.97 | 邻苯二甲酸二丁酯 | Dibutyl phthalate | 84-74-2 |

续表

| 序号 | 保留时间（min） | 相对含量（%） | 化学成分 | | CAS |
|---|---|---|---|---|---|
| 29 | 28.59 | 1.07 | 十八醛 | Octadecanal | 638-66-4 |
| 30 | 29.59 | 0.59 | 1-十六烯 | 1-Hexadecene | 629-73-2 |
| 31 | 29.91 | 1.13 | 2-十九酮 | 2-Nonadecanone | 629-66-3 |
| 32 | 30.05 | 1.61 | 植物醇 | Phytol | 150-86-7 |
| 33 | 30.41 | 0.39 | 顺式-9-十八烯酸 | 9-Octadecenoic acid,（E）- | 112-79-8 |
| 34 | 30.76 | 0.39 | 十八烷酸 | Octadecanoic acid | 57-11-4 |
| 35 | 31.27 | 0.71 | 2,6,10,14-四甲基-十六烷 | Hexadecane, 2,6,10,14-tetramethyl | 638-36-8 |
| 36 | 31.66 | 0.42 | (Z)-[10.8.0]双环庚烯二十烷 | Bicyclo[10.8.0]eicosane, (Z)- | 1000155-82-2 |
| 37 | 32.83 | 18.67 | 十九烷 | Nonadecane | 629-92-5 |
| 38 | 32.9 | 0.52 | 6,10-二甲基-2-十一烷酮 | 2-Undecanone, 6,10-dimethyl- | 1604-34-8 |
| 39 | 33.12 | 0.22 | 二十酸甲酯 | Eicosanoic acid, methyl ester | 1120-28-1 |
| 40 | 34.09 | 1.46 | 二十四烷 | Tetracosane | 646-31-1 |
| 41 | 34.48 | 0.18 | 1.19-二十烷二烯 | 1,19-Eicosadiene | 14811-95-1 |
| 42 | 35.06 | 0.35 | 顺-9-二十三烯 | 9-Tricosene, (Z)- | 27519-02-4 |
| 43 | 35.49 | 12.20 | 二十一烷 | Heneicosane | 629-94-7 |
| 44 | 35.8 | 0.28 | 10-甲基硬脂酸 | Octadecanoic acid, 10- methyl- methyl ester | 2490-19-9 |
| 45 | 35 | 0.34 | 邻氟苯甲醚 | Benzene, 1-fluoro-2-methoxy- | 321-28-8 |
| 46 | 36.08 | 0.46 | 邻苯二甲酸二辛酯 | Bis(2-ethylhexyl)phthalate | 117-81-7 |
| 47 | 36.43 | 0.45 | 辛酸苯基甲基酯 | Octanoic acid, phenylmethyl ester | 10276-85-4 |
| 48 | 37.93 | 4.91 | 二十三烷 | Tricosane | 638-67-5 |
| 49 | 38.27 | 0.15 | 二十一烷酸甲酯 | Heneicosanoic acid, methyl ester | 6064-90-0 |
| 50 | 38.66 | 0.73 | 1,3-二甲基-3-丁烯苯 | Benzene, （1, 3- dimethyl- 3- bute-nyl)- | 56851-51-5 |
| 51 | 38.95 | 1.22 | 5-氟-4-甲基异咪唑 | Imidazole, 5-fluoro-4-methyl- | 41367-01-5 |
| 52 | 39.46 | 2.11 | 2,6,10,14,18-五甲基二十烷 | Eicosane, 2, 6, 10, 14, 18- pentam-ethyl-, | 75581-03-2 |

续表

| 序号 | 保留时间(min) | 相对含量(%) | 化学成分 | | CAS |
|---|---|---|---|---|---|
| 53 | 40.28 | 1.08 | 二十二烷 | Docosane | 629-97-0 |
| 54 | 41.5 | 1.07 | 2-乙酰乙酯-4-戊烯酸 | 4-Pentenoic acid, 2-acetyl-, ethyl ester | 610-89-9 |
| 55 | 41.71 | 3.21 | 3-吡啶醛肟 | 3-Pyridinecarboxaldehyde | 51892-16-1 |
| 56 | 44.15 | 0.55 | 2,4,6-三氟-3-甲氧基苯胺 | Benzenamine, 3-methoxy-2,4,6-trifluoro- | 34874-88-9 |
| 57 | 48.34 | 1.76 | 羟基安定 | Temazepam | 846-50-4 |
| 58 | 49.97 | 1.47 | 2-(4-氟苯基)-1H-吲哚-3-甲醛 | 2-(4-Fluorophenyl)-1H-indole-5-carbaldehyde | 1000163-57-9 |
| 59 | 50.51 | 1.16 | 2-(1-羟基萘-2)喹啉 | 2-(1-Hydroxynaphthyl-2)quinolin | 24641-28-9 |
| 总计 | | 86.61 | | | |

表6.9可知,经GC-MS检测,从超临界$CO_2$提取得到的茶树花精油中的香气成分主要有59种,其相对含量占总精油量的86.61%,其中萜烯类化合物包含6种,占总精油提取物的3.31%;酮类化合物包含7种,占总量的7.08%;醛类化合物包含5种,占总量的3.69%;酯类化合物包含8种,占总量的10.46%;醚类化合物包含2种,占总量的1.29%;烷烃类化合物种类和含量最高,分别为17种、45.41%;羧酸类化合物包含4种,占总量的2.13%;其他还包含2,4-二叔丁基苯酚(0.62%)、植物醇(1.61%)、咖啡因(1.68%)、羟基安定(1.76%)和2-(1-羟基萘-2)喹啉(1.16%)等其他化合物。其中主要的香气成分包括植酮(6,10,14-trimethyl-2-Pentadecanone,2.99%)、邻苯二甲酸二丁酯(Dibutyl phthalate,4.97%)、十九烷(Nonadecane,18.7%)、二十一烷(Heneicosane,12.20%)、二十三烷(Tricosane,4.91%)、甲基丙烯酸乙二醇酯(2-Propenoic acid,[2-methyl-1,1'-(1,2-ethanediyl)ester,3.07%]、咖啡因(Caffeine,1.68%)、植物醇(Phytol,1.61%)等。

## 二、顶空微萃取茶树花香气成分分析

由图6.6和表6.10可知,经GC-MS检测,采用固相微萃取检测到的香气成分主要有38种,其相对含量占总量的84.40%,其中萜烯类化合物种类最多,包含11种,占总精油提取物的28.12%;酮类化合物包含6种,占总量的比重最大,为35.57%;烷烃类化合物包含5种,占总量的2.71%;酯类化合物包含3种,占总量的0.8%;醛类化合物包含3种,占总量的4.53%;醇类化合物包含5种,占总量的2.71%。其中主要的香气成分包括:苯乙酮(Acetophenone,21.85%)、α-紫罗酮(3-Buten-2-one, 4-(2,6,6-tri-methyl-2-cyclohexenyl, 6.12%)、植酮(2-6,10,14-trimethyl-2-Pentadecanone,4.14%)、角鲨烯(Squalene,18.39%)、天竺葵醛(Nonanal,3.08%)、-3-丁烯-2-酮[4-(2,6,6-Trimethyl-1-cyclohexenyl)-3-buten-2-one,2.72%]等。

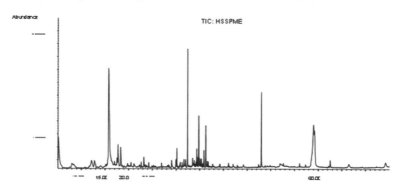

图6.6  茶树干花精油总离子流色谱

表6.10  顶空固相微萃取技术提取茶树花精油香气成分

| 序号 | 保留时间(min) | 相对含量(%) | 化学成分 | | CAS |
|---|---|---|---|---|---|
| 1 | 5.17 | 7.37 | L-丙氨酸4-硝基酰苯胺 | L-Alanine-4-nitroanilide | 1668-13-9 |
| 2 | 7.10 | 0.05 | 2-氨基-5-甲基己烷 | 2-Hexanamine, 5-methyl- | 28292-43-5 |
| 3 | 8.01 | 2.58 | 邻甲基间羟基二苯胺 | 2-Hexanol, 3-methyl- | 2313-65-7 |
| 4 | 11.92 | 0.44 | 胍基乙酸 | Guanidineacetic acid | 352-97-6 |
| 5 | 15.18 | 0.46 | 2,4,4-三甲基-环己-2-烯-1-醇 | 2,4,4-Trimethyl-cyclohex-2-en-1-ol | 1000144-64-6 |
| 6 | 15.44 | 0.33 | 1-乙基环十二醇 | Cyclododecanol, 1-ethenyl- | 6244-49-1 |
| 7 | 15.62 | 0.62 | (R)-(+)-1-苯(基)乙醇 | Benzenemethanol, .alpha.-methyl... | 1517-69-7 |
| 8 | 15.74 | 21.85 | 苯乙酮 | Acetophenone | 98-86-2 |
| 9 | 17.52 | 1.01 | 3,7-二甲基-1,6-辛二烯-3-醇(芳樟醇) | 1,6-Octadien-3-ol, 3,7-dimethyl- | 78-70-6 64 |
| 10 | 17.73 | 3.08 | 壬醛(天竺葵醛) | Nonanal | 124-19-6 |

续表

| 序号 | 保留时间(min) | 相对含量(%) | 化学成分 | | CAS |
|---|---|---|---|---|---|
| 11 | 18.32 | 2.55 | 1,5-庚二烯-3,6-二甲基 | 1,5-Heptadiene, 3,6-dimethyl- | 34891-10-6 |
| 12 | 19.05 | 0.33 | 3,4-二氢-6-甲基-2H-吡喃 | 2H-Pyran, 3,4-dihydro-6-methyl- | 16015-11-5 |
| 13 | 20.51 | 0.49 | 三甲基甲硅烷醇三硅甲烷氧基水杨酯 | Benzoic acid, 2-[(trimethylsilycylate)- | 3789-85-3 |
| 14 | 21.11 | 0.74 | 1-十三烯 | 1-Tridecene | 2437-56-1 |
| 15 | 22.65 | 0.45 | 癸醛 | Decanal | 112-31-2 |
| 16 | 23.21 | 1.00 | 2,6,6-三甲基-1-环己烯-1-羧醛 | 1-Cyclohexene-1-carboxaldehyde, 2,6,6-trimethyl- | 432-25-7 |
| 17 | 23.60 | 0.24 | 1-甲基-4-(1-甲基乙基)-1,3-已二烯 | 1,3-Cyclohexadiene, 1-methyl-4-(1-methylethly)- | 99-86-5 |
| 18 | 26.94 | 0.26 | 正十三烷 | Tridecane | 629-50-5 |
| 19 | 29.05 | 0.95 | α-荜澄茄烯(古芭烯) | alpha.-Cubebene | 17699-14-8 |
| 20 | 30.16 | 0.98 | 蒎烯 | Copaene | 3856-25-5 |
| 21 | 30.75 | 0.20 | 已酸已酯 | Hexanoic acid, hexyl ester | 6378-65-0 |
| 22 | 31.29 | 0.42 | 十四烷 | Tetradecane | 629-59-4 |
| 23 | 31.66 | 0.55 | α-柏木烯 | 1H-3a,7-Methanoazulene, 2,3,4,7,8,8a-hexahydro-3,6,8,8-tetramethyl-, (3R,3aS,7S,8aS)- | 469-61-4 |
| 24 | 32.42 | 6.12 | α-紫罗酮 | 3-Buten-2-one, 4-(2,6,6-trimethyl-2-cyclohexen yl)- | 127-41-3 |
| 25 | 33.52 | 0.65 | 香叶基丙酮 | 5,9-Undecadien-2-one, 6,10-dimethyl- | 3796-70-1 |
| 26 | 33.86 | 0.22 | 2,6,10-三甲基-十二烷 | Dodecane, 2,6,10-trimethyl- | 3891-98-3 90 |
| 27 | 34.04 | 0.09 | 7,8-环氧基-α-紫罗酮 | 7,8-Epoxy-.alpha.-ionone | 37079-64-4 |
| 28 | 34.23 | 0.35 | 长叶烯 | 1,4-Methanoazulene, decahydro-4,8,8-trimethyl-9-methylene- | 475-20-7 |
| 29 | 34.54 | 0.57 | 大牻牛儿烯 | Germacrene D | 23986-74-5 |
| 30 | 34.80 | 2.72 | β-紫罗酮 | 4-(2,6,6-Trimethyl-1-cyclohexenyl)-3-buten-2-one | 79-77-6 |

续表

| 序号 | 保留时间(min) | 相对含量(%) | 化学成分 | | CAS |
|---|---|---|---|---|---|
| 31 | 35.12 | 0.54 | α-长叶蒎烯 | Tricyclo [5.4.0.02,8] undec-9-ene, 2,6,6,9-tetramethyl-,(1R,2S,7R,8R)- | 5989-8-2 |
| 32 | 36.28 | 2.26 | 杜松烯 | Naphthalene, 1,2,3,5,6,8a-hexah... | 483-76-1 |
| 33 | 36.47 | 0.11 | 二氢猕猴桃内酯 | 2(4H)-Benzofuranone, 5,6,7,7a-tetrahydro-4,4,7a-trimethyl- | 15356-74-8 |
| 34 | 39.28 | 0.39 | 正十九烷 | Nonadecane | 629-92-5 |
| 35 | 42.03 | 0.29 | 2-己基-1-癸醇 | 1-Decanol, 2-hexyl- | 2425-77-6 |
| 36 | 48.03 | 4.14 | 植酮 | 2-6,10,14-trimethyl-2-Pentadecanone | 502-69-2 |
| 37 | 48.80 | 0.61 | 松油苯二甲酸 | Didodecyl phthalate | 2432-90-8 |
| 38 | 59.04 | 18.39 | 角鲨烯 | Squalene | 111-02-4 |
| 总计 | | 84.40 | | | |

## 三、两种萃取方法成分比较分析

由图6.7可知,两种方法萃取的茶树花精油化学成分中,主要含有6大类化学物,分别为烯类、醇类、醛类、酮类、烷烃类和酯类。其中SFE-CO$_2$萃取的精油的化学成分以烷烃类、酮类和酯类为主,占总量的62.95%;HS-SPME萃取的精油的化学成分以酮类和烯类为主,占总量的63.69%。SFE-CO$_2$提取的精油化学成分中烯类化合物的个数及相对含量均有所下降,这可能由于烯类化合物大多为低沸点、易挥发性物质,在CO$_2$的携带下易发生"高温闪蒸现象"而造成挥发损失。同时,一些高沸点、难挥发性成分被萃取出来,使得烯类物质的相对含量减少。同时,SFE-CO$_2$法中酯类及长链烷烃类等极性较高、挥发性较小的大分子量化合物相对较多,而HS-SPME法中如萜烯类等低沸点、易挥发性的组分相对含量较高。

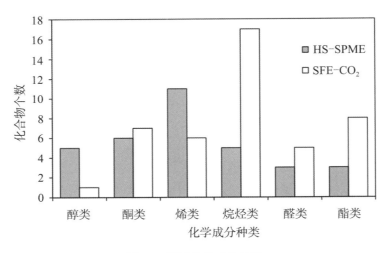

图6.7 精油化学成分分类

经检测发现从 SFE-CO₂ 法和 HS-SPME 法萃取的茶树花精油中分别含有的香气物质分别为59种和38种,但由表6.11可知,两种方法萃取得到的精油中只有8种相同成分,其共有成分分布及其相对百分含量对比见图6.8。

表6.11 SFE-CO₂法和HS-SPME法萃取茶树花精油的共同香气成分

| 序号 | 化学成分 | | 分子式 | 分子量 | 相对含量(%) | |
|---|---|---|---|---|---|---|
| | | | | | HS-SPME | SFE-CO₂ |
| 1 | 6,10,14-trimethyl-2-Pentadecanone | 植酮 | $C_{18}H_{36}O$ | 268 | 4.14 | 2.99 |
| 2 | Acetophenone | 苯乙酮 | $C_6H_5COCH_3$ | 120 | 21.85 | 0.58 |
| 3 | Copaene | 蒎烯 | $C_{10}H_{16}$ | 136 | 0.98 | 1.34 |
| 4 | 1H-3a,7-Methanoazulene-2,3,4,7,8,8a-hexahydro- | α-柏木烯 | $C_{15}H_{24}$ | 204 | 0.55 | 0.47 |
| 5 | Nonanal | 壬醛 | $C_9H_{18}O$ | 142 | 3.08 | 0.66 |
| 6 | Decanal | 癸醛 | $C_{10}H_{20}O$ | 156 | 0.45 | 0.29 |
| 7 | Tridecane | 正十三烷 | $C_{13}H_{28}$ | 184 | 0.26 | 0.23 |
| 8 | Nonadecane | 正十九烷 | $C_{19}H_{40}$ | 268 | 0.39 | 18.67 |

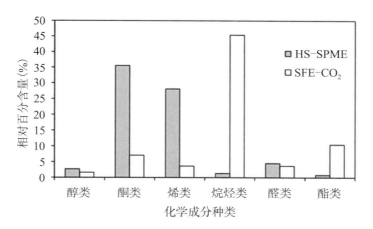

图6.8 SFE-CO₂法和HS-SPME法萃取茶树花精油共有化学成分分布及相对含量对比

根据表6.11和图6.8可知,从SFE-CO₂法和HS-SPME法萃取的茶树花精油中共有的8种化学成分分别为植酮(6,10,14-trimethyl-2-Pentadecanone)、壬醛(Nonanal)、癸醛(Decanal)、蒎烯(Copaene)、α-柏木烯(1H-3a,7-Methanoazulene-2,3,4,7,8,8a-hexahydro-)、苯乙酮(Acetophenone)、正十三烷(Tridecane)、正十九烷(Nonadecane),相对百分含量总和分别占到了SFE-CO₂法和HS-SPME法萃取精油总量的25.23%和31.70%。其中,植酮、蒎烯、α-柏木烯、癸醛、正十三烷的相对百分含量在这两种方法上的差异不大,SFE-CO₂法萃取的正十九烷相对百分含量远高于HS-SPME法,而HS-SPME法所得到的苯乙酮和壬醛都远高于SFE-CO₂法。

经过对超临界CO₂萃取的茶树花精油化学成分进行GC-MS检测分析,并以峰面积归一化法测定各组分的相对百分含量,并与固相微萃取得到的GC-MS分析结果进行对比,得出以下结论:

(1) 从HS-SPME法分离并鉴定出38种香气成分,主要成分为苯乙酮(Acetophenone,21.85%)、α-紫罗酮[3-Buten-2-one,4-(2,6,6-trimethyl-2-cyclohexenyl),6.12%]、植酮(2-6,10,14-trimethyl-2-Pentadecanone,4.14%)、角鲨烯(Squalene,18.39%)、天竺葵醛(Nonanal,3.08%)、(E)-4-(2,6,6-三甲基-1-环己烯-1-基)-3-丁烯-2-酮[4-(2,6,6-Trimethyl-1-cyclohexenyl)-3-buten-2-one,2.72%]、1,5-庚二烯-3,6-二甲基(1,5-Heptadiene,3,6-dimethyl-,2.55%)等。其中主要为6类化合物,萜烯类化合物、酮类化合物、烷烃类化合物、酯类化合物、醛类化合物和醇类化合物。

(2) 从超临界CO₂萃取得到精油含59种香气成分,其主要化成分为植酮(6,10,14-trimethyl-2-Pentadecanone)、邻苯二甲酸二丁酯(Dibutyl phthalate)、十九烷(Non-

adecane)、二十一烷（Heneicosane）、二十三烷（Tricosane）、甲基丙烯酸乙二醇酯［2-Propenoic acid, 2-methyl-1, 1'-（1, 2-ethanediyl）ester］、咖啡因（Caffeine）、植物醇（Phytol）等。其中主要为7类化合物,萜烯类化合物、酮类化合物、醛类化合物、酯类化合物、醚类化合物、烷烃类化合物和羧酸类化合物。

（3）超临界 $CO_2$ 萃取的精油的化学成分以烷烃类、酮类和酯类为主,占总量的62.95%；HS-SPME法萃取的精油中化学成分以酮类和烯类为主,占总量的63.69%。SFE-$CO_2$法和HS-SPME法萃取的茶树花精油中共有的8种化学成分分别为:植酮（2-6, 10, 14-trimethyl-2-Pentadecanone）、壬醛（Nonanal）、癸醛（Decanal）、蒎烯（Copaene）、α-柏木烯（1H-3a, 7-Methanoazulene-2, 3, 4, 7, 8, 8a-hexahydro-））、苯乙酮（Acetophenone）、正十三烷（Tridecane）、正十九烷（Nonadecane）。

# 第七章　茶树花皂苷

我国具有丰富的茶树花资源,同时茶树花已被批准为新资源食品。当前,科研人员对茶树花中其他活性成分如茶多酚、茶多糖、蛋白质、游离氨基酸等的组成和生物活性已有了比较系统的研究。而茶树花皂苷没有标品,其结构复杂且同分异构体多,分离纯化难度极大,探究茶树花皂苷的提取、纯化和分离技术是当前研究的难点和热点,具有重要的学术价值和工业应用价值。

茶叶的很多活性成分如茶多酚等具有较强的防癌抗癌功效,茶树花中的茶树花多酚及茶树花多糖也具有抗癌效果。但目前,人们对茶树花皂苷的抗癌功效知之甚少,因此,探究茶树花皂苷的抗癌作用和机理会为茶树花活性成分应用于医药或食品领域奠定重要的理论基础。

## 第一节　茶树花皂苷的研究现状

山茶科(*Camellia*)植物中皂苷的研究始于19世纪末。1931年,日本学者青山次郎等从茶树种子中分离出茶皂苷。茶皂苷(*Camellia Sinensis*)是一类齐墩果烷型五环三萜类皂苷的混合物,基本结构是由皂苷元、有机酸和糖体三部分组成。茶籽、茶叶和茶树花中均含有皂苷类物质,皂苷在茶籽中含量最高,在茶树花中次之,在茶叶中含量最低。研究人员已对茶籽皂苷的提取分离、结构鉴定和活性功能进行了系统的研究。吴学进等建立了茶籽皂苷的UPLC检测分析方法,首次实现了在茶籽中有效分离51种皂苷类物质,结合UPLC-Q-TOF/MS/MS分析,对这51种皂苷进行了鉴定,并进一步分离制备出6种茶籽皂苷单体。而对茶树花皂苷的研究起步较晚,最早的研究结果发表于2005年,如表7.1,日本Yoshikawa等学者首次从日本茶树花中分离出3种茶树花皂苷单体,Floratheasaponin A～C,随后,在2007—2017年,又陆续从我国安徽茶树花、日本茶树花、印度茶树花中分离鉴定出Floratheasaponin D～K 8种皂苷,此外Chakasaponin I～Ⅵ,Floraassamsaponins I～Ⅷ等多种单体也陆续被报道出来。截至目前,共有25种茶树花皂苷单体被报道出来。国内学者对茶树花皂苷的提取分离及鉴定相关的研究较少。卢雯静等研究了茶树花皂苷的提取技术,以茶树花为实验材料,分析了料液比、浸提时间、浸提温度和超声波功率对茶皂苷浸出率的影响,发现料液比1∶30(g/mL)、70%乙醇、温度60℃、超声波功率350W、浸提10min时茶树花皂苷得率最高,达23.69%。Shen等使用UPLC-Q-TOF/MS/MS技术,并结合已有的文献报道,从浙江迎霜品种茶树花中鉴定出21种三萜皂苷,且发现Floratheasaponin A和Floratheasaponin D在龙井43、白叶一号和嘉铭一号品种的茶树花中的含量最丰富。

表7.1　茶树花中已分离鉴定出的皂苷单体

| 序号 | 名称 | 来源 | 分子式 | 含量 | 发现年份 |
|---|---|---|---|---|---|
| 1 | Floratheasaponin A | 日本茶花 | $C_{59}H_{92}O_{26}$ | 0.34% | 2005 |
| 2 | Floratheasaponin B | 日本茶花 | $C_{62}H_{96}O_{27}$ | 0.42% | 2005 |
| 3 | Floratheasaponin C | 日本茶花 | $C_{62}H_{98}O_{27}$ | 0.24% | 2005 |
| 4 | Floratheasaponin D | 安徽茶花 | $C_{60}H_{94}O_{26}$ | 0.12% | 2007 |
| 5 | Floratheasaponin E | 安徽茶花 | $C_{63}H_{98}O_{27}$ | 0.25% | 2007 |
| 6 | Floratheasaponin F | 安徽茶花 | $C_{63}H_{100}O_{27}$ | 0.13% | 2007 |
| 7 | Floratheasaponin G | 安徽茶花 | $C_{60}H_{94}O_{26}$ | 0.053% | 2007 |
| 8 | Floratheasaponin H | 安徽茶花 | $C_{62}H_{96}O_{27}$ | 0.065% | 2007 |
| 9 | Floratheasaponin I | 安徽茶花 | $C_{60}H_{94}O_{26}$ | 0.0018% | 2007 |
| 10 | Floratheasaponin J | 日本茶花 | 文献保密 | 文献保密 | 2009 |
| 11 | Floratheasaponin K | 印度茶花 | $C_{60}H_{94}O_{26}$ | 0.007% | 2017 |
| 12 | Chakasaponin I | 福建茶花 | $C_{59}H_{92}O_{26}$ | 0.49% | 2009 |
| 13 | Chakasaponin Ⅱ | 福建茶花 | $C_{62}H_{96}O_{27}$ | 0.67% | 2009 |
| 14 | Chakasaponin Ⅲ | 福建茶花 | $C_{59}H_{92}O_{27}$ | 0.013% | 2009 |
| 15 | Chakasaponin Ⅳ | 福建茶花 | $C_{57}H_{90}O_{25}$ | 0.10% | 2012 |
| 16 | Chakasaponin Ⅴ | 四川茶花 | $C_{63}H_{98}O_{27}$ | 0.10% | 2008 |
| 17 | Chakasaponin Ⅵ | 四川茶花 | $C_{59}H_{92}O_{26}$ | 0.039% | 2008 |
| 18 | Floraassamsaponins I | 印度茶花 | $C_{66}H_{104}O_{31}$ | 0.007% | 2014 |
| 19 | Floraassamsaponins Ⅱ | 印度茶花 | $C_{66}H_{104}O_{31}$ | 0.014% | 2014 |
| 20 | Floraassamsaponins Ⅲ | 印度茶花 | $C_{60}H_{94}O_{27}$ | 0.003% | 2014 |
| 21 | Floraassamsaponins Ⅳ | 印度茶花 | $C_{60}H_{94}O_{27}$ | 0.005% | 2014 |
| 22 | Floraassamsaponins Ⅴ | 印度茶花 | $C_{60}H_{94}O_{27}$ | 0.004% | 2014 |

续表

| 序号 | 名称 | 来源 | 分子式 | 含量 | 发现年份 |
|---|---|---|---|---|---|
| 23 | Floraassamsaponins Ⅵ | 印度茶花 | $C_{60}H_{94}O_{26}$ | 0.022% | 2014 |
| 24 | Floraassamsaponins Ⅶ | 印度茶花 | $C_{60}H_{94}O_{26}$ | 0.018% | 2014 |
| 25 | Floraassamsaponins Ⅷ | 印度茶花 | $C_{60}H_{94}O_{26}$ | 0.035% | 2014 |

注:含量(%)指占茶树花干花的百分含量。

## 第二节　茶树花皂苷的提取、纯化和分离方法

茶树花皂苷属茶皂苷,具有山茶属植物三萜皂苷的通性,呈无色无灰的柱状结晶,熔点为223～224℃;味苦,辛辣,起泡能力强,具有溶血作用。茶皂苷易溶于正丁醇、含水甲醇、含水乙醇、冰醋酸、吡啶和醋酐中;稍溶于温水、醋酸乙酯和二硫化碳;难溶于冷水及无水乙醇、甲醇;不溶于苯、氯仿、乙醚等溶剂。这些特性是从茶树花中提取纯化皂苷的理论基础。此外,茶皂苷在215nm处有吸收峰,这是由于当归酸具有α、β共轭双键。而且,茶皂苷是一种性能良好的非离子型表面活性剂,可应用到工业领域。

依据茶皂苷的基本理化性质,吴学进等对茶皂苷类物质的提取、纯化和分离方法进行了总结和比较。茶皂苷提取纯化方法主要有水提法、有机溶剂提取法、微波辅助提取法、超声辅助提取法、大孔树脂纯化法及膜分离技术。其中,水提法工艺简单、安全无毒,但茶皂苷得率和纯度较低;有机溶剂提取法所得的茶皂苷得率和纯度较高,但成本较高,有机溶剂消耗量大;超声(辅助提取法)、大孔树脂纯化法及膜分离技术等辅助提取手段使茶皂苷得率和纯度有了很大改善,但工艺复杂,对技术和实验条件要求较高。当前,综合考虑各种提取纯化方法的利弊,对茶树花皂苷的提取、纯化及分离多先用含甲醇或乙醇溶液提取,再用乙酸乙酯及正丁醇溶液萃取,经大孔树脂或硅胶柱纯化,最后用制备色谱进一步分离。

Morikawa等比较了3种提取溶剂(甲醇、50%甲醇溶液和纯水)在2种提取条件(回流提取120min或超声提取30min)下对茶树花中Chakasaponins Ⅰ～Ⅲ和Floratheasaponins A～F共9种皂苷单体的提取效果,结果发现用50%甲醇回流提取所得总皂苷含量最多,且提取率最高,可达37.7%;Yoshikawa等多采用含水甲醇为提取溶剂,经萃取收集正丁醇萃取组分,过硅胶柱和多次制备液相分离,可得到高纯度的茶树花皂苷。

　　以茶树花干花为原料,探究了茶树花皂苷的醇溶液提取、溶剂萃取、大孔树脂纯化、制备液相分离方法。研究发现,70%甲醇溶液60℃加热回流适用于茶树花皂苷的提取,乙酸乙酯能去除茶树花皂苷提取液中的大部分黄酮类物质,茶树花皂苷主要富集在正丁醇萃取液中;D101大孔树脂能对正丁醇萃取液中各组分进行分段纯化,茶树花皂苷主要集中在75%和90%乙醇洗脱馏分中;最后用制备液相进行分离,得到3个茶树花皂苷组分,TFS1、TFS2和TFS3,总的茶树花皂苷得率为0.42%。实验中进一步对分离得到的茶树花皂苷TFS2进行了鉴定,发现其含有14种单体组分。

　　在茶树花皂苷提取实验中,溶剂选择上尝试了甲醇水溶液、乙醇水溶液,发现甲醇水溶液提取效果较优,因此实验(图7.1)最终采取70%甲醇水溶液在60℃加热回流提取2h、提取2次的方法,既保证高的提取率,又能保留茶树花皂苷的活性。在溶剂萃取实验中,发现用乙酸乙酯萃取第2次时乙酸乙酯相颜色很浅,用乙酸乙酯萃取第3次时基本无色,说明用乙酸乙酯萃取2次即可。采用正丁醇溶液进一步萃取时也发现同样的现象。因此,在萃取量较大的情况下,用溶剂萃取2次即可,既保证萃取效率又避免试剂浪费。大孔树脂纯化实验中,发现设置较多的洗脱液梯度利于不同组分的分离,使纯化效果更好。因此,本实验共设置了蒸馏水、15%、30%、45%、60%、75%、90%乙醇溶液7个洗脱梯度,能将正丁醇萃取物中的不同组分分段洗脱出来,茶树花皂苷富集在75%和90%乙醇洗脱馏分中。用制备液相进行分离过程中,共收集得到3个色谱峰,即TFS1、TFS2、TFS3。通过LC-MS分析,发现TFS2的色谱峰纯净度最好。通过UPLC-Q-TOF/MS对TFS2进一步解析(图7.2和表7.2),发现其含有14种单体皂苷组分。由于茶树花皂苷同分异构体多、分子量差异小、极性相近而导致洗脱时容易同时出峰,故后续应尝试更多的分离方法以得到茶树花皂苷单体。

　　此外,本研究(图7.3)采用70%甲醇溶液作为提取溶剂,得到的茶树花皂苷的提取率高,大孔吸附树脂纯化后可得到较纯的茶树花皂苷复合物,具有一定的工业化参考应用价值。

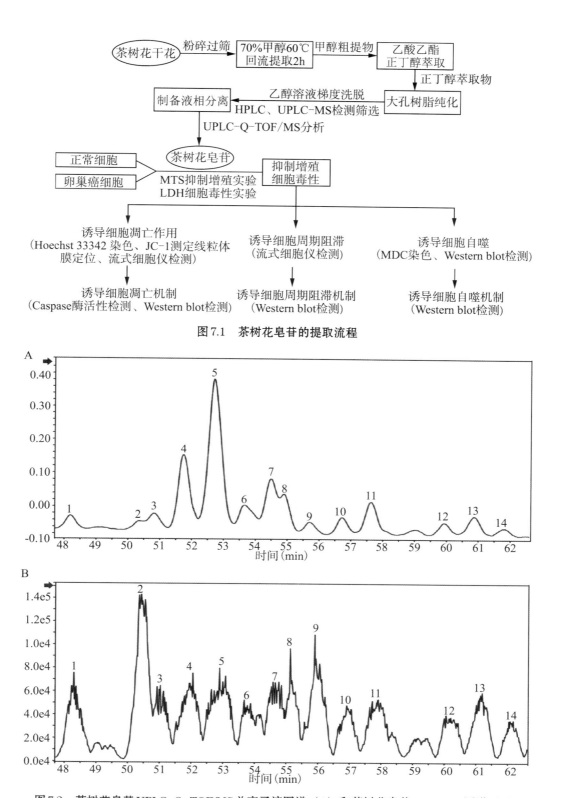

图7.1 茶树花皂苷的提取流程

图7.2 茶树花皂苷 UPLC-Q-TOF/MS 总离子流图谱（A）和茶树花皂苷 UPLC/UV 图谱（B）

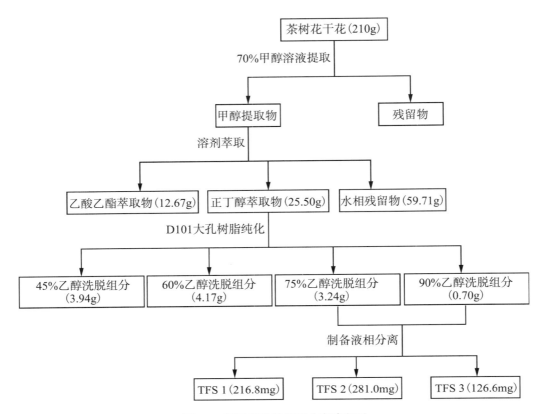

图7.3 茶树花皂苷提取分离流程图

表7.2　茶树花皂苷负离子模式下的 MS 数据及 14 种皂苷单体的含量

| 峰 | 保留时间(min) | 分子量(m/z) | 质谱碎片(m/z) | 分子式 | 化合物 | 含量 |
|---|---|---|---|---|---|---|
| 1 | 48.2553 | 1257.589 | 1125,1077,993,975,813,653 | $C_{61}H_{94}O_{27}$ | Foliatheasaponin Ⅰ/Ⅲ | 20.74±0.13 |
| 2 | 50.4104 | 1229.6122 | 1097,1049,627 | $C_{60}H_{94}O_{26}$ | Floratheasaponin G/Ⅰ | 45.65±0.46 |
| 3 | 50.8908 | 1301.6148 | 1139,1121,1007,989,667 | $C_{63}H_{98}O_{28}$ | Teaseedsaponin D | |
| 4 | 51.8407 | 1285.6196 | 1123,1105,1007,989,845,667 | $C_{63}H_{98}O_{27}$ | ChakasaponinV/FloratheasaponinE | 129.76±1.10 |
| 5 | 52.8645 | 1271.6047 | 1139,1109,1091,1007,989,667 | $C_{62}H_{96}O_{27}$ | ChakasaponinⅡ | 315.25±1.32 |
| 6 | 53.6629 | 1285.6203 | 1123,1105,1007,989,845,667 | $C_{63}H_{98}O_{27}$ | ChakasaponinV/Floratheasaponin E | 61.22±0.51 |
| 7 | 54.5142 | 1271.6048 | 1139,1091,989,667 | $C_{62}H_{96}O_{27}$ | Floratheasaponin J | 158.90±0.54 |
| 8 | 54.9511 | 1313.6145 | 1181,1049,989,807,654 | $C_{64}H_{98}O_{28}$ | Unknown | |
| 9 | 55.7099 | 1273.6189 | 1141,1093,1009,669 | $C_{62}H_{98}O_{27}$ | Floratheasaponin C | 15.11±0.08 |
| 10 | 56.6404 | 1285.6204 | 1139,1123,1105,1007,989,667 | $C_{63}H_{98}O_{27}$ | Chakasaponin V/Floratheasaponin E | 35.10±0.17 |
| 11 | 57.4751 | 1271.6047 | 1139,1091,1007,989,667 | $C_{62}H_{96}O_{27}$ | Floratheasaponin B | 75.31±0.42 |
| 12 | 59.7542 | 1285.6204 | 1139,1007,989,667 | $C_{63}H_{98}O_{27}$ | Unknown | 19.13±0.05 |
| 13 | 60.6837 | 1271.6048 | 1139,1091,1007,989,959,667 | $C_{62}H_{96}O_{27}$ | Floratheasaponin B | 44.38±0.22 |
| 14 | 61.6496 | 1313.6159 | 1181,1049,667 | $C_{64}H_{98}O_{28}$ | Unknown | 26.09±0.16 |

注：每一组的同分异构体中如果有 2 个化合物，那么相应色谱峰可能对应其中的任何一个化合物。

# 第八章　茶树花黄酮

黄酮类化合物(flavonoids)属于黄色化合物,具有$C_6$-$C_3$-$C_6$基本母核,在高等植物中分布较广,在植物的花、茎、叶、果等中的含量都很丰富。第一个黄酮类化合物是在1814年被发现的,截至1998年,已知的种类超过5000种。其通常以游离态的形式存在,在与糖结合后,会转变为苷。

## 第一节　黄酮类化合物的结构与分类

图8.1为黄酮类化合物的$C_6$-$C_3$-$C_6$基本母核,其中$C_3$部分可以为脂链,也可以与$C_6$部分形成六元或五元氧环。按照$C_3$部分的成环、氧化和取代基团的不同,可以将黄酮类化合物分成多个种类,如黄酮类(flavones)、黄酮醇类(flavonols)、异黄酮类(iso-flavones)、查尔酮(chalcones)、噢哢/橙酮类(aurones)、花青素类(anthocyandins)等,这些黄酮类化合物所产生的二氢衍生物也包含在内。

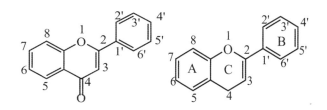

**图8.1　自然界中黄酮类化合物的基本结构**

在各类黄酮类化合物的结构中,A、B环上通常拥有羟基、甲氧基、异戊烯基等在内的取代基。在其母核结构中,C-3位易发生羟基化,从而形成与其他位置不同的非酚性羟基,即黄酮醇,黄酮、黄酮醇与糖基三者发生化学反应后就会生成黄酮苷(*Flavonoidglycosides*)。在黄酮苷类物质中,苷元指的是非糖苷部分,又称为配糖体或甙。黄酮苷元较为常见的包括木樨草素(*Luteolin*)和芹菜素(*Apigenin*)两种;黄酮醇苷元也分为多种,包括山奈酚(*Kaempferol*)、槲皮素(*Quercetin*)、杨梅素(*Myricetin*)和异槲皮素(*Isoquercetin*)等。而常见的糖基也有多个种类,如D-葡萄糖、D-葡萄糖醛酸、D-木糖、D-半乳糖、L-鼠李糖、L-阿拉伯糖等,单糖相互发生结合,可生成双糖,甚至是三糖。苷元的结构种类决定了糖连接的位置。在O-苷中,如黄酮醇类一般会形成3-、7-、3'-、4'-单糖链苷,或3,7-、3,4'-、7,4'-二糖链苷。花色素苷类一般会有一个糖连在3-OH上,从而变成了3,5-二葡萄糖苷。

## 第二节 黄酮类化合物的理化性状

黄酮类化合物通常以固态晶性的状态存在,而少数(如黄酮苷)则是表现为无定型粉末状态。黄酮类化合物通常呈现为黄色或者淡黄色,它们的二氢衍生物一般无色,在紫外灯下呈现出荧光或者有特征的颜色,用氨水将其熏过后,颜色则会出现变化。表8.1为各种黄酮类化合物的颜色。游离的苷元中,具有旋光性的主要包括黄烷醇、二氢黄酮、二氢黄酮醇等类;将糖基引入结构中后,黄酮苷也具备旋光性特性,一般为左旋。

表8.1 黄酮类化合物不同类型成分颜色

| 化合物类型 | 颜色 | 化合物类型 | 颜色 |
| --- | --- | --- | --- |
| 黄酮类 | 灰黄色 | 花色素苷及其苷元 | 粉色、橙色或红紫色 |
| 黄酮醇类 | 灰黄色 | 百花色苷及其苷元 | 无色 |
| 异黄酮类 | 无色 | 儿茶素类 | 无色 |
| 二氢黄酮类 | 无色 | 查尔酮类 | 黄色 |

游离的黄酮类化合物在水中不易溶解,在有机溶剂,如乙醇、乙醚、甲醇、丙酮、乙酸乙酯中却可以溶解,也能溶于稀碱水溶液,因为黄酮类化合物大多存在酚羟基,这也使得纯黄酮苷或苷元可溶于碱性有机溶剂中,如吡啶、二甲基甲酰胺。但黄酮类化合物表现为不同的结构和存在状态,溶解度也各不相同。其中,难溶于水的包括黄酮、黄酮醇、查尔酮,因为它们的分子为平面型,排列紧密,各分子间引力较强,水分子难以进入;而像非平面分子的异黄酮、二氢黄酮、二氢黄酮醇等物,没有紧密的排列,分子间引力较小,使得其他物质的分子易于进入,所以在水中也可以溶解。当将羟基与黄酮类苷元分子结合后,其在水中的溶解度会增加,其水溶性会随着羟基数目的增加而增强;羟基甲基化后,更易溶于有机溶剂中。经过糖苷化的黄酮类化合物,水溶性也会显著提高。在甲醇、乙醇等强极性溶剂中,黄酮苷可以快速溶解,也可溶于水

中,但却不会在苯、氯仿等少数有机溶剂中溶解。

黄酮类化合物因为分子中具有酚羟基,因此呈现出酸性。羟基的数量以及取代位置对酸性的影响较大。γ-吡喃环上的1-氧原子,因为有没共用的电子对,因此具有微弱的碱性,可以与盐酸、浓硫酸等强无机酸反应,生成盐,但并不稳定。黄酮及黄酮苷在加水分解后,能与盐酸-镁粉(锌粉)实现显色反应,从而呈现出橙红或紫红色,也有一些呈现出蓝紫色,当B环上存在着羟基或者被甲氧基取代时,所表现出的颜色也会越来越深。黄酮类化合物与金属盐试剂也可能会发生络合反应,因为分子结构中具有临位的羟基和羧基,可以共同络合金属离子(镁、铝、铅离子)而显色,故常用氯化铝和硝酸铝作为反应试剂,根据显色的深浅(即吸光度A的值的大小)来确定总黄酮的含量。另外,在碱液中,黄酮醇会先呈现出黄色,与空气反应后会变成棕红色,这也是它和黄酮醇以及别的黄酮类化合物的区别,可以利用这一特征对其进行区分。

研究表明,黄酮类化合物主要是以黄酮苷的形式存在于茶树的新芽、嫩叶中,也有少量的则以苷元的形式存在。Yao等对茶树新芽进行了分析,从中分离出5种黄酮苷,有3种是槲皮素苷,另外两种则为山奈酚苷。当前,在各种茶以及茶树新芽中所分离出的黄酮类化合物达到30多种,江和源和Park对茶籽进行了检测,从中分离出4种山奈酚苷。Yoshikawa和杨子银研究了茶树花提取物,从中分离出5种黄酮醇苷,其苷元部分包括了山奈酚、杨梅素、槲皮素,结合了葡萄糖、芸香糖、鼠李糖、半乳糖等配基后,形成了多种山奈酚苷、杨梅素苷、槲皮素苷。

## 第三节 黄酮类化合物的提取与分离方法

### 一、黄酮类化合物的提取

#### (一)有机溶剂提取法

有机溶剂提取法是一种常用的提取黄酮类化合物的方法,因为其溶解性好,方便操作,很容易实现规模化生产。由于不同化合物在不同溶剂中的溶解度不同,所以要根据相似相溶原理选择合适的提取溶剂,如双黄酮、橙酮、查尔酮、羟基黄酮等黄酮苷类和一些极性较大的苷元,易溶于水、醇以及强极性混合溶剂,其中最常用的为甲醇或者50%的甲醇水溶液。在提取某些多糖基黄酮苷时,也可以选择沸水作为提取溶剂；为避免黄酮苷类在提取过程中发生水解，要控制溶液的pH为非酸性范围。在提取黄酮苷元时，应选择一些极性较弱的有机溶剂，如氯仿、乙醚、乙酸乙酯等有机溶剂。提取法也分为多种：浸渍法、索氏抽提法、热回流法和煎煮法。提取溶剂一般选择乙醇，因为甲醇和丙酮具有一定的毒性，通常很少用到。提取苷元时，体积分数在90%～95%的乙醇是首选，而提取苷类所需的乙醇浓度应保持在60%左右。

## （二）微波辅助提取法

微波辅助提取法属于一种高级提取法，在植物天然产物的提取中得到了较为广泛的应用。微波为非离子化电磁波，频率介于低频电磁波与高频红外波之间。其频率范围在300MHz～300GHz，在工业上应用较多的为915MHz这一波段；而用于化学分析的微波频率一般为2450MHz。微波辅助提取法主要是借助了微波对细胞膜所产生的生物效应，当在生物材料周围施加电磁场后，一些高频电磁波会穿过细胞壁和细胞膜而进入到胞质中，而胞内化合物由于吸收电磁能而运动加剧，使细胞快速升温增压，导致细胞壁破裂，细胞内的化合物会渗入溶剂中，完成对目标物质的提取。

微波辅助提取法只需少量的溶剂就能将目标化合物充分浸提出来，因此具有快速高效、选择性良好、安全环保的特点，但也要求专业性设备。

## （三）超声辅助提取法

超声辅助提取法借助超声波具有的机械效应、空化效应和热效应，加快介质中分子的运动速度，并使介质的穿透力增加，从而促进细胞内物质的扩散与溶出。超声辅助提取法被广泛应用于植物天然产物的提取中。Muhammad等用其提取了橘皮中的黄酮苷，Wu等分别从人参和组织培养的人参细胞中提取人参皂苷。而在茶叶相关领域里，超声辅助提取法也一直受到学者们的广泛关注。陈小萍等通过比较几种不同的提取方法，发现相对其他几种方法，其使茶树花黄酮的提取率更高，且能使茶树花黄酮保持较高的抗氧化活性。

## （四）超临界流体萃取法

超临界流体萃取法常被用于提取生物活性敏感和一些热不稳定性化合物。当温度与压力高于临界值时，溶剂会进入超临界状态，使其流动性增加，传质过程加快，通常以非极性化合物二氧化碳作为萃取剂，因此更适合萃取一些非极性或者极性相对较弱的化合物;若想萃取一些极性较大的化合物,则要在溶剂中加入相应的有机试剂,如甲醇、乙醇、丙酮、乙醚、乙腈、二氯甲烷等。已有研究证实,合理的溶剂配比会显著提高黄酮类化合物的提取效率。

比起传统的提取技术,超临界流体萃取法具有高效、无溶剂残留等特点,还可以使植物中的有效成分得到完整保留,不过它也有一定的局限性,如操作流程十分复杂,在仪器设备和工业上大规模的应用成本高,难以提取极性化合物。

### (五)酶法提取

同其他提取方法相比,酶法提取是一种绿色提取方法。它利用果胶酶、纤维素酶、半纤维素等特异性的酶,水解细胞壁,使其内部的黄酮类化合物被释放,在溶剂里溶解。酶提取法主要用于提取植物中的蛋白质、多酚、多糖等生物活性物质,如提取葡萄残渣中的多酚。在茶叶相关领域已有相关报道,张卫红等用复合酶解法提取茶叶中的茶多酚;周小玲等采用果胶酶、胰蛋白酶和复合酶三种不同的酶提取法,提取崂山粗老绿茶中的茶多糖,发现复合酶法的提取效果最佳。

酶提取法可以保留原黄酮类化合物的活性,拥有较高的安全性,但是在提取过程中,对提取温度、提取时间以及溶剂的pH有较为严格的要求,并且由于酶具有一定的专一性,因此该法只适合提取某些特定化合物,由于其成本较高,不利于大规模的工业化生产。

## 二、黄酮类化合物的分离方法

### (一)大孔树脂吸附法

大孔树脂是一类人工合成的高分子有机聚合物,在结构上为多孔立体,孔径一般为 $0.5 \sim 9\mu m$,因其具有理化性质稳定、吸附选择性好、容易再生等特点,被广泛应用于分离纯化天然产物,如多酚、黄酮、皂苷等,主要依靠树脂表面与化合物分子之间的范德华力以及相互之间形成氢键而产生吸附作用,由于化合物分子的粒径大小、与树脂结合的紧密程度存在差异,可以通过选择合适的洗脱剂将目标化合物洗脱出来。具有分子筛和离子交换双功能分离作用的树脂极大提高了分离效率。

按照不同的分类标准,可以将树脂分为以下几种类型:依据树脂的孔径与比表面进行分类,主要有 AB-8、D-101、DM-301、DA-201、XAD-1、HP-30 等;依据其表现性责可分为非极性、弱极性、中极性、极性四类。在实际的分离与纯化中,可以根据目标化合物的性质,选择合适的吸附树脂。

## (二)葡聚糖凝胶柱层析

葡聚糖凝胶柱层析是一种分离植物天然产物的有效方法。其中最常见的是Sephadex LH-20,主要用于黄酮类、蛋白质、萜类与生物碱等活性物质的分离。它的分离原理是通过与黄酮类化合物分子上的酚羟基发生吸附作用,酚羟基越多,吸附作用越强,部分黄酮苷上连接的糖基数目决定了分子的极性与粒径大小,根据相似相溶原理,选择合适的洗脱溶剂并结合葡聚糖凝胶的分子筛作用,可以有效将目标化合物分离出来。

该方法已被用于分离纯化茶叶黄酮类物质。关文玉等利用Sephadex LH-20凝胶色谱柱分离了普洱茶中的杨梅素、槲皮素和山奈酚。

## (三)聚酰胺柱层析法

聚酰胺柱层析法是当前一种主流的天然产物纯化方法,在黄酮类化合物的纯化中得到了广泛应用。其分子中的酰胺基通过氢键与黄酮类化合物分子中的羟基相结合,进而产生吸附作用,黄酮类化合物中羟基的数目、结合位点以及洗脱溶剂对于氢键键合程度的影响决定了目标化合物的最终分离效果。甘春丽等在分离提纯中,使用聚酰胺柱色谱法,所获得的黄酮醇与二氢黄酮醇类化合物的体积分数较高。蔡鹰等经过实验证实,聚酰胺可适用于分离回心草中的总黄酮。

虽然聚酰胺层析法的分离效果好、容量大,但也有一定的缺点,主要表现在流速慢,分离周期长,酰胺基脱落可能会污染样品,死吸附量较大。

## (四)HPLC法

HPLC法是当前分离黄酮类化合物效果最好的方法之一,一般以反向HPLC法为主。很多黄酮类化合物都具有紫外吸收的特性,而且在254~280nm和340~360nm两个波段会出现特征吸收峰。不同黄酮类化合物的保留时间也各不相同,比如黄酮苷苷元上羟基数目和糖链上糖基数目决定它在$C_{18}$色谱柱上的保留能力,随着羟基数目与糖基数目的增加,其保留能力逐渐减弱,在色谱图中表现为出峰时间更早。虽然HPLC法的分离效果好,但应用成本相对较高,当前主要用于少量样品的制备,以及化合物的定性检测、定量分析等。左文松等利用HPLC测定石崖茶中5种黄酮成分；该方法快速、简便、准确，且最终的实验结果线性关系良好。

# 三、研究成果

## （一）应用响应面法优化得到茶树花总黄酮的醇提工艺结果

应用响应面法优化得到茶树花总黄酮的醇提工艺结果为：提取时间（A）为1.86h，乙醇体积分数（B）为78%，料液比（C）为54mL/g，提取温度（D）为75℃；拟合的回归方程为：总黄酮的得率＝7.06＋0.15A＋0.26B＋0.25C＋0.24D＋0.35AB＋0.17AD＋0.46BC＋0.20BD－0.36$A^2$－0.56$B^2$－0.52$C^2$－0.58$D^2$（$R^2$＝96.93%），表明方程拟合程度好，预测值为7.22mg/g。对最佳工艺条件进行验证，黄酮的得率为7.09mg/g，建立的优化提取条件可信。

基于单因素实验的结果，应用Design-Expert 8.0实验设计，进行多因素响应面实验，从而确定最优化的浸提条件，并根据最优化的浸提条件进行验证实验，影响因素与不同因素水平见表8.2。

表8.2 响应面实验的因素与水平

| 因素 | 水平 | | |
|---|---|---|---|
| | －1 | 0 | 1 |
| 料液比（g/mL） | 30 | 45 | 60 |
| 乙醇体积分数（%） | 60 | 70 | 80 |
| 提取温度（℃） | 60 | 70 | 80 |
| 提取时间（h） | 1 | 1.5 | 2 |

图8.2为茶树花黄酮在不同料液比下的提取结果。从中可以看出，当料液比低于45mL/g的时候，随着料液比的增加，黄酮的提取量呈现递增趋势；当料液比达到45mL/g之后，提取液中的黄酮含量趋于平缓。因为在料液比较低时，物料中的黄酮类化合物没能完全溶出，而溶剂中的黄酮含量就已经达到饱和，此时，随着料液比的增加，茶树花中剩余的黄酮逐渐溶出，提取量也随之增加；当提取溶剂达到一定的体积时，物料中的有效成分已经完全溶出，此时再继续增加料液比，总黄酮的提取量不会发生明显变化，同时，随着溶剂体积的增加，热传导的效率会降低，对于溶剂本身也会造成不必要的浪费。综合考虑，本实验选择料液比为45mL/g。

图 8.3 为采用不同浓度乙醇提取茶树花总黄酮的结果。当乙醇体积分数低于70％时,总黄酮的提取量会随着乙醇体积分数的增大而增加;当乙醇的体积分数在70％~80％时,总黄酮的提取率达到最高。黄酮属于弱极性化合物,依据相似相溶原理,易溶于中等或者中等偏弱极性的溶剂中。

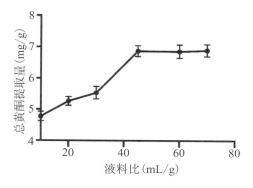

图8.2　料液比对总黄酮提取量的影响

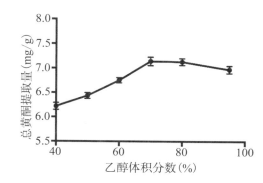

图8.3　乙醇体积分数对总黄酮提取量的影响

图 8.4 显示,随着提取温度的变化,茶树花提取液中的总黄酮呈现出先上升再下降的趋势。当提取温度从40℃升高到70℃,黄酮类化合物在乙醇溶液中的浸出量随着温度的升高而增加,在70℃时,总黄酮的提取量最高,为6.80mg/g;当温度超过70℃,总黄酮的浸出量随着温度的升高而下降。主要原因是当温度低于70℃,温度升高导致溶液的活度增加,进而增加了溶液的扩散系数,促进更多的黄酮类化合物溶出,但是当温度高于70℃时,随着温度的继续升高,会有部分黄酮类化合物发生降解,与此同时,温度过高导致细胞内的可溶性蛋白变性溶出、多糖结构改变糊化,使溶液黏度增大,影响细胞破裂,阻碍了黄酮类物质的溶出,从而直接影响总黄酮的浸出量。综合考虑,应该选择70℃作为茶树花黄酮回流提取的最适温度。

从图 8.5 可以看出,当提取时间小于90min时,随着提取时间的增加,总黄酮的浸出量逐渐增加;当提取时间到达90min时,提取过程达到一个动态的平衡,总黄酮的提出量也达到最大值,为6.98mg/g。随着提取时间的进一步延长,黄酮的浸出量会呈现出略微下降的趋势,原因可能是长时间的高温条件下,会有部分的黄酮类化合物发生氧化或者分解,导致总黄酮的提取量相对于最大值有所降低。综合考虑,黄酮的最佳提取时间应为90min。

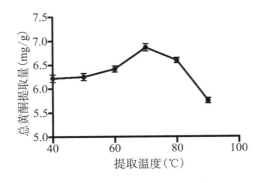

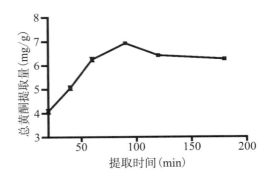

图8.4　提取温度对总黄酮提取量的影响　　　　图8.5　提取时间对总黄酮提取量的影响

　　根据响应面(Box-Behnken)中心组合的实验设计,在单因素实验结果的基础上, 选取提取时间(A)、乙醇体积分数(B)、料液比(C)、提取温度(D)四个自变量作为因素,黄酮的提取量作为应变量。实验分析结果如表8.3所示,依据不同条件提取茶树花黄酮的提取量进行回归分析,可以拟合出含有一次效应、二次效应、交互效应的回归方程:总黄酮的提取量(mg/g)＝7.06＋0.15A＋0.26B＋0.25C＋0.24D＋0.35AB＋0.17AD＋0.46BC＋0.20BD－0.36A²－0.56B²－0.52C²－0.58D²。

表8.3　不同提取条件下总黄酮的提取量

| 序号 | 因素 | | | | 总黄酮提取量(mg/g) |
| --- | --- | --- | --- | --- | --- |
| | A(h) | B(%) | C(mL/g) | D(℃) | |
| 1 | 1.5 | 70 | 30 | 80 | 6.16 |
| 2 | 1 | 70 | 30 | 70 | 5.97 |
| 3 | 2 | 70 | 60 | 70 | 6.38 |
| 4 | 1 | 70 | 45 | 80 | 5.95 |
| 5 | 1.5 | 60 | 60 | 70 | 5.57 |
| 6 | 1.5 | 70 | 30 | 60 | 5.46 |
| 7 | 1.5 | 70 | 60 | 80 | 6.46 |
| 8 | 1.5 | 70 | 45 | 70 | 7.06 |
| 9 | 2 | 60 | 45 | 70 | 5.77 |
| 10 | 1.5 | 80 | 60 | 70 | 7.14 |
| 11 | 2 | 80 | 45 | 70 | 6.92 |
| 12 | 1 | 70 | 45 | 60 | 5.85 |
| 13 | 2 | 70 | 45 | 80 | 6.79 |

续表

| 序号 | 因素 | | | | 总黄酮提取量(mg/g) |
|---|---|---|---|---|---|
| | A(h) | B(％) | C(mL/g) | D(℃) | |
| 14 | 1.5 | 80 | 45 | 60 | 5.73 |
| 15 | 1 | 80 | 45 | 70 | 5.84 |
| 16 | 1.5 | 60 | 30 | 70 | 6.15 |
| 17 | 1.5 | 60 | 45 | 60 | 5.63 |
| 18 | 1.5 | 70 | 45 | 70 | 7.03 |
| 19 | 1 | 60 | 45 | 70 | 6.16 |
| 20 | 1.5 | 80 | 45 | 80 | 5.42 |
| 21 | 1 | 70 | 60 | 70 | 6.03 |
| 22 | 1.5 | 70 | 45 | 70 | 7.02 |
| 23 | 1.5 | 80 | 30 | 70 | 5.45 |
| 24 | 2 | 70 | 30 | 70 | 5.96 |
| 25 | 1.5 | 70 | 60 | 60 | 5.98 |
| 26 | 1.5 | 70 | 45 | 70 | 7.03 |
| 27 | 1.5 | 60 | 45 | 80 | 6.01 |
| 28 | 2 | 70 | 45 | 60 | 5.92 |
| 29 | 1.5 | 70 | 45 | 70 | 7.04 |

此方程表达了按照不同的提取条件对茶树花粉进行处理以后,茶树花总黄酮的提取量与四个因素之间的对应关系,对所建模型的失拟值进行分析,$P＝0.0128$($P＜0.05$时,达到显著水平);失拟值为 0.27(不显著),二次回归方程的相关系数 $R^2＝96.93\%$,从而证明了回归方程拟合度较好。

由表 8.4 可以得出,此模型达到极显著水平($P＜0.0001$)。二次回归模型的决定系数是 A、B、C、D、AB、AD、BC、BD、$A^2$、$B^2$、$C^2$、$D^2$,其中提取时间、乙醇体积分数、料液比、提取温度、提取时间与乙醇体积分数的交互作用、乙醇体积分数与料液比的交互作用、乙醇体积分数与提取温度的交互作用达到极显著水平,提取时间与提取温度的交互作用达到显著水平。而提取时间与料液比、料液比与提取温度之间没有交互作用。影响总黄酮的提取量的各因素的顺序是:乙醇体积分数＞料液比＞提取温度＞提取时间;并且乙醇的体积分数、料液比和提取温度这三个因素对于总黄酮提取量的影响较为接近,远大于提取时间对于茶树花总黄酮提取量的影响。

表8.4　方差分析

| 来源 | 平方和 | 自由度 | 均方 | F值 | P值 |
|---|---|---|---|---|---|
| Model | 8.51 | 12 | 0.71 | 42.06 | <0.0001 |
| A-提取时间(h) | 0.27 | 1 | 0.27 | 15.84 | 0.0011 |
| B-乙醇体积分数(%) | 0.84 | 1 | 0.84 | 49.67 | <0.0001 |
| C-料液比(mL/g) | 0.75 | 1 | 0.75 | 44.49 | <0.0001 |
| D-提取温度(℃) | 0.67 | 1 | 0.67 | 39.87 | <0.0001 |
| AB | 0.50 | 1 | 0.50 | 29.48 | <0.0001 |
| AD | 0.12 | 1 | 0.12 | 7.27 | 0.0159 |
| BC | 0.86 | 1 | 0.86 | 50.75 | <0.0001 |
| BD | 0.16 | 1 | 0.16 | 9.73 | 0.0066 |
| $A^2$ | 0.83 | 1 | 0.83 | 49.29 | <0.0001 |
| $B^2$ | 2.02 | 1 | 2.02 | 119.77 | <0.0001 |
| $C^2$ | 1.78 | 1 | 1.78 | 105.71 | <0.0001 |
| $D^2$ | 2.01 | 1 | 2.01 | 119.23 | <0.0001 |
| 剩余 | 0.27 | 16 | 0.017 | | |
| 失拟项 | 0.27 | 12 | 0.022 | | |
| 纯误差 | 0.000 | 4 | 0.000 | | |
| 总变异 | 8.76 | 26 | | | |

如图8.6所示,两因素间的交互作用对于茶树花总黄酮提取量的影响依次是:乙醇体积分数与料液比的交互作用>液提取时间与乙醇体积分数的交互作用>乙醇体积分数与提取温度的交互作用>提取时间与提取温度的交互作用。提取时间过长和提取温度过高都会导致总黄酮的提取量下降,其主要原因是部分黄酮苷类化合物在高温下容易分解,而料液比过大会使黄酮的溶出达到饱和,形成一个动态的平衡,再继续增加溶剂的用量,对于黄酮类化合物溶出的收效甚微。同时从图8.6也能看出,较高的乙醇浓度更有利于黄酮类化合物的溶出,但是当浓度达到某一值时,继续增加乙醇浓度对于总黄酮的提取量影响较小。

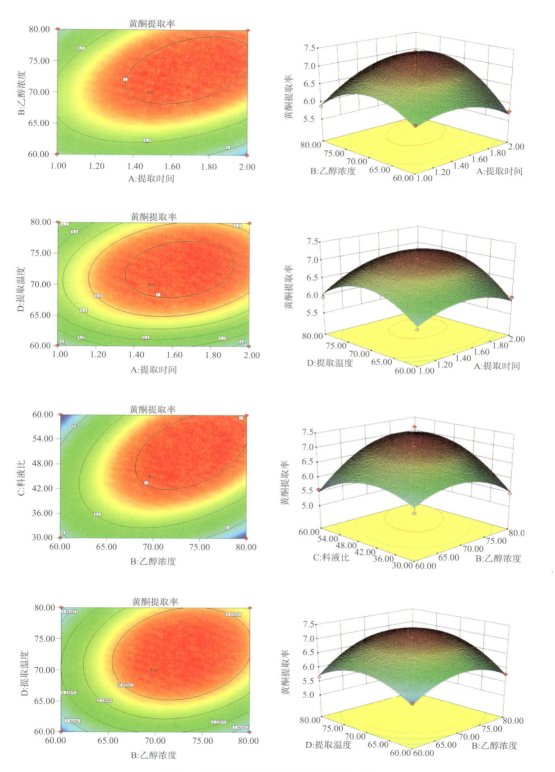

**图8.6　两因素交互作用的等高线与响应面**

根据本模型可以确定,当提取时间为1.86h,乙醇浓度为78%,料液比为54mL/g,提取温度为75℃时,总黄酮的提取量最高为7.22mg/g;进行近似验证实验,测得茶树花总黄酮含量是7.09mg/g,其相对误差为1.80%,优化的结果可靠。

## (二) 大孔树脂对茶树花总黄酮吸附性能的研究成果

在静态吸附实验基础上,在AB-8、D-101、DM-301、DA-201四种大孔树脂中筛选出AB-8纯化茶树花黄酮的效果最佳,吸附量为129.96mg/g,解析率为96.45%,回收率为69.20%;动态吸附实验确定了AB-8树脂的最适分离条件:当AB-8的柱体积为(外径15mm×柱高120mm)时,上样液的浓度为1.80mg/mL,吸附时间为1h,洗脱剂(乙醇)的浓度为75%,洗脱流速为1.5mL/min。

### 1. 大孔树脂的筛选

通过对4种不同性质的大孔树脂进行静态吸附与解吸附实验,通过比较不同树脂间黄酮的吸附量(mg/g)、吸附率(%)、解吸量(mg/g)、解吸率(%)和回收率(%)的差异,从而筛选出最适合纯化茶树花黄酮的树脂型号。

计算公式如下:

$$吸附量(mg/g) = (C_0 - C_1)/M \tag{8.1}$$

$$吸附率(\%) = (C_0 - C_1)/C_0 \times 100\% \tag{8.2}$$

$$解吸量(mg/g) = C_2 V_2/M \times 100\% \tag{8.3}$$

$$解吸率(\%) = C_2 V_2/[(C_0 - C_1 V_1)] \times 100\% \tag{8.4}$$

$$回收率(\%) = C_2 V_2/(C_0 V_1) \times 100\% \tag{8.5}$$

其中,$C_0$为上样液中总黄酮的初始浓度(mg/mL);$C_1$为上样液经过吸附饱和后得到的总黄酮浓度(mg/mL);$C_2$为洗脱液中的总黄酮浓度;$V_1$为上样液的体积(mL);$V_2$为洗脱液体积(mL),$M$为大孔树脂的质量(g)。

树脂的孔径越小,表面积则会越大,吸附和解吸的效果也更佳,从表8.5可以看出,AB-8与D-101两种树脂对于黄酮的吸附量较大。综合比较解吸率和回收率,AB-8对于茶树花黄酮的吸附与解吸效果相对于D-101更优,主要原因是黄酮类化合物属于弱极性化合物,同样是弱极性的AB-8型大孔树脂更容易与极性相似的黄酮类物质发生选择性吸附,因此,选择AB-8型树脂作为茶树花总黄酮纯化的最佳树脂。

表8.5　大孔树脂静态吸附性能

| 树脂型号 | 孔径(nm) | 比表面积(m²/g) | 极性 | 吸附量(mg/g) | 解吸率(%) | 回收率(%) |
|---|---|---|---|---|---|---|
| AB-8 | 13.0～14.0 | 480 | 弱极性 | 129.96 | 96.45 | 69.20 |
| D-101 | 9.0～11.0 | 500 | 非极性 | 128.17 | 93.65 | 62.71 |
| DM-301 | 33.5 | 330 | 中极性 | 117.78 | 84.40 | 50.17 |
| DA-201 | 9.0～10.0 | 200 | 极性 | 107.68 | 81.06 | 47.10 |

## 2. AB-8型大孔树脂的泄露曲线

图8.7表明,随着上样液的体积增加,流出液中的总黄酮浓度逐渐增加,当上样量为40mL的时候,流出液中总黄酮的浓度为0.24mg/mL,达到初始上样液浓度的10%,为AB-8大孔树脂的泄漏点,因此,最适上样体积为40mL。当上样液的体积继续增大,大孔树脂的吸附量也逐渐趋于饱和;当上样液的体积达到200mL时,此时流出液中的总黄酮浓度为2.38mg/mL,这和上样液中的总黄酮浓度接近,说明已达到AB-8大孔树脂的饱和点。

从图8.7中可以看出,AB-8型大孔树脂的吸附过程随着上样液体积的增加并不是呈现出简单的线性增长。当上样液的体积小于40mL时(在泄漏点之前),随着上样液体积的增加,流出液中的黄酮浓度与上样液的体积呈线性递增关系;当上样液的体积从40mL增加到140mL时,流出液中的黄酮浓度与上样液的体积呈指数型递增关系;当上样液体积接近160mL,随着上样液体积的增加,流出液中的黄酮浓度变化十分缓慢。

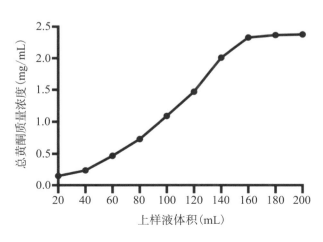

图8.7　AB-8的茶树花黄酮泄露曲线

### 3. 上样浓度对AB-8树脂吸附性能的影响

如图8.8所示,当上样液的黄酮浓度较低时,随着质量浓度的增大,吸附率和回收率都是逐渐增加的;当上样液度达到1.8mg/mL,树脂达到最大吸附率;在此之后随着上样液浓度继续增加,树脂的吸附率基本保持不变;而树脂的回收率却出现了下降的趋势,因为上样液的质量浓度已超过树脂吸附的饱和度,而且过高的进样浓度将直接导致树脂的再生次数增加,无形中缩短了树脂的使用寿命。综合考虑,上样液的最佳质量浓度应为1.80mg/mL。

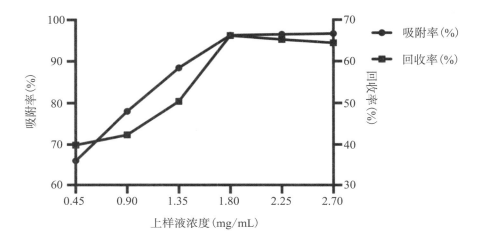

图8.8 上样浓度对AB-8吸附性能的影响

### 4. 吸附时间对AB-8树脂吸附性能的影响

从图8.9可以看出,当吸附时间小于60min时,随着吸附时间的增加,树脂的吸附率和回收率都逐渐增加;在吸附时间到达60min时,达到最大值;当吸附时间继续延长,树脂的吸附率保持相对平稳,而回收率呈现出小幅度下降的趋势。综合考虑,AB-8树脂的最佳吸附时间是60min。

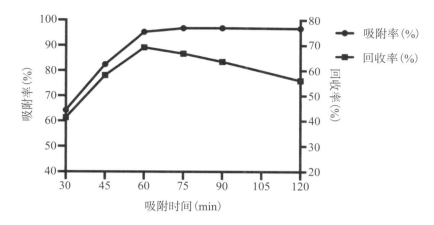

图8.9 吸附时间对AB-8吸附性能的影响

## 5. AB-8大孔树脂的洗脱曲线

如图8.10所示,随着洗脱液体积的不断增加,洗脱液中的黄酮质量浓度呈现先增后减的趋势,当洗脱液的体积为12.5mL时,洗脱液中的总黄酮浓度达到最大值1.80mg/mL,AB-8树脂的洗脱曲线呈现类似正态分布一样的钟形曲线,但实际情况下又略有所不同,它并非在极大值两侧完全对称。由于柱床的密度没法保证绝对的均一,样液在流经柱床的过程中,黄酮类化合物与树脂颗粒间的相互作用存在差异,从而造成了洗脱过程中出现前沿峰。当洗脱液的体积为27.5mL时,洗脱液中黄酮浓度为0mg/mL,表明此刻已经到达洗脱终点。

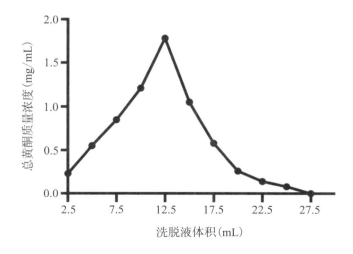

图8.10 AB-8的茶树花黄酮洗脱曲线

### 6. 吸附时间对AB-8树脂解吸附性能的影响

如图8.11所示,当乙醇浓度小于75%时,随着乙醇浓度的增加,解吸率和回收率都逐渐增加。当乙醇浓度大于75%时,随着乙醇浓度的增加,解吸率会略微有所增加,并逐渐趋近平稳;而此时回收率却呈现出下降的趋势,而且乙醇浓度过高,会将提取液中与黄酮具有相似结构的化合物,以及一些易溶于高浓度乙醇的一些大分子化合物一同洗脱出来。综合考虑,用乙醇作为洗脱剂的最适浓度为75%。

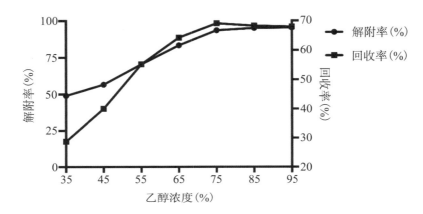

图8.11　乙醇浓度对AB-8大孔树脂解吸效果的影响

### 7. 洗脱流速对AB-8树脂解吸附性能的影响

如图8.12所示,随着洗脱剂流速的增大,大孔树脂的解吸率与回收率均出现不同程度的降低,当洗脱流速超过2.5mL/min时,解吸率与回收率下降的趋势明显,如果单

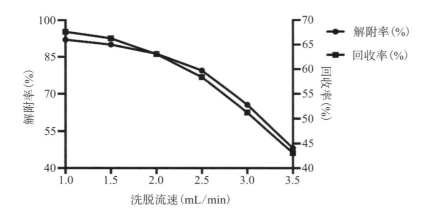

图8.12　洗脱流速对AB-8大孔树脂解吸效果的影响

从解吸率与回收率的角度考虑,应该选择1mL/min作为最佳洗脱流速,但是如果流速过慢,则会延长分离周期,增加不必要的工作时长。综合考虑,应该选择1.5mL/min作为最佳洗脱流速。

综上所述,AB-8大孔树脂纯化茶树花总黄酮的最佳工艺为上样液浓度1.80mg/mL,吸附时间是1h,洗脱剂(乙醇)的浓度为75%,洗脱流速为1.5mL/min。按照最优参数对工艺进行验证,得到的总黄酮的吸附率为95.42%,解吸率为93.28%,回收率为67.65%。

## 四、总　结

采用实验室建立的超高效液相色谱-二极管阵列检测-串联质谱方法对5个茶树品种茶树花中的黄酮进行检测,以3种黄酮醇(Myr、Que、Kae)作为标准品对各黄酮醇苷进行等量分析,并对不同茶树品种花中的黄酮苷组分含量进行比较,研究其在种类与含量上的差异性。

利用UPLC-MS检测出了5个茶树花品种中的12种黄酮苷,通过比较不同品种茶树花中的黄酮苷组分含量,发现早茶树花中Kae-glu-rha-gala和Kae-glu-rha-glu的含量显著高于其他品种;Myr-glu在福建水仙茶树花中的含量比其他品种中高出近4倍,而其Myr-gala的含量却只有其他品种的1/5;政和大白茶的黄酮苷总量是5个品种中最低的。尽管各黄酮苷组分在不同品种中的含量呈现明显的差异性,但所有品种的茶树花均表现为山奈酚苷>槲皮素苷>杨梅素苷,即主要以三糖基黄酮苷的形式存在。

## 第四节　黄酮类化合物的检测与鉴定方法

### 一、常用方法

#### (一)紫外分光光度检测法

黄酮类化合物在紫外波段范围内有两个主要的吸收带,分别是带Ⅰ304~350nm和带Ⅱ240~280nm。带Ⅰ主要由B环上的肉桂酰生色团引起。带Ⅱ主要由A环上的苯甲酰生色团引起,不同类型的黄酮类化合物,因为取代基的种类、数目、结合位点以及空间构型上的差异,则吸收带的波长、强度与峰形也有所不同。

## （二）液质联用检测与鉴定

液质联用技术是一种将高效液相色谱与质谱相结合的分析手段,它充分利用了高效液相色谱的快速分离能力,以及质谱选择性好、检测灵敏度高等特点,实现了对目标化合物的分离鉴定。尤其是在缺乏标准品的情况下,可以根据质谱提供的分子碎片信息,对未知化合物的结构做出推断,其是一种重要的天然产物分析工具。因为黄酮类化合物的种类繁多,而市面上的标准品相对匮乏,因此液质联用技术可以作为一种有效手段来检测植物中的黄酮类化合物。Plazonić等利用液质联用技术鉴定欧芹中的黄酮类化合物与酚酸,并对其进行了定量分析。在茶叶相关领域中,对于液质联用技术的使用也十分广泛,张正竹等利用液质联用技术分析了茶鲜叶中的糖苷类香气前体物质,王智聪等测定了茶叶中15种黄酮醇苷类化合物。

## （三）核磁共振法

核磁共振法是利用核磁共振波谱进行结构的鉴定,一些原子核在外加磁场的作用下,可以产生核自旋能级分裂,此时若用一定频率的射频照射分子,原子核因吸收了一定频率的射频而发生自旋能级跃迁,即产生核磁共振。

核磁共振法已被广泛应用于黄酮类化合物的结构鉴定中,只需提供少量的样品,就可以确定A、B、C三个环的氧化类型,环上甲氧基的个数与位置以及糖链中的糖基的数目与连接方式,为化合物结构的确定提供了丰富的信息。刘明珂等利用核磁共振法测定了一清胶囊和三黄片中黄芩黄酮总量。在茶叶相关领域中,核磁共振法也被用于某些内含成分的测定,如陈连清等建立核磁共振法,可以准确无损伤地测定茶叶中的咖啡碱含量。杨子银等也利用核磁共振法对茶树花乙醇初提物中的5种黄酮醇苷进行了结构的鉴定。

# 二、研究结果

## 1. 黄酮醇标品的检测

根据表8.6中的色谱信息与质谱信息,可知图8.13中的1号峰是杨梅素,2号峰是槲皮素,3号峰是山奈酚。

表8.6　黄酮标准品的液质信息

| 峰号 | 保留时间(min) | 峰面积 | 分子量 | 化合物名称 | 浓度(mg/mL) |
|------|---------------|--------|--------|------------|-------------|
| 1 | 15.827 | 11409.254 | 317 | Myr | 0.01 |
| 2 | 21.774 | 17927.754 | 301 | Que | 0.01 |
| 3 | 24.897 | 21246.857 | 285 | Kae | 0.01 |

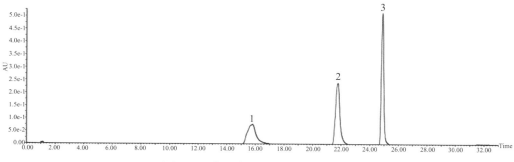

图8.13　黄酮醇标准品的UPLC色谱

## 2. 茶树花样品中黄酮醇苷的检测

图8.14为茶树花中黄酮苷的UPLC色谱图。表8.7为茶树花中黄酮苷类物质的质谱信息。

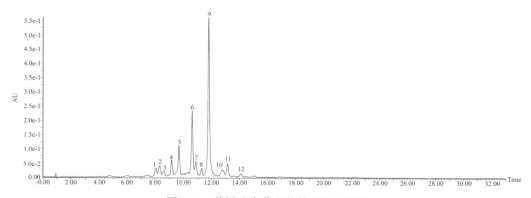

图8.14　茶树花中黄酮苷的UPLC色谱

表8.7 茶树花中黄酮苷类物质的质谱信息

| 峰号 | 保留时间(min) | 分子量 | 质谱碎片(m/z) | 化合物 |
|---|---|---|---|---|
| 1 | 8.047 | 625 | 316 | Myr-rut |
| 2 | 8.284 | 479 | 316 | Myr-gala |
| 3 | 8.613 | 479 | 316 | Myr-glu |
| 4 | 9.139 | 771 | 301/463/609 | Que-gala-rut |
| 5 | 9.673 | 771 | 301/463/609 | Que-glu-rut |
| 6 | 10.614 | 755 | 285 | Kae-glu-rha-gala |
| 7 | 10.877 | 463 | 301 | Que-gala |
| 8 | 11.296 | 463 | 301 | Que-glu |
| 9 | 11.781 | 755 | 285 | Kae-glu-rha-glu |
| 10 | 12.844 | 447 | 285 | Kae-gala |
| 11 | 13.139 | 593 | 285 | Kae-rut |
| 12 | 14.070 | 447 | 295 | Kae-glu |

　　如图8.15所示,峰1测定的相对分子质量是625。将其与茶树花中已检测出的黄酮醇苷化合物的分子量进行比对,初步推断是Myr-rut。当它失去一个芸香糖基后,可形成质量分数为316的杨梅素苷,因此可以推断峰1是Myr-rut。该黄酮醇苷已在茶叶中被检测出来,但在茶树花中却少有报道。

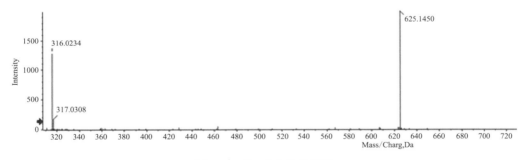

图8.15　峰1化合物的质谱

　　如图8.16所示,峰2和峰3测定的相对分子质量是479。通过与茶树花中已检测出的黄酮醇苷化合物的分子量进行比对,初步推断是Myr-gala、Myr-glu,当它们分别失去一个半乳糖基和一个葡萄糖基时,可以形成质量分数为316的杨梅素苷。并且已有研究证明,半乳糖苷类化合物的出峰时间相对于葡萄糖苷类化合物早,因此可以推断峰2是Myr-gala,峰3是Myr-glu。

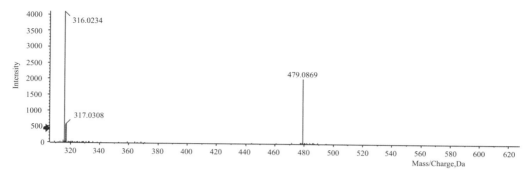

图8.16　峰2和峰3化合物的质谱

如图8.17所示,峰4和峰5测定的相对分子质量是771。通过与茶树花中已检测出的黄酮醇苷化合物的分子量进行比对,初步推断是Que-gala-rut、Que-glu-rut。峰4和峰5的质谱碎片有301、463、609,当它们分别失去一个半乳糖基和一个葡萄糖基时,可以形成碎片离子609;当它们都失去一个芸香糖基时,可形成碎片离子463;当它们失去全部糖基时,可形成碎片离子301。并且已有研究证明,半乳糖苷类化合物的出峰时间相对于葡萄糖苷类化合物早,因此可以推断峰4是Que-gala-rut,峰5是Que-glu-rut。

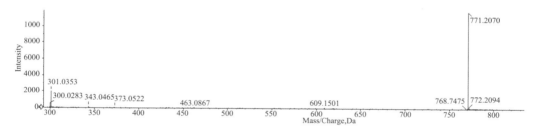

图8.17　峰4和峰5化合物的质谱

如图8.18所示,峰6和峰9测定的相对分子质量是755。通过与茶树花中已检测出的黄酮醇苷化合物的分子量进行比对,初步推断是Kae-glu-rha-gala、Kae-glu-rha-glu。峰6峰和9的质谱碎片为285。当它们失去所有的糖基,可以形成质量分数为285的山奈酚苷元,且在液相色谱体系中,半乳糖苷类化合物的出峰时间相对于葡萄糖苷类化合物早。因此可以推断峰6是Kae-glu-rha-gala、峰9是Kae-glu-rha-glu。这两种山奈酚苷已在茶树干花中被检测出,而且含量较高。

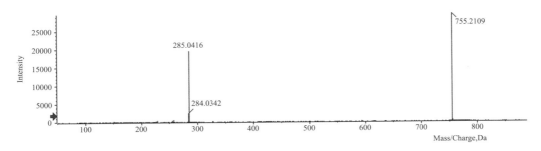

图8.18　峰6和峰9化合物的质谱

　　如图8.19所示，峰7和峰8测定的相对分子质量是463。通过与茶树花中已检测出的黄酮醇苷化合物的分子量进行比对，初步推断是Que-gala、Que-glu。峰7和峰8的质谱碎片为301，当它们分别失去半乳糖基和葡萄糖基时，可以形成质量分数为301的槲皮素苷元，且在液相色谱体系中，半乳糖苷类化合物的出峰时间相对于葡萄糖苷类化合物早。因此，可以推断峰7为Que-gala，峰8为Que-glu。

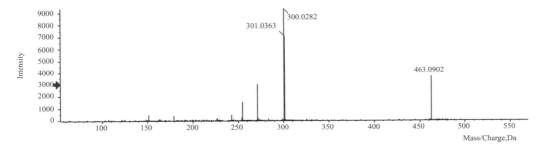

图8.19　峰7和峰8化合物的质谱

　　如图8.20所示，峰11测定的相对分子质量是593。通过与茶树花中已检测出的黄酮醇苷化合物的分子量进行比对，初步推断是Kae-rut。当它失去一个芸香糖基后，可形成质量分数为285的山奈酚苷，之前已有研究显示该物质存在于茶树干花中。因此可以推断峰11为Kae-rut。

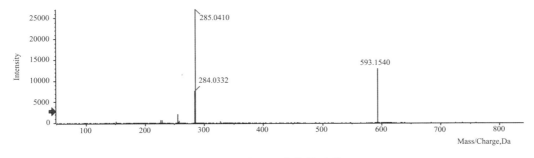

图8.20　峰11化合物的质谱

　　如图8.21所示,峰10和峰12测定的相对分子质量是447。通过与茶树花中已检测出的黄酮醇苷化合物的分子量进行比对,初步推断是Kae-gala、Kae-glu。峰10和峰12的质谱碎片为285,当它们分别失去半乳糖基和葡萄糖基时,可以形成质量分数为285的槲皮素苷元,且在液相色谱体系中,半乳糖苷类化合物的出峰时间相对于葡萄糖苷类化合物早。因此,可以推断峰10为Kae-gala,峰12为Kae-glu。

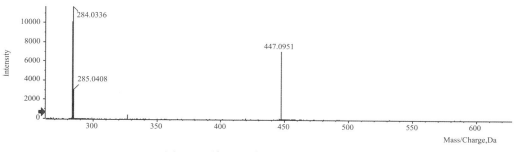

**图8.21　峰10和峰12化合物的质谱**

### 3. 不同茶树品种花中黄酮苷组分含量的比较

　　从表8.8可以看出,不同品种茶树花中的黄酮苷组分含量存在较大的差异,如福建水仙茶树花中Myr-gala的含量显著低于其他几个品种,只有0.075mg/g,仅为黄叶早中该黄酮苷含量的1/5,而Myr-glu的含量却是5个品种中最高,为0.436mg/g,比它在政和大白茶与水古茶中的含量高出了4倍;黄叶早中Kae-glu-rha-gala的含量显著高于它在其他几个品种中的含量,达到0.962mg/g,而Kae-glu-rha-glu在梅占中的含量显著高于它在另外四个品种中的含量。纵观各黄酮苷组分在不同品种茶树花中的分布情况,福建水仙品种中,除了Myr-glu的含量显著高于其他品种,其余组分均为最低。

　　对茶树花黄酮苷进行UPLC-MS分离鉴定,结果证实了茶树花中的黄酮苷达到12种之多。这些黄酮苷依照出峰顺序,依次是Myr-rut、Myr-gala、Myr-glu、Que-gala-rut、Que-glu-rut、Kae-glu-rha-gala、Que-gala、Que-glu、Kae-glu-rha-glu、Kae-gala、Kae-rut、Kae-glu。

　　根据浓度已知的杨梅素、槲皮素和山奈酚标准品,对这12种黄酮醇苷进行定量分析,确定它们在茶树花中的含量。通过比较不同品种茶树花中的黄酮苷组分含量,发现2种山奈酚三糖苷(Kae-glu-rha-gala、Kae-glu-rha-glu)在黄叶早与水古茶树花中的含量均为最高,但它们在两品种之间仍存在显著性差异。而杨梅素、槲皮素和山奈

表8.8 不同品种茶树花的黄酮苷含量

| 茶树品种 | Myr-rut | Myr-gala | Myr-glu | Que-gala-rut | Que-glu-rut | Kae-glu-rha-gala | Que-gala | Que-glu | Kae-glu-rha-glu | Kae-gala | Kae-rut | Kae-glu |
|---|---|---|---|---|---|---|---|---|---|---|---|---|
| 政和大白茶 | 0.190±0.007a | 0.262±0.007b | 0.081±0.003a | 0.494±0.007b | 0.502±0.013a | 0.719±0.014b | 0.424±0.013a | 0.180±0.014c | 0.888±0.009a | 0.342±0.012b | 0.389±0.013bc | 0.055±0.006a |
| 福建水仙 | 0.284±0.009ab | 0.075±0.004a | 0.436±0.006b | 0.437±0.009a | 0.621±0.017c | 0.682±0.012a | 0.411±0.007a | 0.086±0.008a | 0.976±0.013ab | 0.303±0.014a | 0.320±0.011a | 0.061±0.005ab |
| 梅占 | 0.256±0.005b | 0.354±0.012c | 0.092±0.006a | 0.442±0.018a | 0.572±0.012b | 0.648±0.014a | 0.409±0.009a | 0.144±0.012b | 1.208±0.098c | 0.383±0.011c | 0.403±0.011c | 0.073±0.004bc |
| 黄叶早 | 0.309±0.029ab | 0.392±0.008d | 0.092±0.005a | 0.501±0.014b | 0.581±0.012b | 0.962±0.015c | 0.482±0.013b | 0.155±0.009bc | 1.076±0.025b | 0.428±0.012d | 0.462±0.009d | 0.080±0.005c |
| 水古茶 | 0.341±0.037c | 0.343±0.013c | 0.081±0.004a | 0.493±0.012b | 0.604±0.017bc | 0.734±0.012b | 0.412±0.011a | 0.161±0.007bc | 0.902±0.013a | 0.366±0.014bc | 0.371±0.011b | 0.071±0.004bc |

注：相同物质纵向具有相同字母，表示不显著；具有不同字母，表示在 $P < 0.05$ 水平差异显著。

酚的葡萄糖苷在两个品种中的含量都很低,且相互之间不存在显著性差异;梅占茶树花中Myr-gala含量是福建水仙茶树花中的5倍,而Myr-glu却只有福建水仙花中的1/5。茶树花中不同苷元黄酮苷的含量由高到低依次是山奈酚苷、槲皮素苷、杨梅素苷;茶树花中的黄酮苷的存在形式主要是三糖基黄酮醇苷,其含量占总黄酮苷含量的一半以上。

从表8.9可以看出,总杨梅素苷、总槲皮素苷、总山奈酚苷在5个不同品种的茶树花中的含量存在着显著差异,杨梅素苷在政和大白茶树花中的含量显著低于它在其他品种中的含量;槲皮素苷在福建水仙的茶树花中的含量最低,在黄叶早与水古茶的茶树花中含量较高;政和大白茶、福建水仙和水古茶的茶树花中总山奈酚苷的含量显著低于其他两个品种,黄叶早中山奈酚的含量最高,达到其总黄酮苷含量的一半以上。

表8.9　不同品种茶树花中不同苷元的黄酮苷含量

| 茶树品种 | 总杨梅素苷 | 总槲皮素苷 | 总山奈酚苷 |
|---|---|---|---|
| 政和大白茶 | $0.533\pm0.016a$ | $1.600\pm0.016b$ | $2.393\pm0.046a$ |
| 福建水仙 | $0.795\pm0.017c$ | $1.554\pm0.024a$ | $2.342\pm0.035a$ |
| 梅占 | $0.702\pm0.001b$ | $1.568\pm0.016ab$ | $2.714\pm0.095b$ |
| 黄叶早 | $0.793\pm0.041c$ | $1.719\pm0.004d$ | $3.008\pm0.009c$ |
| 水古茶 | $0.765\pm0.028bc$ | $1.670\pm0.002c$ | $2.443\pm0.022a$ |

注:相同物质纵向具有相同字母,表示不显著;具有不同字母,表示在$P<0.05$水平差异显著。

从表8.10可以看出,茶树花中最主要的黄酮苷为三糖基黄酮醇苷,其含量占黄酮苷总量的一半以上,而二糖基黄酮醇苷在茶树花中的含量均为最低;在5个不同品种的茶树花中,黄叶早中的单糖基黄酮醇苷显著高于其他品种,而单糖基黄酮醇苷在政和大白茶与福建水仙品种却没有表现出显著性差异;二糖基黄酮醇苷在水古茶与黄叶早的茶树花中含量最高,其在政和大白茶茶树花中的含量最低,黄叶早茶树花中的三糖基黄酮醇苷含量也是显著高于其他茶树花品种的。

表8.10　不同品种茶树花中不同糖基的黄酮苷含量

| 茶树品种 | 单糖基黄酮苷 | 二糖基黄酮苷 | 三糖基黄酮苷 |
|---|---|---|---|
| 政和大白茶 | $1.344\pm0.025a$ | $0.579\pm0.020a$ | $2.603\pm0.031a$ |
| 福建水仙 | $1.372\pm0.020a$ | $0.604\pm0.017ab$ | $2.715\pm0.011a$ |
| 梅占 | $1.455\pm0.012b$ | $0.659\pm0.006bc$ | $2.871\pm0.097b$ |
| 黄叶早 | $1.629\pm0.028c$ | $0.771\pm0.037d$ | $3.119\pm0.036c$ |

续表

| 茶树品种 | 单糖基黄酮苷 | 二糖基黄酮苷 | 三糖基黄酮苷 |
|---|---|---|---|
| 水古茶 | 1.433±0.022b | 0.712±0.048cd | 2.733±0.021a |

注:相同物质纵向具有相同字母,表示不显著;具有不同字母,表示在 $P<0.05$ 水平差异显著。

『第三篇』功效篇

国内外研究结果表明，茶树花提取物有类似茶叶提取物的生物活性功能，如抗氧化、抗肿瘤防癌、增强免疫及降血糖、减肥降脂等功效，尤其是茶树花多糖降血脂效果研究甚多。还有免疫调节与抗肿瘤的生物学功效，它能激活免疫受体，提高机体的免疫功能，在用于癌症的辅助治疗中，具有毒副作用小、安全性高、抑瘤效果好等优点。

茶树花皂苷具有多种生物活性，主要包括肠胃保护、抗过敏、降高血脂、减肥、抑菌、抗炎、抗阿尔兹海默症及抗癌等功效。

黄酮类化合物不仅对于植物的生长发育、开花结果以及抵御异物入侵起着极其重要的作用，也是许多药用植物的主要活性成分。大量研究表明，黄酮类化合物具有清除自由基、抗氧化、抗癌、抗过敏、抗炎症、抗病毒等多种生物活性及药理用途，对人类肿瘤、衰老、心血管疾病等的预防和治疗也有着重要意义。

# 第九章　茶树花提取物的抗氧化作用

## 第一节　自由基和抗氧化剂的概述

自由基(free radical)是指独立带有不配对价电子(即奇数电子)的原子、分子、离子或化学基团,因含有一个未成对电子而具有很高的反应活性。生物体内常见的自由基是氧自由基,其是指含有氧且不配对价电子位于氧原子上的自由基。研究发现,人体内自由基95%属于氧自由基,它往往是其他自由基产生的起因。生物体内氧自由基主要包括超氧阴离子自由基($O_2 \cdot -$)、羟自由基($\cdot OH$)、分子氧($O_2$)、单线态氧($^1O_2$)、过氧化氢($H_2O_2$)以及脂质过氧化物(R、RO、ROO、ROOH)等,其中,超氧阴离子自由基($O_2 \cdot -$)形成最早,羟自由基($\cdot OH$)作用最强且毒性最大,ROOH链锁反应循环最持久。人体自由基有两个来源:一是由体内正常的生理活动所产生的,另一个则是受到外界的影响而产生的。人体正常的新陈代谢,本身就是一个氧化的过程,自由基是代谢作用的副产品。另外,为了维持人体的正常活动,必须制造出许多有用的化学物质,这时也会有自由基产生;外界环境也会让人体产生更多的自由基,威胁人体健康,如吸烟(特别是二手烟)、酗酒、辐射、日光曝晒、环境污染、化学药物滥用或癌症患者接受的放射治疗,都会产生自由基。

在生命过程中,适量自由基对细胞的分裂、生长、消炎、解毒等方面起着积极的作用,但过量的氧自由基会与体内许多不饱和脂肪酸反应产生脂质过氧化物(lipid peroxide,LPO),如丙二醛(MDA)和氧化型谷胱甘肽(GSSG),损伤生物膜,使DNA断裂、蛋白质变性和酶失活,最后导致细胞解体和死亡。

抗氧化剂能够通过各种途径有效遏制食品由空气氧化而引起的氧化腐败(oxidative rancidity)或能延缓由于食物的氧化而产生的各种不利物质,从而起到对脂肪、脂溶性成分及其他各种天然组分的保护作用。氧化产物与各种疾病密切相关,过氧化的脂质易引起动脉硬化、糖尿病、高血压、心肌梗死等,经氧化的油脂可导致急性中毒和肝脏病变。因此,近几年来,抗氧化剂越来越受到食品加工等行业的关注。

抗氧化剂的作用机理大致有减少局部氧气浓度;结合金属离子从而抑制启动脂质过氧化自由基的产生;清除启动或促进脂质过氧化的引发剂;分解脂质过氧化产物;阻断脂质过氧化的反应链。常见的抗氧化剂有 BHA(叔丁基羟基茴香醚)、BHT(2,6-二叔丁基-4-甲基苯酚)、TBHQ(叔丁基对苯二酚)以及黄酮、多酚等各种天然抗氧化剂,它们提供氢来有效地终止自由基,从而干扰或延滞反应链的增长,达到氧化抑制的目的,其断链反应为:

$$RO· + AH \longrightarrow ROH + A·$$

$$ROO· + AH \longrightarrow ROOH + A·$$

其中,AH:抗氧化剂;A·:抗氧化剂供氢后自身形成的自由基。

机体自身也存在抗氧化系统,包括谷胱甘肽过氧化物酶(GSH-Px)、SOD 和 CAT 等抗氧化酶,它们能及时清除氧自由基,维持体内的平衡状态。抗氧化剂可直接清除过量的氧自由基,或通过增强体内的抗氧化防御系统而达到抗氧化目的。

目前,评估抗氧化剂在生物体内抗氧化能力的方法主要是从体外和体内两个方面进行:体外实验,包括检测溶液体系清除自由基的能力、抗脂质过氧化能力、抗自由基对蛋白质和核酸损伤能力以及细胞或组织体系清除自由基的能力;体内实验,一般通过建立某种实验动物模型来检测与抗氧化清除自由基有关的生理活性。

## 第二节　茶树花提取物对羟自由基清除能力

由图 9.1 可知,茶树花提取物清除自由基能力和它的浓度有关,随着其浓度的增大,清除率升高。其中,EE 层和 EEA 层表现出很强的清除自由基能力,而水提物(WE)及其自由基清除自由基达 50% 时茶树花各提取层的浓度记为 $SC_{50}$。该值越低,表示清除羟自由基能力越强。由结果分析可知,自由基清除率和各溶剂提取物的浓度的自然对数之间具有很好的线性关系,回归方程和相关系数见表 9.1。从各溶剂提取组分的 $SC_{50}$ 值比较可见,EEA 具有最高的清除自由基能力,其次为 EE,再次是 WER、EEC、EEB、WE、WEE、WEC、WEA 和 EER。

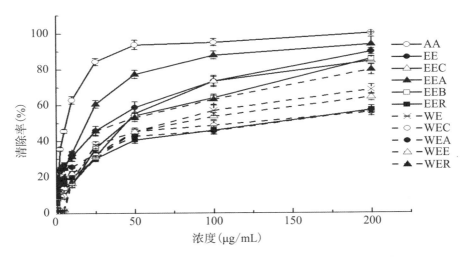

图9.1 不同浓度的茶树花提取物的羟自由基清除率（AA 指维生素 C）

表9.1 羟自由基清除率和茶树花各溶剂提取物浓度的自然对数的回归方程和$SC_{50}$值

| 各溶剂提取物 | 回归方程 | $R^2$ | $SC_{50}$(g/mL) |
|---|---|---|---|
| AA | y＝17.3x＋18.7 | 0.969**[b] | 6.09A[c] |
| EE | y＝12.4x＋13.1 | 0.927** | 19.7C |
| EEC | y＝13.4x＋1.63 | 0.840** | 37.1E |
| EEA | y＝14.5x＋14.4 | 0.923** | 11.6B |
| EEB | y＝12.7x＋3.84 | 0.872** | 38.1F |
| EER | y＝8.17x＋8.09 | 0.947** | 169K |
| WE | y＝12.4x－3.42 | 0.902** | 74.4G |
| WEC | y＝8.60x＋6.50 | 0.903** | 157I |
| WEA | y＝7.58x＋11.3 | 0.931** | 165J |
| WEE | y＝11.6x－2.39 | 0.912** | 92.2H |
| WER | y＝11.5x＋9.91 | 0.943** | 32.5D |

　　由HPLC结果可知,EE、EEA相对其他提取层含有更多的茶多酚和儿茶素(见表9.2)。以前的实验中我们证明了蛋白质和糖类是茶树花的主要化学组成部分。醇提层的儿茶素含量大大高于水提层的,可能是由于乙醇提取去除了大部分蛋白质和糖类。EE层中检测到8种儿茶素单体和咖啡因,WE层却几乎不能检测到没食子酸共轭的儿茶素单体,如EGCG、GCG、ECG和CG,从而也导致了WEA中更少的儿茶素含量。由上所述,茶树花的清除自由基能力高低可能和各溶剂层所含茶多酚和儿茶素的含量高低相关。

表9.2 茶树花各溶剂提取层的茶多酚、儿茶素、黄酮类、咖啡因的含量

(单位:mg/g)

| 各溶液提取物 | Flavone | Polyphenols | Caffeine | GC | EGC | C | EC | EGCG | GCG | ECG | CG | Total catechins |
|---|---|---|---|---|---|---|---|---|---|---|---|---|
| EE | 28.8±0.50 | 145±1.06 | 1.02±0.12 | 1.12±0.12 | 5.12±0.23 | 0.45±0.08 | 2.34±0.16 | 12.6±0.54 | 2.36±0.06 | 12.3±0.60 | 1.09±0.12 | 37.4±1.03 |
| EEC | 25.1±0.34 | 129±0.80 | 25.6±0.25 | ND | ND | ND | 2.97±0.30 | 8.75±0.23 | ND | 6.51±0.41 | ND | 18.2±0.94 |
| EEA | 36.1±0.66 | 298±1.54 | 2.29±0.12 | 5.36±0.35 | 11.1±0.56 | 1.79±0.31 | 9.31±0.67 | 51.6±0.99 | 8.14±0.31 | 42.4±0.21 | 4.07±0.17 | 134±1.21 |
| EEB | 24.9±0.69 | 122±2.15 | ND | ND | ND | ND | 1.30±0.10 | 5.58±0.27 | 0.86±0.09 | 6.32±0.65 | 0.44±0.01 | 14.5±0.76 |
| EER | 3.31±0.06 | 20.3±0.27 | 0.20±0.00 | ND | ND | ND | ND | 0.26±0.01 | ND | 0.76±0.02 | ND | 1.02±0.06 |
| WE | 22.2±0.31 | 37.4±1.06 | 1.31±0.15 | 1.61±0.10 | 1.26±0.09 | 0.30±0.06 | 1.57±0.21 | ND | ND | 0.55±0.00 | ND | 5.29±0.33 |
| WEC | 23.9±0.55 | 33.8±0.99 | 34.4±0.64 | ND | 0.81±0.05 | ND | 0.54±0.04 | ND | ND | ND | ND | 1.35±0.06 |
| WEA | 25.7±0.19 | 41.3±1.25 | ND | 2.99±0.21 | 1.78±0.12 | 0.87±0.05 | 1.85±0.19 | ND | ND | 0.84±0.04 | ND | 8.33±0.62 |
| WEE | 16.5±1.06 | 28.3±0.78 | ND | 0.92±0.01 | 0.15±0.00 | 0.11±0.03 | ND | ND | ND | ND | ND | 1.18±0.05 |
| WER | 34.5±1.69 | 126±1.36 | ND | ND | ND | ND | ND | ND | ND | ND | ND | ND |

## 2. 茶树花提取物DPPH自由基清除能力

二苯代苦味肼基自由基(DPPH)是一种很稳定的以氮为中心的自由基。若受试物能将其清除,则提示受试物具有降低羟自由基、烷自由基或过氧化自由基的有效浓度和打断脂质过氧化链反应的作用,常将其用来评估食品或者植物提取物的抗氧化活性。DPPH·有个单电子,在517nm有强吸收,其乙醇溶液呈深紫色,加入茶树花各提取组分后,在517nm处动态监测其对DPPH·的清除效果。由实验结果可知,DPPH浓度和它的吸光值具有很好的线性关系,回归方程可表示为y=0.0083x($R^2$=0.988,$P$<0.01,线性范围为0~420μM,x为DPPH浓度,y为吸光值)。每种组分和DPPH在30min内充分反应,并能够继续稳定30min(见图9.2)。

当茶树花各提取组分的浓度为1mg/mL时,实验结果类似羟自由基清除结果,EE和EEA表现出较高的清除自由基能力;但是,浓度低于1mg/mL时,几乎不能清除DPPH自由基。

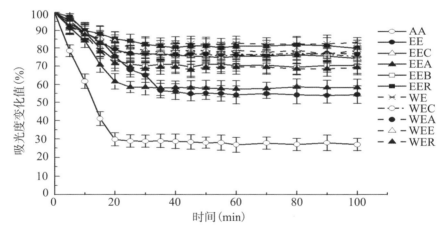

图9.2 茶树花各提取组分引起DPPH吸光度的变化值和时间的关系图

EE和EEA相对于其他提取层含有更多的黄酮类物质,这个和它们更强的清除自由基能力相吻合(见表9.1)。黄酮类物质,包括黄酮醇、黄烷醇、黄酮,它们最重要的性质是茶树花采用乙醇或蒸馏水浸提,再经氯仿、乙酸乙酯和正丁醇分别萃取,所得的各有机相产物用化学发光法和二苯代苦味肼基自由基(DPPH)分光光度法测定其抗氧化活性,并且测定了各有机相产物的主要化学成分。实验结果显示,茶树花具有明显的抗氧化活性,乙醇和乙酸乙酯分离物清除自由基的能力最强,这可能跟它们的多酚组成和黄酮含量有关。但热水浸提的茶树花产物及其有机溶剂萃取层并没有显示自由基清除能力。

### 3. LC-MS鉴定茶树花中的多酚类组成及其抗氧化活性成分

通过液质联用分析从茶树花乙酸乙酯层中鉴定出3类化合物：①儿茶素类：儿茶素、表儿茶素、没食子儿茶素、表没食子儿茶素、儿茶素没食子酸酯、表儿茶素没食子酸酯、没食子儿茶素没食子酸酯、表没食子儿茶素没食子酸酯；②儿茶素衍生物：儿茶素糖苷物与儿茶素二聚体；③黄酮苷类：山奈酚、毛地黄黄酮与槲皮素单糖苷及双糖苷类物质。经HPLC分离与DPPH测定，确定表没食子儿茶素没食子酸酯与表儿茶素没食子酸酯为茶树花中的主要抗氧化活性成分，在茶树花抗氧化活性中起到主要的作用。

（1）LC-MS鉴定茶树花醇提物乙酸乙酯萃取组分（EEA）中多酚类物质

图9.3是EEA的HPLC分析图谱，共有20种成分被分离。表9.3列出了HPLC中各个峰的最大吸收波长、MS鉴定结果及其推测的物质。除儿茶素类物质（峰号1、2、3、4、5、6、8、9）的鉴定主要基于标样与MS鉴定的分子量的结果，其余物质的鉴定主要是通过相关物质的参考文献及MS鉴定的结果推断的。黄酮苷类物质在酸性条件下易失去糖苷基，而大多数的黄酮醇糖苷配基都能在总离子流色谱图（TIC）中被明显的检测到。一些常见的黄酮醇糖苷配基的正离子峰碎片有山奈酚与毛地黄黄酮（m/z 287）、槲皮素（m/z 303）及杨梅素（m/z 319）等，通过这些离子峰碎片可推测出EEA中一些黄酮苷类物质（峰号10、12、13、14、17），尽管山奈酚与毛地黄黄酮具有相同的分子量，但由于其羟基的位置不同而引起其HPLC保留时间的差异。由于毛地黄黄酮的极性强于山奈酚，因此我们推断毛地黄黄酮类物质（峰号12）比山奈酚类物质（峰号14）先被洗脱。峰号19、20经鉴定为儿茶素的衍生物——儿茶素糖苷型与儿茶素的二聚体。图9.4列出了峰号17与19的相关离子峰碎片m/z分析。表9.4列出了EEA中推测物质的归属及化学结构，由此可知，EEA中多酚类物质大致分为儿茶素类、儿茶素衍生物与黄酮苷类物质。

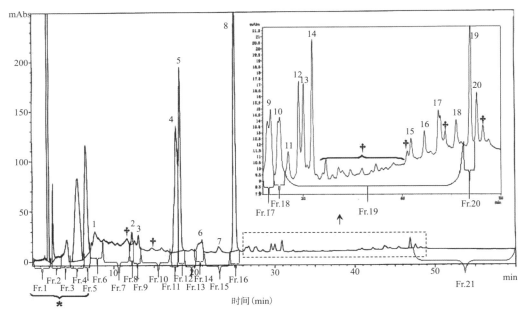

**图9.3　EEA的HPLC分析图谱**

注:*,部分峰来自溶剂(甲醇)峰;†,未检测到MS信号。

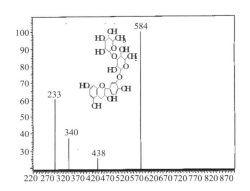
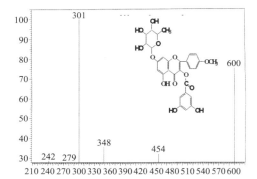

**图9.4　EEA中峰号17与19的质谱图及其预测的化学结构**

**表9.3　PEAF中化学成分LC‐MS鉴定及各物质推测**

| 峰号 | 保留时间<br>(min) | 最大吸收<br>波长a(nm) | 负离子峰/<br>碎片[M-H]- | 正离子峰/碎片<br>[M+H]+ | 推测物质 |
|---|---|---|---|---|---|
| 1 | 7.349 | 206,272 | 305 | 307 | 没食子儿茶素 |
| 2 | 12.251 | 207(sh)d,273 | 305 | 307 | 表没食子儿茶素 |
| 3 | 13.117 | 207(sh),280 | 289 | 291 | 儿茶素 |
| 4 | 17.748 | 206,276,487 | 289 | 291 | 表儿茶素 |

续表

| 峰号 | 保留时间<br>(min) | 最大吸收<br>波长a(nm) | 负离子峰/<br>碎片[M−H]− | 正离子峰/碎片<br>[M+H]+ | 推测物质 |
|---|---|---|---|---|---|
| 5 | 18.235 | 209,273,487 | 457 | 459 | 表没食子儿茶素没食子酸酯 |
| 6 | 20.735 | 225,276,487 | 457 | 459 | 没食子儿茶素没食子酸酯 |
| 7 | 23.055 | 228,270,353 | 479/471,250 | NMSc | NIb |
| 8 | 25.031 | 207,277,487 | 441 | 443 | 表儿茶素没食子酸酯 |
| 9 | 26.44 | 229,275,487 | 441 | 443 | 儿茶素没食子酸酯 |
| 10 | 27.562 | 223,257,302 | 463 | 465/303 | 槲皮素−己糖 |
| 11 | 28.61 | 230,272 | 755/593,519 | NMS | NI |
| 12 | 29.57 | 230,265,348 | 447 | 449/287,272 | 毛地黄黄酮−己糖 |
| 13 | 30.042 | 230,266,346 | 593 | 595/449,287 | 山奈酚−芦丁糖苷 |
| 14 | 30.987 | 230,265,348 | 447 | 449/287 | 山奈酚−己糖 |
| 15 | 40.887 | 231,272,311 | 623 | 625/361,317,279,255 | NI |
| 16 | 42.259 | 231,311 | 593/450 | 595,370,346,238 | NI |
| 17 | 43.659 | 231,295 | 598 | 600/454,348,301 | |
| 18 | 45.532 | 231,267,306 | 593 | 595,355,309,287,256 | NI |
| 19 | 46.943 | 231,293,487 | 582 | 584/438,340,293 | 表儿茶素−双鼠李糖 |
| 20 | 47.611 | 231,293,304 | 612 | 614/307 | (表)没食子儿茶素二聚物 |

表9.4　EEA中活性成分类别及化学结构

| 类别 | 化学结构 | 相关成分 |
|---|---|---|
| 儿茶素<br>Catechins | | L−EC,D−C($R_1$=$R_2$=H);<br>L−EGC,D−GC($R_1$=H,$R_2$=OH);<br>L−ECG,D−CG($R_1$=galloyl,$R_2$=H)<br>L−EGCG,D−GCG($R_1$=galloyl,$R_2$=OH) |
| 儿茶素衍生物<br>Catechins derivatives | | EC−3'−di−Rha[$R_1$=$R_2$=H,$R_3$=(rha)$_2$] |

| 类别 | 化学结构 | 相关成分 |
|---|---|---|
| 黄酮苷<br>Flavonolglycoside | 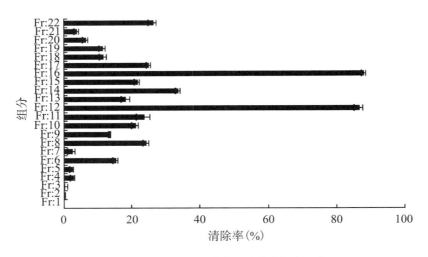 | Quercetin–Hex（$R_1$=Hex，$R_2$=$R_6$=H，$R_3$=$R_4$=$R_5$=OH）<br>Luteolin–Hex（$R_1$=$R_2$=$R_6$=H，$R_3$=Hex，$R_4$=$R_5$=OH）<br>Kaempferol–Hex（$R_1$=Hex，$R_2$=$R_4$=$R_6$=H，$R_3$=$R_5$=OH）<br>Kaempferol–Rut（$R_1$=Rut，$R_2$=$R_4$=$R_6$=H，$R_3$=$R_5$=OH）<br>3–dihydroxybenzoicacid–7–rha–kameferide（$R_1$=dihydroxybenzoicacid，$R_2$=$R_4$=$R_6$=H，$R_3$=Rha，$R_5$=OMe） |

（2）HPLC分离EEA中各多酚组分及其抗氧化活性评估

液质联用技术能够将色谱的分离性能与质谱的强定性优势相结合。在分析过程中，首先利用二极管阵列检测器（DAD），可初步判断化合物的结构类型；一级质谱能给出化合物的准分子离子峰，结合多级质谱功能，获得进一步的结构信息，可对供试液中未知化合物进行结构预测，有助于推断化合物结构，从而简化了分离、纯化及结构鉴定的过程。图9.5为EEA中各组分自由基清除能力测定。

图9.5　EEA中各组分自由基清除能力测定

## 第三节　茶树花多糖抗氧化活性的研究

茶树花多糖组分TFP-1和TFP-2由本实验室提取，TFP-1分子量为167.5kDa，由葡萄糖、木糖、鼠李糖及半乳糖组成,它们的摩尔比为1.0∶1.2∶0.81∶0.98。TFP-2分子量为10.1kDa,由葡萄糖、木糖、鼠李糖及阿拉伯糖组成,摩尔比为1.0∶0.76∶2.3∶2.3。CR小鼠,雄性,体重18~22g,由浙江省医学动物实验中心提供,符合普通实验动物质量标准。在温度为22~27℃、相对湿度为50%~60%的实验环境中,自由饮水进食,适应一周。

### 1. TFP、TFP-1和TFP-2对$O_2 \cdot^-$自由基的清除

超氧阴离子自由基具有重要的生物功能,与多种疾病有密切联系,而且它还是所有氧自由基中的第一个自由基,是其他活性氧的前体,可以经过一系列反应生成其他氧自由基,导致细胞死亡、酶失活、DNA和膜的降解,并能引起不饱和脂肪酸和其他易受影响物质的过氧化,因此具有特别重要的意义。超氧阴离子自由基在水溶液中的存活时间约为1s,在脂溶性介质中的存活时间约为1h,由于它的寿命较长,可以从其生成位置扩散到较远的距离,从而达到靶位置。从这种意义讲,它具有更大的危险性。

邻苯三酚在碱性溶液中自氧化,只接受一个电子生成超氧自由基,并在其自氧化过程中以一定的速率产生有色中间体,其在320nm处有强烈的光吸收,累积滞后30~40s,与时间呈线性关系,中间物的积累浓度与时间呈线性关系,一般的线性时间可维持4min左右。当有抑制剂存在时,超氧自由基被清除,从而阻止中间产物的累积,据此可测定抗氧化活性。

TFP、TFP-1和TFP-2对$O_2 \cdot^-$自由基的清除效果如图9.6所示,在测定的浓度范围(0.05~0.3mg/mL)内,TFP、TFP-1和TFP-2对$O_2 \cdot^-$的清除作用均随样品多糖浓度的增加而逐渐增大,但茶树花多糖的清除效果不如Vc明显:浓度为0.05mg/mL时,TFP、TFP-1、TFP-2和VC的清除率分别为28.8%、27.5%、38.9%和41.7%;随浓度的增加,对$O_2 \cdot^-$的清除率均上升,浓度为0.3mg/mL时,清除率分别为41.9%、56.0%、80.6%和97.1%。实验结果表明在较小的样品浓度范围内,TFP-2对$O_2 \cdot^-$的清除作用与VC相当,但在高浓度时弱于VC。茶树花多糖TFP以及其组分TFP-1和TFP-2均有清除$O_2 \cdot^-$的能力,并且清除率与多糖的浓度存在一定的量效关系。从表9.5可以得出TFP-2的$EC_{50}$远小于TFP和TFP-1,但大于VC。因此,在浓度0.05~0.3mg/mL的范围内,清除$O_2 \cdot^-$自由基的能力:VC>TFP-2>TFP-1>TFP。

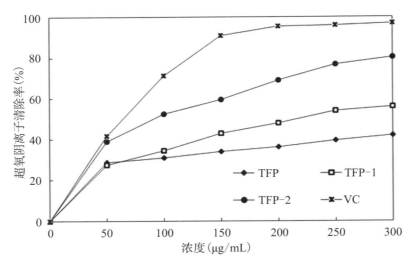

图9.6　TFP、TFP-1和TFP-2对$O_2 \cdot {}^-$自由基的清除作用

表9.5　茶树花多糖清除$O_2 \cdot {}^-$自由基的半数有效浓度

| 类别 | 回归方程 | $R^2$ | $EC_{50}$(mg/mL) |
|---|---|---|---|
| TFP | y＝0.054x＋25.85 | 0.998 | 0.45 |
| TFP-1 | y＝0.118x＋23.19 | 0.972 | 0.23 |
| TFP-2 | y＝0.187x＋33.84 | 0.974 | 0.09 |
| VC | y＝0.499x＋18.57 | 0.995 | 0.06 |

### 2. TFP、TFP-1和TFP-2对·OH自由基的清除活性

羟自由基是已知的最强的氧化剂,它比高锰酸钾和重铬酸钾的氧化性强,是氧气的三电子还原产物,反应性极强,寿命极短,在水溶液中仅为$10^{-6}$s,在很多缓冲溶液中一旦产生就会和缓冲溶液反应。它几乎可以和所有细胞成分发生反应,对机体危害极大。它不能扩散,一般引起的损伤就发生在金属离子存在的部位,它可以通过多种方式与生物体内的多种分子作用,造成糖类、氨基酸、核酸和脂类等物质的氧化性损伤,是细胞坏死或突变的诱因之一。

TFP、TFP-1和TFP-2对·OH自由基的清除效果如图9.7所示。在测定的浓度范围(0.05～0.3mg/mL)内,TFP、TFP-1和TFP-2对·OH的清除作用均随浓度的增加而逐渐增大,但茶树花多糖的清除效果不如Vc明显:浓度为0.05mg/mL时,TFP、TFP-1、TFP-2和VC的清除率分别为9.6％、14.0％、14.7％和46.9％;随样品多糖浓度的增加,对·OH的清除率均上升,浓度为0.3mg/mL时,清除率分别为33.5％、46.8％、76.2％和

96.2％。实验结果表明在较小浓度范围内,TFP‐2 对·OH 的清除作用与 TFP、TFP‐1相当,但在高浓度时明显强于 TFP 和 TFP‐1。茶树花多糖 TFP 以及其组分 TFP‐1 和TFP‐2 均有清除·OH 的能力,且清除率与多糖的浓度存在一定的量效关系。从表9.6得出 TFP‐2 的 $EC_{50}$ 浓度远低于 TFP 和 TFP‐1,但高于 VC。因此,在浓度 0.05～0.3mg/mL 的范围内,清除·OH 自由基的能力:VC＞TFP‐2＞TFP‐1＞TFP。

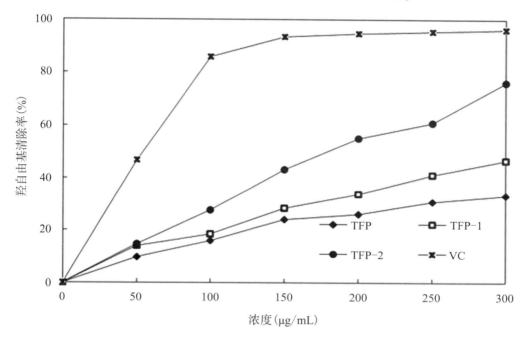

图9.7　TFP、TFP‐1和TFP‐2对·OH自由基的清除作用

表9.6　茶树花多糖清除·OH自由基的半数有效浓度

| 类别 | 回归方程 | $R^2$ | $EC_{50}$(mg/mL) |
|---|---|---|---|
| TFP | y＝0.095x＋6.62 | 0.961 | 0.46 |
| TFP‐1 | y＝0.136x＋6.53 | 0.992 | 0.32 |
| TFP‐2 | y＝0.240x＋4.29 | 0.988 | 0.19 |
| Vc | y＝0.858x＋1.33 | 0.997 | 0.06 |

### 3. TFP、TFP‐1和TFP‐2对DPPH自由基的清除活性

DPPH(二苯代苦味肼基自由基)法是近几年来受到国内外普遍重视的一种研究抗氧化剂的方法,它克服了传统方法的一些缺陷,具有快速、简便、灵敏、易检测和自接可行的优点,被广泛用于抗氧化剂的研究。

TFP、TFP-1和TFP-2对DPPH自由基的清除效果如图9.8所示。在测定的浓度范围(0.2～1.2mg/mL)内,TFP、TFP-1和TFP-2对DPPH自由基的清除作用均随浓度的增加而逐渐增大,但茶树花多糖的清除效果不如VC明显:浓度为0.2mg/mL时,TFP、TFP-1、TFP-2和Vc的清除率分别为30.5％、35.1％、38.4％和53.7％;随着样品多糖浓度的增加,对DPPH自由基的清除率均上升,浓度为1.2mg/mL时,清除率分别为48.1％、59.9％、90.2％和96.9％。实验结果表明在较小浓度范围内,TFP-2对DPPH自由基的清除作用与TFP、TFP-1相当,但在高浓度时与VC相当,远高于TFP和TFP-1。茶树花多糖TFP以及其组分TFP-1和TFP-2均有清除DPPH自由基的能力,且清除率与多糖的浓度存在一定的量效关系。从表9.7得出TFP-2的$EC_{50}$浓度远低于TFP和TFP-1,但高于VC。因此在浓度0.2～1.2mg/mL的范围内,清除DPPH自由基的能力:VC>TFP-2>TFP-1>TFP。

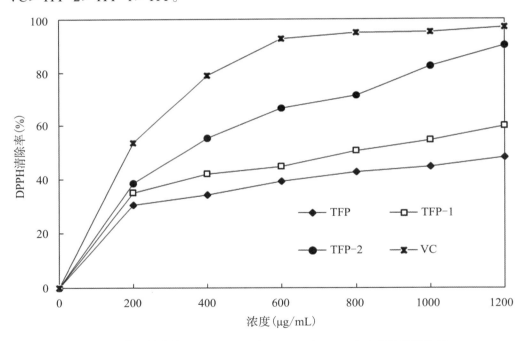

图9.8 茶花树多糖TFP、TFP-1和TFP-2对DPPH自由基的清除作用

表9.7　茶树花多糖清除DPPH自由基的半数有效浓度

| 类别 | 回归方程 | $R^2$ | $EC_{50}$(mg/mL) |
|---|---|---|---|
| TFP | y＝0.018x＋27.60 | 0.987 | 1.24 |
| TFP-1 | y＝0.024x＋30.96 | 0.992 | 0.79 |
| TFP-2 | y＝0.049x＋32.94 | 0.972 | 0.35 |
| Vc | y＝0.098x＋36.08 | 0.971 | 0.14 |

## 4. 茶树花多糖对溴化苯诱导的小鼠肝脏匀浆中MDA含量的影响

自由基能通过攻击生物膜中的不饱和脂肪酸而引发脂质过氧化反应,并因此形成脂质过氧化物,脂质过氧化作用不仅把活性氧转化成脂质分解产物,而且还可通过链式或支链式反应,放大活性氧作用。因此,初始的一个活性氧能导致很多脂质分解产物的形成。这些分解产物中,一些是无害的,一些则能引起细胞损伤,甚至死亡。因此,测定MDA的含量不仅可以反映出组织内脂质过氧化的程度,而且还能间接反映出细胞损伤的程度。如图9.9所示,与正常组小鼠相比,模型组小鼠肝脏匀浆中MDA含量显著升高61%($P<0.01$),说明溴化苯诱导的小鼠肝脏脂质过氧化造模成功。给予茶树花多糖后,对MDA的生成均有明显的抑制作用,且随着多糖的剂量加大,抑制作用也增强,有显著的量效关系。虽然TFP低剂量组小鼠肝脏MDA含量对比模型组降低了9%,但是没有显著的差异。中剂量和高剂量组分别降低了22%和28%,差异均达到了显著水平($P<0.05$)。实验表明,TFP可通过对自由基的抑制作用来抑制肝组织自氧化,从而达到保护肝组织的目的。

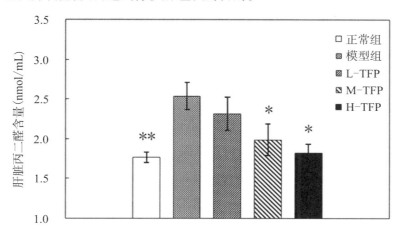

图9.9　TFP对溴化苯诱导的小鼠肝脏MDA含量的影响

注:与模型组比较,*$P<0.05$,**$P<0.01$。

### 5. 茶树花多糖对溴化苯诱导的小鼠血浆中MDA含量的影响

如图9.10所示,模型组小鼠与正常组小鼠相比,血浆中MDA含量升高了122%,呈极显著差异($P<0.01$),说明溴化苯诱导的小鼠肝脏脂质过氧化造模成功。在给予茶树花多糖TFP后,75、150和300mg/kg三个剂量的茶树花多糖对血浆MDA的生成均有明显的抑制作用,且随着TFP-2剂量的加大,抑制作用也增强,呈显著的量效关系。虽然TFP低剂量组MDA含量对比模型组小鼠下降了16%,但是没有达到显著水平。TFP中剂量和高剂量组均分别降低了34%和45%,差异达到了极显著水平($P<0.01$)。

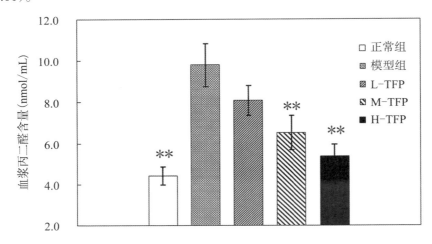

图9.10 TFP对溴化苯诱导的小鼠血浆MDA含量的影响

注:与模型组比较,$*P<0.05$,$**P<0.01$。

### 6. 茶树花多糖溴化苯诱导的小鼠红细胞抽提液中MDA含量的影响

如图9.11所示,模型组小鼠与正常组小鼠相比,红细胞抽提液中MDA含量升高了95%,呈极显著差异($P<0.01$),说明溴化苯诱导的小鼠肝脏脂质过氧化造模成功。在给予茶树花多糖TFP后,75、150和300mg/kg三个剂量对红细胞抽提液中MDA的生成均有明显的抑制作用,且随着TFP的剂量的加大,抑制作用也增强,呈显著的量效关系。TFP低剂量组MDA含量对比模型组小鼠下降16%,差异达到了显著水平($P<0.05$)。TFP中剂量和高剂量组均分别降低了34%和45%,差异达到了极显著水平($P<0.01$)。

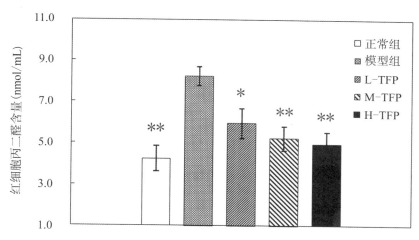

图9.11　TFP对溴化苯诱导的小鼠红细胞抽提液中MDA含量的影响

注:与模型组比较,*$P$<0.05,**$P$<0.01。

## 7. 茶树花多糖对溴化苯诱导的小鼠肝脏匀浆中SOD含量的影响

如图9.12所示,灌胃溴化苯诱导的肝脏脂质过氧化模型,使模型组小鼠的肝脏匀浆中的SOD含量明显降低($P$<0.01),降幅为15%。而给予茶树花多糖TFP后,中剂量组、高剂量组SOD含量分别上升了10%和12%,但与模型组相比有极显著差异($P$<0.01),说明TFP能够显著改善由于脂质过氧化而引起的SOD含量降低。低剂量组SOD含量稍高于模型组3%,但无统计学差异。虽然在茶树花多糖治疗组中,肝脏和血浆的SOD含量没有恢复到正常小鼠的SOD水平,但是相对于模型组而言,得到非常显著的提高。

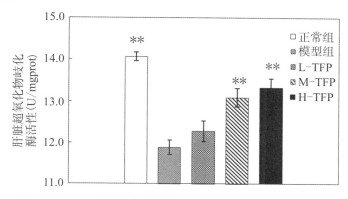

图9.12　TFP对溴化苯诱导的小鼠肝脏中SOD含量的影响

注:与模型组比较,*$P$<0.05,**$P$<0.01。

### 8. 茶树花多糖对溴化苯诱导的小鼠血浆SOD含量的影响

如图9.13所示,灌胃溴化苯诱导的肝脏脂质过氧化模型,使模型组小鼠的血浆中的SOD含量明显降低($P<0.01$),降幅为16%。而给予茶树花多糖TFP后,中剂量组、高剂量组小鼠的血浆SOD活性分别提高了11%和16%,与模型组相比有显著差异($P<0.05,P<0.01$),低剂量组SOD含量和模型组相比,虽然上升了10%,但无统计学差异。实验证明TFP能够显著改善由于脂质过氧化而引起的小鼠血浆SOD含量的下降。

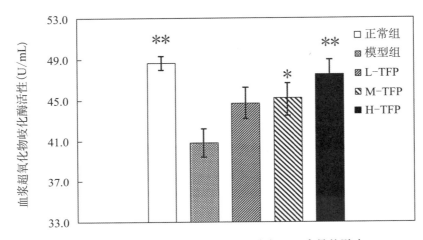

图9.13 TFP对溴化苯诱导的小鼠血浆中SOD含量的影响

注:与模型组比较,*$P<0.05$,**$P<0.01$。

### 9. 茶树花多糖对溴化苯诱导的小鼠肝脏T-AOC的影响

如图9.14所示,与正常组相比模型组小鼠肝脏总抗氧化能力显著下降($P<0.01$),降幅为28%。灌胃茶树花多糖TFP后,T-AOC下降得以缓解,其中TFP中剂量组和高剂量组与模型组相比,肝脏T-AOC分别提高了30%和44%,有显著性差异($P<0.05,P<0.01$)。低剂量组T-AOC稍高于模型组,涨幅为31%,但无统计学差异。

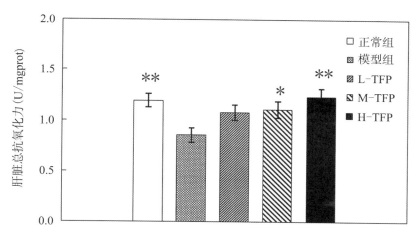

图9.14　TFP对溴化苯诱导的小鼠肝脏中T-AOC的影响

注:与模型组比较,$*P<0.05$,$**P<0.01$。

## 第四节　展　望

近年来,自由基生物学的研究已经受到普遍的重视。各种研究表明:肿瘤发生、辐射致癌、心脑血管疾病、器官缺血再灌流、药物中毒、人体衰老等过程都与自由基有密切关系。自由基主要有超氧阴离子、羟自由基、多种有机氧自由基、单线态氧、无机和有机过氧化物等类型。生物体在某些特殊情况下,如辐射或一些外源性化学物质的诱导下,均会在生物体内产生积累过量的自由基,从而导致机体的各种损伤。

关于茶叶中多酚类抗氧化机理的研究过去多集中在非氧化多酚类和儿茶素单体上,杨贤强等在国家自然科学基金资助下从分子—细胞—组织—整体水平上系统研究了绿茶多酚类及其主要单体抗氧化性和清除自由基的机理。但自从发现葡萄籽提取物——原花青素卓越的抗氧化作用后,对儿茶素寡聚体的研究引起了科学家的关注。Vchida S等研究发现,儿茶素的抗氧化活性随着聚合度的增加而递增,对自由基的清除能力按照单体<二聚体<三聚体<四聚体而递增,还发现五、六聚体具有最强的抗氧化性。从茶树花中鉴定出的多酚类物质,还有必要从化学组成和结构及抗氧化机理等方面对这些物质进行研究,一方面可以丰富自由基生物医学和茶化学的理论,为天然抗氧化剂、茶树花及茶多酚的后续研究与开发提供理论依据;另一方面可以利用这些活性物质研制开发最具我国特色的天然药物和功能食品,使传统的茶产业向高深加工领域发展。

## 1. 主要建议

（1）茶树花多糖对抗氧化酶系和MDA的影响

SOD作为自由基清除的关键酶,对于机体的氧化与抗氧化平衡起着至关重要的作用。实验中茶树花多糖TFP各组的小鼠肝脏匀浆、血浆SOD活性均高于模型组,说明茶树花多糖在溴代苯脂质过氧化损伤后具有增加肝脏及血浆抗氧化及抗自由基的作用,并且随着给予的样品多糖剂量的升高而增强,以300mg/kg效果最好。

机体防御体系的总抗氧化能力T-AOC的强弱与健康程度存在着密切联系。该防御体系有酶促与非酶促两个体系,许多酶是以微量元素为活性中心,除了前面提到的SOD以外,还有GSH-Px、CAT、谷胱甘肽S转移酶(GST)等,非酶促反应体系主要为维生素、氨基酸和金属蛋白质,例如:VE、胡萝卜素、VC、半胱氨酸、蛋氨酸、色氨酸、组氨酸、葡萄糖、铜兰蛋白、转铁蛋白、乳铁蛋白等。这个体系的防护氧化作用主要通过三条途径:①消除自由基和活性氧以免引发脂质过氧化;②分解过氧化物,阻断过氧化链;③除去起催化作用的金属离子。影响防御体系的因素很多,例如,饥饿、碳水化合物供应是否充足,维生素的供应多少,铁、铜、锰、锌、硒等微量元素的吸收多少,以及年龄、激素水平等都影响到防御系统的机能。这种机能的降低,常常导致各种疾病的产生,因而测量机体的体液、细胞、组织等的总抗氧化能力的高低具有很重要的意义。实验中茶树花多糖TFP各组的小鼠肝脏匀浆总抗氧化能力T-AOC均高于模型组,并且随着给予的样品多糖剂量的升高而增强,以300mg/kg效果最好($P<0.01$)。

机体通过酶系统与非酶系统产生氧自由基,它能攻击生物膜中的多不饱和脂肪酸,引发脂质过氧化作用,并因此形成脂质过氧化物。如:醛基(丙二醛MDA)、酮基、羟基、羰基、氢过氧基以及新的氧自由基等。脂质过氧化作用不仅把活性氧转化成活性化学剂,即非自由基性的脂类分解产物,而且通过链式或链式支链反应,放大活性氧的作用。因此,初始的一个活性氧能导致很多脂类分解产物的形成,这些分解产物中,一些是无害的,另一些则能引起细胞代谢及功能障碍,甚至死亡。氧自由基不但通过生物膜中PUFA的过氧化而引起细胞损伤,而且还能通过脂氢过氧化物的分解产物而引起细胞损伤。因而,测定MDA的含量可以反映机体内脂质过氧化的程度,间接地反映出细胞损伤的程度。MDA是脂质过氧化的终产物,它可与蛋白质、磷脂酰乙醇胺及核酸等形成Schiff碱,而使生物大分子之间发生反应,进而导致其结构和功能受到损伤,使正常情况下不能透过膜的物质的通透量增加,酶活性发生改变,膜上受体失活,导致细胞代谢、功能和结构发生改变。MDA的测定与SOD的测定相互配合,SOD活力的高低间接反映了机体清除氧自由基的能力,而MDA的高低又间接反映了机体细胞受自由基攻击的严重程度。实验中茶树花多糖TFP各组的小鼠肝脏匀浆、血浆及红细胞抽提液中MDA含量均高于模型组,并且效果随着给予的样品多糖剂量的升高而增强,以300mg/kg效果最好。

（2）茶树花多糖抗氧化作用的机理

①直接清除ROS。多糖可以捕捉脂质过氧化链式反应中产生的ROS,减少脂质过氧化反应链长度,因此可以阻断或减缓脂质过氧化的进行。对于OH·而言,可快速地摄取多糖碳氢链上的氢原子结合成水,而多糖的碳原子上则留下一个单电子,成为碳自由基,进一步氧化形成过氧自由基,最后分解成对机体无害的产物。对于$O_2·^-$,多糖可与其发生氧化反应,达到清除的目的;对于单线态氧,可将激发能传递给多糖,使多糖处于激发态而本身回到基态(淬灭)。

②络合产生ROS所必需的金属离子。多糖环上的OH可与产生OH·等所必需的金属离子(如$Fe^{2+}$、$Cu^{2+}$等)络合,使其不能产生启动脂质过氧化的羟基自由基或使其不能分解脂质过氧化产生的脂过氧化氢,从而抑制ROS的产生。

③提高抗氧化酶的活性。多糖可通过提高SOD、CAT、GSH-Px等酶的活性,从而发挥抗氧化的作用。

（3）多糖分子特性与抗氧化活性的关系

多糖分子量及其分布的测定是体现多糖物理化学性能和生物活性的一个重要参数,也是多糖类药物的重要质控指标。茶树花多糖中平均分子量较大的TFP-1和较小的TFP-2在体外清除超氧阳离子自由基、羟基自由基和DPPH自由基的实验中表现出了有差别的抗氧化能力。在相同溶液浓度、相同剪切速率下,TFP的黏度最大,其次是TFP-1,TFP-2的黏度最小。一般认为,多糖的生物活性与分子量、溶解度、黏度、初级结构和高级结构有关,多糖分子量越大,分子体积越大,越不利于跨膜进入生物体内发挥生物学活性,小分子量的多糖更容易结合活性位点。而分子量过低,又无法形成活性的聚合结构;分子量适当大小的多糖,其活性较高。因此得出这样的结论,TFP-2合适的分子量大小,以及低溶液黏度、较大的水溶性,使得其在体外抗氧化实验中显示了显著的清除超氧阴离子自由基、羟基自由基以及DPPH自由基的能力,类似的结论不仅在茶多糖的研究中有所报道,而且还包括了其他各种来源的多糖,如高等植物、海洋藻类、真菌类等。茶树花多糖组分TFP-2在小鼠体内的抗氧化活性,需要进一步研究。

## 2. 小 结

①茶树花多糖 TFP 及其组分 TFP-1 和 TFP-2 在体外可以清除 $O_2 \cdot^-$ 自由基,并且呈现量效关系。其抗氧化活性:VC＞TFP-2＞TFP-1＞TFP。TFP、TFP-1 和 TFP-2 的 $EC_{50}$ 分别为 0.45、0.23 和 0.09mg/mL。

②茶树花多糖 TFP 及其组分 TFP-1 和 TFP-2 在体外可以清除 $OH \cdot$ 自由基,并且呈现量效关系。其抗氧化活性:VC＞TFP-2＞TFP-1＞TFP。TFP、TFP-1 和 TFP-2 的 $EC_{50}$ 分别为 0.46、0.32 和 0.19mg/mL。

③茶树花多糖 TFP 及其组分 TFP-1 和 TFP-2 在体外可以清除 DPPH 自由基,并且呈现量效关系。其抗氧化活性:VC＞TFP-2＞TFP-1＞TFP。TFP、TFP-1 和 TFP-2 的 $EC_{50}$ 分别为 1.24、0.79 和 0.35mg/mL。

④茶树花多糖 TFP 各组可以提高溴代苯脂质过氧化损伤小鼠肝脏匀浆、血浆中的 SOD 活性,并且呈现量效关系。

⑤茶树花多糖 TFP 各组可以提高溴代苯脂质过氧化损伤小鼠肝脏匀浆总抗氧化能力 T-AOC,并且呈现量效关系。

⑥茶树花多糖 TFP 各组可以降低溴代苯脂质过氧化损伤小鼠肝脏匀浆、血浆及红细胞抽提液中的 MDA 含量,并且呈现量效关系。

# 第十章　茶树花皂苷的抗卵巢癌功效

卵巢癌是一种致命性极高的恶性肿瘤。由于卵巢癌在早期缺乏临床症状,疗后预后差,容易产生耐药性,在被发现时通常已经为卵巢癌晚期。因此,与其他癌症相比,卵巢癌的致死率更高。目前,卵巢癌的标准治疗方案是手术切除病灶,并使用顺铂(cisplatin)和卡铂(carboplatin)等药物进行化学治疗。但是,随着治疗过程的延长,常用的化学药物会使癌细胞产生耐药性,进而会使肿瘤复发而导致治疗失败。因此,需要寻找更多更有效的药物用于临床卵巢癌的治疗。

研究表明,天然皂苷可诱导人卵巢癌细胞株产生凋亡。如皂苷Ⅱ在人SKOV3卵巢癌异种移植的无胸腺小鼠模型中具有显著的抗卵巢癌肿瘤的效果。最近的一项研究表明茶籽皂苷对癌症具有化学预防作用。从油茶种子中提取的皂苷Oleiferasapo-nin C6也对肿瘤细胞具有抗增殖活性。本团队以茶树花干花为材料,提取出了高纯度的茶树花皂苷TFS-2,并以此为实验材料,研究了TFS-2对卵巢癌细胞凋亡、卵巢癌细胞周期阻滞、卵巢癌细胞自噬的作用及机制。

本课题组首次发现茶树花皂苷TFS-2通过激活内凋亡途径和外凋亡途径诱发卵巢癌细胞发生凋亡,并且TFS-2诱发的凋亡与上调p53蛋白相关。本研究为茶树花皂苷的工业化提取及抗癌功效提供理论依据,提示茶树花皂苷是一种具有重要学术研究价值和应用前景的茶树花活性成分,有望成为一种新的防治癌症的天然产物,为临床上以茶树花皂苷为基础开发新的抗卵巢癌的药物提供新思路。

## 第一节　茶树花皂苷诱导卵巢癌细胞凋亡的研究

研究发现TFS-2在低浓度(1.5μg/mL)下能够对卵巢癌细胞起到抗增殖效果,而对正常细胞无明显的细胞毒性。进一步实验证实TFS-2通过内凋亡途径和外凋亡途径共同诱导了A2780/CP70和OVCAR-3细胞发生细胞凋亡,并且TFS-2诱导的细胞凋亡与p53蛋白上调相关。

178 - 茶树花 🦋

　　本实验数据表明,TFS-2对卵巢癌细胞具有细胞毒性,并且在相当低的浓度下对两种卵巢癌细胞起到显著的抗增殖作用。在较高浓度下,TFS-2会降低人卵巢正常细胞 IOSE-364 的细胞活力,但在 1.5μg/mL 剂量下(对 A2780/CP70 和 OVCAR-3 产生显著抑制作用)仅略微降低了 IOSE-364 的细胞活力,表明茶树花皂苷可以选择性地抑制卵巢癌细胞,从而证明了茶树花皂苷的安全性,这与之前茶树花提取物对大鼠无毒性的报道是一致的。

　　诱导细胞凋亡是癌症治疗的重要机制之一。本团队发现 TFS-2 诱导人卵巢癌细胞 A2780/CP70 和 OVCAR-3 发生了细胞凋亡,而且内凋亡和外凋亡两种凋亡途径均被激活。Hoechst33342 染色、线粒体膜电位降低、流式细胞仪检测实验以及 Caspase 酶活力测定实验均证实 TFS-2 诱导了细胞凋亡的发生且同时激活了两种凋亡途径。p53 是调节细胞应答的重要的肿瘤抑制因子,参与细胞凋亡、细胞周期阻滞和肿瘤抑制过程,当细胞处于应激状态下诱导细胞凋亡或细胞周期阻滞时可被激活。本实验中发现 TFS-2 会上调 A2780/CP70 和 OVCAR-3 细胞中 p53 蛋白表达水平。并且,p53 特异性抑制剂 PFT-α 抑制 p53 基因后能够减弱 TFS-2 对卵巢癌细胞生长的抑制。此外,PFT-α 降低了 A2780/CP70 和 OVCAR-3 细胞的凋亡率及 Caspase-3/7 和 Caspase-8 的酶活力。因此,TFS-2 引起的 A2780/CP70 和 OVCAR-3 细胞凋亡是 p53 依赖性的。相关研究见图 10.1、图 10.2、图 10.3、图 10.4、图 10.5。

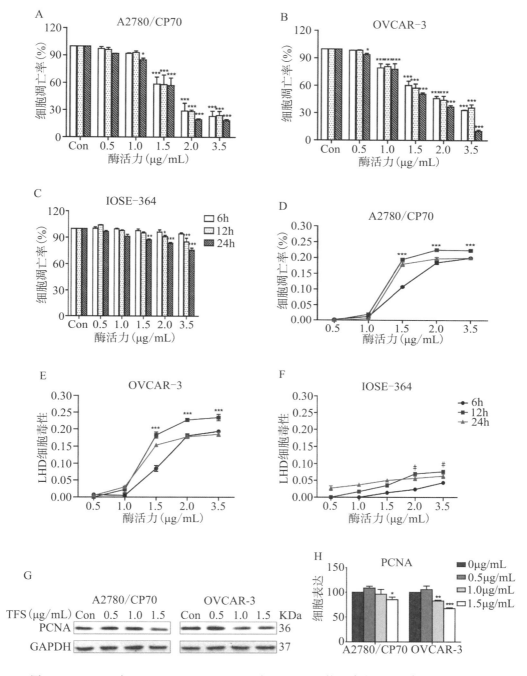

**图10.1 TFS-2对A2780/CP70、OVCAR-3和IOSE-364的细胞毒性及抑制增殖作用**。(A～C) MTS法测定不同浓度TFS-2(0、0.5、1.0、1.5、2.0、3.5 μg/mL)处理6、12和24h后的细胞活力。数据用三次独立实验的平均值±标准误表示,和对照相比,*$P<0.05$,**$P<0.01$和***$P<0.001$均表示有显著性差异。(D～F)TFS-2对A2780/CP70、OVCAR-3和IOSE-364中LDH释放的影响。细胞用不同浓度TFS-2(0、0.5、1.0、1.5、2.0、3.5μg/mL)处理6、12和24h后,用LDH毒性试剂盒测定LDH毒性。数据采用三次实验的平均值±标准误,与对照相比,***$P<0.001$表示有显著性差异,#$P<0.05$表示在

处理 12h 时和对照组相比有显著性差异。(G,H)Western blot 检测 TFS-2(0、0.5、1.0、1.5 µg/mL)处理 24h 对 PCNA 蛋白表达的影响,GAPDH 作为内参蛋白。蛋白强度表示为三次实验的平均值±标准误,与对照相比,*$P<0.05$、**$P<0.01$ 和***$P<0.001$ 均表示有显著性差异。

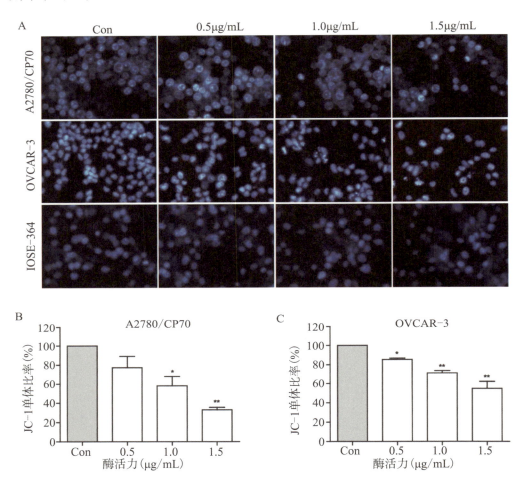

图 10.2　Hoechst 33342 和 JC-1 染色测定 TFS-2 诱导的 A2780/CP70 和 OVCAR-3 细胞凋亡。

(A)TFS-2(0、0.5、1.0、1.5µg/mL)处理 24h 后,用 Hoechst 33342 对细胞进行染色并用荧光显微镜观察拍照。(B,C)条形图表示 JC-1 聚集体和 JC-1 单体的比率(590:530 nm 荧光发射强度的比率),揭示 TFS(0、0.5、1.0、1.5µg/mL)处理 24h 后细胞线粒体膜电位的降低。数据采用三次独立实验的平均值±标准误,和对照相比,*$P<0.05$ 和**$P<0.01$ 表示有显著性差异。TFS-2 引起了两种卵巢癌细胞线粒体膜电位的显著降低。对于 A2780/CP70 细胞,TFS-2 在 1.0µg/mL 浓度时开始引起线粒体膜电位的下降(B);对于 OVCAR-3 细胞,TFS-2 在 0.5µg/mL 浓度时开始引起线粒体膜电位的下降(C)。线粒体膜电位的降低是细胞早期凋亡的重要指标,本实验结果进一步证实了 TFS-2 诱导 A2780/CP70 和 OVCAR-3 细胞发生了凋亡。

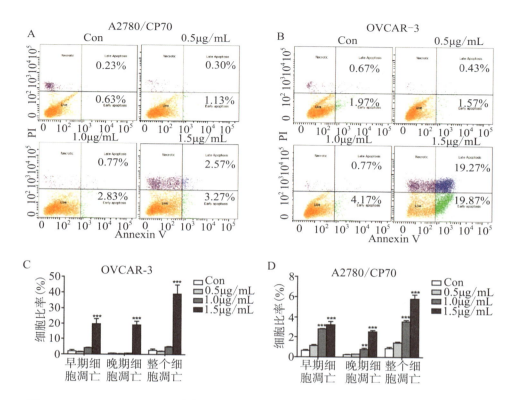

图10.3　Annexin V-FITC/PI 染色后用流式细胞仪测定 TFS-2 诱导的卵巢癌细胞凋亡。(A,B)
用 TFS-2(0、0.5、1.0、1.5μg/mL)处理 A2780/CP70 和 OVCAR-3 细胞 24h 后,用 Annexin V-FITC/PI 染
色后用流式细胞仪测定分析细胞凋亡。(C,D)柱状图表示 A2780/CP70(C)和 OVCAR-3(D)中处于
细胞周期不同阶段的细胞在总细胞中的比例。数值表示三次独立实验的平均值±标准误,和对照相
比,*P<0.05、**P<0.01 和***P<0.001 均表示有显著性差异。综合 Hoechst 33342 染色、JC-1 染色
及流式细胞仪测定结果,可知 TFS-2 可以显著诱导人卵巢癌 A2780/CP70 和 OVCAR-3 细胞发生凋
亡,而未诱导人正常卵巢细胞IOSE-364发生凋亡。

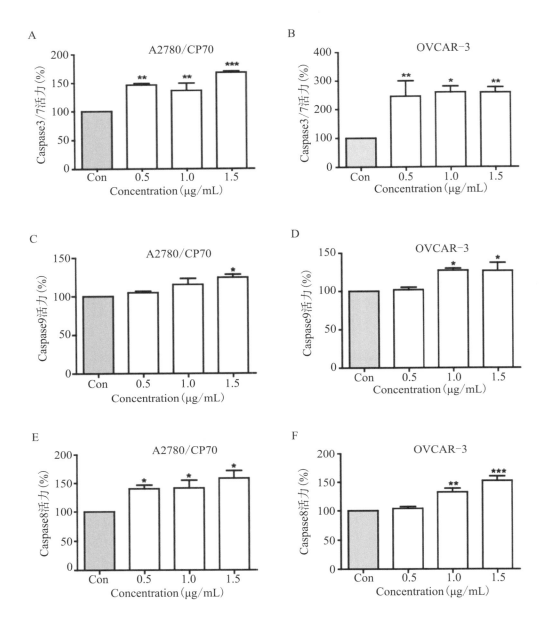

图10.4　TFS-2对A2780/CP70和OVCAR-3细胞中Caspese-3/7、Caspase-8、Caspase-9酶活力的影响。TFS-2处理(0、0.5、1.0、1.5μg/mL)处理A2780/CP70和OVCAR-3细胞24h后,用Caspase-Glo® 3/7、Caspase-Glo® 8和Caspase-Glo® 9试剂盒分别测定Caspase-3/7、Caspase-8和Caspase-9的酶活力。数值表示三次独立实验的平均值±标准误,和对照相比,*P<0.05、**P<0.01和***P<0.001均表示有显著性差异。细胞凋亡途径主要分内凋亡途径(线粒体途径)和外凋亡途径(死亡受体途径),Caspase家族蛋白在细胞凋亡进程中起重要作用,Caspase-9和Caspase-8是介导细胞凋亡和程序性死亡的启动蛋白酶,Caspase-9和Caspase-8的激活分别是细胞内凋亡途径和外凋亡途径激活的标志,这两条凋亡通路最终会激活下游的Caspase-3/7,进而执行凋亡进程。如A和B所示,和对照组相比,经1.5μg/mL TFS-2处理24h后,A2780/CP70和OVCAR-3细胞中的Caspase-3/7的酶活力分别提高了1.68倍和2.58倍,表明TFS-2通过活化Caspase-3/7来诱导细胞凋亡。同时,TFS-2

至 1.5μg/mL 时将 A2780/CP70 和 OVCAR-3 细胞中的 Caspase-9 的酶活力分别提高了 1.24 倍和 1.26 倍(C 和 D),将 Caspes-8 的酶活力分别提高了 1.58 倍和 1.52 倍(E 和 F),提示 TFS-2 同时激活卵巢癌细胞内凋亡途径和外凋亡途径而诱发细胞凋亡。

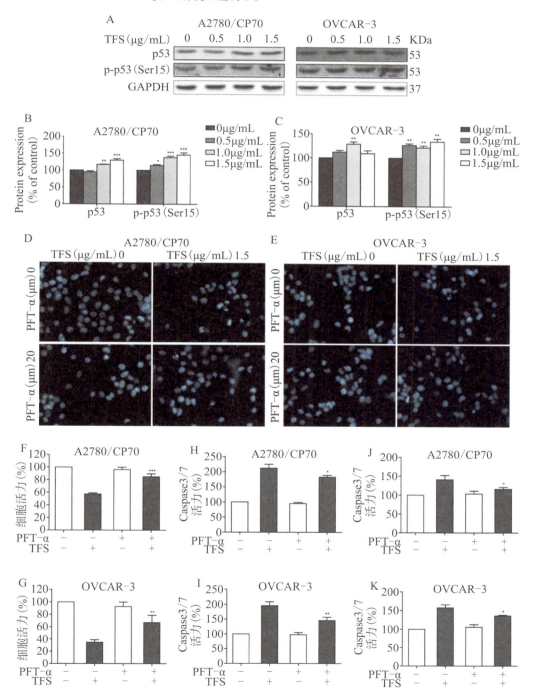

图 10.5 TFS-2 引起的 A2780/CP70 和 OVCAR-3 细胞凋亡和 p53 的上调有关。(A～C)TFS-2

处理(0、0.5、1.0、1.5μg/mL)处理 A2780/CP70 和 OVCAR-3 细胞 24h 后,用 Western blot 检测细胞中 p53 和 p-p53 蛋白表达水平。蛋白强度表示为三次实验的平均值±标准误,和对照相比,*$P<0.05$, **$P<0.01$ 和***$P<0.001$ 均表示有显著性差异。(D,E)用 TFS-2 和 p53 抑制剂 PFT-α 处理 24h 后用 Hoechst 33342 染色并用荧光显微镜拍照检测凋亡。(F~K)用 TFS-2 和 p53 抑制剂 PFT-α 处理 24h 后测定细胞活力、Caspase-3/7 和 Caspase-8 的酶活力。*$P<0.05$、**$P<0.01$ 和***$P<0.001$ 均表示有显著性差异。结果显示,经 TFS-2 处理 24 h 后,A2780/CP70 和 OVCAR-3 细胞内 p53 蛋白的表达水平明显上调(A)。PFT-α 处理后能够显著减少 TFS-2(1.5μg/mL)引起的 A2780/CP70 和 OVCAR-3 细胞凋亡(D 和 E)。此外,PFT-α 处理后使 TFS-2(1.5μg/mL)对 A2780/CP70 的细胞活力抑制由 57% 恢复至 82%,对 OVCAR-3 的细胞活力抑制由 35% 恢复至 67%(F 和 G)。而且,PFT-α 处理后显著降低了 TFS-2(1.5μg/mL)引起的 Caspase-3/7 和 Caspase-8 酶活性增强。在 A2780/CP70 细胞中,Caspase-3/7 酶活力由 2.12 倍降低至 1.83 倍,Caspase-8 酶活力由 1.41 倍降低到 1.16 倍;在 OVCAR-3 细胞中,Caspase-3/7 酶活力由 1.95 倍降低至 1.46 倍,Caspase-8 酶活力由 1.58 倍降低到 1.36 倍。上述结果表明,TFS-2 诱导的卵巢癌细胞凋亡与 p53 蛋白的上调相关。

# 第二节　茶树花皂苷对卵巢癌细胞的周期阻滞作用

本团队探究了 TFS-2 对 A2780/CP70 和 OVCAR-3 细胞的抗增殖作用与细胞周期阻滞的关系。研究发现,TFS-2 可诱导 S 期周期阻滞而起到抗卵巢癌细胞增殖作用。靶向诱导细胞周期阻滞是癌症治疗的重要手段。细胞周期蛋白(Cyclins)和细胞周期蛋白依赖性激酶(CDK)通过形成 Cyclins/CDK 复合物来调控细胞周期的进程,抑制 CyclinD1-Cdk4/6 复合物的形成对癌症的治疗积极作用。此外,靶向抑制细胞周期蛋白依赖性激酶(CDK)进而诱导细胞周期阻滞为发现新的抗癌药物提供了重要方向。本团队证明了 TFS-2 可以诱导 A2780/CP70 和 OVCAR-3 细胞发生 S 期周期阻滞,进一步研究发现 TFS-2 可以下调 Cdc25A 和 Cdk2 蛋白的表达。由于磷酸化 Cdc25A 可通过抑制 Cdk2 进而在 G1/S 期的转换中起重要作用,所以,一旦发生 DNA 损伤,Cdc25A 就会降解。尽管分别参与 G1/S 期转换和 S 期进程的 CyclinE 和 CyclinA 的蛋白发生了上调,但 Cdk2 蛋白表达的下降会减少 CyclinE-Cdk2 和 CyclinA-Cdk2 复合物的形成,并最终使细胞阻滞在 S 期。上述结果表明 TFS-2 通过 Cdc25A-Cdk2-CyclinE/A 通路诱导 A2780/CP70 和 OVCAR-3 细胞发生 S 期周期阻滞,这与之前报道的一种小分子 PNAS-4 诱导肺癌细胞产生周期阻滞的研究是一致的。并且,CyclinD1 蛋白表达下降也是 S 期周期阻滞的一个重要标志。综合以上结果,本课题组研究证实了 TFS-2 通过 Cdc25A-Cdk2-CyclinE/A 通路诱导卵巢癌细胞 S 期周期阻滞。

此外,本课题组研究还发现 TFS-2 引起 γ-H2AX 蛋白表达显著上调,γ-H2AX 表达上调是指示 DNA 双链断裂发生 DNA 损伤的灵敏的分子标记。与此同时,TFS-2 也

秀发了两种卵巢癌细胞中 pChk2 蛋白表达的上调。DNA 损伤可以激活 Chk2,使
Cdc25A 磷酸化并导致 Cdc25A 的降解而最终不能激活 Cdk2。本课题组研究发现,
TFS-2 能够诱导 pChk2 的显著上调和 Cdc25A 的显著下调,这表明 Chk2-Cdc25A DNA
损伤应答参与到 TFS-2 诱导的 S 期周期阻滞中。相关研究见图 10.6、图 10.7、图 10.8。

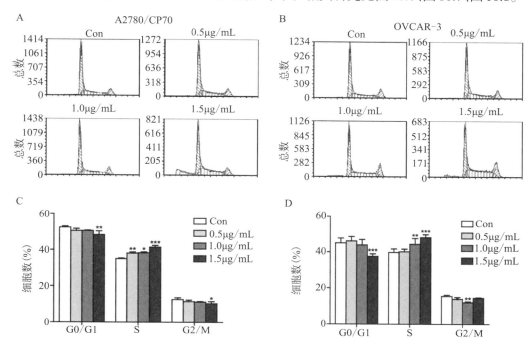

图 10.6　**TFS-2 引起 A2780/CP70 和 OVCAR-3 细胞 S 期周期阻滞**。研究表明 TFS-2 可通过
Cdc25A-Cdk2-CyclinE/A 通路诱导 A2780/CP70 和 OVCAR-3 细胞发生 S 期周期阻滞,并且激活了
Chk2-Cdc25A DNA 损伤反应。(A,B)用 TFS-2(0、0.5、1.0、1.5μg/mL)处理 A2780/CP70(A)和 OV-
CAR-3(B)细胞 24 h 后,用流式细胞仪分析处于细胞周期不同阶段细胞的分布。Y 轴的细胞数目表
示细胞周期阶段的峰值。(C,D)柱状图表示 A2780/CP70(C)和 OVCAR-3(D)细胞中细胞不同周期分
布的百分比。数值表示三次独立实验的平均值±标准误,和对照相比,*$P<0.05$、**$P<0.01$ 和
***$P<0.001$ 均表示有显著性差异。在 A2780/CP70 细胞中,TFS-2 处理后 S 期细胞比例从 35.20%
(对照组)增加至 41.48%(1.5μg/mL),相应地 G0/G1 和 G2/M 期细胞比例均发生了降低(A 和 C);在
OVCAR-3 细胞中,TFS-2 处理后 S 期细胞比例从 39.71%(对照组)增加至 47.96%(1.5μg/mL),相应
地 G0/G1 期和 G2/M 期细胞比例也发生了降低(B 和 D)。这些结果表明,TFS-2 诱导 A2780/CP70 和
OVCAR-3 细胞发生了 S 期周期阻滞。

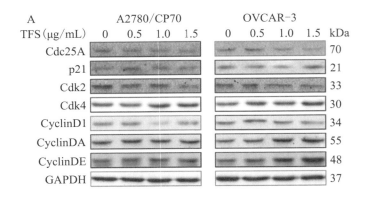

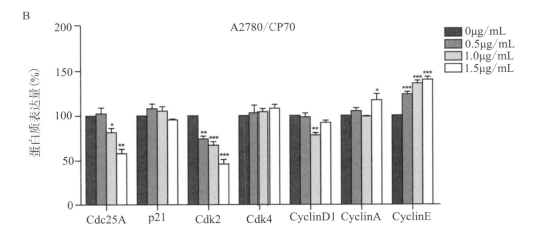

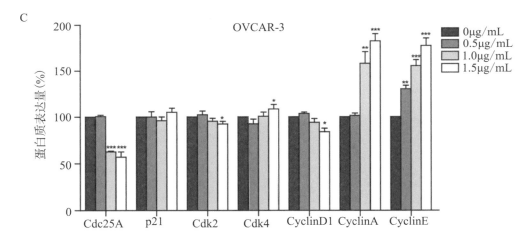

图 10.7　TFS-2 通过 Cdc25A-Cdk2-CyclinE/A 通路引起 A2780/CP70 和 OVCAR-3 细胞 S 期周期阻滞。(A) 用 TFS-2(0、0.5、1.0、1.5μg/mL) 处理细胞 24h 后,用 Western blot 检测细胞中 Cdc25A、p21、Cdk2、Cdk4、CyclinD1、CyclinA 和 CyclinE 蛋白表达的变化。(B,C)Cdc25A、p21、Cdk2、Cdk4、CyclinD1、CyclinA 和 CyclinE 蛋白表达水平,GAPDH 作为内参蛋白,数值表示三次独立实验的平均值±标准误,和对照相比,*P<0.05、**P<0.01 和 ***P<0.001 均表示有显著性差异。TFS-2 明显上

调了 CyclinE 和 CyclinA 蛋白表达水平,而 Cdc25A、Cdk2 和 CyclinD1 蛋白表达明显下调。此外,p21 的蛋白表达保持不变,而 Cdk4 蛋白表达略有增加。Cdc25A 是重要的细胞周期调节蛋白,其在 S 期周期阻滞时蛋白表达会下降,并且会抑制 CyclinE-Cdk2、CyclinA-Cdk2 和 CyclinD1-Cdk4 复合物的活性。本实验中尽管与细胞周期 S 期相关的细胞周期蛋白 E(CyclinE)和细胞周期蛋白 A(CyclinA)表达上升,但在 A2780/CP70 和 OVCAR-3 细胞中 Cdk2 的表达显著降低,这导致了 CyclinE-Cdk2 和 Cyclin A-Cdk2 复合体的降低,进而不能推动细胞进入下一周期而阻滞在 S 期。此外,S 期周期阻滞的另一个标志性蛋白 CyclinD1 仅在 S 期被抑制,本实验中 CyclinD1 蛋白表达在两种卵巢癌细胞中均发生了下降。综合以上结果表明,Cdc25A-Cdk2-CyclinE/A 通路参与到 TFS-2 诱导的卵巢癌细胞 S 期周期阻滞。

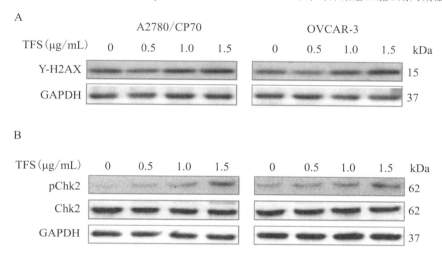

图 10.8 TFS-2 引起 A2780/CP70 和 OVCAR-3 细胞 DNA 的损伤。(A)用 TFS-2(0、0.5、1.0、1.5μg/mL)处理细胞 24h 后用 Western blot 检测细胞中 γ-H2AX 蛋白表达的变化。(B)用 TFS-2(0、0.5、1.0、1.5μg/mL)处理细胞 24h 后用 Western blot 检测细胞中 pChk2 和 Chk2 蛋白表达的变化。由于 S 期是细胞周期中的 DNA 复制期,TFS-2 诱导卵巢癌细胞发生 S 期周期阻滞预示 DNA 发生了损伤。γ-H2AX 是 DNA 发生双链断裂的敏感指示蛋白,通过测定 γ-H2AX 蛋白表达的实验发现,TFS-2 处理卵巢癌细胞 24 h 后,γ-H2AX 蛋白表达水平显著升高(A)。同时,TFS-2 诱导了 Chk2 蛋白的磷酸化,pChk2 蛋白表达显著升高(B)。结合 TFS-2 下调 Cdc25A 蛋白表达水平,可知 TFS-2 诱导的 S 期周期阻滞源于 DNA 的损伤并涉及 Chk2-Cdc25A 途径的活化。

## 第三节 茶树花皂苷引起卵巢癌细胞自噬的研究

天然三萜皂苷由于结构的多样性而成为筛选天然抗癌活性物质的重要来源,所以探究抗癌机制变得愈发重要。本课题组首次发现茶树花皂苷 TFS-2 可诱导卵巢癌细胞 OVCAR-3 发生自噬。我们首先用自噬体染料进行 MDC 染色,发现 TFS-2 处理后,MDC 阳性细胞数量显著增加。此外,由于 LC3-Ⅱ 表达水平和自噬体的形成成正比,因此 LC3-Ⅱ 表达升高是自噬的重要标志。研究发现,TFS-2 显著上调了 OVCAR-3 细胞中 LC3-Ⅱ 蛋白的表达水平,进一步证实 TFS-2 诱导 OVCAR-3 细胞发生了自噬。

抑制 Akt/mTOR/p70S6K 信号通路是诱导自噬的重要途径,p70S6K 是 Akt 下游的靶点,磷酸化 p70S6K 的蛋白水平的表达可以作为 mTOR 活性高低的重要标志。天然化合物 delicaflavone 可通过 Akt/mTOR/p70S6K 信号通路诱导人肺癌细胞自噬。本课题组研究结果发现,TFS-2 未改变 OVCAR-3 细胞中 p-Akt 和 Akt 蛋白表达水平,而显著上调了 p-P70S6K 蛋白的表达,这表明 TFS-2 诱导的卵巢癌细胞自噬不依赖于 Akt/mTOR/p70S6K 信号通路,这与桔梗皂苷 D(Platycodin D)诱导的 HepG2 细胞自噬不通过 Akt/mTOR/p70S6K 信号通路相一致。本课题组进一步探究了 TFS-2 对 OVCAR-3 细胞 ROS 产生和 MAPK 信号传导通路的影响。TFS-2 可以显著增加 OVCAR-3 细胞内 ROS 的生成量,ROS 的产生可能与凋亡和自噬均相关。研究发现 TFS-2 可诱导卵巢癌细胞发生凋亡。因此,本章中 ROS 生成量增加在茶树花诱导的细胞死亡中的具体作用有待进一步阐明。ERK、p38 和 JNK 是 MAPK 信号通路的调节蛋白,也可参与调节自噬过程。研究发现,TFS-2 显著上调了 OVCAR-3 细胞中 p-ERK 蛋白的表达水平,对 p-p38、p38 和 JNK 蛋白无影响。这表明 TFS-2 诱导的卵巢癌细胞自噬中 ERK 途径被激活,这与之前报道 ERK 途径激活参与到不同化合物诱导的多种癌细胞自噬过程相一致。综合以上结果表明,TFS-2 诱导的 OVCAR-3 细胞自噬伴随着 ROS 的产生和 ERK 途径的激活,具体的机制有待进一步阐明。

本实验通过自噬体染料 MDC 染色和 Westernblot 分析首次发现茶树花皂苷 TFS-2 诱导 OVCAR-3 细胞发生自噬。进一步研究表明,TFS-2 诱导的 OVCAR-3 细胞自噬不依赖于 Akt/mTOR/p70S6K 信号通路,而伴随着 ROS 的产生和 ERK 途径的活化相关。本课题组为进一步探究茶树花皂苷诱导卵巢癌细胞自噬的机制提供了重要的科学依据。相关研究见图 10.9、图 10.10、图 10.11、图 10.12。

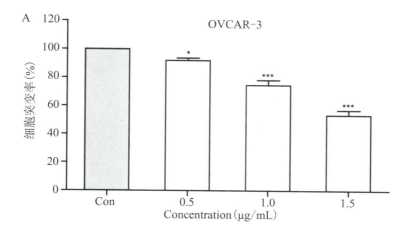

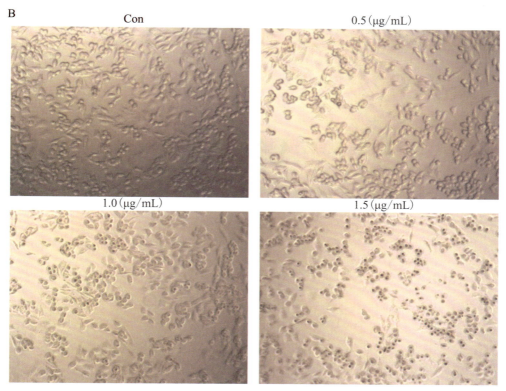

图10.9 TFS-2引起OVCAR-3细胞活力降低和细胞形态变化。(A)用MTS法测定TFS-2(0、0.5、1.0、1.5μg/mL)处理24h后OVCAR-3细胞活力的变化。数值表示三次独立实验的平均值±标准误，和对照相比，*$P<0.05$、**$P<0.01$和***$P<0.001$均表示有显著性差异。(B)OVCAR-3细胞用不同浓度的TFS-2(0、0.5、1.0、1.5μg/mL)处理24 h后，在显微镜下观察细胞形态变化并拍照(10×)。用TFS-2(0、0.5、1.0、1.5μg/mL)处理OVCAR-3细胞24 h后，能够剂量依赖性地引起OVCAR-3细胞活力的降低(A)。并且，随着TFS-2浓度的增加，OVCAR-3细胞形态逐渐呈圆球状，细胞体积变小，细胞增殖数目减少(B)。

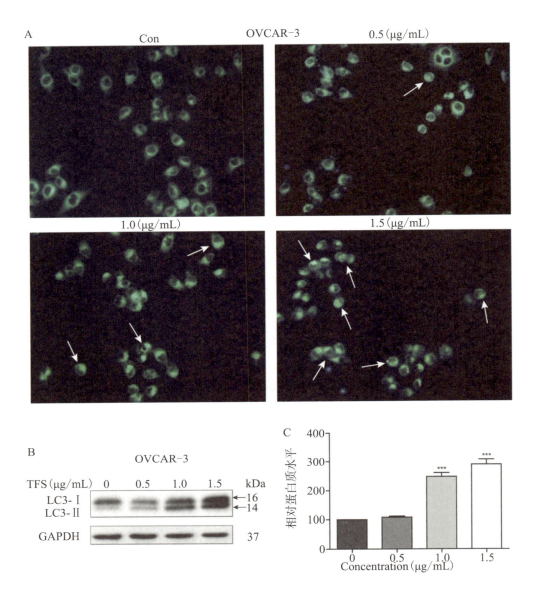

图 10.10　TFS-2 诱导 OVCAR-3 细胞自噬。(A)OVCAR-3 细胞用不同浓度的 TFS-2(0、0.5、1.0、1.5μg/mL)处理 24h 后,用 MDC 染料染色并用荧光显微镜观察拍照。白色箭头指示发生自噬的细胞(20×)。(B 和 C)不同浓度 TFS-2(0、0.5、1.0、1.5μg/mL)处理 OVCAR-3 细胞 24h 后,用 Western blot 检测细胞中 LC3-Ⅰ和 LC3-Ⅱ蛋白表达的变化。GAPDH 作为内参蛋白,数值表示三次独立实验的平均值±标准误,和对照相比,***$P<0.001$ 表示有显著性差异。如 A 所示,随着 TFS-2 浓度的升高,MDC 阳性细胞的数量增多,如图中白色箭头指示的细胞,高亮点状的绿色荧光出现在细胞内部,用 1.5μg/mL 处理 24h 后自噬细胞的数量和对照组相比有了明显增多。如 B 和 C 所示,TFS-2 处理 OVCAR-3 细胞 24h 后,细胞中 LC3-Ⅱ蛋白的表达显著升高并成剂量依赖效应。综合 A 中 MDC 荧光染色结果表明,TFS-2 诱导 OVCAR-3 细胞发生了自噬。

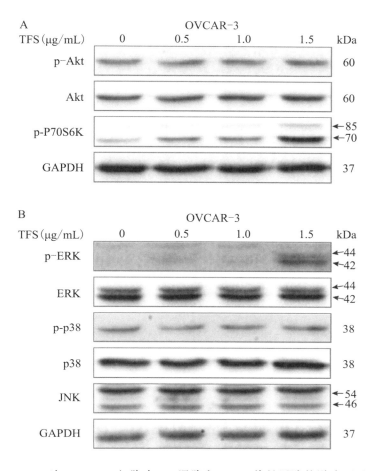

**图 10.11　TFS-2 对 OVCAR-3 细胞中 Akt 通路和 MAPK 信号通路的影响。**(A)TFS-2(0、0.5、1.0、1.5μg/mL)处理 OVCAR-3 细胞 24h 后,用 Western blot 检测对 Akt 通路相关蛋白 p-Akt、Akt 和 p-P70S6K 蛋白表达的变化。(B)TFS-2(0、0.5、1.0、1.5μg/mL)处理 OVCAR-3 细胞 24h 后,用 Western blot 检测对 MAPK 信号通路相关蛋白 p-ERK、ERK、p-p38、p38 和 JNK 蛋白表达的变化。GAPDH 作为内参蛋白。如 A 所示,经 TFS-2(0、0.5、1.0、1.5μg/mL)处理 24h 后,OVCAR-3 细胞中 p-Akt 和 Akt 的蛋白表达水平保持不变,而磷酸化 p70S6K 蛋白表达水平显著上调。用 Western blot 检测对 MAPK 信号通路相关蛋白 p-ERK、ERK、p-p38、p38 和 JNK 蛋白表达的变化。上述结果表明,TFS-2 诱导的 OV-CAR-3 细胞自噬不依赖于 Akt/mTOR/p70S6K 信号通路。

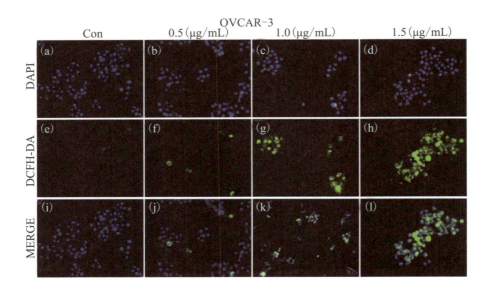

**图10.12　TFS-2 对 OVCAR-3 细胞内活性氧生成量的影响。用 DAPI 和 DCFH-DA 双染法来检测 ROS 的生成。** TFS-2(0、0.5、1.0、1.5μg/mL)处理 OVCAR-3 细胞 24h 后,用 DCFH-DA 和 DAPI 对细胞染色并用荧光显微镜观察拍照(20×)。第一行照片(a~d)表示荧光显微镜视野下的所有细胞(DAPI 染色);第二行照片(e~h)表示荧光显微镜视野下产生了活性氧的细胞(DCFH-DA 染色);第三行照片(i~l)表示将 DAPI 和 DCFH-DA 共染后的照片。a~d 图表示视野中 DAPI 染色后所有细胞,e~h 图表示在紫外光下 DCFH-DA 染色后的细胞,i~l 表示将 DAPI 和 DCFH-DA 照片共染后的图片,可显示出 DCFH-DA 染色后呈阳性的细胞比率,DCFH-DA 阳性细胞的荧光强度和 ROS 的生成量成正比。由图可知,随着 TFS-2 浓度的升高,OVCAR-3 细胞内 ROS 的生成量显著增加。据报道,包括 ERK1/2、p38 和 JNK 在内的 MAPK 信号通路在自噬中发挥关键作用。本实验进一步研究了 TFS-2 处理 24h 后 OVCAR-3 细胞内 MAPK 信号通路相关蛋白表达的改变。TFS-2 显著上调了 p-ERK 蛋白的表达水平,总的 ERK 表达保持不变。此外,p-p38、p38 和 JNK 的蛋白表达没有明显变化。这表明 ERK 通路被在 TFS-2 诱导的 OVCAR-3 细胞自噬中被激活。上述结果表明,TFS-2 诱导的 OVCAR-3 细胞自噬伴随着 ROS 的产生和 ERK 通路的激活。但具体的作用机制有待进一步阐明。

# 第十一章　茶树花多糖抗肿瘤及免疫调节活性的研究

肿瘤是机体细胞在各种始动与促进因素作用下产生的增生与异常分化所形成的新生物。新肿瘤一旦形成,不受正常机体的生理调节,也不会因病或因消除而停止;而表现为生长失控,破坏所在器官或其周围正常组织。全球恶性肿瘤状况日益严重,今后20年新患者人数将由目前的每年1000万增加到1500万,因恶性肿瘤而死亡的人数也将由每年600万增至1000万。在我国,据国家卫生部门统计,20世纪90年代我国肿瘤发病率已上升为127例/10万人。近年来,我国每年新增肿瘤患者160万～170万人,总数估计在450万左右。随着工业化程度的提高,大量的粉尘、烟尘、废气排放造成大气环境污染加剧及饮食因素等,在未来和当前的一段时间里,将导致肿瘤的发病率仍将持续增高。因此,寻找致病因素,进行有效防治,开发新型抗癌药物成为医学科技的首要任务。

## 第一节　研究思路

本团队提取茶树花多糖TFP。ICR小鼠,雄性,体重18～22g,由浙江省动物医学中心提供,符合普通实验动物质量标准。肉瘤S180腹水型种鼠1只,由浙江省动物医学中心提供,符合实验动物质量标准。在温度为22～27℃、相对湿度为50%～60%的实验环境中,自由饮水进食,适应性饲养1周。

通过制备荷瘤小鼠模型、测定茶树花多糖抑瘤率、测定荷瘤小鼠存活率、测定荷瘤小鼠胸腺指数和脾脏指数、测定细胞因子及T细胞亚群来进行研究。

### 1. 正常小鼠碳粒廓清速率的影响

单核巨噬细胞系统是机体最重要的防御系统,它具有强大而迅速的吞噬廓清异体颗粒或某些可溶性异物的能力,并能迅速清除体内自身产生的某些有害物质。当静脉注入特定大小的惰性碳粒后,它即可被单核巨噬细胞迅速吞噬而从血液中廓清,在一定的范围内,小鼠体内碳微粒被清除的速率与血中碳浓度呈指函数关系,以血碳浓度对数值为纵坐标,时间为横坐标,两者呈直线关系。因此,借助测定血流中碳粒的消失速度来反映单核巨噬细胞系统吞噬异物的能力。直线斜率($K$)可表示吞噬速率,但通常消除了动物肝、脾重量影响的校正廓清指数A表示碳廓清能力。

$$吞噬活性 K = (\lg OD_1 - \lg OD_2)/(t_2 - t_1)$$
$$吞噬指数 A = 体重 \times \sqrt[3]{K} /(肝重 + 脾重)$$

### 2. 正常小鼠迟发型超敏反应(DTH)

耳肿胀法:二硝基氟苯(DNFB)诱导小鼠迟发性超敏反应基本原理为DNFB是一种半抗原,将其稀释液涂抹腹壁皮肤后,与皮肤蛋白质结合成完全抗原,由此刺激T淋巴细胞增殖成致敏淋巴细胞。4~7天后再将其涂抹于耳部皮肤,使局部产生迟发型超敏反应,一般在抗原攻击后24~48h达高峰,故于此时测定其肿胀度。

## 第二节　研究成果

### 1. 肿瘤动物模型

恶性肿瘤不仅使受侵犯的组织器官局部损毁,对没有受侵犯的组织器官也可以引起各种机能、代谢及形态的改变。通常认为这是长期物质消耗、代谢紊乱与癌细胞分泌生物活性物质综合作用的结果。这些变化大多是非特异性的,如引起食欲不良、营养缺乏、体重下降和恶病质等。

肿瘤动物模型可来自于动物的自发肿瘤、诱发肿瘤和移植性肿瘤。前两者由于对动物品系要求严格、实验周期较长或缺少实验的一致性而较少使用。可移植性肿瘤动物模型具有特性明确、生长一致性好、实验周期短、瘤株分布广泛、可反复复制等优点,在肿瘤研究中占有重要地位,包括同种移植和异种移植。其中,同种移植方法的成熟时间比异种移植早,是国内外最常用的肿瘤动物模型复制方法之一。本实验采用的是S180实体瘤动物模型,这种移植性肿瘤模型接种成活率近100%,对宿主的影响类似,个体差异较小,可在同一时间内获得大量生长相对均匀的肿瘤,给药时间相对固定,可直接观察动物的一般状态变化情况及肿瘤生长情况,可在同种或同品系动物中连续移植,长期保留以供实验用,实验期较短,实验条件易于控制,这些都是任何体外实验所不能替代的,其结果可为肿瘤药物的临床疗效提供更有意义的根据。因此,选择合适的移植性肿瘤动物模型进行研究,是考察一种药物是否有效的最为简单直接的途径。茶树花多糖对其他瘤株是否也具有抑制作用还有待进一步的确定。衡量抗肿瘤疗效最直接的指标就是抑瘤率。此实验中,建立小鼠S180肉瘤移植模型,进行抑瘤率计算。结果显示,茶树花多糖TFP的三个剂量对肿瘤细胞均有显著的抑制作用,抑瘤率分别为45.5%、60.9%和64.5%,呈现一定的量效关系。

本课题组结果表明:小鼠接种S180瘤细胞5天内,外观无明显变化,活动、进食基本正常。第6天,可观察到各荷瘤小鼠腋下有微小凸起肿块,但不明显。各组小鼠均出现饮水、进食量明显减少,活泼度较差。肿瘤逐日增大,在接种后第8天上述表现更加突出。模型组腋下肿瘤增大最为明显,表现为进食减少,毛发杂乱无光泽,常拥挤在一起,活动明显减少,抓取时可感觉到活动力相对较弱,易于抓取,毛色较暗,反应迟钝,呼吸深迟,弓背等,随着S180肉瘤的增大,体重增加迅速。茶树花多糖各组小鼠肿瘤生长较缓慢,特别是中高剂量组,稍有饮食进水量的减少,活泼度良好,无体毛疏松、杂乱、脱落等现象。第12天时,模型组小鼠的体重达到最大值,小鼠肉瘤已经扩散到了颈部,严重影响小鼠的正常呼吸和饮食饮水。在第13、14天时,模型组小鼠体重骤然下降。茶树花多糖药物治疗组的小鼠随着肿瘤的扩散,体重增加缓慢,还能够正常呼吸、饮食和饮水,说明茶树花多糖既可起到抑瘤的作用,又可以维持机体的正常免疫功能,提高动物的生存质量,达到"带瘤生存"的目的。

### 2. 茶树花多糖对S180小鼠抑瘤率的影响

抑瘤率是衡量一种药物抗肿瘤有效性的最基本和最重要的指标之一,是进行抗肿瘤药物筛选时的主要依据。单一化合物药物的抑瘤率达到35%以上时才有意义。实验结果(表11.1和图11.1)表明,茶树花多糖低剂量组、中剂量组以及高剂量组对S180肉瘤的生长均有明显的抑制作用($P<0.01$),但抑制的程度有所不同,随着茶树花多糖剂量的增加,抑瘤率也随之增加,呈显著的量效关系。当达到300mg/kg时,抑瘤率达到了64.5%。茶树花多糖治疗组各剂量的瘤体与模型组相比,外观苍白,与周围组织基本没有粘连,并且易于剥离。这表明茶树花多糖(75、150和300mg/kg)对S180小鼠在体肿瘤生长有一定的抑制作用,且呈剂量依赖关系。图11.2为荷瘤小鼠的S180肉瘤组织观察。

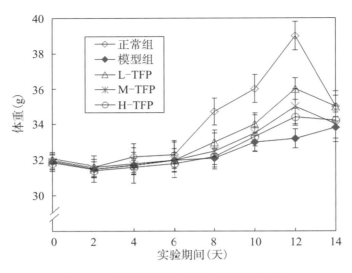

图11.1　茶树花多糖对荷瘤小鼠体重的影响

表11.1　茶树花多糖对S180小鼠抑瘤率的影响

| 组别 | 处理瘤重(g) | 抑制率(%) |
|---|---|---|
| 模型组10,i.g.N.S. | 1.980±0.156 | — |
| L-TFP-10,i.g.TFP(75mg/mg) | 1.080±0.049** | 45.5 |
| M-TFP-10,i.g.TFP(150mg/mg) | 0.774±0.033** | 60.9 |
| H-TFP-10,i.g.TFP(300mg/mg) | 0.703±0.051** | 64.5 |

注:与S180正常组比较,*$P$<0.05,**$P$<0.01。A:荷瘤模型组;B:TFP低剂量组;C:TFP中剂量组;D:TFP高剂量组。

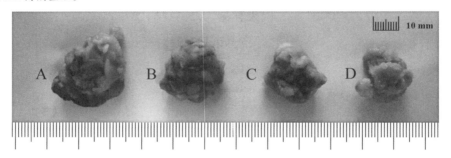

图11.2　荷瘤小鼠的S180肉瘤组织观察

注:A:模型组;B:L-TFP;C:M-TFP;D:H-TFP。

## 3. 茶树花多糖对荷瘤小鼠存活率的影响(图11.3)

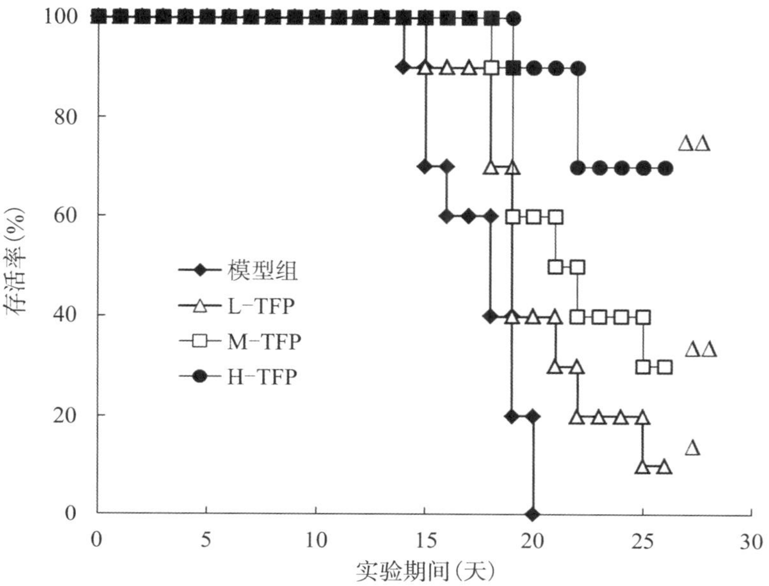

**图11.3　茶树花多糖对荷瘤小鼠生存时间的影响**

注:与模型组比较,$\triangle P<0.05$,$\triangle\triangle P<0.01$。

实验中荷瘤模型组小鼠在第20天内全部死亡,此时茶树花多糖低剂量组的存活率为40%,中剂量组为60%,高剂量组为90%。茶树花多糖治疗组能显著增加S180荷瘤小鼠的存活率,并且呈剂量效应。在实验第26天,低剂量组存活率下降到10%,中剂量组为30%,高剂量组为70%。由此可见,茶树花多糖治疗组能显著延长荷瘤小鼠的生存时间,高剂量组达到了极显著水平($P<0.01$)。

## 4. 对免疫器官脏器指数的影响

荷瘤机体的免疫功能状态随着肿瘤的不断生长而进行性下降,特别是晚期带瘤患者机体的各种特异性和非特异性的细胞免疫与体液免疫功能均受到显著抑制。这就构成了肿瘤发展过程中恶性因果转化链中的重要一环,而且肿瘤的常规疗法往往损伤机体,甚至进一步抑制机体免疫功能。

脾脏是机体最大的外周免疫器官,是各种成熟淋巴细胞定居的场所。其中,B细胞占脾淋巴细胞总数的比例较大。脾脏还是机体对血缘性抗原产生免疫应答的主要场所,又是体内产生抗体的主要器官。此外,脾脏还可合成并分泌某些生物活性物质,如补体成分等。因此,脾脏与体液免疫的关系较为密切。胸腺是机体的中枢免疫器官,是T细胞分化、发育、成熟的场所。骨髓干细胞衍生的淋巴干细胞分化为前T组胞,前T细胞在胸腺内分化成熟为T细胞。由于T细胞可介导细胞免疫,故认为胸腺与细胞免疫关系密切。免疫器官脏器指数是衡量机体免疫功能的初步观察指标。本实验在茶树花多糖对S180有抑制作用的基础上,观察了茶树花多糖对荷瘤小鼠免疫器官指数的影响。研究发现,荷瘤后的小鼠相对于正常小鼠脾脏异常增大,脾指数异高,而胸腺严重萎缩,胸腺指数下降。用药后机体状况改善,茶树花多糖使胸腺指数有所上升,对胸腺起到了保护作用,但是对脾脏指数却没有影响。茶树花多糖对不同的免疫器官有着不同的保护效果,其原因需在今后的研究中进一步探索。

许多实验研究表明,荷瘤能引起小鼠胸腺严重萎缩。脾指数和胸腺指数异常,临床上肿瘤患者常伴有免疫机能低下的表现。本课题组结果显示:小鼠荷瘤后脾脏增大,脾指数升高,与空白对照组比较,模型组小鼠和茶树花多糖组小鼠的脾指数均有显著增加($P < 0.01$),但是模型组和茶树花多糖各个治疗组之间并没有差异($P > 0.05$)。小鼠胸腺淋巴细胞增殖能力受损,胸腺指数下降,免疫系统功能低下,与空白对照组比较,模型组小鼠胸腺指数和茶树花多糖组小鼠的胸腺指数均有显著降低($P < 0.01$),虽然多糖治疗组(75、150和300mg/kg)的胸腺指数与模型组相比有所增加,但两者之间也是没有差异的($P > 0.05$)。

表11.2　茶树花多糖对S180小鼠脏器指数的影响

| 组别 | 处理脾指数(mg/g) | 胸腺指数(mg/g) |
| --- | --- | --- |
| 正常组10,i.g.N.S. | 3.36±0.12 | 1.75±0.12 |
| 模型组10,S180,i.g.N.S. | 6.73±0.13** | 1.11±0.07** |
| L-TFP10,S180,i.g.TFP | 6.87±0.29** | 1.37±0.10** |
| M-TFP10,S180,i.g.TFP | 7.03±0.26** | 1.17±0.06** |
| H-TF10,S180,i.g.TFP | 6.53±0.38** | 1.30±0.09** |

注:L-TFP 75mg/mg,M-TFP 150mg/mg,H-TFP 300mg/mg,与正常组组比较,*$P < 0.05$,**$P < 0.01$。

## 5. 对细胞因子及T细胞亚群水平的影响

巨噬细胞是免疫系统中一类具有防御和调节功能的细胞,因能迅速清除多种异己物质,是维持机体内环境稳定的一个重要系统。巨噬细胞是免疫细胞的一种,巨噬细胞参与机体的特异性和非特异性免疫,具有强大的杀伤和清除作用,还能分泌细胞因子调节免疫,并将抗原提呈给T、B淋巴细胞,在抗感染免疫和肿瘤免疫等方面发挥了重要作用。血液中的碳粒主要被肝脏的肝巨噬细胞及脾脏的巨噬细胞所吞噬,90%被肝脏吞噬,10%被脾脏吞噬。实验结果表明,低中高三个剂量的茶树花多糖对小鼠本内巨噬细胞的吞噬指数有显著的提高,表明了其对于小鼠免疫功能的增强作用。

（1）茶树花多糖对血浆中IL-2含量的影响(图11.4)

实验中S180模型组的小鼠血浆中IL-2含量与正常组小鼠相比较下降了17%,呈显著差异($P<0.05$),而茶树花多糖各个治疗组小鼠血浆中IL-2含量均有不同程度的升高,说明茶树花多糖可以改善荷瘤机体的免疫功能,促进IL-2的产生。同时发现,虽然茶树花多糖低剂量组与模型组相比,IL-2含量有所增加,但没有显著性差异($P>0.05$)。而中剂量组和高剂量组IL-2含量相对于荷瘤模型组来说,分别增长了40%和45%,有极显著差异($P<0.01$),说明茶树花树多糖的抗肿瘤作用与其诱生机体免疫细胞产生的IL-2之间存在着一定的量效关系。

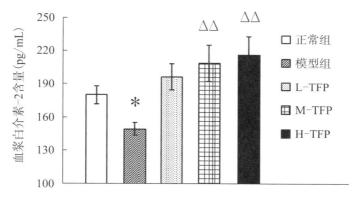

图11.4　茶树花多糖对血浆中IL-2含量的影响

注:与正常组比较,$*P<0.05$,$**P<0.01$;与模型组比较,$\triangle P<0.05$,$\triangle\triangle P<0.01$。

（2）茶树花多糖对血浆中IFN-γ含量的影响(图11.5)

实验中S180模型组的小鼠血浆中IFN-γ含量与正常组小鼠相比下降了34%,有明显降低($P<0.05$),而茶树花多糖各个给药组小鼠血浆中IFN-γ含量均有不同程度的升高,说明茶树花多糖可以改善荷瘤机体的免疫功能,促进IFN-γ的产生。茶树花多糖低剂量组的治疗效果没有显著性差异($P>0.05$)。而中剂量组和高剂量组IFN-γ含量相对于荷瘤模型组分别提高了100%和103%,呈现出显著($P<0.05$)和极显著差异($P<0.01$),说明茶树花树多糖的抗肿瘤作用与其诱生机体免疫细胞产生的IFN-γ

之间存在着一定的量效关系。

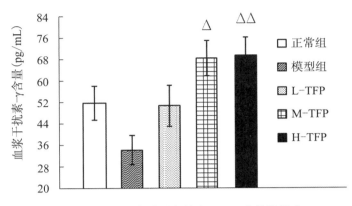

图11.5　茶树花多糖对血浆中IFN-γ含量的影响

注:与正常组比较,\*$P<0.05$,\*\*$P<0.01$;与模型组比较,$\triangle P<0.05$,$\triangle\triangle P<0.01$。

(3) 茶树花多糖对T细胞亚群含量的影响(表11.3)

实验中模型组小鼠$CD4^+$含量和正常组相比有所降低,但是没有显著性差异,而茶树花多糖治疗组能提高$CD4^+$的含量,并且相对于荷瘤模型组,中剂量组和高剂量组提高程度最为显著($P<0.01$)。恶性肿瘤形成的过程中肿瘤细胞产生一些免疫抑制因子来抑制淋巴细胞分化增殖,使得淋巴细胞表面$CD4^+$T细胞抗原减少,$CD4^+$含量也随之降低。所以可以看出茶树花多糖对于$CD4^+$含量下降有良好的上调作用。茶树花多糖治疗组以及荷瘤模型组与正常组相比,$CD8^+$的含量只是微有增加,但没有显著差异。多糖治疗组能显著增加小鼠由于肿瘤形成而造成$CD4^+/CD8^+$的比值下降,使得$CD4^+/CD8^+$水平趋于正常,与模型组相比,中剂量组和高剂量组上升水平达到显著性差异($P<0.05$)。

表11.3　茶树花多糖对T细胞亚群含量的影响

| 组别 $n$ 处理 | T淋巴细胞亚群 | | |
|---|---|---|---|
| | $CD4^+$(ng/mL) | $CD8^+$(ng/mL) | $CD4^+/CD8^+$ |
| 正常组10,i.g.N.S. | $3.20\pm0.20$ | $1.95\pm0.16$ | $1.68\pm0.13$ |
| 模型组10,S180,i.g. N.S. | $2.89\pm0.34$ | $2.05\pm0.17$ | $1.47\pm0.16$ |
| L-TFP10,S180,i.g.TFP(75mg/kg) | $3.35\pm0.23$ | $2.03\pm0.18$ | $1.81\pm0.24$ |
| M-TFP10,S180,i.g.TFP(150mg/kg) | $4.74\pm0.30$\*\*$\triangle\triangle$ | $2.12\pm0.15$ | $2.29\pm0.16$\*$\triangle$ |
| H-TFP10,S180,i.g.TFP(300mg/kg) | $4.46\pm0.32$\*$\triangle\triangle$ | $2.03\pm0.07$ | $2.21\pm0.18$\*$\triangle$ |

注:与正常组比较,\*$P<0.05$,\*\*$P<0.01$;与模型组比较,$\triangle P<0.05$,$\triangle\triangle P<0.01$。

（4）茶树花多糖对正常小鼠碳廓清速率的影响（表11.4）

实验中茶树花多糖组和正常组相比，能显著增加正常小鼠的巨噬细胞的吞噬功能，加速碳粒的清除（$P<0.05$，$P<0.01$）。对于巨噬细胞的吞噬指数的影响，虽然各个茶树花多糖治疗组均能使其有所提高，但只有高剂量组有显著性差异（$P<0.05$），低剂量及中剂量给药组均无显著差异。在正常小鼠碳廓清实验中，我们可以明确茶树花多糖对于巨噬细胞吞噬作用的影响有显著的剂量效应。

表11.4　茶树花多糖对正常小鼠碳廓清的影响

| 组别 | $K$ | $A$ |
| --- | --- | --- |
| 正常组10,i.g. N.S. | 0.0029 | 2.71±0.28 |
| L-TFP10,i.g.TFP（75mg/mg） | 0.0057 | 3.28±0.22* |
| M-TFP10,i.g.TFP（150mg/mg） | 0.0067 | 3.43±0.23* |
| H-TFP10,i.g.TFP（300mg/mg） | 0.0101* | 4.29±0.38** |

注：与正常组比较，*$P<0.05$，**$P<0.01$。

（5）茶树花多糖对小鼠迟发型超敏反应的影响（表11.5）

迟发型过敏反应是由于抗原进入机体后，T细胞在局部接受抗原信息转化为致敏淋巴细胞。致敏淋巴细胞再次接触相同抗原时，释放出多种淋巴因子，其中主要是巨噬细胞趋化因子、巨噬细胞移动抑制因子和巨噬细胞活化因子。这些淋巴因子可加速骨髓单核-巨噬细胞的增殖和释放，促使单核-巨噬细胞趋向于抗原入侵部位并活化，对抗原发生活跃的吞噬和消化，在抗感染中发挥重要作用。同时，巨噬细胞所产生的IL-1可活化淋巴细胞，反馈性地扩大免疫应答。此外，TC细胞通过特异性地识别靶细胞而直接杀伤靶细胞。由于细胞的激活、增殖、分化和聚集需要较长的时间，所以反应出现较迟。迟发型过敏反应是以淋巴细胞和单核-巨噬细胞浸润为主的渗出性炎症。因此，可以通过测量皮肤再次受相同抗原刺激后的肿胀厚度来反映细胞免疫功能的强弱。实验结果表明，低中高三个剂量的茶树花多糖能显著提高正常小鼠的迟发型超敏反应。

实验中茶树花多糖组和正常组相比，能显著增加正常小鼠致敏耳朵的重量（$P<0.05$，$P<0.01$），但与碳廓清实验不同，茶树花低剂量治疗组超敏反应的效果最为显著，其次是高剂量组，都达到了极显著水平。

表11.5　茶树花多糖对小鼠迟发型超敏反应的影响

| 组别 | 处理左耳(mg) | 右耳(mg) | 耳重差(mg) |
|---|---|---|---|
| 正常组 10,i.g.N.S. | 25.04±0.63 | 50.68±2.68 | 25.64±2.73 |
| L-TFP10,i.g.TFP(75mg/kg) | 24.73±0.47 | 63.44±2.37 | 38.71±2.53** |
| M-TFP10,i.g.TFP(150mg/kg) | 23.43±1.03 | 58.19±2.43 | 34.76±2.20* |
| H-TFP10,i.g.TFP(300mg/kg) | 23.25±0.72 | 59.18±2.11 | 35.93±2.14** |

注:与正常组比较,$*P<0.05$,$**P<0.01$。

# 第三节　展　望

　　恶性肿瘤是严重危害人类健康的主要杀手之一,其发病原因和发病机理至今尚未明了。现代研究认为,人的机体都有癌细胞存在,带有癌细胞的健康人不患癌症的主要原因是人体中的免疫活性细胞存在较强的免疫监视功能,使癌细胞的繁殖速度与清除速度处于一个平衡状态。而大多数患者的肿瘤细胞逃脱了免疫系统的攻击,进而逐步发展为肿瘤。临床常用治疗肿瘤的方法有外科手术、化学疗法、放射疗法等,但这些方法通常具有严重的副作用,患者常因免疫功能受创,出现远处播散、肿瘤转移,使得生活质量下降、生存期缩短。免疫功能在肿瘤发生、发展、转移、逆转、消退中占有的地位日益受到重视,因而提高宿主的免疫功能及其活力是当前肿瘤防治的途径之一。机体对肿瘤的免疫反应既有细胞免疫又有体液免疫反应的参与。体液免疫是特异性抗原抗体的结合反应,其复合物可中和毒素、预防某些病原体所引起的感染,主要是由B细胞介导的免疫应答。而细胞免疫是由T细胞介导的免疫应答,T细胞除了有直接杀伤肿瘤细胞的作用外,还能产生多种淋巴细胞因子,如巨噬细胞移动因子、淋巴毒素、转移因子等。这些因子在体内可促进免疫活性细胞的分裂增殖,提高巨噬细胞的吞噬作用及T细胞杀伤靶细胞的作用。淋巴毒素能抑制瘤细胞的代谢和分裂,从而起到抗肿瘤的作用。随着科学技术的不断进步和医学工作者的不懈努力,新的抗癌成果不断涌现,寻找高效低毒的抗癌药物以及抗癌辅助药物是当前肿瘤研究的重要内容。天然植物多糖作为与此密切相关的成分,日益受到关注。利用现代科学技术揭示茶树花活性物质及其作用机制是天然植物现代化、科学化的必然发展方向,也是抗肿瘤多糖开发领域的重要研究热点。为了进一步研究茶树花多糖的抗肿瘤活性及免疫调作用,我们测定了茶树花多糖对S180肉瘤小鼠抑瘤率和存活率,血浆细胞因子水平以及T细胞亚群含量的影响,还检测了其对正常小鼠的碳廓清速率和迟发型超敏反应,为茶树花多糖抗肿瘤新药的开发积累资料。

影响多糖抗肿瘤作用的因素有以下。

①量效关系:多糖抗肿瘤作用的量效关系尚不明确。有报道认为,多糖有剂量依赖性的免疫增强作用。另外,有的研究表明某些多糖对免疫系统呈双向调节作用。显然在此情况下,把握多糖抑癌作用的最适剂量特别重要。本实验中采用75、150和300mg/kg三个剂量的茶树花多糖灌胃S180小鼠,观察到小鼠抑瘤率和存活率随着多糖剂量的增加而提高,说明本实验的剂量选择是适当的,而茶树花多糖最佳抑制肿瘤剂量需要在今后的实验中进一步考察。

②给药途径:常用的抗肿瘤的给药途径有静脉注射、灌胃给予、腹腔注射等。本实验采用茶树花多糖灌胃给药,灌胃途径的吸收不够稳定,生物利用度较低。在今后的实验中会运用其他两种给药方式来确定最适宜的给药途径。

③多糖黏度:黏度对多糖实际应用的影响很大,如裂褶菌多糖是一种很有效的抗肿瘤药物,但起初因为其黏度太大而无法在临床上使用,后来将其部分解聚使其基本重复结构不变,保持抗肿瘤活性而分子量降低,黏度大大减小,故被广泛用于临床。本实验采用茶树花粗多糖TFP灌胃S180小鼠,而测得组分TFP-2的黏度小于TFP,TFP-2的抗肿瘤活性需要进一步检测。

④联合应用:不同种多糖的联合应用是否有协同抑癌作用目前报道不一。通常,多糖与放疗、化疗、细胞因子、肿瘤杀伤效应细胞的联合应用能显著增强多糖的抑癌作用,降低细胞因子的使用剂量与放疗或化疗引起的骨髓抑制。茶树花多糖与其他抗肿瘤药物是否可以协同抑癌也是今后实验需要研究的。

本课题组研究多糖抗肿瘤效应的建议如下。

①茶树花多糖低、中、高剂量组与模型组比较,抑瘤率和存活率均有显著提高,其中低、中、高剂量组的抑瘤率分别为45.5%、60.9%和64.5%;第20天的存活率分别为40%、60%和90%,模型组小鼠全部死亡。

②茶树花多糖低、中、高剂量组胸腺指数与模型组相比,有所增加但没有显著差异($P > 0.05$),对脾指数没有显著影响。

③茶树花多糖中、高剂量组小鼠血浆中IFN-γ、IL-2含量明显高于模型组($P < 0.05$)。

④茶树花多糖中、高剂量组小鼠血浆中T细胞亚群CD4$^+$含量明显高于模型组（$P<0.01$），并且能显著上调CD4$^+$/CD8$^+$比值（$P<0.05$）。

⑤茶树花多糖低、中、高剂量组正常小鼠的碳廓清速率显著提高（$P<0.05$）。

⑥茶树花多糖低、中、高剂量组正常小鼠的迟发型超敏反应显著提高（$P<0.05$）。

# 第十二章  茶树花的降脂减肥和降血糖作用

## 第一节  茶树花提取物降脂作用研究

非酒精性脂肪肝(nonalcoholic fatty liver disease,NAFLD)是以肝细胞脂肪变性及脂质贮积为特征,但无过量饮酒史的临床病理综合征。近年来,我国NAFLD发病率呈上升趋势,在部分城市已经高达10%～20%。NAFLD的发病机制尚未明确,目前普遍认同的是"二次打击"学说。首次打击是由胰岛素抵抗(IR)和游离脂肪酸代谢紊乱引起脂肪肝;二次打击是在IR基础上,由氧化应激、脂质过氧化、线粒体功能不全、细胞因子等引起肝细胞炎症、凋亡、坏死并促发纤维化进程,导致非酒精性脂肪性肝炎及相关肝硬化的发生。目前,临床常采用降脂药(如噻唑烷二酮类、贝特类)、护肝药来治疗NAFLD。与此同时,一些患者会利用植物提取物进行辅助治疗。茶树花作为茶树的生殖器官,一直未被利用,基本处于废弃状态。研究显示,茶树花具有抗氧化、抗肿瘤、免疫调节、抗菌等作用。凌泽杰等发现茶树花对大鼠肥胖病和高脂血症有一定的预防作用,与茶叶相比,对于茶树花的降脂作用和机理需要进一步探索。

本课题组研究过氧化物酶体增殖物激活受体α(PPARα)、肉毒碱棕榈酸转移酶–1A(CPT–1A)和过氧化物酶酰基辅酶A氧化酶–1(ACOX–1)三种β–氧化相关基因与茶树花提取物降脂效果的关系。其中,PPARα可控制编码脂肪酸氧化酶的基因转录,CPT–1A是线粒体脂肪酸β–氧化的限速酶,ACOX–1是过氧化物酶体β–氧化的限速酶。实验选用油酸诱导肝癌细胞株HepG2来建立肝细胞脂肪变性模型,通过检验经3种茶树花提取物处理的HepG2细胞内甘油三酯含量及β–氧化相关基因mRNA表达量的变化来分析降脂效果和机理。

## 一、研究成果

### 1. 茶树花提取物的主要生化成分

3种茶树花提取物中的主要生化成分含量如表12.1所示。

表12.1　3种茶树花提取物主要生化成分

| 成分 | 40%醇提物 | 80%醇提物 | 高醇去杂水提物 |
|---|---|---|---|
| 茶皂素 | 8.49 | 21.70 | 5.45 |
| 茶多酚 | 15.04 | 14.80 | 13.17 |
| 咖啡碱 | 2.93 | 2.49 | 2.06 |
| 黄酮 | 6.08 | 9.18 | 5.25 |
| 蛋白质 | 10.98 | 8.10 | 16.70 |
| 茶氨酸 | 1.56 | 1.43 | 2.02 |
| 总糖 | 20.44 | 19.08 | 26.84 |
| 多糖 | 5.45 | 4.24 | 9.64 |

### 2. 提取物对HepG2细胞存活率的影响效果

3种茶树花提取物对HepG2细胞存活率的影响如表12.2所示。在3种茶树花提取物中，40%醇提物、80%醇提物的毒性相对较大，在浓度不低于100μg/mL时即对HepG2细胞存活产生显著的抑制作用；而高醇去杂水提物则对HepG2细胞基本无毒，即使作用浓度高达300μg/mL，也未对细胞增殖产生明显影响。

表12.2　3种茶树花提取物对HepG2细胞存活率的影响（%）（$n=5$）

| 浓度(μg/mL) | 40%醇提物 | 80%醇提物 | 高醇去杂水提物 |
|---|---|---|---|
| 50 | 91.10±3.84 | 97.78±6.77 | 100.10±0.90 |
| 100 | 60.67±3.98* | 70.45±1.45* | 96.55±5.83 |
| 150 | 62.27±10.57* | 59.66±5.40* | 93.70±5.86 |
| 300 | 31.45±2.27* | 32.35±2.59* | 90.93±3.82 |

### 3. 高甘油三酯细胞模型的建立效果

通过显微镜观察，发现1mM油酸处理组中漂浮的死细胞数目较其他组明显上升，说明1mM及以上浓度的油酸会对HepG2细胞产生较大的毒性,故在建模时选用1mM以下的油酸浓度(表12.3)。0.75mM油酸处理组细胞用油红O染色,发现随着油酸浓度增加,细胞中被油红O染色的脂滴数目和体积明显增加(图12.1)。通过酶法准确测量细胞中的甘油三酯含量,发现随着油酸浓度升高,胞内甘油三酯含量显著上升,各浓度油酸处理组之间有显著差异(表12.4)。故决定采用0.75mM油酸作为最佳建模油酸浓度。之后,实验所用的高甘油三酯细胞模型均由0.75mM油酸诱导HepG2细胞24h产生。

表12.3 不同浓度油酸对HepG2细胞存活率影响($n = 5$)

| 油酸浓度(mM) | 存活率(%) |
|---|---|
| 0 | 100.00±4.44 |
| 0.25 | 94.60±3.82 |
| 0.5 | 103.51±6.99 |
| 0.75 | 101.30±5.68 |

 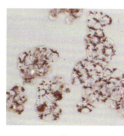 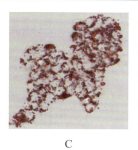 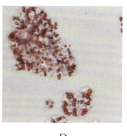

A        B        C        D

图12.1 不同浓度油酸处理HepG2细胞24h后显微镜观察结果 (油红O染色,×400)

注:其中A代表正常组;B代表0.25mM油酸组;C代表0.50mM油酸组;D代表0.75mM油酸组。

表12.4 不同浓度油酸处理HepG2细胞24h后胞内甘油三酯含量($n = 6$)

| 油酸浓度(mM) | tg/pro(μg/mg) |
|---|---|
| 0 | 16.96±0.69 |
| 0.25 | 187.87±16.36* |
| 0.5 | 329.40±23.96* |
| 0.75 | 429.65±19.11* |

## 4. 提取物对油酸诱导的胞内甘油三酯积累的影响效果

有资料表明,茶叶提取物可通过与脂质结合以减少细胞吸收、抑制脂质合成代谢关键酶等方式来减轻高脂环境导致的胞内甘油三酯过度累积。将茶树花提取物加入细胞培养液中预处理2h，然后加入0.75mM油酸诱导24h，发现各茶树花预处理组胞内甘油三酯含量与油酸对照组（仅加油酸诱导）相比无显著差异（表12.5）。这提示在该浓度下，茶树花提取物不能有效预防由油酸引起的细胞内甘油三酯过量累积，可能对细胞吸收脂肪酸无影响，不能抑制甘油三酯合成相关酶。

表12.5  茶树花提取物对油酸诱导的胞内甘油三酯积累的影响（$n=3$）

| 组别 | tg/pro（μg/mg） |
| --- | --- |
| 空白对照 | 16.76±0.55 |
| 油酸对照 | 441.77±27.59 |
| 苯扎贝特 | 426.28±16.28 |
| 40%醇提物 | 453.72±37.28 |
| 80%醇提物 | 426.82±13.15 |
| 高醇去杂水提物 | 412.47±15.73 |

## 5. 提取物对高甘油三酯细胞模型胞内甘油三酯含量的影响变化

向高甘油三酯细胞中加入茶树花提取物作用24h后检测胞内甘油三酯，并以苯扎贝特（一种临床上常用的降脂药）作为阳性对照药，发现苯扎贝特可以显著降低胞内甘油三酯，各茶树花提取物组胞内甘油三酯含量虽比油酸对照组略有下降，但无显著性差异，延长茶树花提取物作用时间后（表12.6），发现3种茶树花提取物均能大幅度降低胞内甘油三酯含量，与油酸对照组相比有显著差异。3种茶树花提取物中，高醇去杂水提物的降脂效果最好，40%醇提物和80%醇提物降脂效果相当。

表12.6  茶树花提取物作用时间对高脂细胞模型胞内甘油三酯含量的影响（$n=3$）

| 组别 | tg/pro（μg/mg） | |
| --- | --- | --- |
| | 24h | 48h |
| 空白对照 | 16.653±0.288 | 16.76±0.55 |
| 油酸对照 | 520.23±54.93 | 472.14±29.99 |
| 苯扎贝特 | 384.67±24.52 | 316.17±27.44* |
| 40%醇提物 | 501.73±32.46 | 393.53±15.03* |
| 80%醇提物 | 477.70±40.97 | 401.62±27.86* |
| 高醇去杂水提物 | 501.93±15.69 | 343.86±12.57* |

## 6. 提取物对高甘油三酯细胞模型脂肪酸氧化相关基因表达影响

根据前面的实验结果可知,茶树花提取物对预防油酸诱导的胞内脂质过量累积并无明显作用,但能够帮助降低高脂细胞内甘油三酯含量,推测可能通过促进脂质外排或者脂质氧化来实现。CPT-1A、ACOX-1是细胞脂质代谢中的关键酶,而这两种酶的转录可由PPARα来调控。本课题组检测了各组细胞中PPARα(图12.2)、CPT-1A(图12.3)、ACOX-1 mRNA(图12.4)的相对表达量,以GAPDH为内参。通过图12.2可知,各茶树花提取物对PPARα mRNA相对量无明显影响。与油酸对照相比,高醇去杂水提物能显著上调CPT-1A mRNA,但效果不及苯扎贝特;40%醇提物、80%醇提物具有一定的上调CPT-1A mRNA作用,但未达显著性。3种茶树花提取物都能略上调ACOX-1 mRNA作用,但未达显著性。以上结果提示高醇去杂水提物可能通过上调CPT-1A mRNA水平来促进β氧化,从而加速细胞中甘油三酯的代谢、排除。3种茶树花提取物可能有提高ACOX-1 mRNA水平的作用,但还应经过进一步验证。

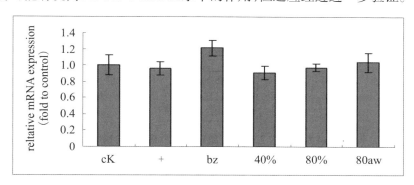

**图12.2  茶树花提取物作用48h对高脂细胞PPARα mRNA表达量的影响**

注:ck、＋、bz、40%、80%、80aw分别代表空白对照、油酸对照、苯扎贝特、40%TFE、80%TFE、TFRE组。

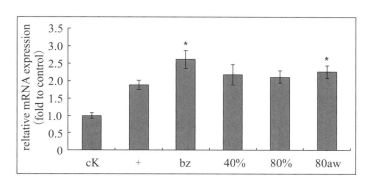

**图12.3  茶树花提取物作用48h对高脂细胞CPT-1A mRNA表达量的影响**

注:ck、＋、bz、40%、80%、80aw分别代表空白对照、油酸对照、苯扎贝特、440%TFE、80%TFE、TFRE组。

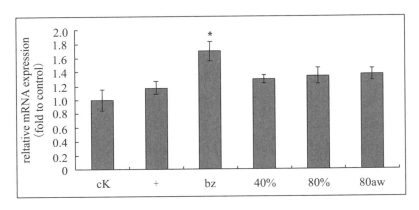

**图 12.4  茶树花提取物作用 48h 对高脂细胞 ACOX-1 mRNA 表达量的影响**

注:ck、+、bz、40%、80%、80aw 分别代表空白对照、油酸对照、苯扎贝特、40%TFE、80%TFE、TFRE 组。

## 二、进一步设想

通过对 3 种茶树花提取物进行生化成分分析发现,40%醇提物(40%TFE)主要成分是多酚,80%醇提物主要成分是皂素(80%TFE),高醇去杂水提物(TFRE)主要成分是多糖。

MTT 实验表明,3 种茶树花对 HepG2 细胞存活率的影响为 40%醇提物、80%醇提物大于高醇去杂水提物。

用不同浓度油酸诱导 HepG2 细胞 24h,发现 0.75mM 油酸可以在不影响细胞存活率的前提下使胞内甘油三酯含量上升最多。因此,选择 0.75mM 作为诱导 HepG2 细胞脂肪累积的油酸浓度。

3 种茶树花提取物都没能有效地预防由油酸引起的胞内甘油三酯过度累积。3 种茶树花提取物作用于高脂 HepG2 细胞 24h,对胞内甘油三酯含量无明显影响;作用 48h 后,3 种茶树花提取物均能有效降低高脂细胞中甘油三酯含量,其中高醇去杂水提物的降脂效果最好,40%醇提物和 80%醇提物的降脂效果相当。

以 GAPDH 为内参对细胞中 β-氧化相关基因 mRNA 表达量进行评估,发现高醇去杂水提物能有效上调 CPT-1A mRNA 水平,提示高醇去杂水提物可能通过促进脂肪酸 β-氧化来降低细胞中甘油三酯累积量。3 种茶树花提取物对 ACOX-1 mRNA 水平有无显著影响还有待进一步证实。

NAFLD 的发生机制可能包括脂肪变性和氧化应激及脂质过氧化反应。与 NAFLD 形成有关的最重要因素是血清中游离脂肪酸的浓度。

茶叶的降脂作用,我国古代医书《本草求真》早有记载:"茶解酒、促消化、消肾火、清肺清痰、刮脂去腻,久服瘦人。"对于以高脂饮食为主的我国边疆少数民族来说,"宁可三日无粮,不可一日无茶"。一直以来,大量学者的研究为茶叶的抗非酒精性脂肪肝(NAFLD)作用提供了实验基础和理论依据。Ryuichiro S等通过对17名NAFLD患者进行双盲实验,发现服用高含量儿茶素的绿茶提取物12周,可显著降低NAFLD患者体重、血清谷丙转氨酶水平、尿液中8-isoprostane含量,改善肝脏病变状况。Hea J P等通过饲喂小鼠绿茶提取物6周,发现1%绿茶提取物可通过降低脂肪合成代谢关键酶、脂肪水解酶mRNA水平以及降低血清非酯型脂肪酸浓度来减轻肝脂肪变性程度;可降低肝脏TNF-α mRNA和蛋白水平来缓解肝脏炎症;可调节超氧化物歧化酶、过氧化氢酶、谷胱甘肽过氧化物酶活性来抑制肝脂质过氧化。Xiao J等发现,EGCG(绿茶提取物中的主要活性成分)可通过调节TGF/SMAD、PI3K/Akt/FoxO1、NF-κB通路活性来降低促纤维化因子、促炎症因子水平,降低氧化压力。Liu Z等通过蛋白组学手段发现,EGCG可通过激活AMP活化蛋白激酶(AMP-activated protein kinase,AMPK)来促进脂肪酸氧化、抑制糖元异生,从而降低细胞中脂质累积。

茶树花的主要生化成分、生理功能与茶叶相似。一些研究表明,茶树花也有一定的降脂作用。凌泽杰等发现茶树花可抑制高脂饮食大鼠体重上升和血清甘油三酯、胆固醇、低密度脂蛋白上升,对大鼠肥胖病和高脂血症有一定的预防作用。Masayuki Y等的实验则表明,茶树花皂苷可降低高脂饮食小鼠血清中的甘油三酯含量。

实验中,我们课题组用不同浓度的乙醇提取茶树花,40%TFE主要成分是多酚,80%TFE主要成分是皂素,TFRE主要成分是多糖。利用HepG2细胞对3种茶树花提取物的抗NAFLD作用进行了检测,发现3种茶树花提取物都不能减轻油酸引起的胞内甘油三酯过量累积,但3种茶树花提取物孵育48h可显著降低高脂细胞内甘油三酯含量,其中高醇去杂水提物的效果最好。对经过3种茶树花提取物处理48h的高脂细胞中PPARα、CPT-1A、ACOX-1 mRNA水平进行检测,发现高醇去杂水提物可显著升高CPT-1A mRNA水平,推测高醇去杂水提物可能通过提高CPT-1A水平来促进β-氧化,从而使其显现出比其他两种茶树花提取物更卓越的抗NAFLD作用。

实验的结果解释了茶树花降脂作用的部分原因。3种茶树花提取物都具有一定的降胞内甘油三酯作用,提示茶树花中的多酚类、皂素类、多糖类都可能是降脂的活性分子。这与先前的一些研究相符。而高醇去杂水提物可以增加细胞CPT-1A mRNA表达则解释了为何它的降胞内甘油三酯作用强于其他2种茶树花提取物。虽然高醇去杂水提物中的主要组分是多糖,但该提取物是一个混合物,当中还存在着多种其他物质,如蛋白质等,而且目前尚未有研究表明多糖能够激活CPT-1A表达。因此,我们还需要通过进一步实验来找寻、鉴定能有效促进CPT-1A mRNA上升的化合物。

以往的实验表明,将各儿茶素单体分别与高脂诱导液共孵育24h,酯型儿茶素可显著降低胞内甘油三酯含量;用茶叶提取液处理高脂细胞24h,也可对胞内甘油三酯含量产生显著影响。而在本实验中,各茶树花提取物与高脂诱导液共孵育24h或者用茶树花提取物处理高脂细胞24h并不能阻止胞内甘油三酯含量的显著上升,主要原因可能是本实验中所采用的茶树花提取物浓度较低。而未采用更高浓度的茶树花提取物处理细胞是因为经MTT检测,各醇提物在很低浓度下就会对HepG2细胞,特别是脂质过载的HepG2细胞存活产生显著抑制作用。因此,未来实验中还将进一步分离纯化茶树花的各种活性成分,以便更明确和深入研究茶树花的降脂功能。

## 第二节　茶树花与绿茶、普洱茶降脂减肥作用的比较研究

茶叶起源于我国,目前茶叶饮料已经在全世界范围内流行。饮茶去肥腻的功效自古就备受推崇,据《本草拾遗》记载,饮茶可以"去人脂,久食令人瘦"。近年来,已有不少的流行病学研究表明,茶叶具有减肥、降脂、抗癌、抗糖尿病等多种保健功效。茶树花同茶叶具有相似的内含成分,茶树花同样具有降脂减肥作用的可能性。我们课题组通过将其和绿茶、普洱茶作比较,研究茶树花降脂减肥作用。

### 一、研究思路

40只大鼠在基础饲料适应喂养1周后,按体重随机分为5组,分别给予基础饲料、高脂饲料、95%高脂饲料+5%茶树花、95%高脂饲料+5%绿茶、95%高脂饲料+5%普洱茶。各组动物分笼饲养,室内温度控制在22~25℃,湿度控制在40%~60%,12h光照12h黑暗自动控制,自由进食进水,每2天测量体重和摄食量一次。30天后,各组大鼠禁食12h,称终体重后断头取血,分离血清待用。解剖大鼠,肉眼观察大鼠体内脂肪沉着情况及脏器变化情况。取肾和睾丸周围脂肪垫组织,称重。

测定指标:TC、TG、HDL-C、LDL-C均按试剂盒要求进行测定。摄食量=给食量-剩食量-撒食量。脂肪系数=脂肪总重/体重×100%。动脉粥样硬化指数(AI=(TC-HDL-C)/(HDL-C)。

采用SPSS16.0软件进行单因素方差分析,处理后的数据以平均值±标准误($\bar{X} \pm SE$)来表示。

## 二、研究成果

实验过程中各组大鼠未见明显异常,饮食、活动状况良好,粪便呈黑褐色块状,各组大鼠平均摄食量、饮水量无明显差别。

### 1. 茶树花对大鼠体重、增重和摄食量的影响

由表12.7可以看出,实验开始时,各组大鼠体重无明显差异。实验结束时,与高脂饲料组相比,茶树花组、绿茶组、普洱茶组大鼠体重均有极显著差异($P<0.01$);增重分别有极显著差异($P<0.01$)、显著差异($P<0.05$)。大鼠终体重和增重情况为茶树花组<普洱茶组<绿茶组。这说明茶树花、绿茶、普洱茶均能控制喂食高脂饲料大鼠的体重增长。茶树花组、绿茶组、普洱茶组大鼠摄食量与高脂饲料组无显著差异,说明各组大鼠体重的降低不是靠减少食物的摄取来达到的。

表12.7　茶树花对大鼠体重、增重和摄食量的影响

| 组别 | 平均体重(g) | | | 摄食量(g) |
| --- | --- | --- | --- | --- |
| | 始重 | 终重 | 增重 | |
| 基础饲料组 | $120.1\pm2.4$ | $307.5\pm3.7^{**}$ | $187.4\pm2.9^{**}$ | $592.2\pm15.5$ |
| 高脂饲料组 | $119.8\pm2.4$ | $339.3\pm3.8$ | $219.5\pm4.8$ | $533.4\pm11.0$ |
| 高脂茶树花组 | $119.5\pm2.5$ | $312.8\pm4.7^{**}$ | $193.3\pm5.3^{**}$ | $535.1\pm15.0$ |
| 高脂绿茶组 | $119.2\pm2.3$ | $319.0\pm7.2^{**}$ | $199.9\pm6.5^{*}$ | $559.8\pm10.7$ |
| 高脂普洱茶组 | $119.5\pm2.0$ | $317.7\pm5.0^{**}$ | $198.3\pm5.1^{**}$ | $553.2\pm10.8$ |

注:*表示与高脂饲料组相比在$P<0.05$水平差异显著;**表示与高脂饲料组相比在$P<0.01$水平差异显著。

### 2. 茶树花对大鼠体脂、脂肪系数的影响

由表12.8可以看出,实验结束时,茶树花组、绿茶组、普洱茶组大鼠的总脂重、脂肪系数均低于高脂饲料组,分别有显著差异($P<0.05$)、无显著差异、无显著差异。大鼠脂肪重和脂肪系数情况为绿茶组>普洱茶组>茶树花组。这说明茶树花可以有效抑制大鼠体内脂肪堆积。

表12.8　茶树花对大鼠体脂、脂肪系数的影响

| 组别 | 总脂重(g) | 脂肪系数(％) |
|---|---|---|
| 基础饲料组 | 4.5±0.26** | 1.48±1.86** |
| 高脂饲料组 | 6.31±0.36 | 1.86±0.10 |
| 高脂茶树花组 | 5.04±0.34* | 1.61±0.10* |
| 高脂绿茶组 | 5.49±0.52 | 1.71±0.14 |
| 高脂普洱茶组 | 5.27±0.35 | 1.65±0.09 |

注：与高脂饲料组相比，*表示 $P < 0.05$ 水平差异显著；**表示 $P < 0.01$ 水平差异显著。

### 3. 对大鼠血脂指标和AI的影响

由表12.9可以看出，和高脂饲料组相比，茶树花组、绿茶组、普洱茶组大鼠血清TC、LDL-C均有极显著差异（$P < 0.01$）；大鼠血清TG、HDL-C分别为有显著差异（$P < 0.05$）、无显著差异。三组大鼠AI与高脂饲料组相比均极显著降低（$P < 0.01$）；茶树花组和普洱茶组大鼠AI显著低于普通饲料组（$P < 0.05$）。

表12.9　茶树花对大鼠血清指标的影响

| 组别 | 血清(mmol/L) | | | | AI(％) |
|---|---|---|---|---|---|
| | TC | TG | HDL-C | LDL-C | |
| 基础饲料组 | 1.85±0.10** | 2.13±0.18* | 0.77±0.14 | 0.87±0.15** | 1.72±0.27** |
| 高脂饲料组 | 3.87±0.17 | 2.64±0.20 | 0.72±0.05 | 2.80±0.16 | 4.28±0.10 |
| 高脂茶树花组 | 1.88±0.16** | 1.98±0.17* | 1.01±0.11* | 0.72±0.13** | 0.93±0.15**△ |
| 高脂绿茶组 | 2.11±0.15** | 2.25±0.18 | 0.95±0.14 | 0.90±0.10** | 1.62±0.47** |
| 高脂普洱茶组 | 1.94±0.11** | 2.14±0.11* | 1.05±0.10* | 0.74±0.12** | 0.89±0.09**△ |

注："△"表示与基础饲料相比在 $P < 0.05$ 水平差异显著；"*"表示与高脂饲料相比在 $P < 0.05$ 水平差异显著，"**"表示与高脂饲料组相比在 $P < 0.01$ 水平差异显著。

## 三、进一步设想

由我们课题组实验结果可知，茶树花、绿茶、普洱茶均能够抑制大鼠体重增长，控制大鼠脂肪堆积，降低大鼠血清TC、TG、LDL-C含量，提高大鼠血清HDL-C含量，降低大鼠患动脉粥样硬化风险。茶树花组大鼠血清指标优于绿茶组，可以使摄食高脂饲料的大鼠血清TG含量降低到正常水平以下。茶树花对大鼠有一定的减肥降脂作用；其减肥效果和绿茶、普洱茶相当；其降脂效果优于绿茶。

# 第三节 不同剂量TFP对大鼠肥胖病和高脂血症预防作用研究

通过前面的章节我们已经知道,茶树花同茶叶一样对大鼠的肥胖病和高脂血症有一定的预防作用,茶树花多糖对小鼠有一定的免疫调节作用和抗肿瘤作用。由于茶树花减肥降脂作用的研究未见报道,本课题组对这方面的课题也比较感兴趣,所以决定针对茶树花减肥降脂作用进行进一步研究。本节将进行低、中、高三个剂量梯度的茶树花减肥降脂作用研究,进而讨论茶树花浓度与其减肥降脂作用之间的关系,还可以进一步证明茶树花的减肥降脂作用。

## 一、研究思路

40只大鼠在基础饲料适应喂养3天后,按体重随机分为五组,每组8只。分别给予基础饲料(基础饲料组)、高脂饲料(高脂饲料组)、97.5%高脂饲料+2.5%茶树花(低剂量组)、95%高脂饲料+5%茶树花(中剂量组)、92.5%高脂饲料+7.5%茶树花(高剂量组)。基础饲料由浙江省实验动物中心提供。高脂饲料由90%基础饲料、10%猪油组成。

各组动物单笼饲养,室内温度控制在$(22\pm2)$℃,湿度控制在$(50\pm10)$%,12h光照12h黑暗自动控制,自由进食进水,每2天测量体重和摄食量一次。24天后,各组大鼠禁食24h,称终体重后断头取血,分离血清,参照试剂盒说明书进行TC、TG、LDL-C、HDL-C含量的测定。解剖大鼠,肉眼观察大鼠体内脂肪沉着情况及脏器变化情况。取肝脏和体脂(肾和睾丸周围脂肪垫组织),称重,计算脂肪系数、肝体比和AI。脂肪系数=脂肪总重/体重×100%,动脉粥样硬化指数[(AI=(TC-HDL-C)/HDL-C)],采用SPSS16.0软件进行单因素方差分析,表示方法为:$\bar{X}\pm$SE。

## 二、研究成果

### 1. 茶树花对大鼠体重、摄食量和食物利用率的影响

表12.10表明,实验开始时,各组动物之间的平均体重无显著差异。实验结束时,高脂饲料组大鼠体重、增重与基础饲料组相比有极显著差异($P<0.01$),说明高脂饲料能显著提高大鼠体重,导致单纯营养性肥胖;低、中、高剂量组大鼠体重、增重与高

脂饲料组相比分别有显著差异($P<0.05$)、极显著差异($P<0.01$)、极显著差异($P<0.01$);低剂量组大鼠增重与基础饲料组有显著差异($P<0.05$),中、高剂量组大鼠体重、增重与基础饲料组无明显差异。这说明茶树花对大鼠的体重增长有一定的抑制作用,中、高剂量的抑制效果优于低剂量。

总摄食量和食物利用率可以反映大鼠体重增长的部分原因。从表12.10可以看出,高脂饲料组的食物利用率最高,大鼠体重增加最明显,茶树花添加组的食物利用率相对较低,且随着添加量的增加,越接近基础饲料组。3个剂量茶树花添加组大鼠的总摄食量和食物利用率与高脂饲料组无显著差异,说明茶树花抑制大鼠体重的增长,并不是靠降低食物的摄取量来达到的。

表12.10　茶树花对大鼠体重、摄食量、食物利用率的影响

| 组别 | 平均体重(g) | | | 总摄食量(g) | 食物利用率(%) |
|---|---|---|---|---|---|
| | 始重 | 终重 | 增重 | | |
| 基础饲料组 | 120.1±2.8 | 280.4±4.6 | 160.3±1.6 | 580.9±12.2 | 27.7±0.66 |
| 高脂饲料组 | 119.7±2.8 | 307.5±4.5** | 187.8±1.4** | 539.2±10.7 | 34.9±0.67 |
| 低剂量组 | 120.1±1.5 | 293.2±7.1△ | 173.1±4.7*△ | 511.6±15.8 | 34.1±1.79 |
| 中剂量组 | 119.9±1.9 | 284.7±6.8△△ | 164.8±4.1△△ | 514.6±9.2 | 32.0±0.47 |
| 高剂量组 | 119.9±2.2 | 286.7±4.2△ | 166.8±5.7△△ | 532.1±19.4 | 31.5±1.41 |

注:与基础饲料组相比,*$P<0.05$,**$P<0.01$;与高脂饲料组相比,△$P<0.05$,△△$P<0.01$。

## 2. 茶树花对大鼠体脂、脂肪系数、肝脏重和肝体比的影响

从表12.11可以看出,与基础饲料组相比,高脂饲料组大鼠体内脂肪重量显著增加($P<0.05$),脂肪系数显著增加($P<0.05$);3个剂量茶树花添加组大鼠体脂、脂肪系数与高脂饲料组有极显著差异($P<0.05$),与基础饲料组无明显差异;中剂量组的大鼠体脂、脂肪系数低于另外两个剂量组。这说明茶树花可以控制大鼠体内脂肪的堆积,从而达到抑制体重增长的效果,5%茶树花添加量组的效果最明显。

高脂饲料组大鼠的肝脏重与基础饲料组相比显著增加($P<0.01$),与脂肪重呈现一致性;低、中、高3个剂量茶树花添加组大鼠肝脏重与基础饲料组无明显差异,与高脂饲料组分别有显著差异、极显著差异($P<0.01$)和显著差异($P<0.05$);各组大鼠肝体比无显著差异。

表12.11　茶树花对大鼠体脂、脂肪系数、肝脏重和肝体比的影响

| 组别 | 总脂肪重(g) | 脂肪系数(%) | 肝脏重(g) | 肝/体比(%) |
|---|---|---|---|---|
| 基础饲料组 | 4.41±0.26 | 1.57±0.09 | 9.32±0.25 | 3.33±0.09 |
| 高脂饲料组 | 6.54±0.32** | 2.13±0.12** | 10.3±0.25** | 3.35±0.04 |
| 低剂量组 | 5.12±0.36△△ | 1.75±0.11△△ | 9.71±0.42 | 3.31±0.08 |
| 中剂量组 | 4.27±0.24△△ | 1.51±0.10△△ | 9.44±0.25△△ | 3.32±0.06 |
| 高剂量组 | 4.59±0.42△△ | 1.59±0.13△△ | 9.49±0.24△ | 3.31±0.05 |

注:与基础饲料组相比,**$P<0.01$;与高脂饲料组相比,△$P<0.05$,△△$P<0.01$。

### 3. 茶树花对大鼠血脂指标的影响

从表12.12可以看出,实验结束时,高脂饲料组大鼠TC、TG、LDL-C、AI与其他各组相比均有极显著差异($P<0.01$);3个剂量茶树花添加组大鼠TC、TG、LDL-C、AI与基础饲料组无显著差异,其中LDL-C、动脉粥样硬化指数水平略低于基础饲料组;各组大鼠HDL-C含量无显著差异,但5%树花添加组的最高。这说明,茶树花能显著降低大鼠体内TC、TG、LDL-C含量,提高HDL-C含量,有效改善大鼠体内血脂水平,降低患动脉粥样硬化的风险。

表12.12　茶树花对大鼠血脂的影响

| 组别 | 血清(mmol/L) | | | | AI(%) |
|---|---|---|---|---|---|
| | TC | TG | HDL-C | LDL-C | |
| 基础饲料组 | 1.75±0.11 | 1.03±0.18 | 0.82±0.14 | 0.93±0.15 | 1.48±0.39 |
| 高脂饲料组 | 3.57±0.15** | 2.47±0.23** | 0.80±0.06 | 2.76±0.14 | 3.59±0.42** |
| 低剂量组 | 1.77±0.16△△ | 1.06±0.08△△ | 0.96±0.12 | 0.82±0.12△△ | 0.95±0.18△△ |
| 中剂量组 | 1.90±0.08△△ | 1.08±0.10△△ | 1.09±0.10 | 0.82±0.12△△ | 0.84±0.18△△ |
| 高剂量组 | 1.89±0.08△△ | 1.07±0.16△△ | 1.05±0.10 | 0.84±0.13△△ | 0.89±0.17△△ |

注:与基础饲料组相比,**$P<0.01$;与高脂饲料组相比,△△$P<0.01$。

## 三、进一步设想

近年来儿童肥胖在发达国家已经成为普遍趋势,在发展中国家人数也逐年增长,高脂血症人群也呈现年轻化上升的趋势,这极大地威胁了人类的健康。减肥也成了当下的流行,2010美国《读者文摘》2月号刊登了由该杂志完成的涉及16个国家1.6万人的"全球体重民意调查"。调查发现:37%的中国人坦言自己吃过减肥药,药品使用

量居世界首位。但是减肥药的副作用不可忽视,包括血压上升及心跳加剧、震颤、出汗、失眠、头痛、心律不正、肾衰竭、便秘等症状,甚至还有精神失常、抑郁自杀的事件。所以,越来越多的人把眼光投向了天然、无毒副作用的降脂减肥植物研究。目前已经被发现有降脂减肥作用的有仙人掌、荞麦叶、大蒜、芹菜、小麦胚芽、亚麻、茶叶等。

由结果可知,3个剂量茶树花都能够有效地预防喂食高脂饲料大鼠体重和体内脂肪含量的增加,防止血清中TC、TG和LDL-C含量的升高,降低动脉粥样硬化指数水平,其中中剂量组的大鼠增重、体脂重、脂肪系数、AI均低于另外两个剂量组,HDL-C略高于低、高两个剂量组。这表明一定剂量的茶树花对大鼠肥胖病和高脂血症有良好的预防作用,同时还可以降低患动脉粥样硬化的风险,其中5%茶树花添加量的作用效果最为显著。这进一步证明了茶树花的减肥降脂作用,为开发天然降脂减肥材料提供了一种新途径,为茶树花生物活性的深入研究提供了宝贵的理论基础。但其作用机理还有待于进一步研究,进一步的临床实验也是必需的。

## 第四节 茶树花与饮食调整对大鼠减肥降脂作用的对比研究

饮食调整被公认为是基本而有效的减肥方法之一。通过调整饮食,改善生活方式,可以平衡热量摄入与消耗,降低脂肪积聚,对治疗肥胖症、高脂血症、非酒精性脂肪肝等都有很好的效果。前面章节已经证明茶树花对营养性肥胖大鼠有很好的减肥和降脂作用。本节将和饮食调整做对比,探讨茶树花对大鼠减肥降脂作用的效果。

在当前市场上各种减肥产品泛滥的状况下,消费者往往谋求单靠某一种减肥产品来达到理想的减肥效果。那么仅仅依赖茶树花能否达到预期目标呢?饮食调整对大鼠的降脂减肥作用研究结果告诉我们,不管在高脂饮食的条件下,还是在正常饮食的条件下,茶树花都有降脂减肥效果;但最大的降脂减肥作用还是需要利用饮食来调节,即从高脂饮食转为正常饮食,而茶树花在这里所起的作用是有限的。

### 一、研究思路

40只大鼠在基础饲料适应喂养一周后,按体重随机取8只继续喂食基础饲料,作为正常组(N),其余均喂食高脂饲料。基础饲料由浙江省实验动物中心提供。高脂饲料由75%基础饲料、10%蛋黄粉、15%猪油组成。

茶树花购于浙江省开化县金茂茶场,粉碎后,过20目筛备用。

造模成功后,造模组大鼠按体重随机分为4组,每组8只。第一组喂食高脂饲料(高脂饲料组,HF);第二组喂食含5%茶树花的高脂饲料(高脂饲料茶树花组,F-HF);第三组喂食基础饲料(基础饲料组,C);第四组喂食含5%茶树花的基础饲料(基础饲料茶树花组,F-C)。各组动物分笼饲养,室内温度控制在(22±2)℃,湿度控制在(50±10)%,12h光照12h黑暗自动控制,自由进食进水,每2天测量体重和摄食量一次。30天后,各组大鼠禁食24h,称终体重后断头取血,分离血清,参照试剂盒说明书进行TC、TG、LDL-C、HDL-C含量的测定。解剖大鼠,肉眼观察大鼠体内脂肪沉着情况及脏器变化情况。取肝脏和体脂(肾和睾丸周围脂肪垫组织),称重。采用SPSS16.0软件进行单因素方差分析。

## 二、研究成果

### 1. 动物肥胖模型

造模前两组大鼠的体重无显著性差异,造模后造模组的大鼠体重明显高于正常组大鼠体重($P<0.01$)。结果见表12.13。

**表12.13　实验动物肥胖模型的建立**

| 组别 | 大鼠数量 | 造模前体重(g) | 造模后体重(g) |
|---|---|---|---|
| 正常组 | 8 | 88.1±2.72 | 279.2±4.80 |
| 造模组 | 32 | 87.8±1.07 | 296.4±2.57** |

注:"**"表示与正常组相比在$P<0.01$水平差异显著。

### 2. 茶树花对大鼠摄食量、体重和增重的影响

实验过程中各组大鼠未见明显异常,饮食、活动状况良好。由表12.14可以看出,实验前各组大鼠体重无明显差异。实验结束时,与HF组相比,F-HF组大鼠体重显著降低($P<0.05$);C组、F-C组极显著降低($P<0.01$);各组大鼠增重均极显著降低($P<0.01$)。F-HF组、C组、F-C组大鼠体重、增重依次降低。这说明包括茶树花在内的摄食干预可以显著降低营养性肥胖大鼠的体重和增重,而以茶树花结合低脂摄食的调整效果最佳。

由摄食量可以看出,F-HF组与HF组无显著差异,F-C组与C组无显著差异。这说明茶树花对实验大鼠的摄食量无明显影响,茶树花降低体重的效果并不是靠减少

大鼠对食物的摄取量来达到的。

表12.14　茶树花对体重、增重和大鼠摄食量的影响

| 组别 | 平均体重(g) | | | 摄食量(g) |
|---|---|---|---|---|
| | 始重 | 终重 | 增重 | |
| HF | 296.8±5.6 | 471.4±10.8 | 174.6±8.7 | 655.9±18.7 |
| F-HF | 295.8±5.3 | 435.7±9.9* | 139.9±6.0** | 650.1±21.2 |
| C | 296.5±5.6 | 423.9±9.6** | 127.4±7.4** | 805.9±30.1 |
| F-C | 296.7±5.6 | 411.7±5.2** | 115.0±3.8** | 787.7±35.0 |

注:"**"表示与 HF 组相比在 $P < 0.01$ 水平差异显著。

### 3. 茶树花对大鼠体脂、脂肪系数的影响

由表12.15可以看出,实验结束时,与HF组相比,F-HF组大鼠肾脏周围脂肪、睾丸周围脂肪、总脂重、脂肪系数显著降低($P < 0.05$);C组、F-C组极显著降低($P < 0.01$)。F-HF组、C组、F-C组大鼠的四个指标依次降低。这说明茶树花和饮食调整可以显著降低大鼠体内脂肪的堆积,效果依次为:茶树花结合饮食调整>饮食调整>茶树花。

表12.15　茶树花对大鼠体脂、脂肪系数的影响

| 组别 | 肾脏周围脂肪重(g) | 睾丸周围脂肪重(g) | 总肪重(g) | 脂肪系数(%) |
|---|---|---|---|---|
| HF | 13.4±1.5 | 12.6±1.1 | 25.9±2.5 | 3.27±0.09 |
| F-HF | 10.6±0.95* | 10.4±0.68* | 20.9±1.6* | 3.07±0.06* |
| C | 7.8±0.35** | 7.9±0.41** | 15.7±0.72** | 2.83±0.07** |
| F-C | 6.0±1.1** | 6.1±0.33** | 12.1±0.66** | 2.67±0.03** |

注:"**"表示与 HF 组相比在 $P < 0.01$ 水平差异显著。

### 4. 茶树花对大鼠血脂指标和 AI 的影响

由表12.16可以看出,与HF组相比,F-HF组、C组、F-C组大鼠TC、LDL-C、AI极显著降低($P < 0.01$);HDL-C极显著升高($P < 0.01$),其中F-HF组、F-C组大鼠HDL-C高于C组;F-HF组、F-C组大鼠TG极显著降低($P < 0.01$),C组大鼠TG无显著变化。这说明,茶树花和饮食调整能都显著降低大鼠体内TC、LDL-C含量,提高HDL-C含量,有效改善大鼠体内血脂水平,降低患动脉粥样硬化的风险;茶树花对大鼠体内

TG含量的降低和HDL-C含量的升高效果优于饮食调整。

**表12.16　茶树花对大鼠血清指标的影响**

| 组别 | 血清(mmol/L) | | | | AI(%) |
| --- | --- | --- | --- | --- | --- |
| | TC | TG | HDL-C | LDL-C | |
| HF | 4.61±0.26 | 1.35±0.14 | 0.66±0.05 | 3.59±0.21 | 6.18±0.58 |
| F-HF | 3.16±0.16** | 0.66±0.06** | 0.96±0.09** | 1.88±0.12** | 2.46±0.29** |
| C | 3.01±0.12** | 0.98±0.11 | 0.89±0.04** | 1.80±0.05** | 2.40±0.14** |
| F-C | 2.90±0.10** | 0.52±0.07** | 1.10±0.07** | 1.56±0.09** | 1.69±0.12** |

注:"**"表示与HF组相比在 $P<0.01$ 水平差异显著;"*"表示与HF组相比在 $P<0.05$ 水平差异显著。

## 三、进一步设想

本研究初步探索了茶树花及茶树花多糖的部分生物活性。对茶树花多糖的抗肿瘤和提高免疫活性进行了研究;通过与绿茶、普洱茶对比,发现茶树花有预防肥胖和高脂血症的活性;通过剂量实验及和饮食调整进行对比进一步证实了茶树花的减肥降脂作用。

● 通过热水浸提法得到茶树花多糖,并通过肿瘤生长抑制率、小鼠碳廓清、迟发型超敏反映等实验,验证茶树花多糖免疫调节和抗肿瘤活性。实验结果表明,茶树花多糖能够有效抑制S180荷瘤小鼠的肿瘤生长率,能提高小鼠单核-巨噬细胞碳廓清能力,增强2,4-二硝基氟苯诱导的小鼠迟发型超敏反映程度,增强小鼠的非特异性免疫能力与细胞免疫能力。

● 本研究通过和绿茶、普洱茶进行对比,探讨茶树花预防肥胖和高脂血症的作用。实验结果表明,茶树花同绿茶、普洱茶一样,可以显著降低大鼠体内脂肪的堆积、控制大鼠体重的增长、改善大鼠血清指标、降低患动脉粥样硬化风险。

● 通过前面的实验,发现茶树花同茶叶一样有减肥和降血脂的功效。以2.5%、5.0%、7.5%这3个剂量的茶树花喂食大鼠,结果3个剂量的茶树花都能够不同程度地预防喂食高脂饲料大鼠体重和体内脂肪含量的增加,抑制血清中总胆固醇(TC)、甘油三酯(TG)和低密度脂蛋白胆固醇(LDL-C)含量的升高,降低动脉粥样硬化指数水平;其中5.0%茶树花添加量的作用效果最为显著。这进一步证明了茶树花的减肥降脂作用,并且这种作用有剂量依赖性。

● 越来越多的研究证明,改善饮食、降低能量摄入已经成为减肥降血脂的最基本的方法。本研究通过和改善饮食结构、低脂摄食进行对比，进一步研究茶树花对营养性肥胖大鼠的减肥降脂作用。结果，茶树花和低脂摄食都可以显著降低营养性肥胖大鼠的体重，抑制大鼠体内脂肪的堆积，降低大鼠血清中TC、TG和LDL-C含量，提高高密度脂蛋白胆固醇(HDL-C)含量，并且茶树花结合低脂摄食的作用效果最好。茶树花表现出了良好的减肥降脂作用；其中，降血脂作用是单纯的饮食调整所不能达到的。茶树花还可以在饮食调整的基础上进一步改善大鼠血清质量，降低大鼠患动脉粥样硬化的风险。

# 第五节　茶树花多糖降血糖活性研究

糖尿病(diabetes mellitus,DM)是一种慢性、多发性常见病，多伴有并发症。它与肿瘤、心血管疾病被视为世界性三大疾病。糖尿病是一种以血浆葡萄糖(简称血糖)水平升高为特征的代谢性疾病群，是由于胰岛素相对或绝对不足而引起的糖、脂肪、蛋白质、继发性的水与电解质代谢紊乱及酸碱平衡失调的内分泌代谢紊乱。中国糖尿病协会2010年底的最新调查发现，中国的糖尿病发病率高达9.7%，全国糖尿病人数接近1亿，中国已成为全球范围糖尿病人数增长最快的地区，而且超越印度成为"糖尿病第一大国"，中国糖尿病患者人数占全球糖尿病患者人数的1/3。国际糖尿病联合会首席执行官安娜基林在接受媒体采访时介绍，全球糖尿病患者人数在20年内可能增至5亿，这对全球来说是一个灾难性的数字。对于糖尿病的防治已经刻不容缓。

正常人进食后，食物经消化道分解，产生大量葡萄糖，葡萄糖经由血液运送至包括胰腺在内的全身组织中。葡萄糖刺激胰腺的β细胞释放胰岛素，在胰岛素的协助下葡萄糖进入全身各组织细胞并转变成能量，或贮存在肝、肌肉以及脂肪细胞中，从而维持血液中葡萄糖浓度在正常范围之内。若胰岛素缺乏，或身体各组织细胞对胰岛素反应减弱，葡萄糖则不能很好地被吸收利用，导致血液中葡萄糖浓度上升。当血糖升高到某一程度，超过肾脏所能回收的极限时，葡萄糖便会随尿液排出，称之为糖尿病。根据以往的研究报告以及本研究室对茶叶多糖的研究，一般的植物多糖具有一定的降血糖活性。本节着重研究茶树花多糖是否同样具有降血糖活性。

## 一、研究思路

### 1. TFP-2对α-淀粉酶的抑制活性

采用改良的碘比色法测定α-淀粉酶的抑制活性,取0.3mL制备好的α-淀粉酶溶液(将40mg/mL α-淀粉酶溶液6μL加入到8mL pH为6.8的磷酸缓冲液中),加入0.3mL不同浓度(0.2、0.4、0.6、0.8、1.0、1.2、1.4、1.6、1.8和2.0mg/mL)的TFP-2溶液以及0.6mL磷酸缓冲液(KH$_2$PO$_4$ 2.72g,KOH 0.64g,MgCl$_2$·6H$_2$O 0.13g,蒸馏水定容至100mL,pH为6.8),置于37℃恒温水浴15min后,取0.4mL加入到含有3mL制备好的淀粉溶液(将1g淀粉溶于10mL蒸馏水,加热冷却后用蒸馏水定容至100mL)以及2mL磷酸缓冲液的试管中,继续置于37℃恒温水浴孵育45min。取0.1mL混合液加入10mL的碘液中,在565nm波长处测得吸光度,以TFP-2溶液代替α-淀粉酶溶液作为样品对照。茶树花多糖组分TFP-2对α-淀粉酶的抑制活性:

$$抑制率(\%) = \left[1 - \frac{(A_0 - A_t)_{sample}}{(A_0 - A_t)_{background}}\right] \times 100\%$$

$A_0$、$A_t$分别为第二次水浴时间为0min以及45min时的吸光度。

### 2. TFP-2对α-葡萄糖苷酶的抑制活性

反应系统以pNPG为底物来测定α-葡萄糖苷酶的抑制活性。试管中加入磷酸缓冲液2mL,不同浓度(0.2、0.4、0.6、0.8、1.0、1.2、1.4、1.6、1.8和2.0mg/mL)的TFP-2溶液20μL,1mg/mL还原性谷胱甘肽50μL以及20μL α-葡萄糖苷酶液,摇匀,37℃恒温水浴孵育10min后,加入6mM pNPG溶液(用0.1M pH为6.8的磷酸缓冲液配置)200μL,继续置于37℃恒温水浴孵育30min,最终加入0.1M Na$_2$CO$_3$溶液10mL终止反应。在400nm波长处测得吸光度,以TFP-2溶液代替α-葡萄糖苷酶溶液作为样品对照,以不加入TFP-2溶液作为空白对照。茶树花多糖组分TFP-2对α-葡萄糖苷酶的抑制活性:

$$抑制率(\%) = \left[1 - \frac{(A_{sample} - A_{background})}{A_{blank}}\right] \times 100\%$$

### 3. 小鼠急性毒性实验

取40只体重(20±2)g ICR健康小鼠,雌雄各半,禁食24h后,随机分成4组。药物处理组分别给予TFP-2溶液80、400和2000mg/kg这3个剂量各0.8mL,正常组给予同体积的蒸馏水。给药后连续观察2周,观察指标包括小鼠的活动、饮食、体重及死亡情况。

### 4. 糖尿病小鼠模型的建立及分组方法

①糖尿病小鼠模型的建立:ICR小鼠适应喂养7天后,禁食24h,按260mg/kg体重的剂量经左腹腔一次性注射四氧嘧啶(由于四氧嘧啶水溶液不稳定,易分解成四氧嘧啶酸而失效,故临用前用0.86%生理盐水新鲜配制)。注射后恢复正常饮食。48h后用血糖仪测定小鼠空腹血糖,血糖值(BG)>11.1mM的小鼠作为四氧嘧啶高血糖模型小鼠。

②实验分组及处理方法:取造模成功的糖尿病小鼠40只,按照血糖值无差异分为4组,每组10只,分别作为糖尿病模型组、茶树花多糖低剂量组、茶树花多糖中剂量组和茶树花多糖高剂量组。另取10只正常小鼠作为正常组。对茶树花多糖组每日给予75、150和300mg/kg的TFP-2水溶液,对正常组和糖尿病组给予同体积的蒸馏水。实验周期为21天,每周测定小鼠体重以及空腹测定尾部静脉血血糖浓度。

## 二、研究成果

### 1. TFP-2对α-淀粉酶的抑制活性

课题组以抑制率为指标,抑制率高则表明TFP-2对α-淀粉酶的抑制活性强。在TFP-2浓度为0.2mg/mL时,抑制率为8.1%,随着浓度的增加,抑制活性呈缓慢增长趋势。在TFP-2浓度为2mg/mL(图12.5)时,抑制率为29.5%。虽然TFP-2对α-淀粉酶抑制活性不高,但是呈量效关系,提示TFP-2可能在肠道内能发挥对淀粉水解的抑制作用。

### 2. TFP-2对α-葡萄糖苷酶的抑制活性

课题组以抑制率为指标,抑制率高则表明TFP-2对α-葡萄糖苷酶的抑制活性强。在TFP-2浓度为0.2mg/mL时,抑制率为19.7%,随着浓度的增加,抑制活性呈显著增长趋势。在TFP-2浓度为2.0mg/mL时,抑制率为57.2%。在相同的浓度点,TFP-2对α-葡萄糖苷酶的抑制活性大于对α-淀粉酶的抑制活性,而且呈量效关系(图

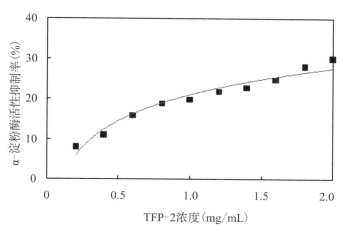

图12.5 TFP-2对α-淀粉酶的抑制活性

12.6)。α-葡萄糖苷酶可使复合碳水化合物分解成为可被人体吸收的单糖,而α-葡萄糖苷酶抑制剂可以通过抑制该酶活性延迟或减少餐后血糖升高。

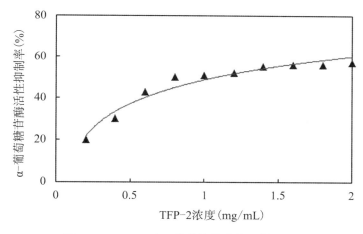

图12.6 TFP-2对α-葡萄糖苷酶的抑制活性

### 3. 小鼠急性毒性实验

结果表明给药后2周内小鼠活动自如,情况较好。体位正常、活动正常、运动协调,无肌颤、痉挛、抽搐、麻痹,说明中枢神经系统与神经肌肉系统正常;眼睛正常,瞳孔正常,无流涎、流泪、出汗现象,说明自主神经系统正常;呼吸正常,无鼻孔溢液、鼻翼扇动现象,说明呼吸系统正常;会阴部无污秽,阴户、乳腺无肿胀,无遗精现象,说明泌尿生殖系统正常;被毛光华无污,毛色、生长发育、摄食、饮水均正常,小鼠体重未见异常,各组未见动物死亡。小鼠解剖后肉眼观察比较心、肺、肾、脾、胃等脏器,各组间未见异常变化。这说明TFP-2各剂量组在本实验条件下均无毒性,该药物是一种安全可靠的药物。

### 4. 四氧嘧啶高血糖小鼠模型

四氧嘧啶是一种β细胞毒剂,可以选择性地损伤多种动物的胰岛β细胞,造成胰岛素分泌低下,引起实验性糖尿病。注射四氧嘧啶以后,动物血糖水平的变化通常出现三个时相:①早期短暂(约1~4h)的高血糖期,此期可能与应激反应有关;②其破坏β细胞作用和胰岛素释放所致的低血糖相,可持续48h左右,有时可致动物惊厥死亡;③48h以后,β细胞损伤可导致持久的高血糖,形成四氧嘧啶糖尿病。所以本实验在48h后,测定小鼠血糖,选血糖值≥11.1mM的作为高血糖模型成功动物,本实验中,小鼠的平均血糖值为19.1mM。

### 5. TFP-2对糖尿病小鼠外观状况的影响

每日观察小鼠的外观状况,发现随着给药天数的增加,与给药前模型小鼠相比较(表12.17),糖尿病模型组的小鼠皮毛越来越暗黄无光泽,萎靡,少活动,多尿。茶树花多糖组分TFP-2三个剂量组的小鼠皮毛逐渐变白,活动量增大,排尿量减少,垫料较糖尿病模型组干燥。

表12.17　TFP-2对糖尿病小鼠外观状况的影响

| 类别 | 皮毛状况 | 精神状态 | 排尿情况 |
|---|---|---|---|
| 给药前模型组 | 略显黄色,无光泽 | 精神萎靡 | 多,垫料湿 |
| 正常组 | 洁白,有光色 | 精神好,活动量大 | 少,垫料干燥 |
| 糖尿病模型组 | 暗黄,无光泽 | 精神萎靡,少活动 | 多,垫料湿 |
| TFP-2低剂量组 | 较白,有光色 | 精神较好,较活泼 | 较多,垫料较湿 |
| TFP-2中剂量组 | 较白,有光色 | 精神良好,较活泼 | 较少,垫料较干 |
| TFP-2高剂量组 | 较白,有光色 | 精神良好,较活泼 | 较少,垫料较干 |

### 6. TFP-2对糖尿病小鼠体重的影响

由图12.7可见,与正常对照组比较,四氧嘧啶模型各组小鼠体重显著下降($P<0.01$),符合糖尿病的"三多一少"的症状,而且给药前各组糖尿病小鼠之间体重值无明显差异。给药7天后,TFP-2三个剂量组小鼠体重较模型组上升5.9%、6.5%和4.5%,

但无显著差异。TFP-2低剂量和中剂量组与正常组相比已经无显著差异。给药14天后，TFP-2三个剂量组小鼠体重值继续上升，与糖尿病模型组相比升高了4.3％、5.5％和4.1％，但无显著性差异。给药21天后，TFP-2三个剂量组小鼠体重与糖尿病模型组相比升高了2.8％、4.1％和4.4％，但无显著差异。结果表明，茶树花多糖组分TFP-2能明显恢复患有四氧嘧啶诱导的糖尿病的小鼠体重，改善小鼠消瘦的症状。

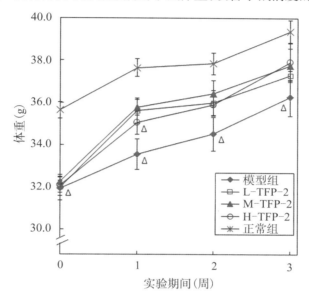

图12.7　TFP-2对四氧嘧啶血糖小鼠体重的影响

注：与正常组相比，$\Delta P < 0.05$；与模型组相比，$*P < 0.05$，$**P < 0.01$。

### 7. TFP-2对四氧嘧啶血糖小鼠空腹血糖的影响

由图12.8可见，与正常对照组比较，四氧嘧啶模型各组小鼠血糖值显著升高（$P < 0.01$），而且给药前各组糖尿病小鼠之间血糖值无明显差异，表明造模成功。给药7天后，糖尿病模型组小鼠血糖上升，TFP-2中剂量组和高剂量组小鼠血糖分别下降了29.3％和37.9％，低剂量组血糖上升趋势相对于模型组变缓（下降了10.3％），但TFP-2三个剂量组与糖尿病模型组比较无显著性差异。给药14天后，糖尿病模型组血糖持续升高，TFP-2三个剂量组小鼠血糖浓度上升较缓，与糖尿病模型组相比分别下降了22.8％、36.6％和39.9％，具有显著性差异。给药21天后，TFP-2三个剂量组小鼠血糖持续下降（29.5％、39.6％和42.2％），与糖尿病模型组相比具有极显著差异。结果表明茶树花多糖组分TFP-2有显著（$P < 0.01$）的降血糖效果，且呈剂量依赖效应。虽然实

验周期中 TFP-2 三个剂量组的小鼠血糖没有恢复到正常水平,但是显著减缓了四氧嘧啶造成的小鼠血糖上升。

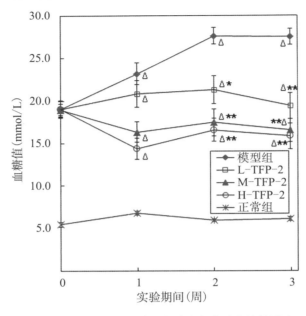

图 12.8　TFP-2 对四氧嘧啶血糖小鼠空腹血糖的影响

注:与正常组相比,$\Delta P < 0.05$;与模型组相比,$*P < 0.05$,$**P < 0.01$。

## 三、进一步设想

　　由于在整个糖尿病病例中,绝大部分为 2 型糖尿病(据报道,国内在 98% 以上),故选择制备 2 型糖尿病动物模型进行动物实验。四氧嘧啶能够选择性地破坏胰岛 β 细胞,使胰岛素分泌不足,从而抑制糖原的合成,又可使己糖激酶缺乏从而使葡萄糖不能磷酸化,葡萄糖穿过细胞膜逸出,造成高血糖及糖尿病。由于葡萄糖的渗透压高,自尿液排出时便会伴随大量水分和电解质的流失,导致组织细胞脱水;同时,由于大量营养以糖的形式从尿液中丢失,人体得不到足够的营养补充,一方面代偿性多吃以补偿消耗,另一方面还促进了体内脂肪、蛋白质的分解。所以,糖尿病患者常会出现多尿、多饮、多食和体重下降等所谓"三多一少"的典型症状。本实验中,在给小鼠一次性腹腔注射 260mg/kg 四氧嘧啶溶液 48h 后,即引起高血糖,小鼠表现出与临床"三多一少"相类似的症状,说明高血糖模型制备成功。茶树花多糖 TFP-2 给药治疗后,观察到 TFP-2 能够明显降低四氧嘧啶所致糖尿病小鼠的血糖值,改善糖尿病小鼠多饮、多尿、多食症状。

目前已被证实的降糖药物的降糖机制有促进胰岛β细胞的分泌功能,提高血清胰岛素水平;作用于受体或受体后水平,增加胰岛素受体数目或提高亲和力;抑制胰高血糖素分泌;促进周围组织及靶器官对糖的利用等几个方面。最近,有不少学者认为血糖升高与自由基有着密切关系。机体在新陈代谢中产生的自由基,包括超氧化物自由基、过氧化物自由基、羟基自由基等。自由基在体内产生过多或清除过少,均可损伤机体。抗氧化剂能清除自由基,保护细胞免受损伤。自由基引发的脂质过氧化反应是细胞损伤的主要机制之一,MDA是脂质过氧化反应的主要降解产物,其含量可反映脂质过氧化的程度。在正常情况下,机体内的自由基生成系统和消除系统相互协调,维持着自由基的产生和消除动态平衡。有糖尿病时,体内的自由基代谢异常,SOD水平降低,MDA水平上升。四氧嘧啶是一种自由基激活剂,其进人体后可迅速被胰岛β细胞摄取,产生的超氧阴离子等自由基能直接破坏胰岛β细胞的膜结构,损伤细胞的DNA,从而减少胰岛素来源而使血糖升高。研究结果提示了茶树花多糖TFP-2降血糖的机制可能与其清除自由基、抑制脂质过氧化反应、对抗四氧嘧啶的β细胞损伤、促进β细胞的修复与再生密切相关,其具体作用机理尚需更进一步的研究。

①茶树花多糖低、中、高剂量组可以明显改善四氧嘧啶诱导的糖尿病小鼠的"三多一少"状况。相比较模型组,三个剂量组糖尿病小鼠体重升高了2.8%、4.1%和4.4%,但无显著性差异。

②茶树花多糖低、中、高剂量组可以显著降低四氧嘧啶诱导的糖尿病小鼠的血糖,与模型组比较下降了29.5%、39.6%和42.2%,具有极显著差异($P<0.01$)。

③茶树花多糖在体外可以抑制α-淀粉酶活性,虽然抑制率不高(29.5%),但是在0.2～2.0mg/mL的浓度范围内呈量效关系。

④茶树花多糖在体外可以抑制α-葡萄糖苷酶活性,在0.2～2.0mg/mL的浓度范围内呈量效关系。

# 第十三章　茶树花提取物的美白功效

皮肤白皙洁净是东方女性对美的重要追求目标之一。目前,国内外的美容、日化、洗涤用品等行业都在探索具有美白祛斑作用的原料,而符合植物、安全、健康的纯植物提取美白剂倍受消费者的喜爱。目前市售产品中应用较为广泛的有甘草、桑白皮、银杏、樱桃、葡萄籽和绿茶等的植物提取物。

影响人体皮肤颜色的主要包括内源性黑色素、外源性胡萝卜素、皮肤血液中氧合血红蛋白含量、还原血红蛋白含量以及皮肤的厚度等。皮肤色素主要由黑色素沉积所造成,肤色关键取决于黑色素的含量及其周围角朊细胞中的分布情况,黑色素细胞存在于人体表皮的基底层,在胞内酪氨酸酶的催化下氧化为多巴胺及醌类物质,最终形成黑色素。而黑色素细胞的活性、数量、酶活性也将直接影响皮肤中的黑色素含量。人体皮肤中的黑色素以双刃剑的形式存在,既可以保护皮肤免受紫外线的灼伤,又会引起皮肤黑色素沉积不均、变黑,甚至引发雀斑、黄褐斑和老年斑,影响皮肤的美观程度。

市售美白类护肤及清洁产品,添加的美白成分的作用机理途径可分为以下几点:抑制酪氨酸酶活性;抑制黑色素细胞增殖;影响黑色素代谢;遮光剂;还原剂和化学剥脱剂。花类药源的美白机理主要为抑制酪氨酸酶及黑色素的细胞活性。目前,医药、日化等行业中应用最为广泛的蘑菇酪氨酸酶抑制剂有熊果苷、VC及其衍生物、氢醌和曲酸等,氢醌由于具有较大细胞毒性而可行度不高。熊果苷萃取于熊果的叶子,被誉为二十一世纪最为理想的皮肤美白祛斑剂,但存在生产成本相对较高且在酸性体系中易分解等缺点。VC来源广,但极不稳定。曲酸对皮肤有一定的刺激作用。医药化工以及相关植物功能性成分研究等领域的专家学者都在探索新的天然植物提取成分。

目前,对于植物提取物美白功效的研究,包括其对于酶活性的抑制、细胞水平、动物水平以及计算机模拟实验。B16小鼠黑色素瘤细胞价格低廉,易于培养,在国内外化妆品研发筛选美白剂中得到广泛使用,是目前国内外对实验药物美白性评价最为权威的模型,除对比酪氨酸酶活性外,MTT法可检测药物对小鼠B16细胞的细胞活生。陈贞纯研究发现,茶叶提取物中的EGCG、TF40和TF1均能显著抑制酪氨酸酶活生,抑制黑色素细胞增殖并使细胞的黑色素含量减少。

大量研究发现,绿茶提取物中的EGCG具有抗癌、抗肿瘤等健康功效,还具有清除自由基、抗氧化、抗辐射等美容功效。早在1999年,韩国学者研究发现茶叶对蘑菇酪氨酸酶具有抑制性,绿茶表现出最强的抑制性,其中主要活性成分是含没食子酸基团的ECG、GCG和EGCG。儿茶素对小鼠B16黑色素瘤细胞增殖率和黑色素生成量均有显著的抑制作用。对比3种含量不同的茶提取物对酪氨酸酶的抑制性研究发现,茶黄素类对酪氨酸酶的抑制率远大于儿茶素类。此外,茶黄素和EGCG对UVB诱导的STAT1、ERKs、JNKs、PDK1、p90RSK2磷酸化有抑制作用,通过阻断信号通路抑制黑色素生成。茶树花中儿茶素类物质与茶叶中的相似,含有8种儿茶素,以EGCG和ECG为主要活性成分。

本课题组以茶树花提取物(tea flower extract,TFE)、EGCG、茶树花皂素粗提物(tea flower saponins,TFS)和茶多酚(tea polyphenols,TP95,浓度>95%)为效应物,以VC(Vitamin C,VC)为阳性对照物,研究其对小鼠B16黑色素瘤细胞的影响,对酪氨酸酶活性和黑色素合成的影响,进一步研究茶树花提取物对体外培养动物细胞的形态、细胞增殖率、黑色素生成量等的影响,为下一步日化用品的研发和配方筛选提供相关理论基础。

# 第一节　研究思路

## 1. 小鼠B16黑色素瘤细胞培养

从液氮罐中迅速取出细胞冻存管,转移至37℃恒温水浴锅中,反复轻摇冻存管使其加速融化。在无菌室的超净台上,反复吸取吹打冻存管中的液体至混合均匀。在已灭菌的培养皿中,吸取8mL的RPMI-1640培养基、1mL的胎牛血清和1mL混合均匀菌液。在桌面水平方向,轻轻摇匀,置于37℃、5%CO₂饱和湿度培养箱中培养,次日观察细胞贴壁情况。

## 2. 小鼠B16色素瘤细胞形态的观察

准确称取一定量的TFE、TFS、EGCG、TP95和VC,并溶于含5‰DMSO、10%胎牛血清的 RPMI-1640 培养基中,过一次性 0.22μm 微孔细菌过滤器,配成一定的浓度梯度溶液,备用。

收集对数生长期的细胞,调整细胞悬液密度为 $1 \times 10^5$ 个/mL,将悬液接种于 96 孔板上,每孔 100μL,接种密度为 $1 \times 10^4$ 个/孔,放入细胞培养箱中培养 12h,待细胞贴壁后进入对数生长期。

## 3. 药物处理

待 96 孔板上的细胞已进入对数生长期,视野内细胞占 70％以上时,以换液的方式更换新的培养基,每孔加入不同浓度的药物,各药物浓度如表 13.1 所示。每个浓度设置 4 个孔作为平行组,对照组加入新鲜培养液以代替药物溶液,培养 48h 后置于显微镜下观察对照组和实验组的细胞大小、形态、生长密度、树突形态以及融合状态等,并拍照记录。

表13.1　各化合物作用终浓度梯度

| 药物 | 浓度(μg/mL) | | | | |
|---|---|---|---|---|---|
| VC | 10 | 50 | 100 | 200 | 300 |
| TFE | 10 | 40 | 80 | 120 | 200 |
| EGCG | 10 | 40 | 60 | 80 | 120 |
| TP95 | 10 | 40 | 60 | 80 | 120 |
| TFS | 10 | 20 | 40 | 60 | 80 |

## 4. MTT 比色法测 B16 小鼠色素瘤细胞增殖率

放入细胞培养箱中培养 12h 后,待细胞贴壁并进入对数生长期,更换新的培养基,每孔加入不同浓度的药物,其中 VC 和 TFE 的终浓度分别为 10、50、100、200 和 300μg/mL,而 EGCG、TP95 和 TFS 的终浓度分别为 10、40、60、80 和 120μg/mL,每组处理设置 4 个平行对照,对照组加入新鲜培养液以代替药物溶液。药物处理 48h 后,每孔中直接加入浓度为 1mg/mL 的 MTT 溶液 50μL,培养箱中孵育 4h,吸取并弃去上清液,再向各孔中加入 150μL 的 DMSO,以溶解残留的 MTT-甲臜结晶,摇床震荡混匀后用酶标仪测定各孔在 570nm 下的吸光值。细胞增值率按公式(13.1)进行计算:

$$细胞增值率(\%) = \frac{实验孔OD值 - 空白孔OD值}{对照空OD值 - 空白孔OD值} \times 100\% \qquad (13.1)$$

## 5. 小鼠B16黑色素瘤细胞酪氨酸酶活力的测定

放入细胞培养箱中培养12h,待细胞贴壁并进入对数生长期时,更换新的培养基,每孔加入不同浓度的药物,其中VC和TFE的终浓度分别为10、50、100、200和300μg/mL,而EGCG、TP95和TFS的终浓度分别为10、40、60、80和120μg/mL,每组处理设置4个平行对照。药物处理48h后,吸取并弃去上清液,每孔加入90μL含1%Triton X-100的PBS缓冲液和10μL浓度为1.0mg/mL的L-DOPA,超声破碎30s后,置于30℃恒温水浴中处理30min,测定其在475 nm处的吸光值。酪氨酸酶总活力和单细胞内酪氨酸酶相对活性的计算公式分别如下:

$$酪氨酸酶总活力(\%) = \frac{实验组OD值}{对照组OD值} \times 100\% \qquad (13.2)$$

$$单细胞内酪氨酸酶相对活性(\%) = \frac{酪氨酸酶总活力(\%)}{细胞增值率(\%)} \times 100\% \qquad (13.3)$$

## 6. 小鼠B16黑色素瘤细胞黑色素合成量的测定

将细胞悬液接种于6孔板中,在每个孔中加入2mL,放入细胞培养箱中培养12h,待细胞贴壁并进入对数生长期,更换新的培养基,分别加入4 mL不同浓度的药物溶液,其中VC和TFE的终浓度分别为10、50、100、200和300μg/mL,而EGCG、TP95和TFS的终浓度分别为10、40、60、80和120μg/mL,每组处理设置3个平行对照,对照组加入新鲜培养液以代替药物溶液。继续培养48h,小心吸取并弃去上清液,用PBS溶液清洗2次,消化并收集细胞于离心管中,1500r/min 离心10min,弃去上清液。加入2mL的PBS重新悬浮,然后加入500μL、体积比为1:1的乙醇乙醚,在室温下放置30min,3000r/min 离心5 min,弃去上清液,加入含有10%DMSO的1.0mol/L的NaOH溶液,80℃水浴45min,测定其在405nm处的OD值。

黑色素合成总量计算公式见公式13.4,单细胞内黑色素合成相对量见公式13.5。

$$黑色素合成总量(\%) = \frac{实验组OD值}{对照组OD值} \times 100\% \qquad (13.4)$$

$$单细胞内黑色素合成相对量(\%) = \frac{黑色素合成总量(\%)}{细胞增值率(\%)} \times 100\% \qquad (13.5)$$

## 第二节　研究成果

### 1. 小鼠B16黑色素瘤细胞形态学的影响

传代的小鼠B16黑色素瘤细胞主要为两极,偶见三极的贴壁生长的上皮型细胞。经过药物处理的B16细胞形态观察结果如图13.1、图13.2、图13.3、图13.4、图13.5。结果发现,对照组的细胞形态正常,生长状况良好;当分别添加不同浓度的药物,并在37℃、5%$CO_2$饱和湿度培养箱内培养48h后,细胞形态均出现了不同程度的变化,对照组小鼠B16细胞贴壁均匀,大多呈网状结构,细胞间连接紧密,边缘清晰,生长旺盛,细胞密度较高。当EGCG、TFS、TP 95的药物终浓度小于40μg/mL,VC和TFE的药物终浓度小于100μg/mL时,与对照组相比,小鼠B16细胞的形态和数量变化均不明显,生长状态仍为良好;随药物作用浓度的提高,细胞形态逐渐发生变化,显微镜下B16细胞分布开始稀疏,表现出细胞皱缩、变圆、细胞贴壁性降低、细胞间的间隙增大、部分细胞开始脱落并悬浮于培养液中、细胞树突减少或消失,逐渐不能相互融合形成网状结构。

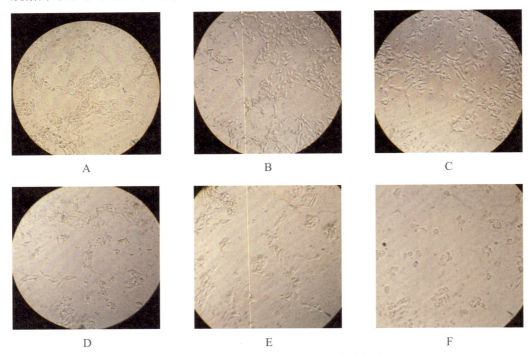

图13.1　不同浓度VC对B16细胞形态的影响

注:A为对照组;B、C、D、E和F表示VC终浓度分别为10、50、100、200和300μg/mL。

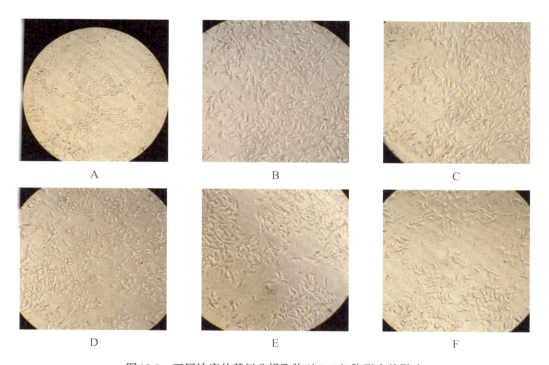

**图13.2　不同浓度的茶树花提取物对B16细胞形态的影响**

注：A为对照组；B、C、D、E、F表示茶花提取物终浓度分别为10、40、80、120和200μg/mL。

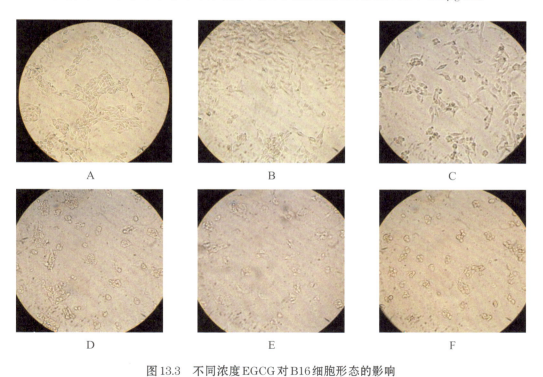

**图13.3　不同浓度EGCG对B16细胞形态的影响**

注：A为对照组；B、C、D、E和F表示EGCG终浓度分别为10、40、60、80和120μg/mL。

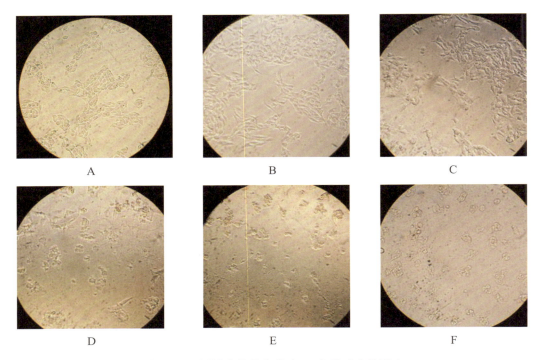

图13.4　不同浓度的茶多酚对B16细胞形态的影响

注：A为对照组；B、C、D、E和F分别表示茶多酚终浓度为10、40、60、80和120μg/mL。

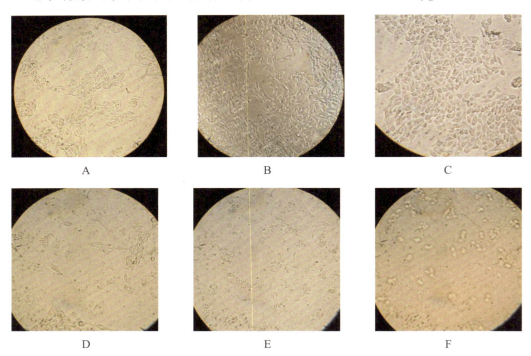

图13.5　不同浓度的茶花皂素粗提物对B16细胞形态的影响

注：A为对照组；B、C、D、E和F表示茶花皂素粗体物终浓度为10、20、40、60和80μg/mL。

实验结果发现,当茶树花提取物和VC终浓度达到120μg/mL和100μg/mL,其余3种为40μg/mL时,细胞数目和形态种类开始显著减少,TFE和VC对细胞形态的影响相对于另外3种药物较弱。其中,TFS对B16细胞形态的影响最强,如图13.5所示,当终浓度大于40μg/mL时,视野范围内细胞明显呈凋亡状态,几乎全部死亡。EGCG和TP95对B16细胞的生长状态的影响程度介于TFS与VC之间,当浓度达到80μg/mL时,开始出现一定程度的变化。由小鼠B16细胞形态发现药物对其影响程度大小依次是TFS>EGCG>TP>VC>TFE,TFE作用最为温和,TFS的细胞毒性最强。

综上所述,从显微镜下观察视野范围内的小鼠B16黑色素瘤细胞形态及数量的结果看,保证TFS的终浓度小于20μg/mL,EGCG和TP95的终浓度小于40μg/mL,VC和TFE的终浓度分别为100μg/mL和120μg/mL以下时,细胞生长状态及数量无明显异常。对美容、日化用品中美白功效成分进行筛选时,应避免使用具有较强细胞毒性的药物,避免对正常的皮肤细胞造成不利影响,必要时可选用毒性相对温和的药物,适当提高浓度以满足对小鼠B16黑色素瘤细胞的抑制作用,改变细胞的形态以阻止合成的黑色素向角朊细胞转移,在达到美白效果的同时,又不引起其他正常细胞的形态和数量异常。茶树花提取物的细胞毒性最弱,浓度为200μg/mL时,细胞生长状态和形态仍无异常,可作为美容、日化用品中的美白功效成分。

### 2. 小鼠B16黑色素瘤细胞增殖率的影响

MTT法检测小鼠B16黑色素瘤细胞增殖率的结果如表13.2所示,即为VC、TFE、EGCG、TP95和TFS 5种药物对小鼠B16黑色素瘤细胞增殖率的影响。在一定浓度作用下,5种化合物对小鼠B16黑色素瘤细胞的增殖生长均具有生长抑制作用。当浓度为10μg/mL时,5种化合物对B16黑色素瘤细胞增殖率均无显著性的影响,从数值上看作用相当;继续提高化合物的浓度,细胞生长抑制作用随作用药物浓度的增大而增大,呈现出线性关系和并不显著的剂量效应。

在VC对小鼠B16黑色素瘤细胞的增殖率的影响中,当作用终浓度为10μg/mL时,VC对细胞增殖率无显著性影响;当VC终浓度为50μg/mL时,细胞增殖率相对于对照组表现出显著降低趋势,但与浓度为10μg/mL的处理组之间无显著差异;当VC的浓度分别增加至100、200和300 μg/mL时,细胞增殖率相应降低,处理组之间均具有显著性差异;当作用终浓度达到300μg/mL时,细胞增殖率降至50%以下,略高于茶树花提取物处理组。

TFE对小鼠B16黑色素瘤细胞增殖率的影响与VC组相似,当浓度为10μg/mL时,处理组的细胞增殖率与对照组的细胞增殖率之间并无显著性差异;随着TFE浓度继续增加至50μg/mL,细胞增殖率开始显著性降低;将茶树花提取物的终浓度分别提高到100、200和300μg/mL时,相应的细胞增殖率也随之相应降低,并呈现出一定的线性剂量关系,各处理组之间的差异达到显著性水平,且与对照组及其他实验组之间均存在显著性差异;当TFE终浓度达到300μg/mL时,细胞增殖率已下降至50%以下。

表13.2  5种化合物对B16黑色素瘤细胞增殖率的影响(mean±SD)    (单位:%)

| 化合物 | 药物浓度(μg/mL) | | | | | |
|---|---|---|---|---|---|---|
| | 0(0) | 10(10) | 40(50) | 60(100) | 80(200) | 120(300) |
| VC | 100$^a$ | 101.17±2.83$^{ab}$ | 93.34±6.93$^b$ | 85.29±3.52$^c$ | 64.54±4.82$^d$ | 49.11±1.66$^e$ |
| TFE | 100$^a$ | 100.04±1.11$^a$ | 84.12±3.87$^b$ | 68.43±1.44$^c$ | 63.58±4.07$^{df}$ | 47.99±1.44$^e$ |
| EGCG | 100$^a$ | 101.12±0.96$^a$ | 88.81±7.98$^b$ | 76.47±2.55$^c$ | 66.17±4.73$^d$ | 32.26±3.67$^e$ |
| TP95 | 100$^a$ | 99.22±5.49$^a$ | 83.50±3.22$^b$ | 58.45±5.07$^c$ | 51.45±5.18$^c$ | 32.77±5.28$^d$ |
| TFS | 100$^a$ | 101.92±6.41$^a$ | 85.28±3.04$^b$ | 72.32±3.91$^c$ | 7.07±2.04$^d$ | 4.16±1.06$^d$ |

注:a、b、c、d、e、f等表示同一药物处理不同浓度组之间的差异性,不同字母表示存在显著性差异。药物行括号内的数值为VC、TFE的相应化合物浓度。

EGCG对B16黑色素瘤细胞增殖率的影响同样具有一定的线性剂量效应,当其浓度为10μg/mL时,处理组与对照组之间无显著性差异;随着其浓度的增加,相应的细胞增殖率呈现出线性趋势降低,处理组间具有显著性差异;当EGCG的作用终浓度提高到120μg/mL时,增殖率已降到(32.26±3.67)%。

TP95对B16黑色素瘤细胞增殖率的影响与EGCG处理组相似,当浓度达到40μg/mL时,细胞增殖率出现显著性降低;随着其浓度的增加,相应的细胞增殖率呈现出线性趋势降低;当TP95浓度继续增加到80μg/mL时,细胞增殖率为51.45%,与60μg/mL的处理组之间的差异未达到显著性水平;而当浓度为120μg/mL时,细胞增殖率迅速显著降低至32.77%,略微高于相应浓度的EGCG处理组。

由此可知,这5种药物均能通过抑制黑色素瘤细胞的生长而达到美白的功效,EGCG、TFS和TP95的抑制效果明显优于VC,而TFE在低浓度范围内的效果也明显优于VC。化合物浓度过高和细胞毒性过强均会对细胞造成一定的毒害作用,或对正常的皮肤细胞造成不利的影响。所以在选择美白类日化用品添加剂时,TFE和VC的添加量建议控制在300μg/mL以内,EGCG和TP95的添加量建议控制在80μg/mL以为。然而,我们发现以上实验结果与细胞形态观察结果并不完全匹配,MTT法测得的活细胞数要略高于细胞形态观察的结果,分析原因可能在于:因为漂洗不到位,死亡细胞释放残留的酶还原了MTT而造成了实验的误差,而且细胞形态观察是以主观判断为主的,也会存在一定的误差。

### 3. 小鼠B16黑色素瘤细胞酪氨酸酶活性测定

VC、TFE、EGCG、TP95和TFS对小鼠B16黑色素瘤细胞酪氨酸酶总活性的影响研究结果见表13.3。结果表明,5种药物对细胞中酪氨酸酶的总活性均有一定的抑制作用,各药物作用的抑制程度不同,总体趋势均为酪氨酸酶的总活性随化合物浓度的增加而降低,具有一定的线性剂量效应。

表13.3　不同化合物对B16细胞中酪氨酸酶总活性的影响(mean±SD)　(单位:%)

| 化合物 | 药物浓度(μg/mL) | | | | | |
| --- | --- | --- | --- | --- | --- | --- |
| | 0(0) | 10(10) | 40(50) | 60(100) | 80(200) | 120(300) |
| VC | 100[ab] | 101.20±5.19[b] | 92.17±5.47[ac] | 84.54±2.60[c] | 62.05±1.93[d] | 46.99±3.28[e] |
| TFE | 100[a] | 97.79±3.80[a] | 76.51±8.50[b] | 68.98±4.30[c] | 61.45±1.00[c] | 40.96±4.22[e] |
| EGCG | 100[a] | 88.96±3.86[b] | 78.31±4.32[b] | 64.06±6.25[c] | 55.42±2.60[d] | 25.50±2.98[e] |
| TP95 | 100[a] | 98.51±2.90[a] | 81.54±2.97[b] | 53.44±1.03[c] | 46.50±2.74[d] | 29.09±0.99[e] |
| TFS | 100[a] | 98.80±1.68[a] | 76.91±9.85[b] | 62.45±4.46[c] | 9.04±0.63[d] | 5.29±2.01[d] |

注:a、b、c、d、e等表示同一药物处理不同浓度之间的差异性,不同字母表示存在显著性差异。浓度行括号内的数值为TFE、VC浓度。

VC对小鼠B16黑色素瘤细胞的酪氨酸酶总活性影响最小,当浓度达到50μg/mL时,总酶活性在数值上低于对照组和10μg/mL处理组,但差异仍未达到显著性水平;当药物浓度升高至100μg/mL和200μg/mL,酪氨酸酶总活性呈现显著性降低趋势,而且具有一定的剂量效应;当浓度达到300μg/mL时,细胞总酶活性降低至46.99%。

当TFE浓度为10μg/mL时,细胞内酶酪氨酸酶总活性在数值上低于对照组和同浓度下的VC、TP95和TFS处理组,但未达到显著性水平;当继续提高浓度至50μg/mL时,酪氨酸酶总活性开始呈现出显著性降低趋势,而且数值上低于同浓度的其他化合物处理组的酶总活性;当TFE浓度分别增加至100μg/mL和200μg/mL时,酪氨酸酶总活性分别降低至68.98%、61.45%,而且处理组之间具有显著性;当TFE浓度为300μg/mL时,酪氨酸酶总活性降至50%以下,为40.96%,酶总活性略低于同浓度的VC处理组。

当EGCG浓度达到10μg/mL时,小鼠B16黑色素瘤细胞的酪氨酸酶的总酶活性显著低于对照组,而且明显低于同浓度下的其他药物作用的处理组;继续提高浓度至40μg/mL时,酶总活性与浓度为10μg/mL的处理组之间无显著性差异;随着EGCG浓度继续增加,酪氨酸酶的总活性随之显著下降,各处理组与对照组、各处理组之间差异均达到显著性水平,当其浓度为80μg/mL时,酪氨酸酶的总活性降低50%左右。

药物浓度为10μg/mL时,TP95对B16黑色素瘤细胞酪氨酸酶的总活性影响较小,未达到显著性水平;浓度为40μg/mL时,酶活性骤然降低至(76.91±9.85)%,与对照组和10μg/mL处理组之间差异均达到显著性水平;TP95浓度为60μg/mL时,酪氨酸酶总活性降至53.44%,其抑制效果明显优于同等浓度的其他药物;随着作用浓度继续增加至80μg/mL和120μg/mL,酪氨酶总活性分别降至46.50%和29.09%,活性略高于同浓度EGCG作用下的细胞中酪氨酸酶总活性。

表13.3中,TFS对B16黑色素瘤细胞酪氨酸酶总活性的影响最大,当浓度分别为40μg/mL和60μg/mL时,酪氨酸酶总活性即显著降低;当继续增加浓度至80μg/mL,酶总活性骤降至9.04%且与对照组及其他实验组之间均存在显著差异;浓度为120μg/mL时,细胞酪氨酸酶总活性仅达到5.29%,与浓度为80μg/mL的处理组之间的差异未达到显著性水平。根据表13.3推测,此时细胞酪氨酸酶总活性骤降与其增殖率骤降相关,在浓度为80μg/mL的TFS作用下,B16黑色素瘤细胞已大部分凋亡,增殖率仅为(7.07±2.04)%,从而导致细胞内酶总活性降低。

因此,就对小鼠B16黑色素瘤细胞中酪氨酸酶总活性的抑制作用而言:TFS>EGCG>TP95>TFE>VC,TFS对酪氨酸酶总活性的抑制作用主要是由于浓度为80μg/mL时,细胞迅速凋亡;EGCG浓度为80μg/mL、TP 95浓度为60μg/mL时,酪氨酸酶总活性就降低为对照组的50%左右;当达到同等抑制效果时,TFE和VC所需浓度要明显高于其他药物所需浓度,当浓度为300μg/mL时,酪氨酸酶总活性低于对照组酶总活性的50%。而若要对酪氨酸酶总活性起到较好的抑制和控制效果,TFE和VC浓度要提高到200μg/mL以上,且TFE的抑制效果优于VC。

图13.6和表13.3中,当TFS浓度达到60μg/mL以上时,细胞数目骤减,细胞迅速凋亡。考虑到可能由于细胞数目的减少导致酶浓度的降低从而引起细胞中酶总活性的降低,将酪氨酸酶相对活性进行比较,即将细胞中酶总活性与相应的细胞增殖率的比值进行比较,其中TFE对单细胞相对活性的影响呈现微弱的波动变化,单细胞酶活性抑制效果大体上是随着浓度的增加而降低,当浓度为300μg/mL时,抑制效果最为明

显;VC、EGCG和TP95这3种化合物与单细胞酪氨酸酶相对活性之间呈一定的剂量效应;而TFS实验组的单细胞酶相对活性随浓度的变化波动性较大,当浓度为80μg/mL时,其单细胞酪氨酸酶相对活性最高。从数值上比较,TFE对单细胞酶相对活性的抑制效果较优,而VC的抑制效果相对较弱。

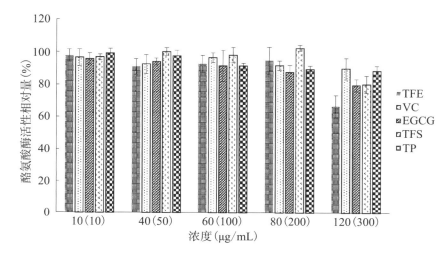

图13.6 不同化合物对单个B16黑色素瘤细胞中酪氨酸酶相对活性的影响

由此可见,美白药物可通过抑制细胞增殖来降低酶浓度和降低单个细胞内酶活性两种方式从而降低B16黑色素瘤细胞中酪氨酸酶总活性,进而抑制黑色素细胞的形成,达到美白效果。TFE可降低单细胞内酪氨酸酶相对活性,降低细胞内酪氨酸酶总活性,而VC、EGCG、TP95和TFS则主要是通过抑制细胞增殖来降低细胞内酪氨酸酶总活性。

### 4. 小鼠B16黑色素瘤细胞黑色素合成量测定

表13.4为小鼠B16黑色素瘤细胞中黑色素合成总量的测定结果,结果表明5种化合物对小鼠B16黑色素瘤细胞的黑色素合成均有一定程度的抑制作用。抑制作用随浓度的增加而增强,黑色素合成量显著降低,化合物浓度与黑色素总量之间均呈现出一定的负相关剂量效应。

VC和TFE两者对B16细胞黑色素合成的影响较为相似,当浓度为10μg/mL时,TFE处理组与对照组的黑色素合成总量之间的差异未达到显著性水平,而VC处理组与对照组之间具有显著性差异;随着TFE和VC浓度继续提高至50、100和200μg/mL,处理组对应的黑色素合成量呈显著性降低趋势,分别降至57.33%和53.01%;当继续增加浓度至300μg/mL时,黑色素合成总量分别降低至37.58%和39.56%。

表13.4　不同化合物对B16细胞中黑色素合成总量的影响(mean±SD)　（单位:%）

| 化合物 | 药物浓度(μg/mL) | | | | | |
|---|---|---|---|---|---|---|
| | 0(0) | 10(10) | 40(50) | 60(100) | 80(200) | 120(300) |
| VC | 100[a] | 94.98±4.50[b] | 81.33±2.68[c] | 67.59±2.90[d] | 53.01±4.73[e] | 37.58±2.74[f] |
| TFE | 100[a] | 92.89±3.91[a] | 79.11±6.19[b] | 76.11±1.71[b] | 57.33±2.67[c] | 39.56±3.67[d] |
| EGCG | 100[a] | 86.65±3.54[b] | 65.35±4.40[c] | 45.14±4.02[d] | 38.66±1.22[d] | 19.21±0.23[e] |
| TP95 | 100[a] | 85.33±3.33[ab] | 70.24±4.24[bc] | 64.22±3.77[c] | 47.56±2.36[de] | 33.78±2.36[ef] |
| TFS | 100[a] | 103.32±3.60[a] | 89.51±3.44[b] | 53.24±2.63[c] | 36.11±2.73[d] | 21.22±2.83[e] |

注:a、b、c、d、e、f等表示同一药物处理不同浓度之间的差异性,不同字母表示存在显著性差异。浓度行括号内的数值为TFE、VC的浓度。

EGCG抑制细胞黑色素合成总量的效果最佳。当其浓度低于60μg/mL时,黑色素合成量显著降低到50%左右,与对照组和其他浓度处理组均达到显著性差异。TP95对于B16黑色素瘤细胞黑色素合成总量的抑制效果优于VC和TFE,又次于EGCG,增加TP95终浓度至40μg/mL时,黑色素合成总量开始出现显著性降低趋势,随着浓度增加至60μg/mL,组间差异未达到显著性水平,仅在数值上呈减少趋势;当终浓度达到80μg/mL时,黑色素合成总量降低至50%以下,与对照组和低浓度处理组之间具有显著性差异。对于TFS而言,低浓度时细胞内黑色素形成量呈增加趋势,但并未达到显著性水平;以后随着浓度增加而呈现浓度效应依赖性趋势;抑制效果仅次于EGCG。

由表13.4可知,当EGCG、TFS、TP95的作用浓度为60μg/mL时,对B16黑色素瘤细胞黑色素的合成总量的抑制效果与200μg/mL的茶树花提取物和VC处理组的抑制效果相当。根据黑色素合成总量比较,相同剂量的EGCG、TFS和TP95的抑制效果要明显优于TFE和VC,抑制效果依次为EGCG＞TFS＞TP95＞VC＞TFE。

考虑到细胞数目的减少同样可以导致细胞黑色素合成总量的降低,进而比较了单个细胞内黑色素相对合成量(图13.7)。当TFS浓度大于80μg/mL时,其单个细胞黑色素合成量大于100%。根据其细胞形态观察和细胞增殖率猜测,可能是由细胞死亡所产生的代谢物和碎屑引起。除此之外,其余4种药物均能抑制单个细胞内黑色素合成量,与黑色素合成总量的结果类似,其中EGCG的抑制作用最明显,TFE和VC的抑制作用效果次之。

细胞增殖不仅影响酪氨酸酶总活性,还包括黑色素形成的场所数量。据此推断,药物对细胞内黑色素合成总量的影响因素有细胞增殖率、酪氨酸酶相对活性和单个细胞内黑色素形成量。

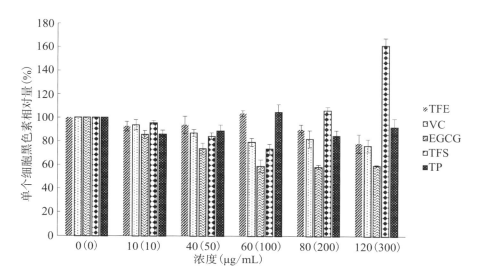

图13.7　不同化合物对单个B16黑色素瘤细胞中黑色素合成相对量的影响

## 第三节　展　望

人体皮肤色素的产生主要由黑色素沉积造成,黑色素是决定皮肤颜色的主要因素,黑色素的合成在黑色素细胞中完成,是一个多步骤的酶促反应。皮肤中的黑色素细胞摄取酪氨酸后,在含铜离子的酪氨酸酶的作用下,多步骤氧化形成黑色素。受紫外线、情绪、压力等因素刺激,酪氨酸酶得以活化,并催化血液细胞中的酪氨酸发生反应而产生灰色的多巴,继而催化生成黑灰色的多巴醌,又通过不同途径进一步氧化催化、聚合形成黑色素颗粒,其在细胞代谢的层层推动下,被转移至肌肤表层。黑色素的合成速率与酪氨酸酶、多巴互变酶、DHICA氧化酶等的数量和活性有直接联系,受黑色素细胞内酪氨酸酶基因蛋白家族TYR、TRP1、TRP2的调控。

在人体不同部位,表皮中黑色素细胞的数量相同,与人肤种、性别、肤色无关,而黑色素细胞所形成的黑色素小体的数量、大小、分布及降解,直接影响黑色素的合成、个体间肤色的差异。黑色素小体起源于核周的高尔基体囊泡,随着囊泡的不断分化,多种黑色素合成的相关酶相继装配,如囊泡被逐步活化,从而使黑色素小体逐渐有合成黑色素的能力。

此外,黑色素细胞是一种具有树状突起的腺细胞,树状突起是黑色素细胞输送黑色素颗粒的通道,同时也是角质形成细胞联系的桥梁。因此,黑色素细胞形态正常与否,对黑色素细胞功能能否发挥具有重要作用,即黑色素的转移和沉积还受黑色素细胞形态的影响。

由于人体皮肤黑色素细胞的原代培养较为复杂,而小鼠B16黑色素瘤细胞是由正常黑色素细胞突变所致,其生化代谢与人体正常黑色素细胞相似,所以小鼠B16黑色素瘤细胞成为医药部门进行色素病变研究广泛使用的细胞模型。国内外在对美白功效评价实验中均采用该细胞。

目前,美白祛斑类产品的作用机制通过阻断上述黑色素形成的每一个合成途径均可达到抑制以及减少黑色素形成的目的。如酪氨酸酶活性抑制剂,如曲酸、熊果苷等;多巴色素互变酶抑制剂,如甘草提取物等;影响黑色素代谢剂及黑色素运输阻断剂,如维A酸、亚油酸等;黑色素细胞毒性剂,如油溶性甘草提取物、氢醌等;化学剥脱剂,如果酸、亚麻酸、感光素401等;还原剂,如VC、VE等;内皮素拮抗剂,如绿茶提取物;遮光防晒,减少外源刺激,如紫外线、氧自由基等对黑色素形成的负面影响等。

本课题组研究显示,在化合物低浓度处理时,细胞生长状况良好,随处理浓度升高,细胞的数量和形态都逐渐开始变化,开始出现呈分散孤立存在的状态,细胞树突逐渐减少、缩短或消失,这将导致黑色素细胞不能与角质形成细胞从而构成一个有效的表皮黑色素单位,阻碍黑色素的运转和代谢,不能实现黑色素细胞的正常生理功能。

在化合物对B16黑色素瘤细胞增殖率的影响结果研究中显示,5种成分均能通过抑制黑色素细胞的生长而达到美白的功效。低浓度时,5种化合物对细胞的增殖率影响不大,当处理浓度升高时,均可正相关地抑制B16小鼠黑色素瘤细胞的增殖,促使细胞凋亡。EGCG、TFS和TP95的抑制效果明显优于VC,而TFE在低浓度范围内的效果也明显优于VC。

目前,化妆品及洗护行业应用最为广泛的一款美白剂为VC。其主要是阻碍酪氨酸的氧化反应,不仅能还原已经形成的黑色素,还是胶原脯氨酸羟化酶和胶原赖氨酸羟化酶维持活性所必需的辅助因子。临床上,VC对祛除后天性色素沉着有明显效果。本研究以VC为参照物,对比茶提取物与茶树花提取物的美白功效。结合以上的实验结果,将VC、茶树花提取物、EGCG、TP95和TFS控制在安全浓度范围内,是具有较强美白功效的安全的化妆品添加剂,不仅可以使细胞的黑色素含量减少,阻断黑色素通路运输,还可抑制黑色素细胞的增殖,达到了多重调控美白的目的。结果显示,从抑制B16黑色素瘤细胞活性、酪氨酸酶活性和黑色素合成量的角度看,TFS、TP95和GCG的效果要明显优于茶树花提取物和VC;而从抑制酪氨酸酶活性、黑色素合成量的角度来看,相同浓度下TFE的效果要优于VC,而对比单细胞内酪氨酸酶和黑色素合成量而言,茶树花提取物的效果优于另外4种提取物。人们对黑色素合成调控的认识经历了从酪氨酸酶单酶学说到多酶学说,而且酪氨酸酶呈现多态性。此外,大量研究表明,茶多酚及其氧化产物具有较好的防紫外效果,具有突出的清除自由基功效。因此,减少外源刺激,如紫外线、氧自由基等对黑色素形成的负面影响也是EGCG、多酚和茶树花提取物美白的途径之一。

　　理想的美白药物应在抑制酪氨酸酶活性和黑色素生成的浓度下,对细胞增殖没有显著影响,避免影响到正常细胞的生理代谢。在日化用品的美白剂的选择添加中,选择较高浓度的茶树花提取物和VC,具有安全、浓度易把控、作用效果稳定等优势。此外,从生产成本与原料的来源、功效、安全、效益、剂量等多角度考量,茶树花提取物均不失为一种高效理想的美白添加剂。

『第四篇』应用篇

随着人们食品安全及健康意识的逐渐增强，天然活性物质备受青睐，故含有多种活性功能成分的茶树花的开发利用必将拥有广阔的市场前景。2013年1月4日，国家卫生部门批准了茶树花等7种新资源食品，故茶树花能作为天然食品添加剂。

将茶树花制成花茶是最直接的利用方式。将呈朵型的茶树花干花与绿茶配合，制成『二合一』的混合茶，既有传统的绿茶风味和独特的花香，又具有高的观赏性；目前，市场上也有将茶树花与茶叶一起压制成茶树花饼茶，是一种新的利用方式。

茶树花富含的活性成分使得其可作为辅料制作成各类饮用品，如茶树花冰茶、茶树花酸奶及茶树花酒等。此外，茶树花糖分高、香气物质丰富，使得茶树花适宜应用到发酵酒行业。如发酵型茶树花苹果酒及保健茶树花鲜啤酒，添加茶树花发酵后的酒具有茶树花的独特风味和活性成分，口感和品质均有改善。在日本，市场上已有针对肥胖人群的具有降脂减肥功能的茶树花饮料。

# 第十四章　茶树花的护肤产品研发

化妆品是指以涂抹、喷洒或者其他类似方法,散布于人体表面的任何部位,如皮肤、毛发、指趾甲、唇齿等,以达到清洁、保养、美容、修饰和改变外观,或者修正人体气味,保持良好状态目的的化学工业品或精细化工产品。自从2006年我国化妆品行业的销售额突破千亿元之后,行业和市场得到了进一步发展,年均复合增长率都在两位数,即便是全球经济危机泛滥的2008年和2009年,在内需拉动消费的刺激下,中国的化妆品行业还是欣欣向荣、蓬勃发展,保持持续稳定增长。当今的化妆品产品趋势之一就是跨行业元素共享,例如,食品饮料中流行的天然成分(例如骨胶原)进入化妆品应用领域。人们对天然、有机护肤品越来越感兴趣。

## 第一节　茶树花化妆水研发

化妆水主要包括清洁爽肤水、保湿柔肤水、镇定收敛水。清洁爽肤水用水、乙醇和清洁剂配制而成,洗面后,毛孔内油脂、黑头粉刺上浮,老化的角质会松动,与传统的洗脸相比能够帮助调节pH值并补充少量水分,以使皮肤松快、舒适和清洁。保湿柔肤水是以使皮肤柔软保湿为目的的产品,在产品中添加天然保湿因子,相对于清洁爽肤水少含或不含帮助清洁的成分,增加了保湿成分和油脂成分,适宜皮肤敏感者使用。镇定收敛水用于抑制皮肤油分过分过剩和调节肌肤紧张,同时能镇定皮肤,收敛毛孔,特征成分是酒精和收敛剂。

在化妆水中添加茶树花提取物成分,既可增加一定的清洁效果,同时使化妆水有皮肤滋养作用。

研究表明,茶树鲜花与芽叶的主要化学成分大体相同。茶树花富含蛋白质、茶多酚、茶多糖、茶皂素、黄酮类、氨基酸、维生素、微量元素和超氧化物歧化酶(SOD)、可可碱等多种有益成分和活性物质。其中,含氨基酸2.84%、咖啡碱2.59%、蛋白质27.46%、总糖38.47%、儿茶素63.42mg/g,黄酮类物质含量较其他花卉高,微量元素锰、钴、铬及烟酸含量也比较高。蛋白质和茶多糖含量高于茶叶。其中：黄酮类有较强抗氧化自由基作用；其他类茶多酚有较强抗氧化力，可防辐射损伤，能清除面部油脂，收敛毛孔，具有消毒、灭菌、抗皮肤老化、减少日光中的紫外线辐射对皮肤的损伤等功效，还能够阻挡紫外线和清除紫外线诱导的自由基，从而保护黑色素细胞的正常功能，抑制黑色素的形成，同时对脂质氧化产生抑制，减轻色素沉着。茶多糖、氨基酸有一定的保湿作用，可作为天然保湿因子。所以，茶树花提取物中黄酮类、其他类茶多酚、茶多糖、氨基酸成分是化妆水的有效成分，能够提升化妆水的品质。

# 一、化妆水主要评价因子

## 1. 化妆水 pH 的测定

根据 GB/T 13531.1–2008 测定。将化妆水放入烧杯中，用在规定温度下校正好的 pH 计进行两次测量，取平均值。取洗面奶试样 1 份，加入经煮沸冷却后的实验室用水 9 份，加热至 40℃，并不断搅拌至均匀，冷却至规定温度，用在所规定温度下校正好的 pH 计进行两次测量，取平均值。平行实验误差应小于 0.1。

## 2. 化妆水外观、香气、耐热、耐寒测定

化妆水外观、香气、耐热、耐寒测定根据 QB/T 2660–2008 测定。

（1）外观：取化妆水在室温和非阳光直射下目测观察。

（2）香气：用宽 0.5～1.0cm、长 10～15cm 的吸水纸作为评香纸，蘸取试样约 1～2cm，用嗅觉评判。

（3）耐热：预先将恒温培养箱调节到（40±1）℃，把包装完整的化妆水置于恒温培养箱内。24h 后取出，恢复至室温后目测观察。

（4）耐寒：预先将冰箱调节到（5±1）℃，把包装完整的化妆水置于冰箱内。24h 后取出，恢复至室温后目测观察。

## 3. 化妆水指标要求

根据 QB/T 2660–2008，感官、理化指标要求如表 14.1。

表14.1　化妆水感官、理化指标

| 项目 | 要求 |
|------|------|
| 外观 | 均匀液体,不含杂质 |
| 香气 | 符合规定香型 |
| 耐热 | 40℃保持24h,恢复至室温后与实验前无明显性状差异 |
| 耐寒 | 5℃保持24h,恢复至室温后与实验前无明显性状差异 |
| pH | 4.0～8.5 |

### 4. 茶树花型化妆水分类

化妆水包括清洁爽肤水、保湿柔肤水、镇定收敛水。

### 5. 化妆水主要原料与添加量(表14.2)

表14.2　化妆水主要原料与添加量

| 成分 | 主要功能 | 代表性原料 | 添加量(%) |
|------|----------|------------|-----------|
| 精制水 | 补充角质层水分、溶解成分 | 蒸馏水 | 30～70 |
| 醇类 | 清凉感、杀菌、溶解成分 | 乙醇、异丙醇 | 0～30 |
| 保湿剂 | 角质层保湿、使用感、溶解 | 甘油、丙二醇、多元醇、糖类、氨基酸类 | 0～15 |
| 柔软剂 | 皮肤软化、保湿、使用感 | 酯油、高碳醇 | 适量 |
| 角质软化剂 | 使角质层软化 | 碱(氢氧化钾、碳酸钾) | 适量(微量) |
| 增溶剂 | 原料成分的增溶 | HLB高的表面活性剂 | 0～2.5 |

## 二、配　方

### 1. 关于镇定收敛水

镇定收敛水配方如表14.3。

表14.3　镇定收敛水配方

| 组分 | 质量分数(%) |
|------|-------------|
| 明矾 | 0.75 |
| 硫酸锌 | 0.10 |
| 甘油 | 10.00 |

续表

| 组分 | 质量分数(%) |
|---|---|
| 茶树花提取物 | 0.05;0.10;0.20;0.30(4个浓度梯度) |
| 无水乙醇 | 10.00 |
| 蒸馏水 | 加至100% |

工艺流程:将明矾、茶树花提取物溶于部分蒸馏水后搅拌,将硫酸锌溶于甘油中。将残留蒸馏水与硫酸锌溶液混合,再添加明矾、茶树花提取物溶液,再添加无水乙醇,最后搅拌、抽滤。

结果表明,添加茶树花提取物0.05%、0.10%、0.20%、0.30%的四个浓度梯度的化妆水,均通过外观、香气、耐热、耐寒国家指标检验。但是,添加茶树花提取物0.05%的化妆水 pH 为2.98,添加茶树花提取物0.10%的化妆水 pH 为2.90,添加茶树花提取物0.20%的化妆水 pH 为2.95,添加茶树花提取物0.30%的化妆水 pH 为2.87,均未达到国家化妆品 pH 值4~8.5的要求。所以,方案否决。

### 2. 关于保湿柔肤水

进行了2次实验。其中茶多糖、氨基酸可作为天然保湿因子。

第1次配方如表14.4。

表14.4 保湿柔肤水配方1

| 组分 | 质量分数(%) |
|---|---|
| 吐温-80 | 0.5 |
| 氢氧化钾 | 0.05 |
| 甘油 | 10.00 |
| 茶树花提取物 | 0.05;0.10;0.20;0.30(4个浓度梯度) |
| 无水乙醇 | 20.00 |
| 蒸馏水 | 加至100% |

工艺流程:将甘油、茶树花提取物加入蒸馏水后搅拌,将吐温-80加入乙醇中,两个溶液混合,再加入氢氧化钾,最后搅拌、抽滤。

结果表明,加入氢氧化钾后,原化妆水的淡黄色在5s内转变为深黄色,而淡黄色是茶树花提取物的颜色,变色有极大可能与氢氧化钾、茶树花提取物之间发生的反应有关。化妆水内部发生反应,显然不是一个好的选择,所以方案否决。

第2次配方如表14.5。

表14.5　保湿柔肤水配方2

| 组分 | 质量分数(%) |
|---|---|
| 丙二醇 | 1 |
| 甘油 | 5 |
| 茶树花提取物 | 0.05;0.10;0.20;0.30(4个浓度梯度) |
| 无水乙醇 | 20 |
| 蒸馏水 | 加至100% |

工艺流程:将甘油、丙二醇、茶树花提取物加入蒸馏水后搅拌,再加入无水乙醇,最后搅拌、抽滤。

结果表明,添加茶树花提取物0.05%、0.10%、0.20%、0.30%的四个浓度梯度的化妆水,均通过外观、香气、耐热、耐寒国家指标检验。而且,添加茶树花提取物0.05%的化妆水pH为5.48,添加茶树花提取物0.10%的化妆水pH为5.48,添加茶树花提取物0.20%的化妆水pH为5.45,添加茶树花提取物0.30%的化妆水pH为5.34,均达到国家化妆品pH值4～8.5的要求。化妆水种类选定为保湿柔肤水,配方为如表14.5。通过外观、香气、耐热、耐寒、pH国家标准方法检验。

## 三、茶树花提取物浓度确定

按照保湿柔肤水第2次配方及工艺制取小样,给志愿者进行测试。具体操作如下:以手臂为实验对象,选定6处皮肤,1处不进行处理,1处用蒸馏水冲洗后用手指肚抹两圈,用纸巾轻轻擦干,剩下4处分别用添加茶树花提取物浓度0.05%、0.10%、0.20%、0.30%的化妆水冲洗,后用手指肚抹两圈,用纸巾轻轻擦干。对处理完的6处皮肤用皮肤分析系统测定皮肤指标。数据显示:未处理皮肤平均油分为14.8%,水分为7.33%,毛孔平均直径为0.0433mm,色素为24.3%;水洗皮肤平均油分为9.00%,水分为9.67%,毛孔平均直径为0.0467mm,色素为30.7%。

添加茶树花提取物浓度0.05%化妆水洗皮肤平均油分为10.7%,水分为13.7%,毛孔平均直径为0.0356mm,色素为23.6%。

添加茶树花提取物浓度0.10%化妆水洗皮肤平均油分为12.4%,水分为11.1%,毛孔平均直径为0.0367mm,色素为25.3%。

添加茶树花提取物浓度0.20%化妆水洗皮肤平均油分为11.7%,水分为12.3%,

毛孔平均直径为0.0433mm,色素为27.0%。

添加茶树花提取物浓度0.30%化妆水洗皮肤平均油分为12.7%,水分为13.3%,毛孔平均直径为0.0333mm,色素为28.3%。

参考标准:皮肤油分12%及以下正常,12%以上油分较高;皮肤水分10%正常,10%以上较好,10%以下较干燥;皮肤色素30%及以下正常,30%以上色素较深。

通过比较能得到:添加茶树花提取物浓度0.05%的化妆水清洗后皮肤油分比添加茶树花提取物浓度0.10%、0.20%、0.30%更少,与水洗相比也体现了保湿柔肤水能保持皮肤油脂的特性;添加茶树花提取物浓度0.05%的化妆水清洗后皮肤水分最高;毛孔收缩程度相近;水洗皮肤色素最深,高于未处理皮肤,添加茶树花提取物浓度0.10%、0.20%、0.30%的化妆水清洗后色素也有不同程度的轻微加深,添加茶树花提取物浓度0.05%的化妆水清洗后色素有轻微减少。综上所述,化妆水添加茶树花提取物的最佳浓度为0.05%。

## 第二节　茶树花型洗面奶研发

洗面奶是用于清洁面部污垢如汗液、灰尘彩妆等的清洁用品。比起使用肥皂清洁脸部,洗面奶对皮肤的刺激更小,冲洗也更加容易,即使脸部的凹凸位置也能洁净。洗面奶有泡沫型、溶剂型、无泡型、胶原型。泡沫型洗面奶含有表面活性剂,通过表面活性剂对油脂的乳化能力而达到清洁效果。溶剂型洗面奶是靠油与油的溶解能力来去除油性污垢。无泡型洗面奶结合了泡沫型、溶剂型洗面奶的特点,既有适量油分也含有部分表面活性剂。胶原型洗面奶采用无皂基配方,能够有效去除脸部角质和污垢。

茶皂素作为一种主要表面活性剂,在洗面奶中添加茶皂素,对皮肤还有多种效果。

茶皂素具有良好的去污、起泡、湿润、分散和乳化作用,易酶解成无毒的化合物,不会对环境产生污染,是天然的活性剂,在日化行业是难得的表面活性剂材料。茶皂素还具有去污、杀菌、消毒、消炎、止痒等功效,精制后可用于配制高档洗发香波。另外,油茶皂素洗发香波的毒理实验表明,该产品属实际无毒类,对皮肤无刺激、无致敏作用,使用卫生指标也达到规定的要求。洗面奶利用茶皂素作为表面活性剂材料,表面活性剂是一类具有多种功能的精细化学品,表面活性剂具有润湿、分散、乳化、增溶、起泡、消泡和洗涤去污等多种功能。将其应用于洁面乳,其原理与洗发香波类似。虽然大众目前还是偏向泡沫型洗面奶,但是泡沫型洗面奶的泡沫越多,保湿度越差,无泡沫型洗面奶通常有更强的保湿、滋润功能等观念已经渐渐被人们所知晓。

现在市面上的护肤品多有化学合成的活性成分,本项目设计研发的产品添加天然生物活性成分,使其更加天然、安全。现在添加天然成分的护肤品都广泛受到大家的喜爱,尤其是茶,作为中国的国家特色更是能够为产品加分的因素。在淘宝网搜索关键词"茶""护肤品",出现了100页的搜索结果。经过分析,除了相宜本草是大型化妆品企业,其他都是国内的小品牌,说明化妆品大企业还未在"茶"字上下功夫,这也是我们将来发展的优势。同时,茶皂素、茶树花提取物来源广泛、成本低,所以我们的产品定位为安全、天然、中低价的化妆水、无泡沫洗面奶,主要面向对象为青年人,应用范围十分广泛。

## 一、洗面奶的主要评价因子

### 1. 洗面奶 pH 的测定

根据GB/T 13531.1—2008测定。将化妆水放入烧杯中,用在规定温度下校正好的pH计进行两次测量,取平均值。将洗面奶试样1份,加入经煮沸冷却后的实验室用水9份,加热至40℃,并不断搅拌至均匀,冷却至规定温度,用在规定温度下校正好的pH计进行两次测量,取平均值。平行实验误差应小于0.1。

### 2. 洗面奶外观、香气、耐热、耐寒测定

洗面奶外观、香气、耐热、耐寒测定根据QB/T 1645—2004测定。

(1)外观:取化妆水在室温和非阳光直射下目测观察。

(2)香气:取洗面奶用嗅觉进行鉴别。

(3)耐热:预先将恒温培养箱调节到(40±1)℃,把包装完整的化妆水置于恒温培养箱内。24h后取出,恢复至室温后目测观察。

(4)耐寒:预先将冰箱调节到−5℃,把包装完整的洗面奶置于冰箱内。24h后取出,恢复至室温后目测观察。

(5)质感:取适量洗面奶,在室温下涂于手背或双臂内测试。

### 3. 洗面奶离心分离考验

根据QB/T 2286-1997处理。于离心管中注入试样至约2/3高度并装实,盖好盖子,放入预先调节到(38±1)℃的恒温培养箱内,保温1h后,立即移入离心机中,并将离心机调整到2000r/min的离心速度,旋转30min后取出观察。

### 4. 洗面奶指标要求

根据QB/T 1645-2004,得出感官、理化指标要求,见表14.6。

表14.6　洗面奶感官、理化指标

| 项目 | 要求 |
|------|------|
| 外观 | 符合规定色泽 |
| 香气 | 符合规定香型 |
| 质感 | 均匀一致 |
| 耐热 | (40±1)℃保持24h,恢复至室温后无油水分离现象 |
| 耐寒 | -5℃保持24h,恢复至室温后无分层、泛粗、变色现象 |
| pH | 4.0～8.5 |
| 离心分离 | 2000r/min,30min无油水分离(颗粒沉淀除外) |

### 5. 洗面奶感官评审

给试用者使用洗面奶后,根据表14.7进行打分。1号、2号、3号的区别是不同的添加茶皂素浓度,每次打乱顺序。打分选项有:很满意;比较满意;一般;较不满意;不满意。

表14.7　洗面奶感官评审

| 选项 | 1号 | 2号 | 3号 |
|------|-----|-----|-----|
| 色彩 | | | |
| 顺滑感 | | | |
| 刺激性 | | | |
| 紧绷感 | | | |
| 均匀性 | | | |
| 清洁力 | | | |

## 二、研究成果

当表面活性剂在溶液中以很低的浓度溶解分散后优先吸附在溶液的表面或其他界面上,这使表面或界面自由能(或表面张力)显著地降低,改变了体系的界面状态。表面活性剂能缔合且形成胶束等缔合体,除具有较高的表面活性以外,同时还具有润湿、乳化、起泡、洗涤等作用。表面活性剂分子中具有亲油基和亲水基,为两亲分子。其亲水基与水相吸引而溶于水,其亲油基与水相斥而离开水。结果,表面活性剂分子(或离子)吸附在两相界面上,使两相间的界面张力降低。

### 1. 洗面奶主要成分性能

(1)硬脂酸 $CH_3(CH_2)_{16}COOH$

性状:纯品为白色略带光泽的蜡状小片结晶体,熔点为69.6℃。

用途:用于制蜡、塑料及化妆品,也可以用于硬化肥皂,在雪花膏、冷霜这两类护肤品中起乳化作用,从而使其变成稳定洁白的膏体。

(2)棕榈酸异丙酯 $CH_3(CH_2)_{14}COOCH(CH_3)_2$

性状:无色透明油状液体,无嗅无味。熔点为11~13℃。

用途:合成油脂。主要用作乳剂类化妆品的润滑剂。能赋予化妆品良好的涂敷性,与皮肤有较好的亲和性,易被皮肤组织所吸收,使皮肤柔软。

(3)白油(又称矿物油)

性状:无色无味的透明液体。

用途:适用于化妆工业,可作发乳、发油、唇膏、面油、护肤油、防晒油、婴儿油、雪花膏等软膏和软化剂的基础油。化妆级白油可用作抗静电剂、柔润剂、溶媒、溶剂,为碳氢化合物,可增加湿润感,但无法直接改善干燥受损的肌肤。

(4)十六醇 $CH_3(CH_2)_{15}OH$

性状:白色叶片状结晶。熔点为50℃。

用途:用于制造香料、化妆品、洗涤剂、增塑剂等,适用于各类化妆品中,作为基质,特别适合于乳液;在医药中,可直接用作W/O乳化剂膏体、软膏基质等,也可用作消泡剂、水土保温剂、成色剂、气相色谱固定液。

(5)聚氧乙烯脱水山梨醇单油酸酯

性状:淡黄色至橙黄色的黏稠液体。其为亲水性的非离子型表面活性剂。

用途：该产品用作注射液及口服液的增溶剂或乳化剂；软膏剂用作乳化剂和基贡；栓剂用基质等。在食品工业中用作乳化剂。在化妆品工业中，常作为水包油（O/W）型乳化剂。

（6）甘油 $CH_2OH-CHOH-CH_2OH$

性状：无色澄清黏稠液体。

用途：化妆品中最基础的原料之一，有保湿作用。

（7）三乙醇胺（$HOCH_2CH_2$）$_3N$

性状：无色至淡黄色透明黏稠液体，微有氨味。

用途：在化妆品（包括皮肤洗涤、眼胶、保湿、洗发剂等）中用作乳化剂、保湿剂、增湿剂、增稠剂、pH平衡剂。在化妆品配方中用于与脂肪酸中和成皂，与硫酸化脂肪酸中和成胺盐。三乙醇胺是乳膏制剂中常用乳化剂，用三乙醇胺乳化的乳膏产品具有膏体细腻、膏体亮白的特点。另外，三乙醇胺与高级脂肪酸或高级脂肪醇形成的胶体相稳定性好，产品质量稳定，可以容纳的外加成分比重高。三乙醇胺是含有卡波姆等酸性高分子凝胶的最常用中和剂，三乙醇胺通过与卡波姆等羧基中和，形成稳定的高分子结构，达到增稠和保湿的应用效果。

（8）卡波姆

性状：白色疏松状粉末，有特征性微臭，有引湿性。

用途：在很低的用量（常规用量0.25%～0.50%）下就能产生高效的增稠作用，从而制备出具有很宽的黏度范围和不同流变性的乳液、膏霜、凝胶与透皮制剂。

## 2. 洗面奶配比确定

（1）第1次配方如表14.8。

表14.8　洗面奶第1次实验配方

| 组分 | 质量分数(%) | 相 |
|---|---|---|
| 白油 | 15 | 油相 |
| 棕榈酸异丙酯 | 5 | |
| 硬脂酸 | 5 | |
| 三乙醇胺 | 1 | |
| 十六醇 | 2 | |
| 茶皂素 | 1.2;1.6;2.0(3个浓度梯度) | |
| 聚氧乙烯脱水山梨醇单油酸酯 | 1.5 | |
| 甘油 | 8 | 水相 |
| 蒸馏水 | 加至100% | |

　　工艺:将棕榈酸异丙酯、硬脂酸、三乙醇胺、十六醇混合在一起,放入75℃的水浴锅中完全溶解。再将茶皂素、聚氧乙烯脱水山梨醇单油酸酯、甘油、蒸馏水混合,然后水相、油相混合,在匀质机中搅拌。

　　结果表明,添加茶皂素1.2%、1.6%、2.0%的三个梯度的洗面奶,均通过外观、香气、质感、耐热、耐寒国家指标检验。此外,添加茶皂素1.2%的洗面奶pH为7.98,添加茶皂素1.6%的洗面奶pH为7.86,添加茶皂素2.0%的洗面奶pH为7.75,均达到国家化妆品pH值4~8.5的要求。在离心测试后,洗面奶出现明显的三层分层,说明乳化还有问题。仔细分析后找到原因:硬脂酸熔点为69.6℃,油相与水相混合前温度为70℃左右,水相温度仅为25℃左右,混合后温度明显低于硬脂酸熔点,导致硬脂酸析出。而且洗面奶流质感较重,黏稠度不够。

　　改进措施:水相、油相同时加热;水浴锅水温调高至90℃;将聚氧乙烯脱水山梨醇单油酸酯、茶皂素归为油相(茶皂素难溶于冷水)。

　　(2)第二次配方如表14.9,并在配方完成后做成了小样,进行了感官评审。

表14.9　洗面奶第2次实验配方

| 组分 | 质量分数(%) | 相 |
|---|---|---|
| 白油 | 15 | 油相 |
| 棕榈酸异丙酯 | 5 | |
| 硬脂酸 | 5 | |
| 三乙醇胺 | 1 | |
| 十六醇 | 2 | |
| 茶皂素 | 1.2；1.6；2.0 | |
| 聚氧乙烯脱水山梨醇单油酸酯 | 1.5 | |
| 甘油 | 8 | 水相 |
| 蒸馏水 | 加至100% | |

工艺:将棕榈酸异丙酯、硬脂酸、三乙醇胺、十六醇、茶皂素、聚氧乙烯脱水山梨醇单油酸酯混合在一起,放入90℃的水浴锅中完全溶解。再将甘油、蒸馏水混合,然后水相、油相混合,在匀质机中搅拌。

结果表明,添加茶皂素1.2%、1.6%、2.0%的三个梯度的洗面奶,均通过外观、香气、质感、耐热、耐寒国家指标检验。另外,添加茶皂素1.2%的洗面奶pH为7.91,添加茶皂素1.6%的洗面奶pH为7.80,添加茶皂素2.0%的洗面奶pH为7.67,均达到国家化妆品pH值4~8.5的要求。而且均通过离心测试,上次洗面奶出现的三层分层现象消失,说明温度是导致乳化不成功的原因。但是洗面奶的流质感仍然较重,黏稠度不够。感官评审如表14.10,表中分数为16位评审人员的平均分。

表14.10　感官评审评分

| 项目 | | 很满意 | 比较满意 | 一般 | 较不满意 | 不满意 |
|---|---|---|---|---|---|---|
| 添加茶皂素浓度1.2% | 色彩 | 3 | 5 | 4 | 2 | 2 |
| | 顺滑感 | 13 | 2 | 0 | 1 | 0 |
| | 刺激性 | 14 | 1 | 1 | 0 | 0 |
| | 紧绷感 | 10 | 3 | 0 | 2 | 1 |
| | 均匀性 | 9 | 5 | 2 | 0 | 0 |
| | 清洁力 | 2 | 4 | 7 | 2 | 1 |

续表

| 项目 | | 很满意 | 比较满意 | 一般 | 较不满意 | 不满意 |
|---|---|---|---|---|---|---|
| 添加茶皂素浓度1.6% | 色彩 | 2 | 4 | 3 | 6 | 1 |
| | 顺滑感 | 13 | 1 | 1 | 1 | 0 |
| | 刺激性 | 14 | 0 | 2 | 0 | 0 |
| | 紧绷感 | 8 | 3 | 2 | 2 | 1 |
| | 均匀性 | 10 | 2 | 2 | 2 | 0 |
| | 清洁力 | 5 | 4 | 4 | 2 | 1 |
| 添加茶皂素浓度2.0% | 色彩 | 1 | 5 | 5 | 4 | 1 |
| | 顺滑感 | 11 | 3 | 0 | 1 | 1 |
| | 刺激性 | 13 | 1 | 2 | 0 | 0 |
| | 紧绷感 | 7 | 5 | 1 | 2 | 1 |
| | 均匀性 | 11 | 2 | 3 | 0 | 0 |
| | 清洁力 | 7 | 4 | 3 | 1 | 1 |

参考模糊综合评价在产品中的应用。由于产品比较具有高度复杂性,要综合考虑各个方面的因素。综合各因素时,一般采用加权平均法,没有很好地把单因素评价和指标的权重结合起来。模糊评价是对受多种因素影响的事物做出全面评价的一种十分有效的多因素决策方法。例如:顾客很难给洗面奶的顺滑感打一个分数,因为没有具体的参考对象,而让顾客在很满意、比较满意、一般、较不满意、不满意这5个选项中选择一个会相对简单很多,模糊评价能够量化这种序次级数据。

①洗面奶综合评价见图14.1。

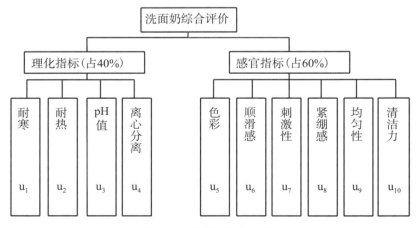

图14.1 洗面奶综合评价

②确定评判集:A级,B级,C级,D级,E级。

③感官指标中的单因素评判矩阵采用了打分的方法。具体实行方法:例如,对于 $u_5$,请100位评审人员评价。调研结果显示,10人表示很满意,20人表示比较满意,30 人表示一般,10人表示较不满意,30人表示不满意。其余指标根据类似方法得到相应 的单因素评判。

则对于 $u_5$(色彩)因素可以得到以下评判: $u_5| \to (0.1, 0.2, 0.3, 0.1, 0.3)$ 。

根据对16位评审人员进行的统计,对添加茶皂素浓度1.2%的洗面奶得到如下单 因素评判:

$u_5| \to (3/16, 5/16, 4/16, 2/16, 2/16)$

$u_6| \to (13/16, 2/16, 0, 1/16, 0)$

$u_7| \to (14/16, 1/16, 1/16, 0, 0)$

$u_8| \to (10/16, 3/16, 0, 2/16, 1/16)$

$u_9| \to (9/16, 5/16, 2/16, 0, 0)$

$u_{10}| \to (2/16, 4/16, 7/16, 2/16, 1/16)$

根据对16位评审人员进行的统计,对添加茶皂素浓度1.6%的洗面奶得到如下单 因素评判:

$u_5| \to (2/16, 4/16, 3/16, 6/16, 1/16)$

$u_6| \to (13/16, 1/16, 1/16, 1/16, 0)$

$u_7| \to (14/16, 0, 2/16, 0, 0)$

$u_8| \to (8/16, 3/16, 2/16, 2/16, 1/16)$

$u_9| \to (10/16, 2/16, 2/16, 2/16, 0)$

$u_{10}| \to (5/16, 4/16, 4/16, 2/16, 1/16)$

根据对16位评审人员进行的统计,对添加茶皂素浓度2.0%的洗面奶得到如下单 因素评判:

$u_5| \to (1/16, 5/16, 5/16, 4/16, 1/16)$

$u_6| \to (11/16, 3/16, 0, 1/16, 1/16)$

$u_7| \to (13/16, 1/16, 2/16, 0, 0)$

$u_8| \to (7/16, 5/16, 1/16, 2/16, 1/16)$

$u_9| \to (11/16, 2/16, 3/16, 0, 0)$

$u_{10}| \to (7/16, 4/16, 3/16, 1/16, 1/16)$

由以上单因素评判,可诱导出模糊关系:

$$R^*_1 = \begin{bmatrix} 3/16 & 5/16 & 4/16 & 2/16 & 2/16 \\ 13/16 & 2/16 & 0 & 1/16 & 0 \\ 14/16 & 1/16 & 1/16 & 0 & 0 \\ 10/16 & 3/16 & 0 & 2/16 & 1/16 \\ 9/16 & 5/16 & 2/16 & 0 & 0 \\ 2/16 & 4/16 & 7/16 & 2/16 & 1/16 \end{bmatrix}$$

$$R^*_2 = \begin{bmatrix} 2/16 & 4/16 & 3/16 & 6/16 & 1/16 \\ 13/16 & 1/16 & 1/16 & 1/16 & 0 \\ 14/16 & 0 & 2/16 & 0 & 0 \\ 8/16 & 3/16 & 2/16 & 2/16 & 1/16 \\ 10/16 & 2/16 & 2/16 & 2/16 & 0 \\ 5/16 & 4/16 & 4/16 & 2/16 & 1/16 \end{bmatrix}$$

$$R^*_3 = \begin{bmatrix} 1/16 & 5/16 & 5/16 & 4/16 & 1/16 \\ 11/16 & 3/16 & 0 & 1/16 & 1/16 \\ 13/16 & 1/16 & 2/16 & 0 & 0 \\ 7/16 & 5/16 & 1/16 & 2/16 & 1/16 \\ 11/16 & 2/16 & 3/16 & 0 & 0 \\ 7/16 & 4/16 & 3/16 & 1/16 & 1/16 \end{bmatrix}$$

④理化指标评定

将洗面奶通过耐热、耐寒国家标准且与之前相比无可见性状改变记为A级,将通过耐热、耐寒国家标准但与之前相比有可见性状改变记为C级。洗面奶经过离心考验后,将无颗粒沉淀记为A级,将有较少颗粒沉淀记为B级,将有较多颗粒沉淀记为D级。pH在5.51～7.50范围内记为A级,pH在7.51～7.80和5.01～5.50范围内记为B级,pH在7.81～8.10和4.51～5.00范围内记为C级,pH在8.11～8.50和4.00～4.50范围内记为D级。不通过国家标准记为E级。具体如表14.11。

表14.11　洗面奶理化指标等级

| 项目 | 等级 | A | B | C | D | E |
|---|---|---|---|---|---|---|
| 添加茶皂素浓度1.2% | 耐热 | 0 | 0 | 1 | 0 | 0 |
| | 耐寒 | 1 | 0 | 0 | 0 | 0 |
| | pH | 0 | 0 | 1 | 0 | 0 |
| | 离心分离 | 0 | 0 | 0 | 1 | 0 |
| 添加茶皂素浓度1.6% | 耐热 | 1 | 0 | 0 | 0 | 0 |
| | 耐寒 | 1 | 0 | 0 | 0 | 0 |
| | pH | 0 | 1 | 0 | 0 | 0 |
| | 离心分离 | 0 | 1 | 0 | 0 | 0 |

| 项目 | 等级 | A | B | C | D | E |
|---|---|---|---|---|---|---|
| 添加茶皂素<br>浓度2.0% | 耐热 | 1 | 0 | 0 | 0 | 0 |
| | 耐寒 | 1 | 0 | 0 | 0 | 0 |
| | pH | 0 | 1 | 0 | 0 | 0 |
| | 离心分离 | 1 | 0 | 0 | 0 | 0 |

⑤对理化指标作综合评价

$U_1 = \{u_1, u_2, u_3, u_4\}$为理化指标,权重$A_1 = (0.25, 0.25, 0.25, 0.25)$,由④中所述数据对$u_1, u_2, u_3, u_4$的模糊评判建立单因素评判矩阵。

$$R_1 = \begin{bmatrix} 0 & 0 & 1 & 0 & 0 \\ 1 & 0 & 0 & 0 & 0 \\ 0 & 0 & 1 & 0 & 0 \\ 0 & 0 & 0 & 1 & 0 \end{bmatrix} （添加茶皂素浓度1.2\%）$$

$$R_2 = \begin{bmatrix} 1 & 0 & 0 & 0 & 0 \\ 1 & 0 & 0 & 0 & 0 \\ 0 & 1 & 0 & 0 & 0 \\ 0 & 1 & 0 & 0 & 0 \end{bmatrix} （添加茶皂素浓度1.6\%）$$

$$R_3 = \begin{bmatrix} 1 & 0 & 0 & 0 & 0 \\ 1 & 0 & 0 & 0 & 0 \\ 0 & 1 & 0 & 0 & 0 \\ 1 & 0 & 0 & 0 & 0 \end{bmatrix} （添加茶皂素浓度2.0\%）$$

用模型$M(\wedge, \vee)$计算得:

$B_1 = A_1, R_1 = (0.25, 0, 0.25, 0.25, 0)$。

经归一化得:$B_1 = A_1, R_1(1/3, 0, 1/3, 1/3, 0)$。

同理:$B_2 = A_1, R_2 = (0.25, 0.25, 0, 0, 0)$。

经归一化得:$B_1 = A_1, R_2(0.5, 0.5, 0, 0, 0)$。

$B_3 = A_1, R_1 = (0.25, 0.25, 0, 0)$。

经归一化得:$B_1 = A_1, R_1(0.5, 0.5, 0, 0, 0)$。

⑥对感官评审指标作综合评价

$U_2 = \{u_5, u_6, u_7, u_8, u_9, u_{10}\}$为感官评审指标,权重$A_2 = (0.15, 0.15, 0.15, 0.15, 0.15, 0.25)$,由③中所述数据用模型$M(\wedge, \vee)$计算得:

$B_1^* = A_2, R_1^* = (0.15, 0.25, 0.25, 0.125, 0.125)$。

经归一化得:$B_1^* = A_2, R_1^*(1/6, 5/18, 5/18, 5/36, 5/36)$。

同理:$B_2^* = A_2, R_2^* = (0.25, 0.25, 0.25, 0.15, 0.06)$。

经归一化得:$B_2^* = A_2, R_2^*(20/77, 20/77, 20/77, 12/77, 5/77)$。

同理:$B_3^* = A_2, R_3^*(0.25, 0.25, 0.19, 0.15, 0.06)$。

经归一化得:$B_3^* = A_2, R_3^*(5/18, 5/18, 5/24, 1/6, 5/72)$。

⑦作综合评判

理化指标占40%,感官指标占60%,权重$A = (0.4, 0.6)$,$U = \{U_1, U_2\}$,令总单因素矩阵为:

$$R = \begin{bmatrix} B \\ B^* \end{bmatrix}$$

所以 $R_1 = \begin{bmatrix} B_1 \\ B_1^* \end{bmatrix} = \begin{bmatrix} 1/3 & 0 & 1/3 & 1/3 & 0 \\ 1/6 & 5/18 & 5/18 & 5/36 & 5/36 \end{bmatrix}$

则综合评判:$B_1 = A, R_1(0.233, 0.167, 0.300, 0.217, 0.080)$

$R_2 = \begin{bmatrix} B_2 \\ B_2^* \end{bmatrix} = \begin{bmatrix} 1/2 & 1/2 & 0 & 0 & 0 \\ 20/77 & 20/77 & 20/77 & 12/77 & 5/77 \end{bmatrix}$

则综合评判:$B_2 = A, R_2(0.356, 0.356, 0.156, 0.090, 0.040)$

$R_3 = \begin{bmatrix} B_3 \\ B_3^* \end{bmatrix} = \begin{bmatrix} 1/2 & 1/2 & 0 & 0 & 0 \\ 5/18 & 5/18 & 5/24 & 1/6 & 5/72 \end{bmatrix}$

则综合评判:$B_3 = A, R_3(0.367, 0.367, 0.125, 0.100, 0.040)$

计A级得5分,B级得4分,C级得3分,D级得2分,E级得1分。

则1号总分为3.247;2号总分为3.892;3号总分为3.918。3号分数最高,所以最终选定3号,即添加茶皂素浓度2.0%。

改进措施:添加增稠剂卡波姆。

（3）第三次配方如表14.12。

表14.12　洗面奶第3次实验配方

| 组分 | 质量分数(%) | 相 |
|---|---|---|
| 白油 | 15 | 油相 |
| 棕榈酸异丙酯 | 5 | |
| 硬脂酸 | 5 | |
| 三乙醇胺 | 1 | |
| 十六醇 | 2 | |
| 茶皂素 | 2 | |
| 聚氧乙烯脱水山梨醇单油酸酯 | 1.5 | |
| 卡波姆 | 0.28 | |
| 甘油 | 8 | 水相 |
| 蒸馏水 | 加至100% | |

工艺:将棕榈酸异丙酯、硬脂酸、三乙醇胺、十六醇、茶皂素、聚氧乙烯脱水山梨醇单油酸酯、卡波姆混合在一起,放入90℃的水浴锅中完全溶解。再将甘油、蒸馏水混合,然后水相、油相混合,在匀质机中搅拌。

结果表明,添加茶皂素2.0%的3个梯度的洗面奶,通过外观、香气、质感、耐热、耐寒、pH、离心分离测试国家指标检验。洗面奶流质感较重,黏稠度不够的感觉消失,黏稠度令人满意。

### 三、进一步设想

针对无泡沫型洗面奶的目标,确定了配方成分:棕榈酸异丙酯、硬脂酸、三乙醇胺、十六醇、茶皂素、聚氧乙烯脱水山梨醇单油酸酯、卡波姆、甘油、蒸馏水。针对第一次实验的国家标准之一离心分离测试的失败,进行了工艺改进。针对第二次实验的黏稠度过低,配方中新增了卡波姆。对茶皂素的最佳添加浓度的研究是在感官评审的基础上,将模糊数学应用到产品评价中,对理化指标耐热、耐寒、pH、离心分离测试和感官指标色彩、顺滑感、刺激性、紧绷感、均匀性、清洁力这10个指标做出了全面的综合评价,最终得出茶皂素的最佳添加浓度为2.0%。洗面奶最终配方见表14.12。

本团队在进行市场调研后,将目标定位于安全、天然、中低价、面向年轻人。然后查阅资料确定化妆水、洗面奶的配方,并进行一系列实验,在实验中通过总结茶树花提取物、茶皂素与配方的匹配度修改调整配方,并改进工艺中的缺陷,然后做出一系列浓度梯度的产品。通过感官评审、模糊评价得到了洗面奶中茶皂素的最佳添加浓度,通过皮肤指标测定得到添加茶树花提取物的最佳添加浓度。最终确定化妆水中茶树花提取物的最佳添加浓度为0.05%,洗面奶中茶皂素的最佳添加浓度为2.0%。本实验探讨、发展了两种评价化妆品的方法,并得到了洗面奶、化妆水成品与相应的工艺流程。随着化妆品行业的快速成长,茶成分作为功能性成分添加到化妆品中也会成为一种趋势,也能为将来的研究打下基础。

## 第三节 茶树花睡眠面膜的研发

科技的进步,社会的发展,使得人们在美容护肤上花费越来越多的时间和精力,无论是在美容院还是家庭使用,面膜无疑已经成为美容护肤的代名词,而且市面上面膜的质地也越加琳琅满目,功效更是种类繁多。近年来,由于免洗面膜具有隔夜免洗、使用方便且功效持久等特性,成为大多数爱美人士的钟情产品,在国内外如雨后春笋般迅猛发展,占据了大部分的面膜市场,现已成为化妆品行业崭新而又具有活力的发展方向。

与此同时,化妆品的安全性、天然性也越来越受到人们的关注,无化学添加成为人们对化妆品的新要求,天然产物逐渐成为化妆品行业的新宠。汉生胶是目前国际上集增稠、悬浮、乳化、稳定于于一体,性能最优越的生物胶,在医药化妆品行业具有广泛的应用;普鲁兰糖作为一种无毒、无害、无色、无味的增稠剂也常出现在化妆品的基质配方中;基于海藻糖具有优异的保持细胞活力和生物大分子活性的特性,芦荟胶等多种护肤品都以其为基质配方中的重要组成成分;甘油是化妆品中最常见也是比较廉价的保湿成分之一,几乎所有的化妆品中都会添加甘油;透明质酸钠是广泛存在于人和动物中的生理活性物质,它的透明质分子能携带500倍以上的水分,为当今所公认的最佳保湿成分,广泛应用在保养品跟化妆品尤其是高档产品中。除此以外,以上的研究表明,茶提取物——TF40具有突出的抗氧化、美白等护肤功效,而且茶氨酸具有安神助眠的功效;茶树花提取物具有强大的抑菌、抗氧化、清除自由基等功效,还是一种天然的香料,其中含有的茶皂素是天然的乳化剂,在改善产品质地的同时,还易于次日清洗。基于以上几方面原因,本研究从消费者的需求出发,以汉生胶、普鲁兰糖、海藻糖等为基质,添加透明质酸钠、甘油等常规保湿成分,将美白、抗氧化等护肤功效突出的TF40应用于化妆品中。另外,本研究添加茶氨酸、茶树花提取物等天然产物进行复配,开发出了一款安全、天然、高效的护肤品——茶妍营养睡眠双功效面膜。

在面膜配方优选时,本课题组要对各样品进行综合评价,而样品的性能受多方面因素综合影响,在比较时具有高度复杂性。目前在国内,评价一种产品综合考察各因素时,一般采用简单的加权平均法,没有很好地把单因素评价和指标的权重结合起来,这将会导致结果缺乏科学性。模糊评价是对受多种因素影响的事物做出全面评价的一种十分有效的多因素决策方法。在本研究中,采用该方法对产品进行综合评分。

## 一、研究思路

### 1. 茶树花提取物组成分析

称茶树花提取物 0.1g,加入 80％乙醇 40mL,95℃水浴回流 2h,趁热抽滤,滤渣用 80％热乙醇洗涤(10mL×2)。挥干溶剂后,滤渣连同滤纸置于烧瓶中,加 30mL 蒸馏水,100℃水浴浸提 1h,重复提 1 次,趁热过滤,滤渣用热蒸馏水洗涤(10mL×2),合并滤液,离心分离(4000r/min,10min),将上清液置于 100mL 容量瓶中,以蒸馏水定容至刻度,摇匀备用。取 1.0mL 供试液于具塞试管中,以 1.0mL 蒸馏水作空白对照,每管再加入 4mL 蒽酮-硫酸试液,立即摇匀,置于水浴中,然后一并置于沸水浴中加热 7min,之后用流动自来水迅速冷至室温,放置 10min 后,于 620nm 处测定吸光度。

$$茶多糖含量(\%) = A \times C \times 100/W$$

(A:待测样品稀释后体积;C:由标准曲线查出的糖浓度,mg/mL;W:待测茶叶样品的重量。)

### 2. 样品制作

A 相:汉生胶、海藻糖、普鲁兰糖。将其置于烧杯中,加入适量水(75℃)搅拌,然后在 75～80℃的水浴中充分混匀,待样品混匀后让其自然降温。

B 相:透明质酸钠、甘油。将其置于烧杯中,加适量水,在室温条件下混匀。

C 相:茶黄素、茶氨酸、茶树花提取物。将其置于烧杯中,加少量水(40℃),搅拌并用超声波辅助其溶解。

将 B 相和 C 相混匀待用,待 A 相降至 40℃左右时加入 B 相和 C 相混合液,充分搅拌,密封且静置过夜,次日除去上层泡沫即得样品。

根据本实验之前取得的实验结果以及其他相关的预实验和市面上已有的相关产品配方,我们将茶树花提取物的浓度定为 0.2％,茶氨酸的添加浓度为 0.1％,TF40 的添加浓度为 0.05％,透明质酸钠的添加浓度为 0.1％。

### 3. 面膜配方的正交实验设计

根据预备实验结果,得知汉生胶、普鲁兰糖、甘油以及海藻糖对产品的使用评分影响比较大。因此,我们选择这四者作为实验因素,并设计四因素三水平的正交实验,实验因素水平表及正交实验设计表见表14.13和表14.14。

表14.13　正交实验因素水平

| 水平 | 因素 | | | |
| --- | --- | --- | --- | --- |
| | A | B | C | D |
| | 汉生胶(%) | 甘油(%) | 普鲁兰糖(%) | 海藻糖(%) |
| 1 | 0.6 | 20 | 2.0 | 2.0 |
| 2 | 0.8 | 30 | 3.0 | 4.0 |
| 3 | 1.0 | 40 | 4.0 | 6.0 |

表14.14　正交实验设计

| 实验处理 | A | B | C | D |
| --- | --- | --- | --- | --- |
| 1 | 1 | 1 | 1 | 1 |
| 2 | 1 | 2 | 2 | 2 |
| 3 | 1 | 3 | 3 | 3 |
| 4 | 2 | 1 | 2 | 3 |
| 5 | 2 | 2 | 3 | 1 |
| 6 | 2 | 3 | 1 | 2 |
| 7 | 3 | 1 | 3 | 2 |
| 8 | 3 | 2 | 1 | 3 |
| 9 | 3 | 3 | 2 | 1 |

## 4. 保湿率测定

精确称取面膜5.0g,置于圆形容器(本实验采用铝盒盖子)中,放置于25℃的恒温湿培养箱中,相对湿度为70%～80%,48h后取出,精密称取各试样的重量,比较放置前后的重量差,即可求得保湿率(%)。

$$保湿率(\%) = (m_2 - m_1)/(m_1 - m_0)$$

其中,$m_0$为铝盒盖子的重量,$m_1$为面膜实验前重量,$m_2$为面膜放置48h后的重量。

## 5. pH值测定(GB/T 13531.1-2008)

稀释法:称取样品1g(精确至0.1g),加入蒸馏水10g,加热至40℃,并不断搅拌至均匀,冷却至室温。用pH计测定值,结果以两次测量的平均值表示,精确度为0.01。(标准中要求面膜的pH值应为3.5～8.5)

## 6. 色差测定

取适量试样,2000r/min离心5min,以确保产品中无气泡,将其置于比色皿中,将ColorQuest XE光谱光度计调至透射模式,先对仪器调零和调标准白板,再将待测样品放在透射光口,用光罩盖住,记录L值(明度,0~100)、a值(−a绿度,+a红度)及b值(−b蓝度,+b黄度)。每次测定后将样品重新混匀,重复测定3次。

## 7. 耐寒、耐热及离心稳定性考验(GB/T 2872−2007,QB/T 2286−1997)

(1)耐寒:预先将冰箱调节到−5℃,把包装完整的洗面奶置于冰箱内。24h后取出,恢复至室温后目测观察样品形态。

(2)耐热:预先将恒温培养箱调节到(40±1)℃,把包装完整的化妆水置于恒温培养箱内。24h后取出,恢复至室温后目测观察样品形态。

(3)离心稳定性:于离心管中注入一定量的试样,盖好盖子,放入预先调节到(38±1)℃的恒温培养箱内,保温1h后,立即移入离心机中,2000r/min离心30min后取出观察样品形态。

表14.15　面膜感官、理化指标

| 项目 | 要求 |
|------|------|
| 耐热 | (40±1)℃保持24h,恢复至室温后与实验前无明显差异 |
| 耐寒 | −5℃保持24h,恢复至室温后与实验前无明显差异 |
| 离心分离 | 2000r/min离心30min后与实验前无明显差异(气泡除外) |

## 8. 感观评审

评审小组由10人以上组成,要求成员在感观评价方面均正常,于光线充足、温度适宜且干净无异味的环境中对产品进行试用,在互不干扰的情况下根据表14.16进行评价分等级,从A到E共5个等级。

表14.16 面膜感观评分标准表

| 项目 | 差(E级、D级) | 一般(C级) | 好(B级、A级) |
|---|---|---|---|
| 外观质地 | 质地较粗糙,均匀性不好,太黏或太稀 | 质地一般,均匀性一般,略黏或略稀 | 质地均匀细腻,黏稠度适中,适合使用 |
| 润滑性 | 涂抹时较干涩,或用后感觉过黏,不清爽 | 润滑性一般,用后感觉略黏或感觉略干涩 | 润滑性良好,用后感觉舒服 |
| 吸收性 | 不易涂开,较难吸收 | 较易涂开,吸收性一般 | 较易涂开,吸收性好 |
| 色泽 | 太深或太浅,感观上认为不好 | 略深或略浅,感观上认为一般 | 深浅明暗适中,感观上认为较好 |
| 气味 | 有较难闻气味,较难接受 | 没什么气味 | 有茶树花提取物香味,或有较好的其他气味 |

## 9. 产品稳定性研究

本实验设计30天保质期加速实验。设定三个温度梯度,即低温(4±1)℃、室温(25±1)℃、高温(45±1)℃。分别于第0、5、10、15、20、30天取样(其中第0天即为当天)。检测样品的色差及pH值的变化趋势。

## 10. 数据分析方法

实验数据运用SPSS16.0软件对数据进行统计分析,并且运用模糊综合评价法(面膜综合评价指标及比重如图14.2所示)对样品的理化性质、感观评审结果进行综合评分,作为样品的最后得分,用于正交实验分析的评价指标。

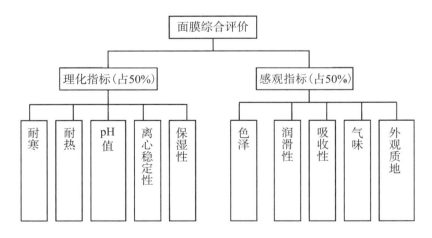

图14.2 面膜综合评价指标及比重

由上图可知,该评价体系中的第一级因素为理化指标U₁和感观指标U₂,其下属的第二级因素分别为耐寒、耐热、pH值、离心稳定性、保湿性和色泽、润滑性、吸收性、气味、外观质地。

确定评判集:A级,B级,C级,D级,E级。

对理化指标而言,将通过耐热、耐寒国家标准且与之前相比无可见性状改变记为A级,将通过耐热、耐寒国家标准但与之前相比有可见性状改变记为C级。面膜经过离心考验后,将无颗粒沉淀记为A级,将有较少颗粒沉淀记为B级,将有较多颗粒沉淀记为D级。pH在5.51～7.00范围内记为A级,pH在5.01～5.50和7.01～7.50范围内记为B级,pH在4.51～5.00和7.51～8.00范围内记为C级,pH在3.50～4.50和8.01～8.50范围内记为D级;不通过国家标准记为E级。保湿率在70%以上为A级,保湿率在60%～69%的为B级,保湿率在50%～59%的为C级,保湿率在40%～49%的为D级,保湿率在30%～49%的为E级。

理化指标的因数权重的有限模糊集合定为A=(0.15,0.15,0.2,0.25,0.25)。例如,某一样品的理化指标评价如表14.17所示,则其综合评价计算如下所示:

**表14.17　面膜理化指标评价**

| 等级 | A | B | C | D | E |
|---|---|---|---|---|---|
| 耐热 | 1 | 0 | 0 | 0 | 0 |
| 耐寒 | 1 | 0 | 0 | 0 | 0 |
| pH值 | 0 | 1 | 0 | 0 | 0 |
| 离心分离 | 1 | 0 | 0 | 0 | 0 |
| 保湿性 | 0 | 1 | 0 | 0 | 0 |

则其评判矩阵为 $R=\begin{bmatrix} 1 & 0 & 0 & 0 & 0 \\ 1 & 0 & 0 & 0 & 0 \\ 0 & 1 & 0 & 0 & 0 \\ 1 & 0 & 0 & 0 & 0 \\ 0 & 1 & 0 & 0 & 0 \end{bmatrix}$,

用模型$M(\wedge,\vee)$计算得B=A,R=(0.15,0.15,0,0,0)。

经归一化得:B=A,R(0.5,0.5,0,0,0)。

对感观指标每一个单因素的评判矩阵采用换算成分数的方法。例如,对某一指标$u_x$请100位评审人员评价,结果显示,10人选A级,20人选B级,30人选C级,10人选D级,30人E级。则对于$u_x$因素可以得到以下评判:$u_x|\rightarrow(0.1,0.2,0.3,0.1,0.3)$,对感观所有指标的评价组成一个5行5列的矩阵,其因数权重的有限模糊集合定为A=

（0.2，0.2，0.2，0.2，0.2），对其综合评价计算方法同理化指标。

## 二、研究成果

### 1. 茶树花提取物组成分析结果

茶树花提取物的组成分析如图 14.3 所示。由实验结果可知，其中含量最多的为总糖化合物，约占 53.57%，其对于皮肤的保湿具有一定的作用，其中的茶多糖被誉为"天然的保湿因子"，添加于化妆品中可提高其保湿性能；其次为茶多酚，占总质量的16.60%，也具有抗氧化、抗过敏、抑菌等多种美容护肤功效；除此以外，还含有 5.58%的茶皂素，具有一定的乳化作用，添加于产品中能改善产品的质地，同时易于次日早上清洗；另外，其中还含有少量的黄酮苷，这些内含成分在美容护肤方面的功效已有列出，在化妆品中均具有极其广泛的应用前景。此外，茶树花提取物具有特殊的蜜糖香味，其在发挥相应的护肤功效的同时还能作为一种天然的香料，为产品添香。

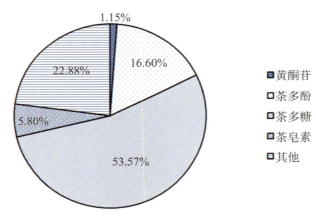

图 14.3　茶树花提取物的组成分析

### 2. 产品保湿率、pH 值、色差、耐寒、耐热及离心稳定性考验结果

依据正交实验设计，制备 9 号样品用于后续实验，对样品的保湿率、pH 值、色差（L、a、b）、耐热、耐寒、离心稳定性等进行测定，结果如表 14.18 所示。

表14.18　各理化指标检测结果

| 样品号 | 保湿率(%) | pH值 | 色差 | | | 耐寒、耐热性离心稳定性 |
| --- | --- | --- | --- | --- | --- | --- |
| | | | L | a | b | |
| 1 | 48.62 | 6.12 | 60.59 | 9.22 | 64.98 | 各组样品的耐热、耐寒性及离心稳定性的结果一致,均符合国家标准或企业标准,实验前后无明显变化 |
| 2 | 61.94 | 6.34 | 63.87 | 9.03 | 66.16 | |
| 3 | 74.87 | 6.70 | 65.06 | 9.00 | 65.87 | |
| 4 | 46.11 | 6.63 | 59.77 | 9.12 | 60.63 | |
| 5 | 57.49 | 6.07 | 61.48 | 9.07 | 62.57 | |
| 6 | 70.46 | 6.32 | 64.81 | 9.09 | 63.42 | |
| 7 | 45.49 | 6.38 | 57.50 | 9.18 | 63.35 | |
| 8 | 56.57 | 6.72 | 61.84 | 9.15 | 61.17 | |
| 9 | 63.04 | 6.13 | 64.69 | 9.04 | 60.33 | |
| 影响因子排序 | B*>A*>D*>C* | D*>A>C>B | B>A>C>D | B>C>A>D | A>D>C>B | 无显著差异 |

注:*表示某一因素对该指标影响显著。

从上表中我们可以看出不同配方的产品的保湿率在45.49%～74.87%之间,样品之间浮动较大,横跨A级到D级。影响程度大小及方差分析结果显示,就保湿率而言,甘油对其影响最大,汉生胶次之,再者是海藻糖,最后是普鲁兰糖。这四因素对保湿率的影响都达显著水平。

pH值的结果显示,不同样品间pH值差异较小,在6.07～6.72之间,均在国标范围内,属于A级。影响程度大小及方差分析结果显示,仅有海藻糖对样品pH值的影响达显著水平,而汉生胶、甘油、普鲁兰糖等均只在数值上对测定的pH值有一定的影响,没有达显著水平。

从样品亮度(L值)的测定结果中,我们得知不同配方的样品的亮度变化范围为57.50～65.06之间,变化范围极小,均属于较亮的范围。影响程度大小及方差分析结果显示,四种因素对样品亮度的影响均未达显著水平。从数值上看,其影响程度由大到小依次为甘油＞汉生胶＞普鲁兰糖＞海藻糖。

样品红绿程度值(a值)和黄蓝程度值(b值)的变化范围分别为9.00～9.22和60.33～66.16,属于偏红偏黄的范畴。影响程度大小及方差分析结果显示,四种因素对样品a值和b值的影响均未达显著性水平,仅在数值上表现出差异,对a值的影响程度由大到小依次为甘油＞普鲁兰糖＞汉生胶＞海藻糖;对b值的影响程度由大到小依次为汉生胶＞海藻糖＞普鲁兰糖＞甘油。

不同的样品在进行耐热、耐寒性及离心稳定性实验时,均未出现显著变化,仅在离心前后产品内部气泡有所差异,但这并不影响产品的理化性质,不在国标离心稳定性的评价范畴内。因此,我们可以得出如下结论:本实验中普鲁兰糖、甘油、汉生胶及海藻糖四个因素所选的水平对产品的耐热耐寒性及离心稳定性无显著性的影响,即产品仅在重力作用下一年内将不会改变外观形态。

## 3. 理化指标的综合评价

$U_1 = \{u_1, u_2, u_3, u_4, u_5\}$ 为理化指标,权重 $A_1 = (0.15, 0.15, 0.2, 0.25, 0.25)$,由前文所述数据对 $u_1, u_2, u_3, u_4, u_5$ 的模糊评判建立单因素评判矩阵(R 的下标表示样品号):

$$R_1 = \begin{bmatrix} 0 & 0 & 0 & 1 & 0 \\ 1 & 0 & 0 & 0 & 0 \\ 1 & 0 & 0 & 0 & 0 \\ 1 & 0 & 0 & 0 & 0 \\ 1 & 0 & 0 & 0 & 0 \end{bmatrix} \quad R_2 = \begin{bmatrix} 0 & 1 & 0 & 0 & 0 \\ 1 & 0 & 0 & 0 & 0 \\ 1 & 0 & 0 & 0 & 0 \\ 1 & 0 & 0 & 0 & 0 \\ 1 & 0 & 0 & 0 & 0 \end{bmatrix} \quad R_3 = \begin{bmatrix} 1 & 0 & 0 & 0 & 0 \\ 1 & 0 & 0 & 0 & 0 \\ 1 & 0 & 0 & 0 & 0 \\ 1 & 0 & 0 & 0 & 0 \\ 1 & 0 & 0 & 0 & 0 \end{bmatrix}$$

$$R_4 = \begin{bmatrix} 0 & 0 & 0 & 1 & 0 \\ 1 & 0 & 0 & 0 & 0 \\ 1 & 0 & 0 & 0 & 0 \\ 1 & 0 & 0 & 0 & 0 \\ 1 & 0 & 0 & 0 & 0 \end{bmatrix} \quad R_5 = \begin{bmatrix} 0 & 0 & 1 & 0 & 0 \\ 1 & 0 & 0 & 0 & 0 \\ 1 & 0 & 0 & 0 & 0 \\ 1 & 0 & 0 & 0 & 0 \\ 1 & 0 & 0 & 0 & 0 \end{bmatrix} \quad R_6 = \begin{bmatrix} 1 & 0 & 0 & 0 & 0 \\ 1 & 0 & 0 & 0 & 0 \\ 1 & 0 & 0 & 0 & 0 \\ 1 & 0 & 0 & 0 & 0 \\ 1 & 0 & 0 & 0 & 0 \end{bmatrix}$$

$$R_7 = \begin{bmatrix} 0 & 0 & 0 & 1 & 0 \\ 1 & 0 & 0 & 0 & 0 \\ 1 & 0 & 0 & 0 & 0 \\ 1 & 0 & 0 & 0 & 0 \\ 1 & 0 & 0 & 0 & 0 \end{bmatrix} \quad R_8 = \begin{bmatrix} 0 & 0 & 1 & 0 & 0 \\ 1 & 0 & 0 & 0 & 0 \\ 1 & 0 & 0 & 0 & 0 \\ 1 & 0 & 0 & 0 & 0 \\ 1 & 0 & 0 & 0 & 0 \end{bmatrix} \quad R_9 = \begin{bmatrix} 0 & 1 & 0 & 0 & 0 \\ 1 & 0 & 0 & 0 & 0 \\ 1 & 0 & 0 & 0 & 0 \\ 1 & 0 & 0 & 0 & 0 \\ 1 & 0 & 0 & 0 & 0 \end{bmatrix}$$

用模型 $M(\wedge, \vee)$ 计算得

● $B_1' = A_1, R_1 = (0.25, 0, 0, 0.15, 0)$。

经归一化得: $B_1 = A_1, R_1(5/8, 0, 0, 3/8, 0)$。

● $B_2' = A_1, R_2 = (0.25, 0.15, 0, 0, 0)$。

经归一化得: $B_2 = A_1, R_2(5/8, 3/8, 0, 0, 0)$。

● $B_3' = A_1, R_3 = (0.25, 0, 0, 0, 0)$。

经归一化得: $B_3 = A_1, R_3(1, 0, 0, 0, 0)$。

● $B_4' = A_1, R_4 = (0.25, 0, 0, 0.15, 0)$。

经归一化得: $B_4 = A_1, R_4(5/8, 0, 0, 3/8, 0)$。

● $B_5' = A_1, R_5 = (0.25, 0, 0.15, 0, 0)$。

经归一化得: $B_5 = A_1, R_5(5/8, 0, 3/8, 0, 0)$。

● $B_6' = A_1, R_6 = (0.25, 0, 0, 0, 0)$。

经归一化得：$B_6 = A_1 \cdot R_6(1,0,0,0,0)$。

● $B_7' = A_1 \cdot R_7 = (0.25,0,0,0.15,0)$。

经归一化得：$B_7 = A_1 \cdot R_7(5/8,0,0,3/8,0)$。

● $B_8' = A_1 \cdot R_8 = (0.25,0,0.15,0,0)$。

经归一化得：$B_8 = A_1 \cdot R_8(5/8,0,3/8,0,0)$。

● $B_9' = A_1 \cdot R_9 = (0.25,0.15,0,0,0)$。

经归一化得：$B_9 = A_1 \cdot R_9(5/8,3/8,0,0,0)$。

## 4. 感官评审结果及其综合评价

$U_2 = \{u_6, u_7, u_8, u_9, u_{10}\}$ 为感观指标，权重 $A_2 = (0.15, 0.25, 0.25, 0.2, 0.15)$，本实验成立 10 人评定小组，对 9 个样品进行感官评审，得到如下单因素评价（表14.19）。

表14.19　面膜感观指标单因素评价

| 样品号 | 1 | 2 | 3 |
|---|---|---|---|
| $u_6$ | $(0,0.7,0.2,0.1,0)$ | $(0.2,0.4,0.2,0.1,0.1)$ | $(0,0.4,0.6,0,0)$ |
| $u_7$ | $(0.5,0.3,0.2,0,0)$ | $(0.7,0.1,0.2,0,0)$ | $(0.4,0.5,0,0.1,0)$ |
| $u_8$ | $(0.5,0.3,0.1,0.1,0)$ | $(0.4,0.5,0.1,0,0)$ | $(0.1,0.7,0.2,0,0)$ |
| $u_9$ | $(0.1,0.6,0.2,0.1,0)$ | $(0.1,0.6,0.3,0.1,0)$ | $(0,0.7,0.3,0,0)$ |
| $u_{10}$ | $(0.6,0.3,0.1,0,0)$ | $(0.5,0.3,0.1,0,0.1)$ | $(0.7,0.2,0.1,0,0)$ |
| 样品号 | 4 | 5 | 6 |
| $u_6$ | $(0.4,0.3,0.2,0,0.1)$ | $(0.1,0.2,0.3,0.4,0)$ | $(0.2,0.7,0.1,0,0)$ |
| $u_7$ | $(0.4,0.5,0.1,0,0)$ | $(0.3,0.5,0.1,0.1,0)$ | $(0.5,0.3,0.1,0,0.1)$ |
| $u_8$ | $(0.4,0.5,0.1,0,0)$ | $(0.4,0.3,0.2,0.1,0)$ | $(0.2,0.6,0.1,0.1,0)$ |
| $u_9$ | $(0,0.6,0.2,0.1,0.1)$ | $(0.2,0.5,0.2,0.1,0)$ | $(0,0.6,0.3,0.1,0)$ |
| $u_{10}$ | $(0.6,0.3,0,0.1,0)$ | $(0.6,0.2,0.1,0,0.1)$ | $(0.2,0.5,0.3,0,0)$ |
| 样品号 | 7 | 8 | 9 |
| $u_6$ | $(0,0.2,0.4,0.4,0)$ | $(0,0.4,0.3,0.3,0)$ | $(0,0.5,0.3,0.2,0)$ |
| $u_7$ | $(0.4,0.4,0.1,0.1,0)$ | $(0.5,0.1,0.3,0.1,0)$ | $(0.5,0.4,0.1,0,0)$ |
| $u_8$ | $(0.5,0.3,0.1,0.1,0)$ | $(0.6,0.3,0,0.1,0)$ | $(0.2,0.6,0.2,0,0)$ |
| $u_9$ | $(0.2,0.6,0.1,0.1,0)$ | $(0.1,0.7,0.2,0,0)$ | $(0,0.7,0.2,0.1,0)$ |
| $u_{10}$ | $(0,0.6,0.3,0.1,0)$ | $(0,0.8,0.2,0,0)$ | $(0.1,0.6,0.2,0.1,0)$ |

由以上单因素评判可诱导出如下单因素评判矩阵：

$$R^*_1=\begin{bmatrix}0&0.7&0.2&0.1&0\\0.5&0.3&0.2&0&0\\0.5&0.3&0.1&0.1&0\\0.1&0.6&0.2&0.1&0\\0.6&0.3&0.1&0&0\end{bmatrix}\quad R^*_2=\begin{bmatrix}0.2&0.4&0.2&0.1&0.1\\0.7&0.1&0.2&0&0\\0.4&0.5&0.1&0&0\\0.1&0.6&0.3&0.1&0\\0.5&0.3&0.1&0&0.1\end{bmatrix}$$

$$R^*_3=\begin{bmatrix}0&0.4&0.6&0&0\\0.4&0.5&0&0.1&0\\0.1&0.7&0.2&0&0\\0&0.7&0.3&0&0\\0.7&0.2&0.1&0&0\end{bmatrix}\quad R^*_4=\begin{bmatrix}0.4&0.3&0.2&0&0.1\\0.4&0.5&0.1&0&0\\0.4&0.5&0.1&0&0\\0&0.6&0.2&0.1&0.1\\0.6&0.3&0&0.1&0\end{bmatrix}$$

$$R^*_5=\begin{bmatrix}0.1&0.2&0.3&0.4&0\\0.3&0.5&0.1&0.1&0\\0.4&0.3&0.2&0.1&0\\0.2&0.5&0.2&0.1&0\\0.6&0.2&0.1&0&0.1\end{bmatrix}\quad R^*_6=\begin{bmatrix}0.2&0.7&0.1&0&0\\0.5&0.3&0.1&0&0.1\\0.2&0.6&0.1&0.1&0\\0&0.6&0.3&0.1&0\\0.2&0.5&0.3&0&0\end{bmatrix}$$

$$R^*_7=\begin{bmatrix}0&0.2&0.4&0.4&0\\0.4&0.4&0.1&0.1&0\\0.5&0.3&0.1&0.1&0\\0.2&0.6&0.1&0.1&0\\0&0.6&0.3&0.1&0\end{bmatrix}\quad R^*_8=\begin{bmatrix}0&0.4&0.3&0.3&0\\0.5&0.1&0.3&0.1&0\\0.6&0.3&0&0.1&0\\0.1&0.7&0.2&0&0\\0&0.8&0.2&0&0\end{bmatrix}$$

$$R^*_9=\begin{bmatrix}0&0.5&0.3&0.2&0\\0.5&0.4&0.1&0&0\\0.2&0.6&0.2&0&0\\0&0.7&0.2&0.1&0\\0.1&0.6&0.2&0.1&0\end{bmatrix}$$

用模型 $M(\wedge,\vee)$ 计算得：

● $B^*_1{}'=A_2, R^*_1=(0.25,0.25,0.2,0.1,0)$。

经归一化得：$B^*_1=A_2, R^*_1(5/16,5/16,1/4,1/8,0)$。

● $B^*_2{}'=A_2, R^*_2=(0.25,0.25,0.2,0.2,0.1)$。

经归一化得：$B^*_2=A_2, R^*_2(0.25,0.25,0.2,0.2,0.1)$。

● $B^*_3{}'=A_2, R^*_3=(0.25,0.25,0.2,0.1,0)$。

经归一化得：$B^*_3=A_2, R^*_3(5/16,5/16,1/4,1/8,0)$。

● $B^*_4{}'=A_2, R^*_4=(0.25,0.25,0.2,0.1,0.1)$。

经归一化得：$B^*_4=A_2, R^*_4(5/18,5/18,2/9,1/9,1/9)$。

● $B^*_5{}'=A_2, R^*_5=(0.25,0.25,0.2,0.15,0.1)$。

经归一化得：$B^*_5=A_2, R^*_5(5/19,5/19,4/19,3/19,2/19)$。

● $B^*_6{}'=A_2, R^*_6=(0.25,0.25,0.2,0.1,0.1)$。

经归一化得：$B_6=A_2, R_6(5/18,5/18,2/9,1/9,1/9)$。

●$B_7^*{}' = A_2, R_7^* = (0.25, 0.25, 0.15, 0.15, 0)$。

经归一化得:$B_7^* = A_2, R_7^* (5/16, 5/16, 3/16, 3/16, 0)$。

●$B_8^*{}' = A_2, R_8^* = (0.25, 0.25, 0.25, 0.15, 0)$。

经归一化得:$B_8^* = A_2, R_8^* (5/18, 5/18, 5/18, 1/6, 0)$。

●$B_9^*{}' = A_2, R_9^* = (0.25, 0.25, 0.2, 0.15, 0)$。

经归一化得:$B_9^* = A_2, R_9^* (5/17, 5/17, 4/17, 3/17, 0)$。

## 5. 一级因素综合评价及面膜配方的确定

由于理化指标和感观指标均占50%,因此权重 $A = (0.5, 0.5)$, $U = \{U_1, U_2\}$, 令总单因素矩阵为:$R_t = \begin{bmatrix} B \\ B^* \end{bmatrix}$, 得出综合评价 $B_t = A, R_t \begin{bmatrix} B \\ B^* \end{bmatrix}$。另外,我们规定A级得100分,B级得80分,C级得60分,D级得40分,E级得20分,则各样品最终评价结果如下:

●$B_{t1}' = A, R_{t1} = (0.5, 5/16, 1/4, 3/8, 0)$。

经归一化得:$B_{t1} = A, R_{t1}(8/23, 5/23, 4/23, 6/23, 0)$;得分1 = 73.04。

●$B_{t2}' = A, R_{t2} = (0.5, 3/8, 0.2, 0.2, 0.1)$。

经归一化得:$B_{t2} = A, R_{t2}(20/55, 15/55, 8/55, 8/55, 4/55)$;得分2 = 74.18。

●$B_{t3}' = A, R_{t3} = (0.5, 5/16, 1/4, 1/8, 0)$。

经归一化得:$B_{t3} = A, R_{t3}(8/19, 5/19, 4/19, 2/19, 0)$;得分3 = 80.00。

●$B_{t4}' = A. R_{t4} = (0.5, 5/18, 2/9, 3/8, 1/9)$。

经归一化得:$B_{t4} = A, R_{t4}(36/107, 20/107, 16/107, 27/107, 8/107)$;得分4 = 69.16。

●$B_{t5}' = A, R_{t5} = (0.5, 5/19, 3/8, 3/19, 2/19)$。

经归一化得:$B_{t5} = A, R_{t5} = (76/213, 40/213, 57/213, 24/213, 16/213)$;得分5 = 72.77。

●$B_{t6}' = A, R_{t6} = (0.5, 5/18, 2/9, 1/9, 1/9)$。

经归一化得:$B_6 = A, R_6 = (9/22, 5/22, 4/22, 2/22, 2/22)$;得分6 = 75.45。

●$B_{t7}' = A, R_{t7} = (0.5, 5/16, 3/16, 3/8, 0)$。

经归一化得:$B_{t7} = A, R_{t7} = (8/22, 5/22, 3/22, 6/22, 0)$;得分7 = 73.64。

●$B_{t8}' = A, R_{t8} = (0.5, 5/18, 3/18, 1/6, 0)$。

经归一化得:$B_8 = A, R_8(9/20, 5/20, 3/20, 3/20, 0)$;得分8 = 80.00。

●$B_{t9}' = A, R_{t9} = (0.5, 3/8, 4/17, 3/17, 0)$。

经归一化得:$B_{t9} = A, R_{t9} = (68/175, 51/175, 32/175, 24/175, 0)$;得分9 = 78.63。

将以上各样品的得分代入正交实验表进行分析,结果见表14.20。

表14.20　面膜综合评分正交实验结果

| 样品序号 | A | B | C | D | 总分 |
|---|---|---|---|---|---|
| 1 | 1 | 1 | 1 | 1 | 73.04 |
| 2 | 1 | 2 | 2 | 2 | 74.18 |
| 3 | 1 | 3 | 3 | 3 | 80.00 |
| 4 | 2 | 1 | 2 | 3 | 69.16 |
| 5 | 2 | 2 | 3 | 1 | 72.77 |
| 6 | 2 | 3 | 1 | 2 | 75.45 |
| 7 | 3 | 1 | 3 | 2 | 73.64 |
| 8 | 3 | 2 | 1 | 3 | 80.00 |
| 9 | 3 | 3 | 2 | 1 | 78.63 |
| $T_1$ | 227.22 | 215.84 | 228.49 | 224.44 | |
| $T_2$ | 217.38 | 226.95 | 221.97 | 223.27 | |
| $T_3$ | 232.27 | 234.08 | 226.41 | 229.16 | |
| $t_1$ | 75.74 | 71.95 | 76.16 | 74.81 | |
| $t_2$ | 72.46 | 75.65 | 73.99 | 74.42 | |
| $t_3$ | 77.42 | 78.03 | 75.47 | 76.39 | |
| R | 4.96 | 6.08 | 2.17 | 1.97 | |
| 最佳选择 | $A_3$ | $B_3$ | $C_1$ | $D_3$ | |
| 影响排序 | B > A > C > D | | | | |

从正交分析的结果显示,以模糊综合评价的得分为评判指标,面膜的较优配方组合为 $A_3B_3C_1D_3$,影响面膜综合评分的主要因素依次为甘油＞汉生胶＞普鲁兰糖＞海藻糖。在不同样品的保湿率、pH值及色差的分析结果中,保湿率、L值、a值的影响因素中作用最大的均为甘油,且汉生胶对各结果的影响也都处于较大水平,相对来说普鲁兰糖的影响较小,而甘油的影响相对最小,这一结果与综合评分的正交结果基本相符。甘油属于保湿剂,具有一定的黏性,其添加的多少对产品的润滑性、吸收性及保湿性影响较大,而这三者在综合评分时所占的权重相对于其他几个指标要大。因此,其对产品的评分影响也就相对较大。汉生胶具有很好的增稠作用,而通常我们都较能接受黏稠度较大的面膜产品,其对面膜的评分的影响仅次于甘油也可能是由于此原因。

进一步比较正交最佳配方 $A_3B_3C_1D_3$ 和实验中得分最高的样品（3号样及8号样），通过模糊综合评价，得出配方 $A_3B_3C_1D_3$ 的综合评分要略高于3号配方和8号配方。由此，我们得出面膜的最佳基质配方为汉生胶1.0%；甘油40%；普鲁兰糖2.0%；海藻糖2.0%；茶树花提取物0.2%；茶氨酸0.1%；TF40 0.05%；透明质酸钠0.1%。此时，面膜的保湿率为65.63%，pH值为6.56，L值为64.02，a值为9.10，b值为63.83。

## 6. 面膜稳定性研究结果

以正交实验所得的面膜配方进行稳定性研究，测得其pH值的变化如图14.4。

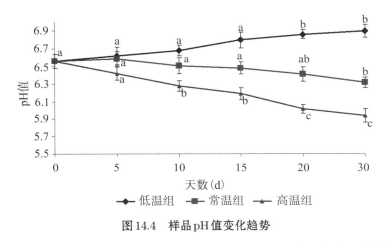

**图14.4　样品pH值变化趋势**

注：a、b、c等表示同一药物处理不同浓度之间的差异性，不同字母表示存在显著性差异。

结果显示样品在不同保存条件下的pH值变化。在低温条件下保存，样品pH值均呈略上升趋势，从最初的6.56上升到了6.90，其中从第20天开始才有显著上升的趋势，但在30天以内pH值的测定结果均在评判级别的A级内。在常温组条件下保存，样品pH值呈略下降趋势，从最初的6.56下降到了6.32，其中仅在第30天时与最初才有显著性差异，在30天以内pH值的测定结果均在评判级别的A级内。在高温组条件下保存，样品pH值也呈下降趋势，且趋势较常温组明显，从最初的6.56下降到了5.94，其中从第10天开始就表现出显著下降，在30天以内pH值的测定结果均在评判级别的A级内。综上，常温组下样品的pH值最稳定，低温组次之，高温组的pH值变化最明显。

实验测得样品色差（L值、a值、b值）随储存条件及时间的变化如图14.5所示，从L值变化趋势图可知3种贮藏条件均能在数值上使L值降低，且高温组较常温组明显，常温组较低温组明显。经显著性分析，低温组的L值未发生明显的变化，即在低温储存时,样品的亮度无显著性变化;在第10天时常温组的L值较最初显著降低,即亮度显著下降;而低温组在第5天L值就已显著变小,也就是说,第5天时,高温组的样品的亮度就已经显著下降。综上,就亮度而言,低温最适合样品存放,常温次之,虽有变化,但比较微弱,高温组则在短时间内会影响样品的亮度,因此,最不适宜储存样品。

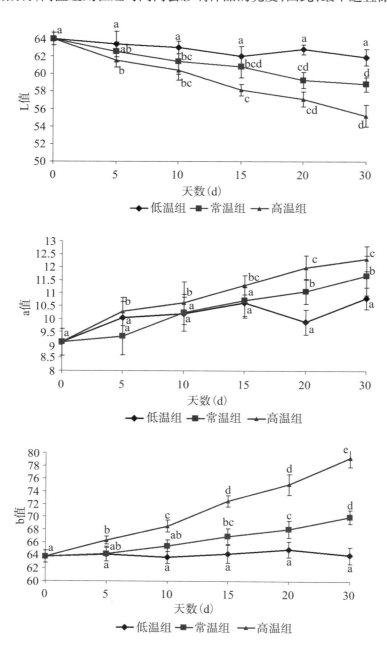

**图14.5 样品色差变化趋势**

注:a、b、c等表示同一药物处理不同浓度之间的差异性,不同字母表示存在显著性差异。

从a值的检测结果来看,高温和常温贮藏条件均能在数值上使a值呈上升趋势,且高温组较常温组明显,而低温组的结果却呈波状起伏趋势。经显著性分析,低温组的a值未发生明显的变化,即在低温储存时,样品的红绿程度无显著性变化;常温组样品中,第20天样品的a值开始显著上升,即样品显得更红,颜色更深;高温组样品的a值在第5天就有显著上升,由此,高温组储存的样品在短时间内就使颜色加深,改变其外观,即高温组最不适宜样品储存,低温较适宜长期存放样品,而常温则适合短期存放样品。

从b值的检测结果来看,高温和常温贮藏条件均能在数值上使b值呈上升趋势,且高温组较常温组明显,而低温组的结果一直处于一般水平。经显著性分析,低温组的b值未发生明显的变化,即在低温储存时,样品的黄蓝程度无显著性变化;常温组样品中,第15天样品的b值开始显著上升,即样品显得更黄,颜色更深;高温组样品的b值在第5天就有显著上升,与a值的结果相似,高温组储存的样品在短时间内就使颜色加深,改变其外观,即高温组最不适宜样品储存,低温较适宜长期存放样品,而常温则适合短期存放样品。

综合以上结果,本实验样品在常温和低温条件下较稳定,在高温条件下pH值易降低,亮度易下降,颜色会加深。

## 三、进一步设想

甘油是化妆品中最早使用的保湿剂,它是一种无色、无臭、澄清并具有甜味的黏稠液体,接触皮肤后,会使皮肤产生温热感,与水和乙醇能以任意比例混合。它的性质稳定且与大部分成膜增稠剂配比良好。有研究表明,尽管目前有多种生化活性成分的保湿剂(如透明质酸、氨基酸、胶原蛋白等)已被开发应用,但甘油无论是在何种干湿环境下,均表现出了较为理想的效果,是传统与经典的保湿成分,性价比极高。因此,本实验采用甘油作为主要的保湿剂,添加少量的透明质酸钠以提高面膜的保湿效果。

普鲁兰糖富含羟基,易溶于水,无色无味,安全无毒,耐热耐酸。最主要的特性是它形成的膜比其他高分子薄膜的透气性低,氧、氮、二氧化碳等几乎完全不能通过,且具有较大的透湿性,同时其配合甘油形成的膜具有较高的阻气性和拉伸强度,可使产品的黏着性增加,易于停留在皮肤表面,使产品活性成分更有效地被皮肤吸收,改善皮肤状态。

海藻糖是一种生物活性物质的稳定剂和保护剂,可以稳定茶黄素、茶氨酸、茶树花提取物等活性成分,同时其还具有抗氧化性,促进皮肤成纤维细胞的生长,在面膜中可发挥一定的护肤功效。

汉生胶是一种常见的化妆品增稠剂,具有突出的高黏性和水溶性,优良的温度及pH值稳定性。在本实验产品中,汉生胶是增稠的主要物质,而人们通常会更加倾向于较黏稠的面膜,故通过正交筛选出的面膜的最佳配方中含有含量相对较高的汉生胶。

## 第四节　茶树花皂的研发

茶树花为茶树生殖生长产物,利用率极低,因而,目前市场上与茶树花相关的日化用品稀少。但是茶树花与茶叶的主成分和功能显著不同。茶树花提取物中的多糖含量达到53.57%,多酚含量为16.60%,皂素含量为5.58%。茶树花中含量最高的多糖被誉为"天然的保湿因子",具有保水、抗菌等作用,可用于日化品中来提高其保湿性能;多酚和黄酮类具有抑菌、抗过敏、抑制氧化酶脂质过氧化、抑制自由基产生、抑制黑色素形成及防紫外线等美容护肤作用;皂素具有较强的乳化、分散、增溶、发泡去污等多种表面活性功能和抗渗消炎及抗过敏等作用。此外,茶树花具有特殊的蜜糖香味,也可以作为天然香料,为产品添香。

本课题组尝试选用3种不同的皂基,将不同浓度的茶树花粉和茶树花花瓣作为添加物,研制一款具有天然保湿、保健功能的茶树花皂,对其配方进行优化后得到最佳配方,并对该香皂产品的理化、感官及护肤性质进行初步研究。拓展实验中探究了茶树花提取物对茶树花皂起泡性及护肤性质的影响。

### 一、研究思路

#### 1. 茶树花皂样制备

酸性皂样:称取磨碎过筛的酸性皂基,将其装入烧杯后密封,于120℃加热融化后,按比例加入茶树花粉及茶树花瓣,混合均匀后将混合好的皂样用力压合成一个整体并冷却硬化,即得茶树花酸性皂,其pH为6.7。

碱性皂样:称取一定量的碱性皂基于烧杯中,加盖,80℃水浴加热融化后,按比例加入茶树花粉及茶树花瓣,混合均匀。将混合好的皂液倾倒至事先准备好的模具中,冷却硬化后脱模成型即得碱性茶树花皂,其pH为10.0。

弱碱性皂样:方法同碱性皂样,其pH为8.8。

## 2. 实验设计

（1）茶树花皂配方正交实验设计

本实验就茶树花皂皂基的选择、茶树花粉及茶树花花瓣添加量进行三因素三水平的正交实验,获得9组实验数据。其正交实验因素水平表如表14.21所示。

表14.21　正交实验因素水平

| 水平 | 因素 | | |
|---|---|---|---|
| | A | B | C |
| | 皂基(pH) | 茶花粉(%) | 茶花花瓣(%) |
| 1 | 酸性6.7 | 0 | 0 |
| 2 | 碱性8.8 | 1 | 1 |
| 3 | 弱碱性10.0 | 2 | 2 |

（2）茶树花提取物对茶树花皂护肤性质及起泡性影响实验设计

按照制作碱性皂样的方法制作分别添加0.1%、0.3%、0.5%茶树花提取物的茶树花皂。将取得的3种添加有茶树花提取物的皂样与不添加茶树花提取物的空白碱性皂基共4种皂样,进行护肤性质测定及起泡性测定。

## 3. 茶树花皂护肤性质测定

测定采用手背皮肤,测试者的皮肤不能使用护手霜等会影响实验结果的产品,启动皮肤测试仪及相应分析软件,测定未经处理皮肤的油分、水分、色素、弹性和胶原蛋白纤维五项指标。用湿润干净的起泡网揉搓皂样至产生绵细的泡沫,取适量泡沫于测试者手背,揉搓1～2min后用清水洗净,用柔软的毛巾擦干后用皮肤测试仪测试处理后的皮肤的五项指标。对于对照组测定只用清水处理的皮肤的五项指标。

根据皮肤测试的数据,计算每种护肤指标的变化百分比,计算公式例如:油分变化%＝处理后油分%－处理前油分%－清水对照油分%。护肤指标变化百分比的评分对照表如表14.22所示。每种皂样五项指标,油分、水分、色素、弹性、胶原蛋白纤维按占比25%、25%、20%、15%、15%计算总分,最后按得分取得每种皂样的护肤性质总分(表14.22)。

表14.22　茶树花皂护肤性质5项指标评分对照表

| 护肤指标(%) | A(100) | B(80) | C(60) | D(40) | E(20) |
|---|---|---|---|---|---|
| 油分 | <0.00 | 0.00~0.10 | 0.11~0.20 | 0.21~0.50 | >0.50 |
| 水分 | >0.75 | 0.11~0.75 | 0.01~0.10 | −0.03~0.00 | <−0.03 |
| 色素 | <0.00 | 0.00~0.05 | 0.06~0.10 | 0.11~0.50 | >0.50 |
| 弹性 | >0.50 | 0.31~0.50 | 0.11~0.30 | −0.01~0.10 | <−0.01 |
| 胶原蛋白纤维 | >0.04 | 0.01~0.04 | −0.05~0.01 | −0.10~−0.06 | <−0.10 |

### 4. 茶树花皂感官性质测定

采用发放调查问卷的方法,随机选取8名健康志愿者进行评审,调查他们对9种皂样颜色及气味的偏好。调查时,请参与调查者对1~9号皂按个人喜好打分(1~10分),如偏好相同就打同样的分数,并且在打分时尽可能地拉开分数差距。最后计算出各个方面评价分数综合的平均值作为正交实验结果的考察指标,供筛选最佳配方。

### 5. 茶树花皂理化性质测定

分别在制得的每种皂样中随机取3~5块,用刀切碎后混合均匀装入密封袋中密封标号,用于理化指标的测定。

pH值测定参照QB/T2485-2008《香皂》。

水分和挥发物测定参照QB/T 2623.4-2003《肥皂实验方法肥皂中水分和挥发物含量测定烘箱法》。

抑菌性测定参照全桂静的《微生物学实验指导》。

起泡性和泡沫稳定性测定参照董银卯等的《洗面奶洗净度检测方法初探》。

### 6. 数据分析方法

每个处理进行3次重复,取平均值进行分析。实验数据运用SPSS16.0软件对数据进行统计分析。对不同工艺的茶树花皂的感官评价及护肤性质进行综合评分,作为各样品的最后得分,筛选得到最佳工艺配方。

## 二、研究成果

### 1. 茶树花皂的配方研究

皂基pH、茶树花粉及茶树花瓣是影响茶树花皂性能的主要因素。根据8名测试者测量数据计算得到每种皂基的各项护肤指标得分,并按每项指标权重计算得到总分、排序和其颜色、气味感官评价得分,见表14.23。

从结果可知,各因素对茶树花皂护肤性影响大小的主次顺序为皂基pH＞茶树花粉＞茶树花花瓣;各因素对茶树花皂颜色影响大小的主次顺序为茶树花粉＞皂基pH＞茶树花花瓣;各因素对茶树花皂气味的影响大小依次是皂基pH＞茶树花粉＞茶树花花瓣。结果显示,皂基的pH对产品的护肤性质和气味的影响最大,茶树花粉次之;影响茶树花皂颜色的关键因素是茶树花粉和皂基。

**表14.23　正交实验结果**

| 项目 | | 实验号 | | | | | | | | |
|---|---|---|---|---|---|---|---|---|---|---|
| | | 9 | 8 | 7 | 6 | 5 | 4 | 3 | 2 | 1 |
| 护肤性能评分及排序 | 油分 | 40 | 80 | 80 | 100 | 60 | 100 | 60 | 60 | 20 |
| | 水分 | 40 | 100 | 60 | 100 | 20 | 80 | 80 | 60 | 20 |
| | 色素 | 80 | 100 | 80 | 60 | 100 | 60 | 40 | 20 | 80 |
| | 弹性 | 40 | 20 | 80 | 100 | 20 | 80 | 60 | 60 | 40 |
| | 胶原蛋白纤维 | 60 | 20 | 60 | 80 | 80 | 100 | 40 | 60 | 20 |
| | 总分 | 51 | 71 | 69 | 89 | 55 | 84 | 58 | 52 | 35 |
| | 排序 | 8 | 3 | 4 | 1 | 6 | 5 | 5 | 7 | 9 |
| 感官评价结果 | 颜色/分 | 6.16 | 7.46 | 7.14 | 6.36 | 6.70 | 8.08 | 4.62 | 5.84 | 6.70 |
| | 气味/分 | 5.60 | 5.55 | 5.72 | 5.97 | 6.10 | 5.69 | 7.25 | 7.64 | 7.64 |

结合表14.24,由各水平的均值响应情况可知,根据护肤性质得出茶树花皂的最优配方为$A_2B_3C_1$,即选用弱碱性皂基,茶树花粉添加量为2％,不添加茶树花瓣;根据颜色得到的最佳配方是$A_2B_1C_2$,即选用弱碱性皂基,不添加茶树花粉,添加茶树花瓣1％;根据气味得到最佳配方为$A_2B_2C_1$,即选用弱碱性皂基,添加1％的茶树花粉,不添加茶树花瓣。考虑到气味和颜色中的花瓣处理间的极差很小,所以花瓣添加量由护肤性质决定。

表14.24 正交实验均值响应

| 水平 | 护肤性质 | | | 颜色 | | | 气味 | | |
|---|---|---|---|---|---|---|---|---|---|
| | A | B | C | A | B | C | A | B | C |
| 1 | 48.33 | 62.67 | 65.00 | 5.72 | 7.31 | 6.84 | 5.92 | 6.35 | 6.39 |
| 2 | 76.00 | 59.33 | 62.33 | 7.05 | 6.67 | 6.69 | 7.51 | 6.43 | 6.31 |
| 3 | 63.67 | 66.00 | 60.67 | 6.92 | 5.71 | 6.15 | 5.62 | 6.27 | 6.36 |
| 极差 | 27.67 | 6.67 | 4.34 | 1.33 | 1.59 | 0.69 | 1.89 | 0.16 | 0.08 |
| 排序 | 1 | 2 | 3 | 2 | 1 | 3 | 1 | 2 | 3 |

1～3号皂样为酸性皂基,添加了柠檬酸等成分,使得成品具有明显的柠檬清香,所以更受测试者的喜欢。而香皂的颜色、气味可以进行人为调节。皂基对产品的护肤性质和颜色的影响较大,弱碱性皂基最优,综合颜色和气味的比较,选择得到的最佳配方为$A_2B_3C_1$,即弱碱性皂基,茶树花粉添加量为2%,不添加茶树花瓣。采用最优配方制备的茶树花皂的产品质地均匀,颜色白中带淡黄,无明显颗粒感,有明显的茶树花香气,其具有良好的保水控油、增加胶原蛋白和皮肤弹性等护肤性质。

## 2. 茶树花皂理化性质测定

（1）pH值及水分和挥发物测定

茶树花皂的pH值及水分和挥发物含量如表14.25所示。

表14.25 茶树花皂的pH值

| 实验号 | pH值 | 水分及挥发物(%) | 实验号 | pH值 | 水分及挥发物(%) |
|---|---|---|---|---|---|
| 1 | 8.88 | 20.94 | 3 | 8.87 | 20.85 |
| 2 | 8.86 | 20.61 | 平均值 | 8.88±0.01 | 19.89±0.04 |

茶树花皂的pH值为8.79±0.04,为弱碱性,符合QB/T2485-2008《香皂》中对pH值的规定。茶树花皂的水分和挥发物含量为19.82%,根据中华人民共和国轻工业行业标准,复合型香皂的水分及挥发物含量应低于30%,茶树花皂样符合相关标准。

（2）抑菌性

香皂除了去污能力外对于病菌的清除率也是较为重要的衡量指标。将进行正交实验的9组样品进行了抑菌性分析,结果如表14.26所示。

表14.26　茶树花皂抑菌性正交实验均值响应

| 水平 | A | B | C |
|---|---|---|---|
| 1 | 7.00 | 6.58 | 6.70 |
| 2 | 6.43 | 6.65 | 6.56 |
| 3 | 6.49 | 6.68 | 6.65 |
| 极差 | 0.57 | 0.10 | 0.14 |
| 排序 | 1 | 3 | 2 |

根据表14.26分析,各因素对茶树花皂抑菌性的影响依次是皂基>茶树花花瓣>茶树花粉,抑菌性随茶树花粉增加而增强,酸性皂基的抑菌性略高于其他两种皂基。其最佳抑菌性配方为$A_1B_3C_1$,即酸性皂基、2%茶树花粉和不添加茶树花花瓣。由于各处理间的极差较小,各处理对茶树花皂抑菌性的影响较小,皂基对抑菌性的影响可以通过茶树花粉的添加进行抑制。

综合上述理化性质检测结果可知,此款茶树花皂产品的pH值及水分和挥发物含量都符合QB/T2485-2008《香皂》行业标准,茶树花粉的添加可以有效增强茶树花皂的抑菌性。

### 3. 茶树花提取物对茶树花皂护肤性质及起泡性影响测定结果

考虑到采用打碎的花粉和花瓣中的茶树花活性物质不易在使用中迅速溶出,因此对茶树花进行提取、浓缩和干燥,进一步添加到碱性皂中,并对其护肤性质和起泡性进行测定。将空白碱性皂基、添加不同浓度茶树花提取物的3个皂样以及正交实验中的7~9号3个碱性皂样共7种皂样,进行护肤性质及起泡性测定对比。

比较添加不同茶树花提取物(TFE)含量对其起泡性及护肤性质的影响,结果如表14.27所示。

表14.27　茶树花提取物(TFE)对茶树花皂起泡性及护肤性质影响

| 皂样 | 碱性皂基 | 0.1%TFE | 0.3%TFE | 0.5%TFE | 7号皂 | 8号皂 | 9号皂 |
|---|---|---|---|---|---|---|---|
| 起泡(cm) | 39.00±1.00 | 42.00±0.80 | 42.50±0.50 | 43.00±1.00 | 34.50±2.50 | 41.00±0.00 | 21.00±1.00 |
| 护肤得分 | 52 | 56 | 72 | 74 | 69 | 71 | 51 |

从表14.27明显看出,皂样的起泡性和护肤性质均随茶树花提取物添加量的增加而增加。对比同样为碱性皂基的7~9号样,发现添加茶树花提取物的皂样起泡性明

显好于添加茶树花粉的皂样。当茶树花提取物量达到0.3%时,其护肤性能高于直接添加茶树花粉的7～9号茶树花皂。

综合上述结果可知,在茶树花皂中添加适量的茶树花提取物,可明显提高茶树花皂的起泡性,显著改善茶树花皂的护肤性质及理化性质。

# 第十五章　茶树花的食品研发

## 第一节　茶树花米面食品研发

曲奇饼干是以小麦面粉、油脂、糖和乳制品为主要原料,加疏松剂和其他辅料制成的表面具有不规则波纹或立体花纹的高油脂饼干。冻米糖是江西丰城食品中享有盛名的地方传统名优特产品,相传已有两百多年的生产历史,从清朝乾隆年间开始生产。冻米糖,俗称"小切",一般在冬季比较冷的时候有空加工,以纯糯米、净茶油、白砂糖为主要原料。这两种食品均是高油脂的米面食品,且保质期较短,若不添加防腐剂,在室温下一般只能够放置1～2个月。

模糊综合评价方法在产品中的应用广泛。由于产品比较具有高度复杂性,要综合考虑各个方面的因素。综合考虑各因素时,一般采用加权平均法,没有很好地把单因素评价和指标的权重结合起来。模糊评价是对受多种因素影响的事物做出全面评价的一种十分有效的多因素决策方法。例如:顾客很难给曲奇饼干的颜色打一个分数,因为没有具体的参考对象,而让顾客在很满意、比较满意、一般、较不满意、不满意这5个选项中选择一个会相对简单很多,模糊评价能够量化这种序次级数据。故本实验采用模糊综合评价法来评价曲奇饼干和冻米糖。

通过比较不同品种茶树花的主要成分含量,我们选择了2012年混合样茶树花为制作曲奇饼干和冻米糖的添加物。2012年混合样的主要成分占干物质的从大到小如下:水浸出物、可溶性糖、多酚、总儿茶素、氨基酸、蛋白质、茶多糖、黄酮类物质、咖啡因。儿茶素的主要成分为:表没食子儿茶素没食子酸酯(EGCG)、表儿茶素没食子酸酯(ECG)、表没食子儿茶素(EGC)、没食子儿茶素(GC)、表儿茶素(EC)。选择高可溶性糖、多糖、中等含量多酚的茶树花作为米面食品的添加剂较为合适。

表15.1为不同品种茶树花的主要化学成分含量(%)。表15.2为HPLC测量不同品种茶树花中各类儿茶素(%)。

表15.1　不同品种茶树花的主要化学成分含量　　（单位：%）

| 品种 | 含水率 | 水浸出物 | 蛋白质 | 氨基酸 | 咖啡因 | 可溶性糖 | 多酚 | 黄酮 | 茶多糖 |
|---|---|---|---|---|---|---|---|---|---|
| 鸠坑 | 7.24±0.00 | 56.38±0.01 | 2.44±0.01 | 2.03±0.00 | 0.71±0.09 | 38.67±0.02 | 5.25±0.05 | 0.57±0.02 | 2.01±0.03 |
| 安吉白 | 6.16±0.00 | 58.81±0.00 | 2.44±0.02 | 2.86±0.00 | 0.45±0.07 | 36.50±0.01 | 5.18±0.05 | 0.63±0.05 | 1.30±0.02 |
| 迎霜 | 3.86±0.00 | 55.81±0.01 | 2.58±0.02 | 3.21±0.02 | 0.43±0.01 | 32.14±0.01 | 7.25±0.03 | 0.60±0.02 | 2.19±0.02 |
| 12年混合样 | 10.80±0.01 | 60.53±0.00 | 2.43±0.07 | 3.26±0.04 | 0.58±0.03 | 37.48±0.02 | 6.32±0.07 | 0.66±0.01 | 1.63±0.03 |

表15.2　HPLC测量不同品种茶树花中各类儿茶素含量　　（单位：%）

| 品种 | 总儿茶素 | GA | GC | EGC | C | EC | EGCG | GCG | ECG | CG |
|---|---|---|---|---|---|---|---|---|---|---|
| 鸠坑 | 2.71 | 0.15±0.01 | 0.32±0.04 | 0.52±0.04 | 0.06±0.01 | 0.14±0.00 | 0.65±0.03 | 0.28±0.06 | 0.65±0.06 | 0.09±0.05 |
| 安吉白 | 3.00 | 0.10±0.01 | 0.34±0.03 | 0.60±0.06 | 0.17±0.02 | 0.31±0.04 | 0.83±0.07 | 0.22±0.04 | 0.49±0.01 | 0.04±0.02 |
| 迎霜 | 4.01 | 0.10±0.00 | 0.56±0.02 | 0.87±0.02 | 0.22±0.01 | 0.37±0.01 | 0.89±0.03 | 0.36±0.02 | 0.67±0.02 | 0.07±0.01 |
| 12年混合样 | 3.96 | 0.09±0.00 | 0.57±0.00 | 0.92±0.00 | 0.18±0.01 | 0.35±0.01 | 1.03±0.01 | 0.26±0.12 | 0.57±0.00 | 0.08±0.01 |

# 一、曲奇饼干

## 1. 制作方法

曲奇饼干制作方法见图15.1。曲奇饼干配方在本实验原有的绿茶曲奇饼干配方的基础上进行改进。曲奇饼干和冻米糖中添加的茶树花浓度分别为原料总质量的0.5%、1%、2%，分别制作出3种添加不同茶树花含量的饼干和冻米糖，以添加原料总质量2%的抹茶粉的产品以及原味产品为对照。

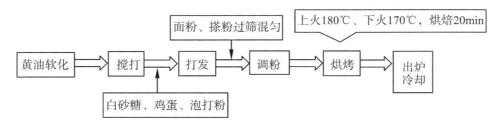

图15.1　茶树花曲奇饼干制作流程

## 2. 温度与油脂货架寿命系数关系(表15.3)

表15.3　曲奇饼干温度与油脂货架寿命系数的关系

| 项目 | 温度/℃ | | | | | |
|---|---|---|---|---|---|---|
| | 60 | 50 | 40 | 30 | 20 | 10 |
| 货架寿命系数 | 1 | 2 | 4 | 8 | 16 | 32 |

## 3. 感官评价

由10名评价员组成评价小组进行盲评,要求每位评价员独立完成感官评价。每次取样对照评分标准(表15.4)进行评价分等级,从A到E共五个等级。将等级低于C级者视为变质产品。

表15.4　感官评价评分标准

| 项目 | 很满意(A级) | 比较满意(B级) | 一般(C级) | 较不满意(D级) | 不满意(E级) |
|---|---|---|---|---|---|
| 气味 | 浓郁香气 | 较淡香气 | 无异味 | 稍有哈喇味 | 明显哈喇味 |
| 色泽 | 颜色鲜亮 | 颜色较亮 | 变暗 | 深黄 | 棕黄 |
| 口感 | 疏松可口 | 疏松性稍差 | 稍硬 | 明显变硬 | 特别干硬 |

## 4. 数据分析方法

实验数据运用SAS8.0软件对数据进行统计分析,并运用模糊综合评价法(产品综合评价指标及比重如图15.2所示)对产品的理化性质和感官评价结果进行综合评分,将其作为产品的最后得分,得到产品的最佳配方。通过Arrhenius经验公式,预测出产品在20℃的货架期。

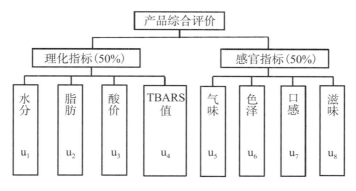

图15.2　产品综合评价

由图15.2可知,该评价体系中的第一级因素为理化指标$U_1$和感官指标$U_2$,其下属的第二级因素分别为水分、脂肪、酸价、TBARS值与气味、色泽、口感、滋味。

因素集$U_1 = \{u_1, u_2, u_3, u_4\}$,$U_2 = \{u_5, u_6, u_7, u_8\}$。

确定评判集:(A级,B级,C级,D级,E级)。

对理化指标而言,水分、脂肪和酸价通过国家标准被记为A级或B级,将刚到达国家标准的记为C级,将不通过国家标准的记为D或E级;TBARS值在(0~0.5)mg/100g或0~2 $A_{532}$/kg范围内记为A级,TBARS值在(0.5~1)mg/100g或(2~3)$A_{532}$/kg范围内记为B级,TBARS值在(1~1.5)mg/100g或(3~4)$A_{532}$/kg范围内记为C级,TBARS值在(1.5~2)mg/100g或(4~5)$A_{532}$/kg范围内记为D级,TBARS值在(2~3)mg/100g或(5~6)$A_{532}$/kg范围内记为E级。

理化指标的因数权重的有限模糊集合定为A=(0.25,0.25,0.25,0.25)。例如,某一样品的理化指标评价如表15.5所示。

表15.5  某产品理化指标评价

| 等级 | A | B | C | D | E |
|---|---|---|---|---|---|
| 水分 | 1 | 0 | 0 | 0 | 0 |
| 脂肪 | 1 | 0 | 0 | 0 | 0 |
| 酸价 | 1 | 0 | 0 | 0 | 0 |
| TBARS值 | 0 | 0 | 0 | 1 | 0 |

## 5. 模糊评价分析及配方的确定

（1）理化指标的综合评价（表15.6）

样品编号1~10分别表示原味对照组曲奇饼干,添加茶树花浓度0.5%、1.0%、2.0%的曲奇饼干,添加抹茶浓度2.0%的曲奇饼干。

表15.6  曲奇饼干理化指标检测结果

| 产品编号 | 水分(%) | 脂肪(%) | 酸价(以脂肪计)(KOH)(mg/g) | TBARS值(mg/100g) |
|---|---|---|---|---|
| 1 | 2.17[d] | 22.48[a] | 3.75[a] | 1.12[a] |
| 2 | 2.56[cd] | 22.19[ab] | 4.66[a] | 1.22[a] |
| 3 | 4.12[b] | 22.79[a] | 4.24[a] | 0.79[a] |
| 4 | 7.36[a] | 21.85[ab] | 3.96[a] | 0.63[b] |
| 5 | 3.54[bc] | 20.58[b] | 4.71[a] | 0.76[b] |

注:在$P < 0.05$水平下,同一列数值后的相同字母表示没有显著性差异。

（2）感官评价结果及其综合评价

$U_2 = \{u_5, u_6, u_7, u_8\}$ 为感官指标，权重 $A_2 = (0.3, 0.2, 0.2, 0.3)$，本实验成立由10人组成的评定小组，对10个样品进行感官评审，得到如下单因素评价（表15.7）。

样品编号1～10分别表示原味对照组曲奇饼干，添加茶树花浓度0.5%、1.0%、2.0%的曲奇饼干，添加抹茶浓度2.0%的曲奇饼干，原味对照组冻米糖，添加茶树花浓度0.5%、1.0%、2.0%的冻米糖，添加抹茶浓度2.0%的冻米糖。

表15.7 产品感官指标单因素评价

| 指标 | 样品编号 | | | |
| --- | --- | --- | --- | --- |
| | 1 | 2 | 3 | 4 |
| $u_5$ | (0.2,0.4,0.2,0.1,0.1) | (0.3,0.5,0.2,0,0) | (0.4,0.4,0.1,0.1,0) | (0.2,0.6,0.1,0,0.1) |
| $u_6$ | (0,0.3,0.6,0.1,0) | (0.5,0.3,0.2,0,0) | (0.3,0.5,0.2,0,0) | (0.5,0.3,0.1,0.1,0) |
| $u_7$ | (0.2,0.4,0.3,0.1,0) | (0.4,0.4,0.2,0,0) | (0.1,0.5,0.2,0.1,0) | (0.1,0.4,0.4,0,0.1) |
| $u_8$ | (0.5,0.3,0.2,0,0) | (0.7,0.3,0,0,0) | (0.3,0.4,0.2,0.1,0) | (0.1,0.4,0.4,0,0.1) |

| 指标 | 样品编号 | | | |
| --- | --- | --- | --- | --- |
| | 5 | 6 | 7 | 8 |
| $u_5$ | (0.5,0.4,0.1,0,0) | (0.1,0.4,0.4,0,0.1) | (0.3,0.4,0.2,0.1,0) | (0.1,0.3,0.5,0.1,0) |
| $u_6$ | (0.3,0.4,0.3,0,0) | (0.2,0.7,0,0,0) | (0.3,0.5,0.2,0,0) | (0,0.6,0.2,0.2,0) |
| $u_7$ | (0.4,0.5,0.1,0,0) | (0.3,0.2,0.5,0,0) | (0.4,0.4,0.2,0,0) | (0.4,0.2,0.3,0.1,0) |
| $u_8$ | (0.5,0.5,0,0,0) | (0.2,0.3,0.5,0,0) | (0.3,0.4,0.3,0,0) | (0,0.4,0.7,0.1,0) |

| 指标 | 样品编号 | | | |
| --- | --- | --- | --- | --- |
| | 9 | 10 | | |
| $u_5$ | (0.2,0.6,0.2,0,0) | (0.3,0.5,0.2,0,0) | | |
| $u_6$ | (0,0.3,0.5,0.1,0.1) | (0.7,0.3,0,0,0) | | |
| $u_7$ | (0.3,0.3,0.3,0,0.1) | (0.4,0.4,0.2,0,0) | | |
| $u_8$ | (0,0,0.7,0.2,0.1) | (0.3,0.5,0.2,0,0) | | |

用模型 $M(\wedge, \vee)$ 计算，规定A级得100分，B级得80分，C级得60分，D级得40分，E级得20分，各产品感官指标得分如表15.8所示。

表15.8　产品各指标及综合得分

| 曲奇饼干 | 1号 | 2号 | 3号 | 4号 | 5号 |
|---|---|---|---|---|---|
| 总得分 | 73.33 | 80.77 | 76.00 | 63.33 | 84.00 |
| 理化指标得分 | 80.00 | 80.00 | 80.00 | 66.67 | 90.00 |
| 感官指标得分 | 72.00 | 82.50 | 77.78 | 68.00 | 82.50 |

　　对曲奇饼干而言,1~5号产品总得分分别为73.33、80.77、76.00、63.33、84.00,其中1号和5号为对照组,4号得分＜1号得分＜3号得分＜2号得分＜5号得分,即曲奇饼干的综合评价排名从高到低分别为添加抹茶浓度为2％的对照组、添加茶树花浓度为0.5％的实验组、添加茶树花浓度为1％的实验组、原味对照组和添加茶树花浓度为2％的实验组。实验组中,综合得分最高的是添加茶树花浓度为0.5％,且比原味对照组的得分高,但略低于添加抹茶浓度为2％的对照组。感官指标的得分结果基本与总得分差不多,且添加茶树花浓度为0.5％的实验组和添加抹茶浓度为2％的对照组的得分最高且相同,均为82.5分,故在曲奇饼干的风味上,添加茶树花浓度为0.5％的饼干风味最佳。理化指标得分结果与总得分结果相差较大,1号、2号和3号得分相同,5号得分最高,4号得分最低。4号为添加茶树花浓度为2％的实验组,其理化指标得分比添加茶树花浓度0.5％和1.0％的组都低,说明茶树花浓度添加过量会使饼干的理化性质下降,且其口感滋味也下降很多。

　　综上所述,在0.5％~1.0％的范围内,添加茶树花有利于改善曲奇饼干的风味,但对曲奇饼干的理化性质基本没有改变;添加茶树花浓度为0.5％曲奇饼干配方为最佳配方。

### 6. 曲奇饼干酸价分析

　　如图15.3所示,第7天的时候,各组数据均无显著性差异($P>0.05$);第14天的时候,添加茶树花浓度为1.0％组与原味对照组有显著性差异;第21天的时候,三个实验组与原味对照组均有显著性差异;第28天和第42天的时候,添加抹茶浓度为2.0％的对照组与三个实验组均有显著性差异。在同一浓度下,第1天的数据相对均偏高,有可能是因为产品在制作好后在室温放置了2天后才开始稳定性实验,温度和湿度与稳定性实验的温度和湿度有较大差异,故第1天的数据差异较大。从整体来看,可以忽略第1天的数据。原味对照组从第14天到第21天有显著性变化;添加茶树花浓度为

0.5%的实验组从第14天到第28天有显著性变化;添加茶树花浓度为1.0%的实验组从第21天到第28天以及从第42天到第49天有显著性变化;添加茶树花浓度为2.0%的实验组一直没有显著性变化,说明高浓度的茶树花对曲奇饼干油脂的酸败有一定作用。添加抹茶浓度为2.0%的对照组从第21天到第28天有显著性变化。

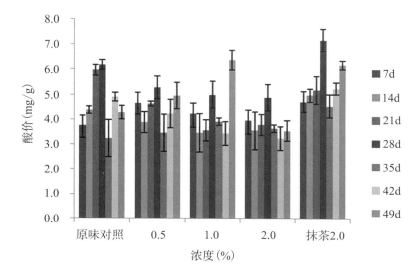

图15.3　曲奇饼干稳定性实验酸价结果

在40℃、50%RH条件下,第1周到第4周的酸价的对数值随时间变化,其线性回归方程为$\ln(AV)=0.01x+1.3574$,$R^2=0.9512$,从回归方程的显著性看,其方程线性相关性显著,根据GB7100-2003中规定,饼干允许的最高酸价为5mg/g,将其代入回归方程,得到在40℃、50%RH加速氧化实验中,该曲奇饼干的货架期为25.20天。

表15.9　曲奇饼干稳定性实验中酸价随时间变化情况　　　　（单位:mg/g）

| 茶树花浓度 | 第1天 | 第7天 | 第14天 | 第21天 | 第28天 | 第35天 | 第42天 | 第49天 |
|---|---|---|---|---|---|---|---|---|
| 原味对照 | C2.34[f] | A3.75[de] | BA4.38[dc] | A5.96[b] | BA6.17[a] | B3.24[fe] | BA4.90[bc] | DC4.28[dce] |
| 0.5% | B3.96[bac] | A4.66[bac] | BC3.89[bc] | BC4.63[bac] | B5.28[a] | B3.47[c] | BC4.24[bac] | BC4.95[ba] |
| 1.0% | B4.97[b] | A4.24[bc] | C3.46[c] | D3.56[c] | B4.99[b] | BA3.91[cb] | DC3.45[c] | A6.37[a] |
| 2.0% | CB3.65[ba] | A3.96[ba] | BC3.55[ba] | DC3.79[ba] | B4.87[a] | BA3.64[ba] | D3.23[b] | D3.54[ba] |
| 抹茶2.0% | A6.71[a] | A4.71[c] | A4.97[c] | BA5.17[bc] | A7.17[a] | A4.54[c] | A5.23[bc] | BA6.16[ba] |

注:在$P<0.05$水平下,同一列数值前的相同大写字母表示此列数值没有显著性差异。
在$P<0.05$水平下,同一行数值后的相同小写字母表示此行数值没有显著性差异。

## 7. 曲奇饼干TBARS值分析

如表15.10和图15.4所示,第7、28和35天的时候,添加茶树花浓度为2.0%的实验组与原味对照组有显著性差异($P<0.05$);第14天的时候,添加茶树花浓度为1.0%、2.0%组与原味对照组有显著性差异;第21天和42天的时候,三个实验组与原味对照组均有显著性差异;第49天的时候,所有组相互之间均存在显著性差异,说明添加不同茶树花浓度对实验结果有显著性差异。

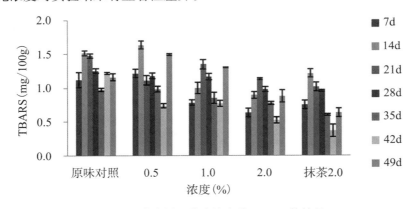

图15.4 曲奇饼干稳定性实验TBARS值结果

在同一浓度下,第1天的数据相对均偏高,有可能是因为产品在制作好后在室温放置了2天后才开始稳定性实验的,温度和湿度与稳定性实验的温度和湿度有较大差异,故第1天的数据差异较大。从整体来看,可以忽略第1天的数据。原味对照组、添加茶树花浓度为0.5%的实验组和添加抹茶浓度为2.0%的对照组从第7天到第14天均有显著性的变化;添加茶树花浓度为1.0%和2.0%的实验组从第14天到第21天有显著性的变化。

表15.10 曲奇饼干稳定性实验中TBARS值随时间变化情况 （单位:mg/100g）

| 茶树花浓度 | 第1天 | 第7天 | 第14天 | 第21天 | 第28天 | 第35天 | 第42天 | 第49天 |
|---|---|---|---|---|---|---|---|---|
| 原味对照 | B2.03$^a$ | A1.12$^c$ | A1.52$^b$ | A1.48$^b$ | A1.25$^c$ | A0.98$^d$ | A1.22$^c$ | C1.16$^c$ |
| 0.5% | C1.75$^a$ | A1.22$^c$ | A1.64$^b$ | C1.12$^{dc}$ | A1.18$^c$ | A0.99$^d$ | B0.74$^e$ | A1.49$^b$ |
| 1.0% | A2.55$^a$ | A0.79$^f$ | C1.00$^{ed}$ | B1.35$^b$ | A1.17$^{cd}$ | BA0.85$^{ef}$ | B0.77$^f$ | B1.30$^{cb}$ |
| 2.0% | B2.06$^a$ | B0.63$^e$ | C0.90$^{dc}$ | C1.14$^b$ | B0.98$^c$ | B0.78$^d$ | C0.52$^e$ | D0.88$^{dc}$ |
| 抹茶2.0% | CB1.88$^a$ | B0.76$^d$ | B1.21$^b$ | D1.02$^c$ | B0.96$^c$ | C0.60$^d$ | D0.37$^e$ | E0.64$^d$ |

注:在 $P<0.05$ 水平下,同一列数值前的相同大写字母表示此列数值没有显著性差异。

在 $P<0.05$ 水平下,同一行数值后的相同小写字母表示此行数值没有显著性差异。

## 二、冻米糕

### 1. 制作方法

冻米糖因制作时间较长、步骤较为烦琐,不适合在实验室制作,故由合作公司完成。

### 2. 温度与油脂货架寿命系数关系

以添加不同浓度茶树花的冻米糖成品为研究对象,测定样品在初始状态下的水分和脂肪含量,其结果作为评定样品能否应用于加速氧化实验和Arrhenius公式预测货架期的依据。

冻米糖的处理方法:将样品分装,每包50g,置于40℃、50%RH恒温恒湿干燥箱中贮藏49天,每间隔7天取样一次,每次取3包样品。其中1包进行油脂的提取,测定样品的酸价,同时做3次平行,取平均值。1包进行硫代巴比妥酸反应物质(TBARS)值的测定,同时做3次平行,取平均值。另1包样品进行感官评价。分别以酸价、TBARS值以及感官评分为参考指标,根据Arrhenius经验公式和40℃的货架期,预测出曲奇饼干和冻米糖在室温20℃下的货架期,并通过综合模糊评价得到最佳添加浓度的配方。

### 3. 感官评价

由10名评价员组成评价小组进行盲评,要求每位评价员独立完成感官评价。每次取样对照评分标准(见表15.4)进行评价分等级,从A到E共五个等级。等级低于C级者视为变质产品。

### 4. 数据分析方法

冻米糖的数据分析方法同"曲奇饼"的数据分析方法。冻米糖理化指标检测结果见表15.11。

表15.11 冻米糖理化指标检测结果

| 产品编号 | 水分(%) | 脂肪(%) | 酸价(以脂肪计)(KOH)(mg/g) | TBARS($A_{532}$/kg) |
|---|---|---|---|---|
| 6 | 11.94a | 20.88a | 2.14a | 1.88c |
| 7 | 11.59a | 18.24bc | 2.03a | 2.89b |
| 8 | 11.02a | 18.83b | 2.50a | 2.83b |

续表

| 产品编号 | 水分(%) | 脂肪(%) | 酸价(以脂肪计)(KOH)(mg/g) | TBARS($A_{532}$/kg) |
|---|---|---|---|---|
| 9 | 11.10a | 19.74ab | 2.62a | 2.32bc |
| 10 | 12.10a | 16.89c | 2.22a | 3.97a |

注:在 $P<0.05$ 水平下,同一列数值后的相同字母表示没有显著性差异。

## 5. 模糊评价分析及配方的确定

模糊分析法如前"曲奇饼"的方法。我们规定 A 级得 100 分,B 级得 80 分,C 级得 60 分,D 级得 40 分,E 级得 20 分,则各产品总得分如表 15.12 所示。

表15.12　产品各指标及综合得分

| 冻米糖 | 6号 | 7号 | 8号 | 9号 | 10号 |
|---|---|---|---|---|---|
| 总得分 | 64.00 | 63.33 | 61.78 | 62.35 | 70.00 |
| 理化指标得分 | 60.00 | 66.67 | 66.67 | 66.67 | 65.00 |
| 感官指标得分 | 71.11 | 76.00 | 70.00 | 68.33 | 82.50 |

对冻米糖而言,6～10号产品得分分别为64.00、63.33、61.78、62.35、70.00,其中6号和10号为对照组,8号得分<9号得分<7号得分<6号得分<10号得分,即冻米糖的综合评价排名从高到低分别为添加抹茶浓度为2%的对照组、原味对照组、添加茶树花浓度为0.5%的实验组、添加茶树花浓度为2%的实验组和添加茶树花浓度为1%的实验组。理化指标得分中,实验组7号、8号和9号得分相同且最高,6号得分最低。说明实验组在理化性质上有一定的改善,并比添加抹茶浓度为2%的对照组结果更好。感官指标得分中,10号添加抹茶浓度为2%的对照组得分远高于其余各组,添加茶树花浓度为0.5%的实验组排名第二,高于原味对照组。

综合理化指标得分和感官指标得分,在实验组中,添加茶树花浓度为0.5%冻米糖配方为最佳配方,且添加茶树花有利于改善冻米糖的风味,使其甜味感觉有所下降。

## 6. 冻米糖酸价分析

冻米糖的酸价值的国家标准≤3mg/g,各组数据基本都是呈波浪形变化,但总体趋势是上升的,在21天后达到最高值(见图15.5)。在21天后,两个对照组和添加茶树花浓度为0.5%、1.0%的实验组均已超过国家标准,而在49天的实验中,添加茶树花浓度为2.0%的实验组一直没有超过国家标准。这说明茶树花的添加对冻米糖的酸败有所改善。

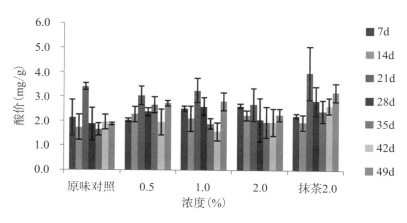

图15.5 冻米糖稳定性实验酸价结果

如表15.13所示,从第7天到第35天,各组数据均无显著性差异($P > 0.05$),说明在前35天添加的茶树花没有显著性的作用。第42天的时候,添加抹茶浓度为2.0%的对照组与添加茶树花浓度为1.0%的实验组有显著性差异,3个实验组与原味对照组无显著性差异。在第49天的时候,添加抹茶浓度为2.0%的对照组与添加茶树花浓度为2.0%的实验组有显著性差异。在同一浓度下,第1天的数据相对均偏高,有可能是因为产品在制作好后在室温放置了7天后才开始稳定性实验,温度和湿度与稳定性实验的温度和湿度有较大差异,故第1天的数据差异较大。从整体来看,可以忽略第1天的数据。原味对照组、添加抹茶浓度为2.0%的对照组和添加茶树花浓度为1.0%的实验组都从第14天到第21天有显著性变化;添加茶树花浓度为0.5%和2.0%的实验组无显著性变化。

表15.13 冻米糖稳定性实验中酸价随时间变化情况 （单位:mg/g）

| 茶树花浓度 | 第1天 | 第7天 | 第14天 | 第21天 | 第28天 | 第35天 | 第42天 | 第49天 |
|---|---|---|---|---|---|---|---|---|
| 原味对照 | B2.04[b] | A2.14[b] | A1.74[a] | A3.40[a] | A1.87[b] | A1.66[b] | BA1.96[b] | C1.88[b] |
| 0.5% | BA2.36[ba] | A2.03[b] | A2.28[ba] | A3.05[a] | A2.38[ba] | A2.66[ba] | BA1.95[b] | BA2.73[ba] |
| 1.0% | BA2.15[bc] | A2.50[bac] | A2.10[bc] | A3.25[a] | A2.60[ba] | A1.89[bc] | B1.57[c] | BA2.81[ba] |
| 2.0% | B1.90[a] | A2.62[a] | A2.24[a] | A2.68[a] | A2.06[a] | A1.95[a] | BA1.96[a] | BC2.25[a] |
| 抹茶2.0% | A3.06[ba] | A2.22[b] | A1.95[b] | A3.99[a] | A2.83[ba] | A2.41[b] | A2.63[ba] | A3.19[ba] |

注:在 $P < 0.05$ 水平下,同一列数值前的相同大写字母表示此列数值没有显著性差异;

　　在 $P < 0.05$ 水平下,同一行数值后的相同小写字母表示此行数值没有显著性差异。

在40℃、50%RH条件下，第1周到第3周的酸价的对数值随时间变化，其线性回归方程为 $\ln(AV)=0.00291x+0.4753$，$R^2=0.9421$，从回归方程的显著性看，其方程线性相关度显著，根据江西省地方标准规定，冻米糖允许的最高酸价为3mg/g，将其代入回归方程，得到在40℃、50%RH加速氧化实验中，冻米糖的货架期为21.42天。

### 7. 冻米糖TBARS值分析

第7天的时候，各实验组数据均无显著性差异（$P>0.05$）；第14天、21天、42天和49天的时候，添加茶树花浓度为1.0%、2.0%组与原味对照组有显著性差异；第28天的时候，添加茶树花浓度为0.5%、1.0%组与原味对照组有显著性差异；第35天的时候，各组的TBARS值均达到最高值，添加茶树花浓度为1.0%组与原味对照组有显著性差异；从第7天到49天，添加抹茶浓度为2.0%的对照组与原味对照组均有显著性差异。在同一浓度下，第1天的数据相对均偏高，有可能是因为产品制作好后在室温放置了2天后才开始稳定性实验，温度和湿度与稳定性实验的温度和湿度有较大差异，故第1天的数据差异较大。从整体来看，可以忽略第1天的数据。原味对照组、添加茶树花浓度为1.0%、2.0%的实验组、添加抹茶浓度为2.0%的实验组从第28天到第35天有显著性的变化；添加茶树花浓度为0.5%的实验组从第14天到第35天均有显著性的变化（表15.14、图15.6）。

表15.14　冻米糖稳定性实验中TBARS值随时间变化情况　　　（单位：A$_{532}$/kg）

| 茶树花浓度 | 第1天 | 第7天 | 第14天 | 第21天 | 第28天 | 第35天 | 第42天 | 第49天 |
|---|---|---|---|---|---|---|---|---|
| 原味对照 | CB3.07[b] | C1.88[ed] | B1.68[e] | C2.16[d] | C2.17[d] | C4.91[a] | C2.31[cd] | C2.69[cb] |
| 0.5% | C2.85[c] | B2.89[c] | A2.69[c] | C2.14[d] | A3.47[b] | CB5.51[a] | C2.04[d] | CB2.78[c] |
| 1.0% | A4.40[b] | B2.83[d] | C1.13[e] | A2.93[d] | B2.62[d] | B6.24[a] | B2.97[d] | A3.64[c] |
| 2.0% | B3.31[b] | CB2.32[cd] | C1.35[e] | D1.99[d] | CB2.44[cd] | C5.22[a] | B2.77[cb] | D1.88[ed] |
| 抹茶2.0% | B3.46[de] | A3.97[c] | C1.38[f] | B2.73[e] | A3.24[de] | A9.05[a] | A4.9[b] | B3.07[de] |

注：在$P<0.05$水平下，同一列数值前的相同大写字母表示此列数值没有显著性差异；
　　在$P<0.05$水平下，同一行数值后的相同小写字母表示此行数值没有显著性差异。

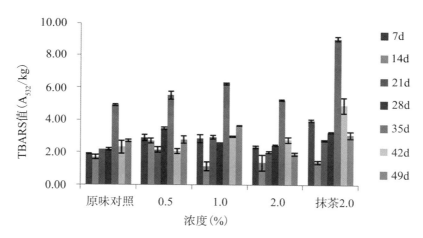

图15.6　冻米糖稳定性实验TBARS值结果

　　总结研究结果发现,采用模糊评价分析法对曲奇饼干和冻米糖的理化指标与感官指标进行综合评价,最终得到曲奇饼干和冻米糖的最佳茶树花添加浓度均为0.5%。曲奇饼干的综合得分最高的实验组为添加茶树花浓度为0.5%的组,分数为80.77;冻米糖的综合得分最高的实验组为添加茶树花浓度为0.5%的组,分数为63.33。添加一定浓度的茶树花有利于改善曲奇饼干和冻米糖的风味,也能一定程度上改善其理化性质。

　　曲奇饼干和冻米糖在40℃、50%RH的条件下进行稳定性实验,每7天检测一次酸价和TBARS值。曲奇饼干和冻米糖TBARS各组酸价其值先上升后下降显著($P <$ 0.05),有可能与游离脂肪酸的进一步降解氧化有关,因为次级产物MDA与氨基相互作用生成1-氨基-3-氨基丙烯,从而导致TBARS值的下降。同样,霍晓娜在研究抗氧化剂对猪肉冷却肉脂肪氧化影响中,其猪肉TBARS值在贮存后期出现下降现象;发酵山羊肉香肠在贮存中TBARS值先上升后下降。有研究者认为丙二醛及其TBA反应性可用作组织中脂肪氧化的一个诊断指标,然而实际操作时应该考虑到以下几方面问题,从而更全面地解释实验结果:①丙二醛的形成可因多聚不饱和脂肪酸性质的不同而不同;②丙二醛仅仅是脂肪氧化的一种产物;③丙二醛前体及其分解过程都可能受到氧化条件的影响;④丙二醛本身即是一种活泼的化合物,它可与食品中的其他成分进行反应;⑤非脂肪氧化反应也有可能产生丙二醛。

　　曲奇饼干和冻米糖的货架期预测:曲奇饼干和冻米糖都为油脂含量相对较高、水分含量相对较低的食品,腐败微生物对样品货架寿命的影响较小,其货架寿命主要受脂肪氧化速率的影响。故在40℃、50%RH加速氧化条件下,根据曲奇饼干和冻米糖的国家标准允许的最高酸价值,应用 Arrhenius 公式,计算出曲奇饼干的货架期为 25.20 天,冻米糖的货架期为 21.42 天。根据温度与油脂货架寿命系数的关系,预测在室温20℃的条件下,曲奇饼干的货架期为 101 天,冻米糖的货架期为 86 天。

# 第二节　茶树花鲜啤酒研发

茶树花素有"安全植物的胎盘""茶树上的精华"的美誉。研究表明,茶树鲜花与芽叶的主要化学成分大体相同,黄酮类物质含量较花卉高,微量元素锰、钴、铬及烟酸含量也较高;可见茶树花同茶叶一样对人体健康有益,具有调节内分泌、提高免疫力、解毒、抑菌、降脂、降低血糖、抗癌和抗氧化等功效。

大麦啤酒富含营养物质,如维生素、有机酸、氨基酸、蛋白质和醇类物质等,适量饮用可以起到保健功效,促进消化吸收,改善血液循环,增强体质。尽管啤酒营养价值高,素有"液体面包"的美称,但长期饮用会让人长出"啤酒肚"。茶树花富含降脂减肥功能因子,茶树花汁具有花的芬芳和茶叶的涩味,实验生产的茶树花鲜啤酒,既有啤酒的风味,还有茶树花的独特风味和保健功能。本课题组在浙江经贸职业技术学院啤酒生产基地的微型啤酒生产线上进行实验。

## 1. 茶树花鲜啤酒工艺

称取粉碎并过10目筛后的茶树花400g,将其放入容积为50L的超声波提取釜中,按照花水比例1:40添加50℃去离子水,在70℃体系中超声波提取萃取25min,提取结束后,用滤袋过滤提取液,将过滤液转入管式高速离心机连续离心(转速为15000r/min),取离心液即为茶树花提取液,备用。

## 2. 茶树花啤酒用料配比

在对原有茶树花鲜啤酒的感官、品质分析基础上,通过对茶树花鲜啤酒中功能性成分测定分析,改良啤酒配方,设计茶树花保健啤酒新工艺方案,茶树花鲜啤酒工艺生产用料配比如表15.15。该表配比是以一次制备200L啤酒核算,麦汁浓度为9.9BX。

表15.15　茶树花鲜啤酒用料配比

| 序号 | 原料名称 | 用量 | 备注 |
|---|---|---|---|
| 1 | 大麦麦芽 | 35kg | 粉碎前加水约5%,润湿麦芽表面,做到"皮破而不碎" |
| 2 | 焦香麦芽 | 3kg | |
| 3 | 茶树花汁 | 5L | 前酵阶段添加至发酵液 |
| 4 | 反渗透水 | 200L | 分两次添加 |
| 5 | 啤酒花 | 苦型啤酒花90g(用量为0.045%) | 煮沸开锅后5min添加 |
| 6 | 活性干酵母 | 200g | 添加前用20℃啤酒醪液活化 |

### 3. 茶树花鲜啤生产工艺流程

茶树花鲜啤酒生产工艺流程如图15.7。

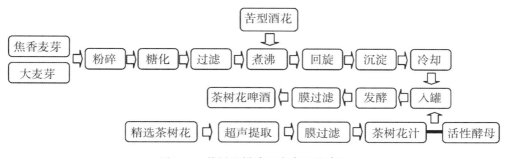

图15.7　茶树花鲜啤酒生产工艺流程

麦汁沸腾时开始计时,煮沸时间为90min,在煮沸开始后5min添加苦型酒花(用量0.045%);在前酵阶段添加茶树花汁(取250g干茶树花粉碎,1:40料液比,超声波70℃,水提25min,200μm陶瓷膜过滤),添加量为啤酒总发酵量2.5%,与啤酒发酵液混匀。

### 4. 啤酒生产加工工艺

(1)原料粉碎:大麦麦芽粉碎前加5%水润湿麦芽表面,用啤酒原料粉碎机粉碎,调整磨盘间隙和进料量,控制麦芽粉粗细比例为2:5。

(2)糖化操作:在糖化锅内加入100kg的37℃温水,将粉碎好的麦芽粉(大麦麦芽和焦香麦芽)投入,搅拌均匀后静止20min;升温至53℃静置保温60min,进行蛋白质休止;升温至65℃静置保温70min,糖化分解;升温至78℃静置保温10min后进行升温杀酶,获得黏稠的糖化醪液。糖化工艺曲线如图15.8。

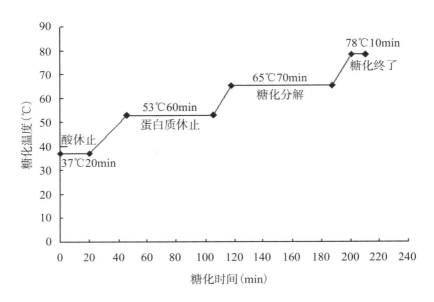

图15.8　茶树花鲜啤酒糖化工作曲线

（3）一次过滤操作

在过滤槽中加入78℃左右的温水,水位没过筛板约0.5cm;将糖化醪液泵入过滤槽中,搅拌约5min,使醪液均匀后静置20min,形成自然滤层;将麦汁在过滤槽中连续回流,直至麦汁清亮,回流时将泵的流量控制在10～15r/min;将麦汁转移至煮沸锅中,开始时泵的流量控制在10～15r/min,后根据麦汁的清亮程度再逐步调大流量,测定头道麦汁浓度;原麦汁过滤至将露出糟面时进行洗糟,开启耕糟机,根据麦汁浓度估算洗糟加水量,加完洗糟水后停止耕糟,待形成新的滤层后,重复前面的过滤程序。

（4）添加辅料

麦汁沸腾时开始计时,煮沸时间为90min,在煮沸开始后5min添加苦型酒花(用量0.045%);在前酵阶段添加茶树花汁(取250g干茶树花粉碎,1:40料液比,超声波70℃,水提25min,200μm陶瓷膜过滤),添加量为啤酒总发酵量2.5%,与啤酒发酵液混匀。

（5）发酵操作

在酵母储罐内缓慢加入温度为20～26℃麦汁,加入啤酒总量0.1%的活性干酵母粉于酵母接种罐内,混匀静置20min后得活化酵母泥;麦汁入罐后,使用食用级氧气将酵母充入啤酒发酵罐内;酵母经过8～16h休眠阶段后开始出芽繁殖,进入主酵阶段,控制温度12℃,压力控制在0～0.03MPa,每天要进行排污和测定糖度,至糖度降到

4.5°,封罐升压进入后酵阶段;主发酵结束后,关闭冷媒升温至12℃进行双乙酰还原,双乙酰含量降至0.10mg/L以下时,开始降温;待双乙酰还原结束,控制降温速率,以0.5~0.7℃/h速率降温至5℃,温度降至5℃时即可排放酵母,并保持一天,以0.1~0.3℃/h的速率降温至0℃以下,低温贮酒3天以上;温度降至5℃时即可排放酵母,罐底最先排放的酵母为沉淀过早的衰老和死酵母,应直接丢弃,将中层酵母泥移至种子罐中。酵母发酵工艺曲线如图15.9。

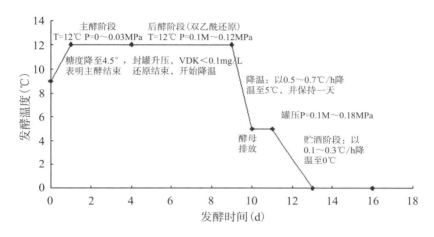

图15.9 茶树花鲜啤酒酵母发酵工艺曲线图

（6）二次过滤操作

将发酵罐出料口通过啤酒过滤系统连接至啤酒接收罐,过滤系统内分别先后安装孔径为5.00μm与1.00μm的滤膜,打开发酵罐出液阀,利用发酵罐内自身二氧化碳压力将原浆啤酒过滤至接收罐,就是茶树花鲜啤。膜过滤除去悬浮在啤酒中能自然沉降和对啤酒品质有不利影响的少量酵母及蛋白质等大分子杂物。

课题组前期研究的茶树花鲜啤酒旧工艺在啤酒醪液煮沸20min后添加茶树花汁,使茶树花汁与醪液一同沸腾70min,从而使茶树花功效物质充分融入至啤酒中,更加细腻入味。啤酒经过旋沉、发酵,通过对发酵液中功能性成分(茶多酚、黄酮等)分析,其中茶多酚含量偏低于正常保健功效范围。研究发现茶多酚在长时间高温加热后,其热稳定性较差,易变质,在旋沉中有少量茶多酚伴随蛋白质沉淀,影响茶树花鲜啤酒的保健功效。根据茶树花汁与啤酒酵母共存性,结合实际应用操作实验,分别在啤酒液煮沸后、前酵、主酵与贮酒阶段添加同比例茶树花汁,对各阶段添加茶树花汁所发酵完成的啤酒中的功能性成分进行分析,并结合感官品评发现,在前酵阶段添加茶树花汁不但不造成茶多酚等功效成分流失,而且口味更纯正、细腻,茶树花香味更加浓郁、清爽。新工艺将茶树花汁添加时间由原来煮沸后20min添加革新为前酵阶段添加,以保证茶树花提取物功能成分不损失,风味物质未流失。

## 二、茶树花鲜啤酒糖度指标分析

取300mL左右的啤酒发酵液于干燥的干净烧杯内,超声波脱气10min,糖度测定仪测定发酵液糖度(发酵液20℃测定最佳)。记录啤酒发酵过程中的糖度变化,每24小时检测一次,当接近糖度4.5°时可适当增加检测频率,控制进入主酵降温阶段时糖度为4.2~4.8BX之间。

糖度是啤酒发酵过程中最重要的控制指标之一,啤酒在发酵过程中,发酵液中的糖在啤酒酵母有氧作用过程中转化成酒精,啤酒的糖度就是啤酒中剩余的糖含量。茶树花鲜啤酒发酵阶段(包括前酵、主酵、后酵与贮酒)的糖度每24小时变化如图15.10所示。

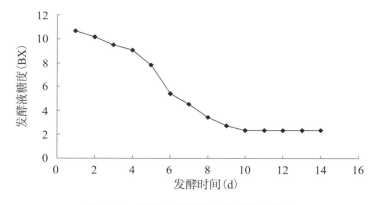

图15.10　茶树花鲜啤酒发酵液糖度变化

啤酒发酵过程中,啤酒酵母是一种天然发酵剂,能将葡萄糖、麦芽糖、半乳糖和蔗糖发酵成酒精和二氧化碳。发酵时温度控制在8~13℃,发酵过程分为起泡期、高泡期、低泡期。发酵液糖度从第1天的11BX逐步下降,呈一个反写的S,在第6~7天是个转折点,发酵液糖度从5.6BX下降到4.8BX,当发酵进入第10天发酵液糖度下降到2.5BX,以后逐步平稳。当糖度降至4.5BX时,开始封罐升压后进入后酵阶段的双乙酰还原阶段,以达到啤酒的最佳口味与风味。发酵结束后,发酵液继续在圆柱锥底发酵罐中冷却至0℃左右,调节罐内压力,使$CO_2$溶入啤酒中。贮酒期需7日以上,在此期间残存的酵母、冷凝固物等逐渐沉淀,啤酒逐渐澄清,$CO_2$在酒内饱和,口味醇和,适于饮用。

## 三、茶树花鲜啤酒感官质量及理化卫生分析

### 1. 鲜啤酒感官质量分析

将玻璃杯置于铁架台底座上,固定铁环于距杯口3cm处。将原瓶(罐)啤酒置于5℃水浴中保持至等温后启盖,立即置瓶(罐)口于铁环上,沿杯中心线以均匀流速将啤酒注入杯中,直至泡沫高度与杯口相齐时止。同时按秒表计时,观察泡沫升起的情况,记录泡沫的形态(包括色泽和粗细)和从泡沫出现至消失(或露出0.05cm酒面)的时间,以秒表示,观察泡沫挂杯情况。

茶树花鲜啤酒清亮透明,泡沫挂杯持久,洁白细腻,泡持性超过210s,符合普通啤酒的标准,具体感官质量结果如表15.16所示。

表15.16　茶树花鲜啤酒的感官质量指标

| 感官项目 | 质量效果 |
|---|---|
| 外观 | 呈嫩黄色,清亮透明 |
| 泡沫形态 | 挂杯持久,洁白细腻,泡持性≥210s |
| 口味与香气 | 酒花香中带有淡淡茶树花芳香,苦味协调,无异味异香,杀口力强,不上头 |

从表15.16可以看出,茶树花鲜啤酒颜色呈嫩黄色,是因为茶树花汁中含有色素。茶树花鲜啤酒无老化气味和生啤酒花气味及其他怪异气味,苦味协调,杀口力强,有$CO_2$的刺激感,清爽,口感不淡薄,如水,同时带有茶树花特有的淡淡芳香。平时能喝一瓶啤酒量的5人品饮,均无上头感。

### 2. 鲜啤酒理化指标分析

根据中华人民共和国国家标准GB 4928-2008啤酒分析方法,将市售普通啤酒与实验开发的茶树花鲜啤酒进行理化指标分析比较,结果如表15.17所示。

表15.17　普通啤酒与茶树花鲜啤酒理化指标对比

| 项目 | 普通啤酒 | 茶树花啤酒 |
|---|---|---|
| 酒精含量(%) | 2.9 | 3.0 |
| 麦汁浓度(%) | 9.9 | 10.3 |
| 发酵度(%) | 69.4 | 70.8 |
| 色度EBC | 8.0 | 8.3 |

| 项目 | 普通啤酒 | 茶树花啤酒 |
|---|---|---|
| 酸度(mL/100mL) | 1.75 | 1.73 |
| $CO_2W\%$ | 0.43 | 0.46 |
| 双乙酰(mg/L) | 0.08 | 0.08 |
| 苦味值(BU) | 22.12 | 21.14 |

从表15.17可以看出加入茶树花汁的发酵啤酒和普通啤酒相比,其理化指标基本不变,说明加入茶树花汁后不影响啤酒的正常发酵,只是浓度发酵的色度有所升高,在茶树花汁中含有的糖和色素使它们升高。实验生产的茶树花鲜啤酒具有一般啤酒的所有特性,同时还具备茶树花特有的保健功效。

### 3. 鲜啤酒卫生指标检测

按照 GB/T4789.2-2008、GB/T4789.3-2008、GB/T4789.5-2003 及 GB/T4789.10-2003依次进行细菌总数、大肠菌群、志贺氏菌和金黄色葡萄球菌等茶树花啤酒卫生指标检测,结果如表15.18。

表15.18  茶树花鲜啤酒卫生指标

| 检测项目 | 检测结果 |
|---|---|
| 细菌总数(cfu/mL) | 50 |
| 大肠菌群(MPN/100mL) | ≤5 |
| 志贺氏菌、金黄色葡萄球菌等 | 未检出 |

由上表可见,茶树花保健啤酒完全达到啤酒的卫生指标,可放心饮用。

### 4. 茶树花鲜啤酒抗氧化性实验

(1)啤酒浊度、色度比较

茶树花啤酒和普通的啤酒在40℃水浴中隔日交替加热至浑浊,浊度、色度比较结果见表15.19。

表15.19  普通啤酒与茶树花鲜啤酒的抗氧化性对比

| 项目 | 酸碱度pH | 浊度EBC | 色度EBC |
|---|---|---|---|
| 普通啤酒 | 4.4 | 1.78 | 9.2 |
| 茶树花啤酒 | 4.5 | 1.04 | 8.6 |

从表15.19可以看出抗氧化实验后茶树花啤酒与普通的啤酒相比,其浊度与色度都低,从而可以看出茶树花啤酒的抗氧化性和保质期都强于普通的啤酒。主要原因可能是茶树花啤酒中含有一定量的抗氧化物质,如儿茶素等,因而增强了啤酒的抗氧化能力,可以延长啤酒的保质期。

（2）DPPH自由基清除能力分析

含DPPH自由基的溶液在517nm处有强吸收峰,其乙醇溶液显深紫色,当啤酒样品加入,DPPH自由基逐渐减少,溶液的吸光度也逐渐减小,溶液颜色变浅。利用紫外可见分光光度计测定样品加入DPPH溶液后根据吸光度的变化从而确定所加入的抗氧化剂的浓度范围,比较茶树花鲜啤酒与普通啤酒清除自由基的能力强弱。通过比较普通鲜啤酒与茶树花鲜啤酒在发酵过程中的DPPH自由基清除率,啤酒共9天时间的清除率动态如图15.11所示。

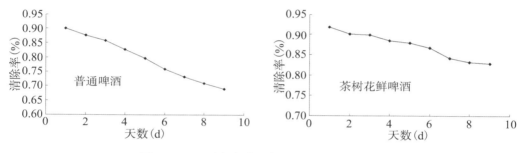

图15.11　不同发酵时间啤酒对自由基的清除率

注:左图是普通啤酒;右图是茶树花鲜啤酒。

由图15.11可知,发酵第1天普通鲜啤酒与茶树花鲜啤酒DPPH自由基清除率较接近,分别为90.05％与91.90％,发酵过程中未添加茶树花汁的普通鲜啤酒清除率以每24小时约3个百分点的速率下降,而添加茶树花汁的鲜啤酒以每24小时约1个百分点的速率缓慢下降,发酵结束后茶树花鲜啤酒DPPH自由基清除率为82.89％,远远高于普通鲜啤酒的69.03％,可能是因为茶树花汁中茶多酚的抗氧化作用提高了啤酒DPPH自由基清除率,而茶树花鲜啤酒保鲜期比普通啤酒有了较大的提升,在保存啤酒中的风味物质方面具有较大的优势。

## 5. 茶树花鲜啤酒功效成分检测

（1）茶树花啤酒发酵过程中茶多酚含量变化

茶树花中茶多酚(TP)含量可以达到15％左右,茶树花保健啤酒中富含的TP能起到良好的保健功效。TP在前酵与主酵阶段的含量会有少量减少（0.18mg/mL→0.15mg/mL），至降温贮酒阶段，逐渐保持稳定（0.11mg/mL）。啤酒发酵全程TP含量动态变化如图15.12所示。

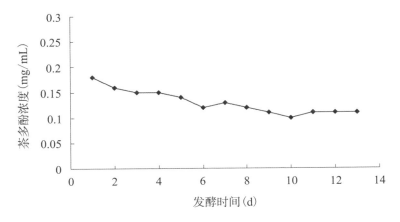

图15.12　茶树花鲜啤酒发酵过程中茶多酚含量变化

啤酒酵母为兼性厌氧菌，比较耐高渗透压和高浓度盐，生活能力强。茶多酚在啤酒前酵与主酵阶段含量有少量下降，至降温、贮酒排完酵母阶段之后，啤酒成熟过程中茶多酚含量基本保持不变，说明在发酵过程中啤酒酵母略有调节茶多酚含量变化的作用，待酵母排放完成，茶多酚含量与性质保持稳定，茶树花鲜啤酒中的茶多酚含量一直稳定在110mg/kg，符合调味碳酸茶饮料标准（GB/T21733-2008 100mg/kg）要求，含量甚至与市场上普通原液茶饮料相近。茶多酚本身具有良好的抑菌作用，可以使茶树花啤酒比普通啤酒的保质期长。具有天然抗氧化、防腐功效和富含保健功能因子的茶树花鲜啤酒一定能有较强的其市场竞争力。

（2）茶树花啤酒发酵过程中黄酮含量变化

茶树花中另一个功能因子成分为黄酮类化合物，无论在刚刚发酵的茶树花鲜啤酒中还是在经过近2个多月储存的茶树花啤酒中，茶树花鲜啤酒中黄酮含量都要高于普通啤酒。芦丁标准曲线为：y＝5.975x－0.0099，$R^2$＝0.9986，线性范围：0.2～1.8mg/mL；发酵液黄酮含量动态变化如图15.13所示。

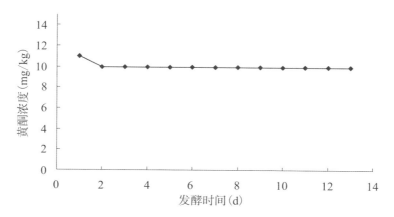

**图15.13　茶树花鲜啤酒发酵过程中黄酮含量变化**

茶树花鲜啤酒在发酵过程中,啤酒酵母的繁殖基本不影响发酵液中黄酮含量变化,随着生产进入主发酵阶段后,发酵液中黄酮含量始终稳定维持在10mg/kg左右,且低温贮酒亦不会影响其含量变化,表明黄酮在啤酒中的稳定性较好。

（3）茶树花啤酒发酵过程中EGCg与CAF成分变化

根据色谱条件分析得到其咖啡碱与EGCg含量,其中EGCg的标准曲线为:$y=344.01x+14.035$,$R^2=0.998$;咖啡因（CAF）的标准曲线为:$y=321.83x+21.237$,$R^2=0.994$。比较分析茶树花汁与茶树花鲜啤酒中儿茶素与咖啡碱成分变化,其高效液相色谱图谱如图15.14和图15.15所示。

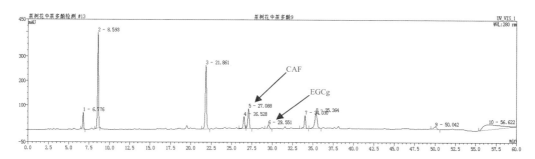

**图15.14　茶树花提取液的儿茶素和咖啡因高效液相色谱**

注:CAF:相对含量20.7%,峰面积:47.778;EGCg:相对含量7.33%,峰面积:16.924。

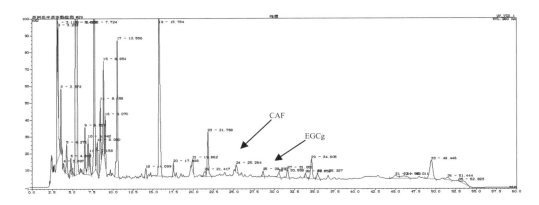

**图15.15　茶树花鲜啤酒液的儿茶素和咖啡因高效液相色谱**

注：CAF：相对含量2.52%，峰面积：5.076；EGCg：相对含量0.49%，峰面积：0.988。

由图可知，啤酒发酵液的茶树花提取液经过前酵、主酵与贮酒阶段后，其咖啡因（CAF）与EGCg的相对含量基本不变，成分得以较好保留。

咖啡因是一种生物碱，适度地饮用有祛除疲劳、兴奋神经的作用，在啤酒中可增加啤酒的苦涩味，增强口感，茶树花鲜啤酒中咖啡因（CAF）含量为13.2mg/kg，小于调味碳酸饮料（GB/T 21733−2008 20mg/kg）；对照液相谱图与制得EGCg标准曲线可得EGCg检测含量为1.6mg/kg。相对普通啤酒，EGCg是最有效的抗氧化儿茶素，具有抗辐射和紫外线、阻止油脂过氧化、减少血清中低密度胆固醇等功效，茶树花鲜啤酒具有较好的抗氧化与保健功效。

（4）基于电子舌的啤酒检测区分

多频大幅脉冲电子舌分析示意如图15.16。该电子舌包含6个工作电极（铂电极、金电极、钯电极、钛电极、钨电极和镍电极）的传感器陈列，辅助电极为1mm×5mm铂柱电极，以银/氯化银（Ag/AgCl）作为参比电极。通过六通道多频大幅脉冲信号激发采集装置使工作电极逐个对溶液进行多频大幅脉冲伏安法扫描。

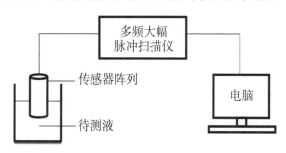

**图15.16　电子舌系统分析**

电子舌扫描参数：正向最大多频大幅脉冲电位 1.0V，负向多频大幅脉冲电位－1.0V，步降电压 0.2V；频率段为 100、10.1Hz；检测时间 100s；清洗时间 90s。

在检测池中加入 0.01M 氯化钾溶液对智舌传感器进行预热。以 3 个频率大幅脉冲作为激发扫描信号进行预扫描并进行标准化处理，使响应信号趋于稳定并消除漂移现象。取 30mL 待测液置于 50mL 烧杯中进行检测，检测时间 100s，传感器电化学清洗时间 90s，每个样品平行检测 6 次，提取响应电流信号的物理化学特征值，利用电子舌自带的数据处理软件对数据进行采集、分析和模式识别。

经 PCA 分析后得到的区别指数（discrimination index，DI）是判断电子舌是否能区分样品的重要指标。DI 值越大，表示区分效果越理想。一般当 DI 值＞80 时，认为对样品具有良好的区分度。由最佳传感器阵列分析得到的区别指数（DI 值）为 88.94，大于 80，表明电子舌可区分此 6 类不同的啤酒样品。对啤酒样品的电子舌信息采集贡献率最大的第 1 主成分（PCV1）与贡献率次之的第 2 主成分（PCV2）的贡献率分别为 62.0％与 9.3％，累积方差贡献率为 71.3％，主成分 1 和 2 包含啤酒样品大量信息。

比较 6 款不同品质啤酒发现，无醇啤酒的 PCV1 和 PCV2 与其他啤酒区别大，离散程度高，分布趋势截然不同，说明其口感差别比较大；茶树花鲜啤酒相比于纯生啤酒，样品在两 PCA 分析图的主成分轴（即坐标轴）方向上的分布趋势并不相同，说明这两款啤酒口感与风味差距比较大；茶树花鲜啤酒相比不添加茶树花的对照全麦生啤，其在 PCV1 上差别较大，而 PCV2 与 PCV3 无明显差别（如图 15.17B），说明茶树花鲜啤酒相比较全麦鲜啤酒，应用茶树花汁取代啤酒香花发酵而成的鲜啤酒风味与口感主要体现在 PCV1；茶树花鲜啤酒相比小麦啤酒与黑啤，其主要成分差别体现于 PCV1 与 PCV2。

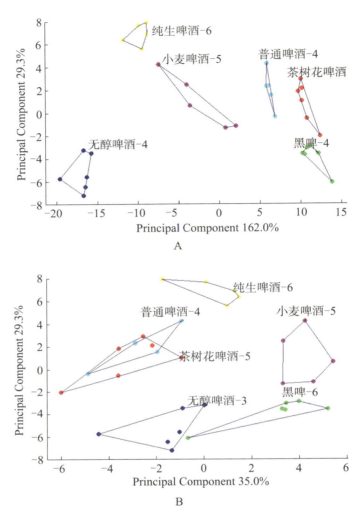

图 15.17　六种不同啤酒样品电子舌主成分分析

（5）基于电子鼻的啤酒检测区分

由金属氧化物传感器阵列、信号处理系统和模式识别系统三部分组成的电子鼻测试系统,该系统的结构如图 15.18 所示。

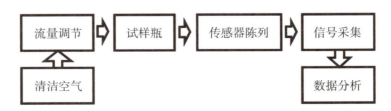

图 15.18　电子鼻检测系统结构

仪器采用动态顶空进样。将待测样品置于标配玻璃进样瓶中,旋上瓶盖,静置一定的顶空时间,使香气成分充满上部空间。设置稳定的气体流速,纯净空气通过试样瓶,携带样品散发出的挥发性成分经过传感器阵列,智鼻能够检测到气味物质的整体响应特征,通过PCA(主成分分析)得到测试结果图。传感器响应信号经过数据采集系统进入计算机后进行数据处理。

电子鼻扫描参数:其中采样时间为150s,气体流量1L/min,清洗时间120s,等待时间为10s,每个啤酒样品平行检测6次,提取响应值。

智鼻检测系统内10个不同金属氧化物传感器对啤酒样品进行检测扫描,得其特征响应曲线与雷达图,响应曲线是传感器信号随时间的变化趋势,而雷达图则显示了10个传感器信号的相对强弱。由图15.19可见,所有啤酒样品中4号传感器信号普遍最强,这主要因为4号传感器灵敏度最大,对氮氧化合物很灵敏。

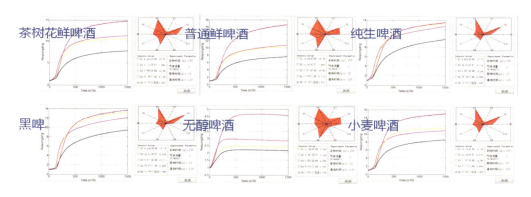

图15.19　电子鼻扫描特征响应曲线与雷达

在啤酒样品主成分分析(PCA)中,一般习惯把新的指标称作主成分,将主成分中方差贡献率最大的视为PCV1,贡献率次之的为PCV2,以此类推。当方差贡献率累积达到80%以上时就认为所选的几个主成分能够反映原来指标的信息。

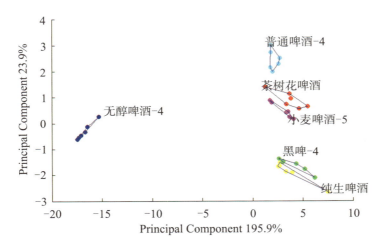

图15.20　六种不同啤酒样品电子鼻主成分分析

结果如图15.20所示,优化完成的最佳传感器阵列PCV1与PCV2的累积方差贡献率为99.80%,这说明PCV1和PCV2包含样品大量信息,可以反映6种啤酒样品整体信息。而PCV1体现样品主要信息的贡献度(95.9%)远远大于PCV2(3.9%)。

由图15.20可知,每种啤酒样品的6个平行样离散度较小,不同样品之间互不干扰,经PCA分析后得到的区别指数(DI值)达到95.9>80,由此可知电子鼻可区分这6类不同的啤酒样品。比较不同啤酒样品区分度发现,无醇啤酒与其他五类啤酒分散度大,主成分1差别较大,而其他五款啤酒的区别更多体现在PCV2上。茶树花保健鲜啤口味更接近于进口小麦啤酒与全麦芽发酵啤酒。其与全麦芽发酵啤酒相比,麦芽香味相同,而其茶树花芬芳相比啤酒香花更加与众不同。

## 四、进一步设想

茶树花鲜啤酒共经过两个工艺筛选与优化(简称新旧工艺),新旧工艺比较分析表明,两者主体操作工序没有发生变化,只是在茶树花汁添加量上略有增加(120g/200L→125g/200L),苦味型啤酒花添加量略有增加(80g/200L→90g/200L),不再添加香味型啤酒花,变化最大的是茶树花汁添加时间点由先前的煮沸阶段推迟到前发酵阶段。新工艺茶树花啤酒感官评审:口味更纯正、细腻,茶树花香味更加浓郁、清爽,原因可能是茶树花功效成分只参与发酵变化,没有经过煮沸损失与氧化等。

茶树花鲜啤酒新工艺发酵过程的糖度分析表明,发酵时温度控制在8~13℃,发酵液糖度从第1天的11BX逐步下降,呈反写的S,在第6~7天是个转折点,发酵液糖度从5.6BX下降到4.8BX,当糖度降至4.5BX时,应该开始封罐升压进入后酵阶段,以达到啤酒的最佳口味与风味。

茶树花鲜啤酒新工艺发酵过程保健功效成分变化分析表明,茶多酚在前酵与主酵阶段,含量会有少量减少(0.18mg/mL→0.15mg/mL),至降温贮酒阶段,逐渐保持稳定(0.11mg/mL),在发酵过程中啤酒酵母可能具有调节茶多酚含量变化作用;发酵过程中,啤酒酵母基本不影响发酵液中黄酮含量变化,随着生产进入主发酵阶段后,发酵液中黄酮含量始终稳定维持在10mg/kg左右,黄酮在啤酒中稳定性较好;啤酒发酵液的茶树花提取液经过前酵、主酵与贮酒阶段,其咖啡因(CAF)与EGCg的相对含量基本不变,CAF含量为13.2mg/kg,EGCg含量为1.6mg/kg,成分得以较好保留。

智舌智鼻对茶树花鲜啤酒辨识分析表明,基于电子舌检测发现,区别指数DI值88.94>80,电子舌可区分此6类不同的啤酒样品,对啤酒样品的电子舌信息采集PCV1与PCV2累积方差贡献率为71.3%,包含啤酒样品大量信息;无醇啤酒的PCV1和PCV2与其他啤酒区别大,茶树花鲜啤酒相比纯生啤酒,样品在两个PCA分析图的主成分轴方向上的分布趋势不同,两款啤酒口感与风味差距比较大;茶树花鲜啤酒相比不添加茶树花的对照全麦生啤,其在PCV1上差别较大,其他无明显差别,应用茶树花汁取代啤酒香花发酵而成的鲜啤酒风味与口感主要体现在PCV1,而同小麦啤酒和黑啤比较,差别在PCV1与PCV2都有体现;基于电子鼻检测发现,啤酒样品中4号传感器信号普遍最强,缘于4号传感器对氮氧化合物很灵敏,区别指数DI值达到95.9>80,电子鼻可区分这6类不同啤酒样品,PCV1与PCV2的累积方差贡献率为99.80%,包含6种啤酒样品大量信息;无醇啤酒与其他五类啤酒分散度大,主成分1差别较大,而其他五款啤酒区别更多体现在PCV2上,茶树花保健鲜啤口味更接近于进口小麦啤酒与全麦芽发酵啤酒,其与对照全麦芽发酵啤酒相比,麦芽香味相同,但其茶树花芬芳相比啤酒香花更加与众不同。

茶树花鲜啤酒新工艺采用全麦芽原料,其中大麦芽92%,焦香麦芽8%;生产过程中茶树花汁(取250g干茶树花粉碎,1:40料液比,90℃水提30min,200μm陶瓷膜过滤),添加量为啤酒总发酵量2.5%,与啤酒发酵液混匀。苦型啤酒花添加量0.045%,添加时间为煮沸开始后5min。经过比拟扩大中试生产,得到的成品啤酒清亮透明、无沉淀和悬浮物,茶树花香淡雅,无异味,泡沫洁白、细腻、持久、挂杯,具有该产品特有的风味和色泽;理化指标及卫生指标均符合产品GB4927-2008中华人民共和国国标要求。表明在啤酒酿造过程中适量添加茶树花汁物质,在工艺上是可行的;茶树花汁添加量在2.5%时,不会对啤酒质量指标产生明显影响,同时还能改变啤酒风味;茶树花汁的添加时机宜为啤酒发酵阶段与啤酒酵母一起加入,这样便于保存茶树花提取液中的有效成分与风味物质;酿成的含茶树花汁的啤酒,酒体嫩黄、清亮透明,泡沫细腻洁白、持久挂杯,口味纯正、爽口、纯厚、杀口力强,既保持了传统啤酒的风味,又获得了对人体的保健功能。

另外,由于茶树花汁中含有多酚类物质,在有氧存在的情况下,啤酒中的蛋白质与多酚物质相互作用,形成蛋白质-多酚复合物。随着时间的推移,复合物的大小不断增加,从而导致啤酒胶体混浊。为此,应严格控制蛋白质的休止温度以降低麦汁中高分子蛋白质含量,严格控制糖化醪液的pH以提高啤酒胶体稳定性。在发酵过程中,一些高分子蛋白质和蛋白质-多酚物质复合物随着酒液pH和温度下降而析出;部分多酚物质则被酵母吸附除去。在啤酒过滤前,应在0~2℃至少贮酒7天,以使酵母充分吸附多酚物质,分离去除冷混浊颗粒,因为长时间低温贮酒对啤酒胶体的稳定性有利。但是这次针对茶树花鲜啤酒的直接抗氧化活性、发酵过程中产生的新物质及啤酒芳香成分动态变化等未作深入分析探究,这是下一步将继续开展研究的一个观测点;对于茶树花鲜啤酒的保健功效,仅通过现代仪器分析技术观测具有功效成分的变化及存在形式,侧面反映茶树花鲜啤酒的保健功效,没有进行体内外更深的研究水平研究,这是本项研究的一个不足,也是以后重点研究的内容方向。

## 第三节　茶树花速溶擂茶研发

擂茶是中国茶文化中一种特殊的茶俗,民间食用擂茶的历史源远流长,在我国湖南、广东、台湾、福建等客家人地区最为普遍。擂茶有别于现在各地所见的散茶或团茶的冲泡方法,且所用材料除茶叶之外还有其他加入,喝入口中的也并非完全是茶汤,而更多的是其他食物。通过对各地擂茶制作方法和所用原料研究发现,无论是古代文献记载,还是现代擂茶实际制作,其原料至少有两种以上,其中茶叶是必备的基本原料。主料一般为大米、花生、白芝麻、生姜等多种植物原料,还加入中草药等辅料,因此除了解渴之外,还具有防风祛寒、清肝明目、降血压、润肺健胃、润肤美容、延年益寿等功效。在口味方面,茶味或咸或甜或淡或辣,各地不同,以咸淡为多。食用方法各地也有差别,绝大多数擂好原料冲沸水即可饮用,也有擂好原料存放起来,饮用时再热水冲调食用。随着现代化的生活节奏逐渐加快和生活压力的加大,人们对方便食品的需求日益增大,特别是在营养及风味方面的要求愈来愈高。目前,擂茶大多仍为人工作坊加工,即冲即饮,在对该项产品的调查中发现,几乎所有的产品都存在冲调时易结块、难溶开、质地不均匀、流动性不好等技术问题。本研究拟在重点解决两个问题:一是将膨化技术应用到擂茶现代化生产中以解决擂茶原料难粉碎均匀的问题,实现工业化;二将泡腾技术应用到擂茶现代化生产中以解决冲调结块难溶现象。

## 一、茶树花速溶擂茶工艺

### 1. 茶树花速溶擂茶工艺流程(图15.21)

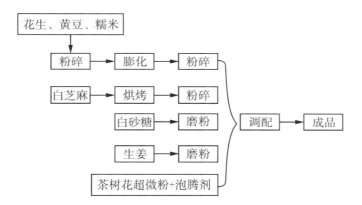

图15.21　茶树花速溶擂茶生产工艺流程线路

### 2. 茶树花速溶擂茶原料加工方法

(1)花生、黄豆、糯米粉碎:将经过筛选的花生、黄豆、糯米按比例(3∶1∶2)用粉碎机进行粉碎,再过80目筛,即可得到混合粉。

(2)混合粉膨化:将混合粉放入容器中,调节含水量到18%～20%左右,用双螺杆膨化机(按照说明书)在适当的压力和温度下进行膨化,然后用粉碎机进行粉碎,得到膨化粉。

(3)白芝麻烘烤:选取无霉变、颗粒饱满的白芝麻,160℃烘烤至焦香(色泽黄白),备用。

(4)白芝麻粉碎:将烘烤过的白芝麻与膨化粉按适当比例(1∶3)混合粉碎,再过80目筛,得到混合均匀的擂茶主料粉。

（5）干姜粉制备：将连皮生姜清洗干净，均匀切成硬币厚的薄片，放置于通风处风干。用粉碎机研磨成粉状，再过80目筛，即可得到干生姜粉。

（6）白砂糖粉碎：将白砂糖用粉碎机研磨成粉状，再过80目筛，即可得到白砂糖粉。

（7）茶树花超细粉：选取无霉变、质量佳的茶树花，在超微粉碎机下粉碎，再过200目筛，得到茶树花粉末。

### 3. 茶树花擂茶速溶性测定方法

（1）休止角的测定

将一块玻璃板平铺在桌面上，将玻璃漏斗置于铁架台上，使其下端距桌面玻璃板3cm，取样3g，使样品从漏斗中自由下落，在玻璃板中央形成圆锥体，测定粉体的直径和粉体的高度，计算休止角 $\tan\theta = \dfrac{h}{d \times 2}$。

（2）堆积密度的测定

将100g样品装入250mL量筒中，测定其体积，样品质量与体积的比即为堆积密度。

（3）管道流动性的测定

称取40g样品于250mL烧杯中，加80℃开水200mL，搅拌均匀后冷却至室温，倒入玻璃管，记录5min内流出的体积，再计算单位时间内流出的体积（mL/min）。

（4）管道挂壁的测定

称取40g样品于250mL烧杯，加80℃开水200mL，搅拌均匀后冷却至室温，倒入洁净玻璃管，全部流完后称量玻璃管内壁黏附物的质量。

## 二、茶树花擂茶泡腾剂优化

### 1. 泡腾剂用量优化

以市售湖南安化袋装擂茶代替新开发的茶树花擂茶样品实验，泡腾剂为质量比为1:1的碳酸氢钠与柠檬酸混合物，比较泡腾剂含量分别为5％、6％、7％、8％、9％茶树花擂茶速溶泡腾时限。不同泡腾剂用量冲调效果如表15.20。实验结果表明，泡腾剂含量在7％～8％、80℃以上热水冲调、用料液比1:8条件下擂茶无明显结块，均匀成糊状且流动性好。故建议泡腾剂含量在7.5％为宜。

表15.20　泡腾剂用量优化比较

| 泡腾剂含量(%) | 发泡时间(min) | 发泡厚度(cm) | 擂茶冲调情况 |
|---|---|---|---|
| 0 | 0 | 1.0 | 杯皿底有大量未冲开粉末,搅拌后难全溶开 |
| 5 | 2.5 | 2.0 | 杯皿底有少量未冲开粉末,搅拌后易全溶开 |
| 6 | 3.0 | 3.0 | 杯皿底有微量未冲开粉末,搅拌后易全溶开 |
| 7 | 3.5 | 3.5 | 杯皿底有微量未冲开粉末,轻轻搅拌后全溶开 |
| 8 | 3.5 | 4.2 | 全部冲开 |
| 9 | 3.5 | 4.5 | 全部冲开 |

注:发泡情况是指整体发泡激烈程度和杯皿(150mL一次性透明塑料杯,添加8g擂茶粉,64mL、80℃以上热水)中的泡沫厚度。茶树花擂茶冲调结块情况是指是否有结块,轻微搅动后结块减少情况,以及整个茶树花擂茶冲调液糊状流动性情形。

## 2. 泡腾剂中酸碱比例优化

碳酸氢钠与柠檬酸的最佳产气摩尔比是1:0.76,茶树花擂茶中酸碱比例要适中,否则会影响擂茶饮品的口感。往往酸的用量超过理论用量,这样既可实现短时泡腾效果,也能起到矫味剂的作用。在保证两者完全反应,酸略有剩余的条件下,比较碳酸氢钠与柠檬酸质量比分别为1:0.7、1:0.8、1:0.9、1:1.0、1:1.1时制成的擂茶饮品口感。

以优化的泡腾剂含量值为基础,在市售湖南安化袋装擂茶中按照碳酸氢钠和柠檬酸设计的不同比例添加泡腾剂,观测擂茶冲调饮品的口感、滋味,以与原饮品接近比例为优化的酸碱比值,优化结果如表15.21,通过与不加泡腾剂的擂茶比较,得出泡腾剂中酸碱质量比为0.7:1最合适。

表15.21　泡腾剂酸碱比例优化表

| 泡腾剂酸碱质量比 | 口感、滋味 | 产气量(mg) | 擂茶冲调液pH | 感官评审得分 |
|---|---|---|---|---|
| 0:0 | 正常 | 0 | 6.23 | 75 |
| 0.7:1 | 正常 | 371.3 | 6.22 | 87 |
| 0.8:1 | 正常 | 389.5 | 6.04 | 85 |
| 0.9:1 | 微酸 | 396.5 | 5.86 | 78 |
| 1:1 | 微酸 | 421.8 | 5.62 | 75 |
| 1.1:1 | 微酸 | 397.0 | 5.58 | 67 |

注:口感、滋味主要是与不添加泡腾剂相比,重点关注酸涩程度以及是否有异味;产气量主要指擂茶泡腾冲调过程中产生的$CO_2$量,可以利用分析天平直接称量泡腾前后的差值,不能按照理论去计算;擂茶冲调液pH主要是从仪器分析角度判断最终调配好的冲调液pH值是否符合人体营养健康标准,可用酸碱pH计测量,也可用精密的pH试纸测量。

## 三、茶树花速溶擂茶实验设计

### 1. 单因素对擂茶冲泡效果影响分析

分别测定不同的白芝麻添加量（8%、10%、12%、14%、16%），白砂糖添加量（20%、23%、26%、29%、32%），茶树花粉添加量（0.5%、0.7%、0.9%、1.1%、1.3%）对营养糊休止角、堆积密度、管道流动性和挂壁的影响。

（1）配料对擂茶休止角的影响

粉体休止角是粉体堆积层的自由斜面与水平面所形成的最大角，是粒子在粉体堆积层的自由斜面上滑动时所受重力和粒子间摩擦力达到平衡而处于静止状态下测得。白芝麻对茶树花擂茶休止角影响的实验结果由图15.22A可见，在实验添加量范围内，茶树花擂茶休止角随着白芝麻添加量的增大而增大，从5.14°增加到7.27°。当增加量超过12%后，增加白芝麻的添加量粉体的休止角反而会有所降低，这可能是由于随着白芝麻量的增加，茶树花擂茶表面的状态、空隙率发生变化，颗粒之间的内摩擦力和黏附力增大，进而导致粉体休止角增大。

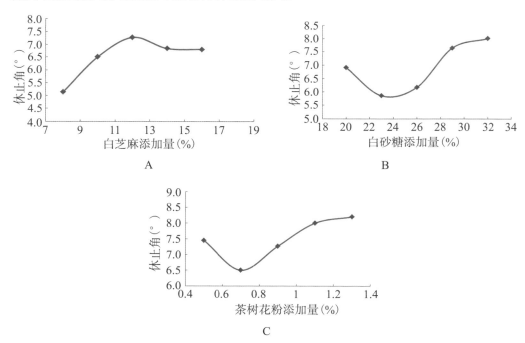

图15.22　3种物料添加量对茶树花擂茶休止角的影响

注：A图为白芝麻添加量对茶树花擂茶休止角的影响；B图为白砂糖添加量对茶树花擂茶休止角的影响；C图为茶树花粉添加量对茶树花擂茶休止角的影响。

　　白砂糖对茶树花擂茶粉体休止角影响的实验结果见图15.22B,茶树花擂茶粉休止角随着白砂糖添加量的增多而先下降后上升,当白砂糖添加量为23%时,粉体的休止角达到最小,为5.85°,说明适量的白砂糖粉可以改善擂茶的粉体流动性,当添加量变大时,擂茶的休止角会增大,粉体流动性变差,这可能是由于颗粒之间的黏附力增大。

　　茶树花超微粉对擂茶粉体休止角影响的实验结果由图15.22C可见,茶树花超微粉添加量对擂茶休止角的影响表现为随着茶树花粉添加量的增加,粉体休止角先减小后增大,当茶树花粉的添加量为0.7%时,擂茶的粉体休止角达到最小,说明适量的茶树花粉可以改善擂茶粉体流动性,当添加量过大时,擂茶的粉体流动性变差,这可能是由于颗粒之间的黏附力增大。

　　(2) 配料属性对擂茶堆积密度的影响

　　堆积密度是样品质量与其体积的比值,其主要反映样品的蓬松度及吸水性能。配料对茶树花擂茶堆积密度影响的实验结果由图15.23可见。在实验范围内,添加白芝麻、白砂糖、茶树花粉末对擂茶堆积度的影响都是由小变大,达到一定堆积度后再变小。

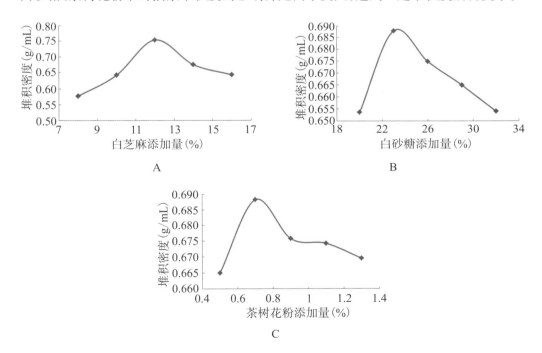

图15.23　3种物料添加量对茶树花擂茶堆积度的影响

注:A图为白芝麻添加量对茶树花擂茶堆积度的影响;B图为白砂糖添加量对茶树花擂茶堆积度的影响;C图为茶树花粉添加量对茶树花擂茶堆积度的影响。

（3）配料属性对擂茶管道流动性的影响

擂茶管道流动性是反映样品冲调性的一个重要指标。白芝麻对茶树花擂茶管道流动性影响的实验结果由图15.24A可见，茶树花擂茶的管道流动性随着白芝麻添加量的增加而增加，白芝麻添加量在10%到12%之间的管道流动性没有显著差异，而其他添加量之间都有显著性差异，说明添加白芝麻可以改善茶树花擂茶的管道流动性。

白砂糖对茶树花擂茶管道流动性影响的实验结果由图15.24B可见，茶树花擂茶的管道流动性随着白砂糖添加量的增加而减少，表明增加白砂糖的添加量会降低茶树花擂茶的流动性，这可能是由于白砂糖的加入导致了茶树花擂茶的黏度升高，进而降低了茶树花擂茶的管道流动性。

由茶树花粉末对茶树花擂茶管道流动性影响的实验结果由图15.24C可见，茶树花擂茶的管道流动性随着茶树花粉末的添加量的增加而减少，表明增加茶树花粉末的添加量会降低茶树花擂茶的流动性。

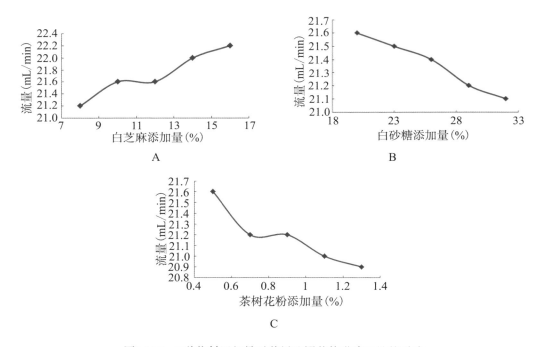

**图15.24　3种物料添加量对茶树花擂茶管道流动性的影响**

注：A图为白芝麻添加量对茶树花擂茶管道流动性的影响；B图为白砂糖添加量对茶树花擂茶管道流动性的影响；C图为茶树花粉添加量对茶树花擂茶管道流动性的影响。

（4）配料属性对茶树花擂茶管道挂壁的影响

饮品食用后，杯壁上的残存物也是反映样品物料优良冲调性的一个指标。由配料对茶树花擂茶的挂壁量影响的实验结果由图15.25可见,在实验范围内,添加白芝麻、白砂糖、茶树花粉末对挂壁量的影响都是由小变大,达到一定挂壁量后再变小。

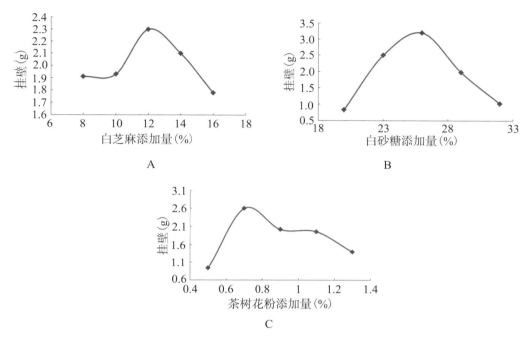

**图15.25　3种物料添加量对茶树花擂茶挂壁的影响**

注:A图为白芝麻添加量对茶树花擂茶管道流动性的影响;B图为白砂糖添加量对茶树花擂茶挂壁的影响;C图为茶树花粉添加量对茶树花擂茶挂壁的影响。

## 2. 多因素对速溶擂茶冲泡效果影响分析

在单因素实验的基础上,实验以白芝麻、白砂糖、茶树花粉的添加量为因素,选用 $L_9(3^4)$ 正交实验表进行配方优选,正交实验设计安排见表15.22,测定每个配方的休止角、堆积密度、管道流动性和挂壁,并对冲调后的营养糊按表15.23进行感官评价并打分。

**表15.22　正交实验因素水平表**

| 水平 | 因素 | | |
| --- | --- | --- | --- |
| | A白芝麻添加量(%) | B白砂糖添加量(%) | C茶树花粉添加量(%) |
| 1 | 9 | 24 | 0.60 |
| 2 | 11 | 26 | 0.75 |
| 3 | 13 | 28 | 0.90 |

表15.23 茶树花速溶擂茶感官评分标准表

| 评分项目 | 评分标准 |
|---|---|
| 色泽(10%) | 呈浅米色,均匀一致8～10分;呈黄色5～7分;呈深黄色5分以下 |
| 滋味及气味(20%) | 具有芝麻及茶树花特有的香味,无焦煳味及酸味16～20分;芝麻及茶树花香味淡或有少许焦煳味及酸味10～15分;无芝麻及茶树花香味或焦煳味、酸味突出或有其他异味10分以下 |
| 杂质(10%) | 无正常视力可见外来杂质8～10分;有少许可见杂质5～7分;杂质较多5分以下 |
| 冲调性(30%) | 用适量80℃以上热水冲调,无明显结块,均匀呈糊状且流动性好22～30分;用适量80℃以上热水冲调,有少许结块,或呈糊状且流动性较好13～21分;用适量80℃以上热水冲调,有较多结块,或无糊状且流动性不好13分以下 |
| 口感(20%) | 口感醇厚,无涩口感16～20分;口感较醇厚,无明显涩口感10～15分;口感单薄,有涩口感10分以下 |
| 稳定性(10%) | 无脂肪析出8～10分;有少许脂肪析出5～7分;有大量脂肪析出5分以下 |

本实验以白芝麻、白砂糖、茶树花粉添加量为因素,选用L$_9$(3$^4$)行正交实验表进行配方优选。测定每个配方的休止角、堆积密度、管道流动性和管道挂壁,然后加入80℃开水冲调,让10个有品尝经验的业内人士品尝,以速溶擂茶的色泽、口感、冲调性、冲调后稳定性、滋味和气味等为评价指标进行评价并打分,最后得到综合评分,并对擂茶的综合评分与休止角、堆积密度、管道流动性和挂壁进行相关性分析,结果如表15.24。

表15.24 茶树花速溶擂茶正交设计方案与实验结果表

| 实验号 | A白芝麻添加量(%) | B白砂糖添加量(%) | C茶树花粉添加量(%) | 审评得分 |
|---|---|---|---|---|
| 1 | 1(9) | 1(24) | 1(0.6) | 83.5 |
| 2 | 1(9) | 2(26) | 2(0.75) | 86.0 |
| 3 | 1(9) | 3(28) | 3(0.9) | 82.9 |
| 4 | 2(11) | 1(24) | 2(0.75) | 84.2 |
| 5 | 2(11) | 2(26) | 3(0.9) | 80.4 |
| 6 | 2(11) | 3(28) | 1(0.6) | 82.5 |
| 7 | 3(13) | 1(24) | 3(0.9) | 83.1 |
| 8 | 3(13) | 2(26) | 1(0.6) | 84.6 |
| 9 | 3(13) | 3(28) | 2(0.75) | 80.2 |
| K1 | 84.133 | 83.600 | 83.533 | |
| K2 | 82.367 | 83.667 | 86.467 | |
| K3 | 82.633 | 81.867 | 82.133 | |
| R | 1.766 | 1.800 | 1.400 | |

由表中数据分析及方差比较结果得出,各因素对茶树花擂茶品质影响的顺序从大到小依次为白砂糖、白芝麻、茶树花。极差分析表明:白芝麻$A_1$水平较高,白砂糖$B_3$水平较高,茶树花$C_2$水平较高,其配比其组合为$A_1B_3C_2$,即白芝麻9%,白砂糖28%,茶树花添0.75%,兼顾因素成分体现的保健功效茶树花量提高到0.8%,干姜为3.2%,泡腾剂为7.5%,主料为53.5%。

## 四、进一步设想

本研究首先利用挤压膨化技术将花生、黄豆、糯米膨化,使淀粉彻底熟化,提高了营养成分的消化吸收率;以市售擂茶成品为原料,通过发泡时间、发泡厚度及冲调外观等指标测算优化泡腾剂用量,通过口感滋味、产气量及冲调液pH等指标测算优化泡腾剂成分配比,实验结果表明,擂茶中泡腾剂含量在7.5%左右为宜,泡腾剂中柠檬酸与碳酸氢钠质量比为0.7∶1左右为佳。

根据单因素(擂茶粉休止角、堆积密度、管道流动性和挂壁量)观测擂茶主成分(白芝麻、白砂糖及茶树花)用量对擂茶性能影响,在实验范围内,擂茶管道流动性随着白芝麻的用量增加而增加,随着白砂糖和茶树花的用量增加而减少;添加白芝麻、白砂糖、茶树花用量对擂茶堆积度和挂壁量的影响都是由小变大,达到一定堆积度后再变小;白芝麻、白砂糖及茶树花用量依次对擂茶休止角具有倒V字、正V字及平躺V字的影响关系。

运用正交实验优化茶树花擂茶主成分配比,实验结果表明茶树花擂茶中原料成分的配比:白芝麻9.0%、白砂糖26.0%、茶树花0.8%、柠檬酸3.1%、碳酸氢钠4.4%、干姜3.2%、花生26.8%、黄豆8.9%及糯米17.8%。以此配比经过膨化加工生产的茶树花速溶擂茶的颜色、口感、冲调性及流动性为最佳。应用本实验研究的工艺生产速溶擂茶,将会改变消费者对传统擂茶观念,同时也可以将此泡腾技术运用到相关的营养糊冲剂中,解决此类冲剂在食用过程中易结块、难溶的问题。

传统擂茶中的主要成分白芝麻、花生及大豆都具有较高的营养价值和良好的加工特性,如何将茶树花新食品资源作为擂茶功效配料,以及利用膨化技术提高擂茶营养成分吸收率和生产工业化程度,运用泡腾技术改善擂茶冲调易结块现象是本节重要的研究内容。由于利用膨化技术对食品原料进行加工的研究相对比较多,而且工业生产与应用也比较成熟,因此本节主要是将该项技术应用到擂茶生产,以便实现擂茶营养成分的吸收率和工业化生产程度提高,对于该项技术只进行应用,研究重点为改善传统擂茶冲调易结块的泡腾技术应用。擂茶确实是一种既具有营养价值，又具有保健功效，同时还拥有民族特色茶食，完全可以开发成一种适应生活快节奏的营养保健快捷食品。由于生产工艺工业化程度不高、产品质量不稳定、冲泡结块、品种不丰富等众多因素，其至今仍然扮演茶文化活化石角色。

在本研究中虽然将膨化技术和泡腾技术应用到擂茶生产加工上，同时又将茶树花新资源应用到擂茶原料中，但是添加茶树花原料的擂茶与传统擂茶功效及风味与传统擂茶到底有多大差异，还没有进行深入研究；经过膨化加工的擂茶原料的营养价值是否发生改变也是需要研究，尤其是附加了有柠檬酸和碳酸氢钠组成的泡腾剂，尽管有效解决了擂茶热水冲泡易结块的难题，泡腾剂是否对擂茶的营养和保健功效有影响，这种快捷的擂茶冲饮方式是否能够被广东消费者接受，都是需要进行深入探究的课题。为了给消费者一个选择的权利以及避免泡腾剂影响擂茶营养功效，能否将泡腾剂以擂茶伴侣的形式放入擂茶包装中选择使用等。所有的以上问题都是一个个新课题，都是我们下一步研究的方向。不管如何，茶树花作为功效成分被添加到擂茶中，泡腾剂作为改良剂被应用到擂茶中，膨化技术被延伸到擂茶生产中，都应该算是擂茶产业的幸事。

# 参考文献

1. 陈小萍,张卫明,史劲松,等.茶树花利用价值和产品的综合开发.现代农业科技,2007(3):97-98.

2. 官兴丽,曾亮.茶树花的开发利用研究进展.2009茶叶科技创新与产业发展学术研讨会,2010.

3. 杨普香,刘小仙,李文金.茶树花主要生化成分分析.中国茶叶,2009,31(7):24-25.

4. SHEN X, SHI L, PAN H, et al. Identification of triterpenoid saponins in flowers of four Camellia Sinensis cultivars from Zhejiang province: Differences between cultivars, developmental stages, and tissues. Industrial Crops & Products, 2017, 95: 140-147.

5. 宛晓春.茶叶生物化学(第三版).北京:中国农业出版社,2003.

6. GARGOURI M, CHAUDIERE J, MANIGAND C, et al. The epimerase activity of anthocyanidin reductase from Vitis vinifera and its regiospecific hydride transfers. Journal of Biological Chemistry, 2010, 391(2-3): 219-227.

7. 王倩,常丽新,唐红梅.黄酮类化合物的提取分离及其生物活性研究进展.华北理工大学学报(自然科学版),2011,33(1):110-115.

8. HODNICK W F, MILOSAVLJEVIĆ E B, NELSON J H, et al. Electrochemistry of flavonoids relationships between redox potentials, inhibition of mitochondrial respiration, and production of oxygen radicals by flavonoids. Biochemical Pharmacology, 1988, 37(13): 2607-2611.

9. DOUGLAS A B, SHEILA A W, LIESBETH C M. Taylor & francis online: the chemistry of tea flavonoids-critical reviews in food science and nutrition.

10. FINGER A, ENGELHARDT U H, WRAY V. Flavonol glycosides in tea--kaempferol and quercetin rhamnodiglucosides. Journal of the Science of Food & Agriculture, 2010, 55(2): 313-321.

11. 何兰,姜志宏.天然产物资源化学.科学出版社,2008.

12. 张纪宁,杨洁.黄酮类化合物的生物活性研究进展.伊犁师范学院学报,2009(2):29-31.

13. 汪秋安,周冰,单杨.天然黄酮类化合物的抗氧化活性和提取技术研究进展.化工生产与技术,2004,11(5):29-32.

14. 古勇,李安明.类黄酮生物活性的研究进展.应用与环境生物学报,2006,12(2):283-286.

15. 龚元,李咏梅,陈明.基于盐酸-镁粉反应比色法的梭洞学中总黄酮含量的测定.安徽农业科学,2010,38(11):5636-5637.

16. 马陶陶,张群林,李俊,等.三氯化铝比色法测定中药总黄酮方法的探讨.时珍国医国药,2008,19(1):54-56.

17. YAO L, JIANG Y, DATTA N, et al. HPLC analyses of flavanols and phenolic acids in the fresh young shoots of tea（Camellia sinensis）grown in Australia. Food Chemistry, 2004, 84（2）: 253-263.

18. DOU J, LEE V S, TZEN J T, et al. Identification and comparison of phenolic compounds in the preparation of oolong tea manufactured by semifermentation and drying processes. Journal of Agricultural & Food Chemistry, 2007, 55（18）: 7462-7468.

19. 江和源, 柯昌强, 王川丕, 等. 茶籽饼粕中黄酮苷的 HPLC 分析、制备与 MS 鉴定. 茶叶科学, 2005, 25（4）: 289-294.

20. DAVID J S, RHO H S. Enzymatic preparation of kaempferol from green tea seed and its antioxidant activity. Journal of Agricultural & Food Chemistry, 2006, 54（8）: 2951.

21. YOSHIKAWA M, MORIKAW T, YAMAMOTO K, et al. Floratheasaponins A-C, acylated oleanane-type triterpene oligoglycosides with anti-hyperlipidemic activities from flowers of the tea plant（Camellia sinensis）. Journal of Natural Products, 2005, 68（9）: 1360-1365.

22. YANG ZY, TU YY, BALDERMANN S, et al. Isolation and identification of compounds from the ethanolic extract of flowers of the tea（Camellia sinensis）plant and their contribution to the antioxidant capacity. Food Science and Technology, 2009, 42（8）: 1139-1143.

23. 刘增琪, 景涛. 中药提取分离技术的应用进展. 天津药学, 2003, 15（4）: 64-67.

24. 肖坤福, 廖晓峰, 催艳娟, 等. 多穗柯中黄酮类物质提取工艺的研究. 食品科学, 2004, 25（5）: 112-115.

25. 王威, 闫喜英, 叶龙风, 等. 正交实验法优选射干提取工艺的研究. 中成药, 2000, 22（4）: 259-261.

26. 李先佳, 任丽平, 王家国. 桑叶黄酮和多糖对 2 型糖尿病大鼠生化指标的影响. 中国老年学杂志, 2009, 29（19）: 2536-2537.

27. ROUTRAY W, VALÉRIE O. microwave-assisted extraction of flavonoids: a review. Food and Bioprocess Technology, 2012, 5（2）: 409-424.

28. TANG J, SCHUBERT H, REGIER M. Dielectric properties of foods. Microwave Processing of Foods, 2005, 3: 22-40.

29. LOPEZ A V, YOUNG R, BECKERT W F. Microwave-assisted extraction of organic compounds from standard reference soils and sediments. Analytical Chemistry, 1994, 66（7）: 1097-1106.

30. GANZLER K, SALGÓ A, VALKÓ K. Microwave extraction: a novel sample preparation method for chromatography. Journal of Chromatography, 1986, 371: 299-306.

31. 郭景强. 微波辅助提取技术及其在中药提取中的应用. 天津药学, 2010, 22（4）: 63-65.

32. 冯若, 李化茂. 声化学及其应用. 安徽科学技术出版社, 1992.

33. KHAN M K, ABERT-VIAN M, FABIANO-TIXIER A S, et al. Ultrasound-assisted extraction of polyphenols（flavanone glycosides）from orange（Citrus sinensis L.）peel. Food Chemistry, 2010, 119（2）: 851-858.

34. WU J, LIN L, CHAU F. Ultrasound-assisted extraction of ginseng saponins from ginseng roots and

cultured ginseng cells. Ultrasonics Sonochemistry, 2001, 8(4): 347-352

35. 陈小萍,张卫明,史劲松,等.茶树花黄酮的提取及对羟自由基的清除效果.南京师大学报(自然科学版), 2007, 30(2): 93-97.

36. WANG L, WELLER C L. Recent advances in extraction of nutraceuticals from plants. Trends in Food Science & Technology, 2006, 17(6): 0-312.

37. CATCHPOLE J, GREY J B, MITCHELL K A, et al. Supercritical antisolvent fractionation of propolis tincture. Journal of Supercritical Fluids, 2004, 29(1): 97-106.

38. SALLEH L, ABDUL R R, BIMAKR M, et al. Supercritical carbon dioxide extraction of bioactive flavonoid from strobilanthes crispus (Pecah Kaca). Food & Bioproducts Processing, 2010, 88(2): 319-326.

39. YU J, DANDEKAR D V, TOLEDO R T, et al. Supercritical fluid extraction of limonoids and naringin from grapefruit (Citrus paradisi Macf.) seeds. Food Chemistry, 2007, 105(3): 1026-1031

40. STALIKAS C D. Extraction, separation, and detection methods for phenolic acids and flavonoids. Journal of separation science, 2007, 30(18): 3268-329

41. MEYER A S, JEPSEN S M, S RENSEN N S. Enzymatic release of antioxidants for human low-density lipoprotein from grape pomace. Journal of Agricultural and Food Chemistry, 1998, 46(7): 2439-2446.

42. KAMMERER D, CLAUS A, SCHIEBER A, et al. A novel process for the recovery of polyphenols from grape (Vitis vinifera L.) Pomace. Journal of Food Science, 2005, 70(2): 1.

43. THORSTEN M, GÖPPERT ANNE, DIETMARR K, et al. Optimization of a process for enzyme-assisted pigment extraction from grape (Vitis vinifera L.) pomace. European Food Research & Technology, 2008, 227(1): 267-275.

44. CHAMORRO S, VIVEROS A, ALVAREZ I, et al. Changes in polyphenol and polysaccharide content of grape seed extract and grape pomace after enzymatic treatment. Food Chemistry, 2012, 133 (2): 308-314.

45. 张卫红,张效林.复合酶法提取茶多酚工艺条件研究.食品研究与开发, 2006, 27(11): 5-7.

46. 周小玲,汪东风,李素臻,等.不同酶法提取工艺对茶多糖组成的影响.茶叶科学, 2007, 27(1): 27-32.

47. 王一敏,任晓蕾.大孔树脂的应用研究.中医药信息, 2008, 25(4): 26-28.

48. 高伟城,蓝晓庆,潘馨.大孔吸附树脂在分离纯化总黄酮化合物中的应用.海峡药学, 2009, 21 (7): 26-27.

49. 焦岩,王振宇.大孔树脂纯化大果沙棘果渣总黄酮的工艺研究.食品科学, 2010, 31(16): 16-20.

50. 关文玉,李燕丽,李艳芳,等.普洱熟茶中黄酮醇类物质杨梅素、槲皮素和山奈酚的分离纯化.食品工业科技, 2015, 36(21): 60-63.

51. 甘春丽,王晶,杨异卉,等.聚酰胺柱色谱法分离黄酮醇与二氢黄酮醇类化合物.哈尔滨医科大学学报, 2007, 41(6): 552-554.

52. 蔡鹰, 陆晓和, 魏群利. 聚酰胺柱层析法分离回心草总黄酮的研究. 药学实践杂志, 2009, 27(1): 58-60.

53. 赵莹. 猕猴桃叶总黄酮的提取与纯化研究. 西安: 长安大学, 2010.

54. 王智聪, 沙跃兵, 余笑波, 等. 超高效液相色谱-二极管阵列检测-串联质谱法测定茶叶中15种黄酮醇糖苷类化合物. 色谱, 2015(9): 974-980.

55. 左文松, 徐娟华, 周长新, 等. HPLC同时测定石崖茶中5种黄酮成分的含量. 中国中药杂志, 2010, 35(18): 2406-2409.

56. 唐浩国. 黄酮类化合物研究. 北京: 科学出版社, 2009.

57. 王华清. 茶叶籽中黄酮类化合物的分离鉴定及其抗氧化活性研究. 南京: 南京师范大学, 2012.

58. PLAZONIĆ A, BUCAR F, MALEŠ Ž, et al. Identification and quantification of flavonoids and phenolic acids in burr parsley (Caucalis platycarpos L.), using high-performance liquid chromatography with diode array detection and electrospray ionization mass spectrometry. Molecules, 2009, 14(7): 2466.

59. 张正竹, 宛晓春, 陶冠军. 茶鲜叶中糖苷类香气前体的液质联用分析. 茶叶科学, 2005, 25(4): 275-281.

60. 刘明珂, 郭强胜, 禹珊, 等. 定量核磁共振法测定一清胶囊和三黄片中的黄芩黄酮总量. 分析实验室, 2015, 34(11): 1343-1347.

61. 陈连清, 陈玉, 周忠强, 等. 核磁共振法无损伤测定五峰绿茶中咖啡因含量. 实验室研究与探索, 2014, 33(12): 23-26.

62. 张英, 丁霄霖. 黄酮类化合物结构与清除活性氧自由基效能关系的研究. 天然产物研究与开发, 1998(4): 26-33.

63. KAWAII S, TOMONO Y, KATASE E, et al. Antiproliferative activity of flavonoids on several cancer cell lines. Journal of the Agricultural Chemical Society of Japan, 1999, 63(5): 4.

64. 唐浩国, 魏晓霞, 李叶, 等. 竹叶黄酮对小鼠脾细胞免疫的分子机制研究. 食品科学, 2007, 28(9): 523-526.

65. YOSHIDA H, ISHIKAWA T, HOSOAI H, et al. Inhibitory effect of tea flavonoids on the ability of cells to oxidize low density lipoprotein. Biochemical Pharmacology, 1999, 58(11): 1695-1703.

66. SILVA E L D, ABDALLA D S P, TERAO J. Inhibitory effect of flavonoids on low-density lipoprotein peroxidation catalyzed by mammalian 15-lipoxygenase. Iubmb Life, 2010, 49(4): 289-295.

67. ISHIKAWA T, SUZUKAWA M, ITO T, et al. Effect of tea flavonoid supplementation on the susceptibility of low-density lipoprotein to oxidative modification. The American Journal of Clinical Nutrition, 1997, 66(2): 261-266.

68. 何书美, 刘敬兰. 茶叶中总黄酮含量测定方法的研究. 分析化学, 2007, 35(9): 1365-1368.

69. 何火聪, 郑荣珍, 杨世剑, 等. 仙人掌多糖的提取. 热带农业科学, 2000(4): 34-38.

70. 邓红霞.笋壳和竹叶中黄酮类物质的提取研究.杭州: 浙江大学, 2002.

71. 柳庆龙,李煌,林珠灿,等.星点设计-响应面法优化大孔树脂纯化藤茶总黄酮的工艺.中国药房, 2016,27(7): 942-945.

72. 段筱杉,张朝辉,应锐,等.混合大孔树脂纯化海芦笋总黄酮工艺的研究.海洋科学,2017,41(1): 30-38.

73. 杨仁明,何彦峰,索有瑞,等.大孔树脂富集纯化葫芦巴种子总黄酮.食品与发酵工业,2012,38(02): 224-228

74. HOSNI K, HASSEN I, SEBEI H, et al. Secondary metabolites from chrysanthemum coronarium (garland) flowerheads: chemical composition and biological activities. Industrial Crops & Products, 2013, 44(2): 263-271.

75. 宋倩,赵声兰,刘芳,等. 大孔吸附树脂分离纯化核桃壳总黄酮. 食品与发酵工业, 2012, 38(12): 180-184.

76. ENGELHARDT U H, FINGER A, KUHR S. Determination of flavone C- glycosides in tea. Zeitschrift für Lebensmittel-Untersuchung und Forschung, 1993, 197(3): 239-244.

77. PRICE K R, RHODES M J C, BARNES K A. Flavonol glycoside content and composition of tea infusions made from commercially available teas and tea products. J Agric Food Chem, 1998, 46(7): 2517-2522.

78. GOIFFON J P, BRUN M, BOURRIER M J. High-performance liquid chromatography of red fruit anthocyanins. Journal of Chromatography A, 1991, 537(1-2): 101-121.

79. WANG J, SPORNS P. MALDI- ToF MS analysis of food flavonol glycosides. J Agric Food Chem. Journal of Agricultural & Food Chemistry, 2000, 48(5): 1657-1662.

80. 戴前颖.绿茶提取液沉淀形成机理的研究.食品与发酵工业, 2008, 34(2): 42-42.

81. 吴春燕, 须海荣, JULIEN, 等. 不同茶树品种中黄酮苷含量的测定. 茶叶科学, 2012, 32(2): 122-128.

82. 梁名志,浦绍柳,孙荣琴.茶花综合利用初探.中国茶叶, 2002, 24 (5): 16-17.

83. 顾亚萍,钱和.茶树花香气成分研究及其香精的制备.食品研究与开发, 2008, 29(1): 187-190.

84. 游小清,王华夫,李名君.茶花的挥发性成分和萜烯指数. 茶叶科学, 1990, 10 (2): 71-75.

85. 前惟勒,欧庆瑜.毛细管气相色谱和分离分析新技术. 北京:科学出版社,1989:539 – 542.

86. 吕连梅,董尚胜.茶叶香气的研究进展. 茶叶, 2002, 28(4): 181-184.

87. DENG C H, SONG G X, HU Y M. Application of HS-SPME and GC-MS to characterization of volatile compounds emitted from osmanthus flower. Annali di Chimica, 2004, 94(12): 921-927.

88. 徐汉虹. 杀虫植物与植物性杀虫剂.北京中国农业出版社,2001:107-120.

89. 王广要,周虎,曾晓峰.植物精油应用研究进展.食品科技, 2006, 5: 11-14.

90. 王宏年.几种植物精油抑菌作用研究.杨凌:西北农林科技大学,2007: 45.

91. 焦启源.芳香植物及其利用.上海:上海科学技术出版社,1963.

92. 幸治梅,刘勤晋,陈文品.天然植物香料在食品中的利用现状.中国食品添加剂,2003, 2: 56-59.

93. 疏秀林,施庆珊,欧阳友生,等.植物精油的抗菌特性及在食品工业中应用研究进展.生物技术, 2006, 16(6): 89-92.

94. 赵华,张金生,李丽华.植物精油提取技术的研究进展.辽宁石油化工大学学报, 2006, 26(4): 137-140.

95. 瞿新华.植物精油的提取与分离技术.安徽农业科学, 2007, 35(32): 10194 -10195,10198.

96. 苏晓云.压榨法在精油提取中的应用.价值工程, 2010, 1: 51-52.

97. 王艳,张铁军.微波萃取技术在中药有效成分提取中的应用[J].中草药, 2005, 36 (3): 470-473.

98. 王琴,关建山,刘文根.微波法兑取芝麻油的工艺研究.中国油脂, 2002, 27 (4): 11 -12.

99. 刘晓庚,陈梅梅,谢宝平.从山仓子中提取柠檬醛及其测定研究.精细化工, 2001, 18 (7): 398-400.

100. 张镜澄.超临界流体萃取.北京: 化学工业出版社, 2005.

101. 藤新荣,胡学超,宋丽贞,等.超临界$CO_2$在高分子合成中的应用研究进展.化学通报, 2001.

102. 张镜澄.超临界流体萃取.北京: 化学工业出版社, 2005.

103. 陈维扭.超临界流体萃取的原理和应用.北京: 化学工业出版社, 1998.

104. GALIA A, ARGENTINO A, SCIALDONE O,et al. A new simple static method for the determination of solubilities of condensed compounds in supercritical fluid. Journal of Supercritical Fluid, 2002, 24: 7-17.

105. CRAMPON C, CHARBIT G, NEAU E. High-pressure aparatus for phase equilibria sutdies: solubility for fatty acid esters in supercrtical $CO_2$. Journal of Supercritical Fluid, 1999,16: 11-12.

106. SATO H, INADA Y, NAGAMURA T, et al. Newly devised spectrophotometric cell for measurements of solubility and slow reaction rate in supercritical carbon dioxide. Journal of Supercritical Fluid, 2002, 21: 71-80.

107. 曾锁林,丁焕文.$CO_2$超临界流体萃取的新进展.医疗卫生装备, 2009, 30 (2): 31- 33.

108. 高彦祥, Simandi b. 茴香油超临界二氧化碳提取的初步研究.食品工业科技, 1996, 6: 16-20.

109. 阿依古丽·塔什波拉提,郑建琨,张静,等.超临界$CO_2$萃取维药芹菜籽油药用成分.食品与发酵工业, 2010, 36(1): 149-151.

110. 庄世宏,郝彩琴,冯俊涛,等.小花假泽兰精油超临界$CO_2$提取工艺及其成分和抑菌活性研究.西北植物学报, 2010, 30(1): 163-169.

111. 秦正龙,梁燕波,童景山.超临界$CO_2$萃取天然色素的实验研究.徐州师范大学学报, 1998, 16: 38-40.

112. 陈元,杨基础.超临界$CO_2$萃取亚麻籽油的研究.天然产物研究与开发, 2001, 3: 74- 79.

113. ARUOMA O I. Free radicals, oxidative stress, and antioxidants in human ealth and disease. Journal of American Oil Chemist Society, 1998, 75 (2): 199-212.

114. ANTOLOVICH M, PRENZLER P D, P ATSALIDES E, et al. Methods for testing antioxidant activity. Analyst, 2002, 127 (1): 183-198.

115. LAGUERRE M, LECOMTE J, VILLENEUVE P. Evaluation of the ability of antioxidants to coun-

teract lipid oxidation: Existing methods, new trends and challenges. Progress in Lipid Research, 2007, 46（5）: 244-282.

16. 陈计峦,宋丽军,张云,等.薰衣草精油抗氧化成分提取及其对DPPH·清除率的研究.食品与发酵工程,2009,35(1): 173-176.

17. 孙伟,王淳凯,蔡云升,等.16种芳香植物精油抗氧化活性的比较研究.食品科技,2004, 11: 55-57.

118. PRIETO P, PINEDA M, AGUILAR M. Spectrophotometric quantitation of antioxidant capacity through the formatin of a phosphomolybdenum complex: Specific application to the determination of vitamine E. Analytical Biochemistry, 1999, 269（2）: 337-341.

119. 陈全斌,苏小建,沈钟苏.罗汉果叶黄酮抗氧化能力研究.食品研究与开发,2006, 27（10）: 189-191.

120. 陈计峦,宋丽军,张云,等.薰衣草精油抗氧化成分提取及其对DPPH·清除率的研究.食品与发酵工业, 2009, 35（1）: 173-176.

121. 孙伟,王淳凯,蔡云升,等.16种芳香植物精油抗氧化活性的比较研究.食品科技,2004, 11: 55-57.

122. 秦海燕,陈季武,张军,等.鼠尾草叶提取物清除自由基,抗氧化作用的研究.食品科学, 2006, 27（7）: 89-92.

123. NAKATANI N.Phenolic antioxidants from herbs and spices. Biofactors, 2000, 13（1-4）: 141-146.

124. 蔡一鸣,任荣清,文正常.中药方剂的抗菌实验.贵州兽牧兽医, 1995, 19（4）: 4-5.

125. 林进能.天然食用香料生产与应用.北京:中国轻工业出版社,1991.

126. 骆耀平.茶树栽培学(第四版).北京:中国农业出版社, 2008: 27-28.

127. 吴觉农.茶经述评(第二版).北京:中国农业出版社, 2005: 6-15.

128. 叶乃兴,刘金英,饶耿慧.茶树的开花习性与茶树花产量.福建茶叶,2008, 4: 16-18.

129. 梅宇.2016年中国茶业经济形势简报.茶世界,2017, 2: 14-18.

130. 中国农科院茶叶研究所生理生化研究室.α-氯乙基磷酸促使茶树花、蕾脱落效果的研究.茶叶科技简报, 1978: 88.

131. 夏春华,束际林.茶树开花结实的控制途径.茶叶, 1979, 3: 30-32.

132. 伍锡岳,熊宝珍,何睦礼,等.茶树花果利用研究总结报告.广东茶业, 1996, 3: 11-23,38.

133. 杨昌云,朱永兴.茶树生殖生长的影响因素及控制方法.中国茶叶, 1999, 5: 6-7.

134. 王晓婧,翁蔚,杨子银,等.茶花研究利用现状及展望.中国茶叶, 2004, 4: 8-10.

135. LI B, JIN Y, XU Y, et al. Safety evaluation of tea（Camellia Sinensis（L.）O. Kuntze）flower extract: assessment of mutagenicity, and acute and subchronic toxicity in rats. J Ethnopharmacol, 2011, 133（2）: 583-590.

136. YANG Z Y, TU Y Y, BALDERMANN S, et al. Isolation and identification of compounds from the ethanolic extract of flowers of the tea（Camellia Sinensis）plant and their contribution to the antioxidant capacity. Lwt-Food Sci Technol, 2009, 42（8）: 1439-1443.

137. 陈冬梅,李铭,陈明星.五指山茶树花功能性成分分析.食品研究与开发, 2017, 38(7): 119-121.

138. LIN Y S, WU S S, LIN J K. Determination of tea polyphenols and caffeine in tea flowers (Camellia sinensis) and their hydroxyl radical scavenging and nitric oxide suppressing effects. J Agric Food Chem, 2003, 51(4): 975-980.

139. MORIKAWA T, NINOMIYA K, MIYAKE S, et al. Flavonol glycosides with lipid accumulation inhibitory activity and simultaneous quantitative analysis of 15 polyphenols and caffeine in the flower buds of Camellia sinensis from different regions by LCMS. Food Chem, 2013, 140(1-2): 353-360.

140. 宛晓春. 茶叶生物化学(第三版). 北京: 中国农业出版社, 2003: 58-59.

141. 叶乃兴杨, 邬龄盛, 王振康. 茶树花主要形态性状和生化成分的多样性分析. 亚热带农业研究, 2005, 4: 32-35.

142. 董瑞建, 黄阿根, 梁文娟. 茶树花多酚提取工艺的研究. 食品与机械, 2007, 1: 83-86.

143. 黄阿根, 董瑞建, 谢凯舟. 茶树花多酚大孔树脂纯化工艺研究. 农业工程学报, 2007, 9: 239-245.

144. 黄阿根, 董瑞建, 许继春. 茶树花多酚儿茶素单体分离纯化研究. 食品科学, 2007, 9: 253-257.

145. YANG Z Y, JIE G L, HE P M, et al. Study on the antioxidant activity of tea flowers (Camellia sinensis). Asia Pacific Journal of Clinical Nutrition, 2007, 16: 148-152.

146. CHEN B T, LI W X, HE R R, et al. Anti-inflammatory effects of a polyphenols-rich extract from tea (camellia sinensis) flowers in acute and chronic mice models. Oxidative Medicine and Cellular Longevity, 2012.

147. 向明钧周, 石发宽, 彭霞, 等. 茶树花黄酮类物质抗肿瘤作用研究. 食品工业科技, 2013, 34(12): 157-160.

148. CHEN G J, YUAN Q X, SAEEDUDDIN M, et al. Recent advances in tea polysaccharides: Extraction, purification, physicochemical characterization and bioactivities. Carbohydr Polym, 2016, 153: 663-678.

149. 张星海. 茶树花新资源中多糖提取技术研究现状. 中国茶叶加工, 2016, 2: 38-41.

150. XU R J, YE H, SUN Y, et al. Preparation, preliminary characterization, antioxidant, hepatoprotective and antitumor activities of polysaccharides from the flower of tea plant (Camellia Sinensis). Food Chem Toxicol, 2012, 50(7): 2473-2480.

151. HAN Q A, YU Q Y, SHI J A, et al. Structural Characterization and Antioxidant Activities of 2 Water-Soluble Polysaccharide Fractions Purified from Tea (Camellia Sinensis) Flower. J Food Sci, 2011, 76(3): C462-C471.

152. 杨玉明马, 黄阿根. 茶树花多糖提取工艺研究. 中国酿造, 2009, 11: 109-112.

153. 韩铨. 茶树花多糖的提取、纯化、结构鉴定及生物活性的研究. 杭州: 浙江大学, 2011.

154. 陈婷婷. 茶树花多糖的提取纯化及体外活性研究. 南京: 南京农业大学, 2015.

155. 徐人杰. 茶树花多糖的提取、分离纯化、结构及其生物活性. 南京: 南京农业大学, 2010.

156. HAN Q, LING Z J, HE P M, et al. Immunomodulatory and Antitumor Activity of Polysaccharide

Isolated From Tea Plant Flower. Progress in Biochemistry and Biophysics, 2010, 37(6): 646-653.

157. 倪德江. 乌龙茶多糖的形成特征、结构、降血糖作用及其机理. 武汉: 华中农业大学, 2003.

158. MORIKAWA T, NAKAMURA S, KATO Y, et al. Bioactive saponins and glycosides. XXVIII. New triterpene saponins, foliatheasaponins I, II, III, IV, and V, from Tencha (the leaves of Camellia sinensis). Chem Pharm Bull, 2007, 55(2): 293-298.

159. MATSUDA H, NAKAMURA S, MORIKAWA T, et al. New biofunctional effects of the flower buds of Camellia sinensis and its bioactive acylated oleanane-type triterpene oligoglycosides. J Nat Med-Tokyo, 2016, 70(4): 689-701.

160. 卢雯静宁, 方世辉, 江山, 等. 茶树花中茶多酚和茶皂素综合提取技术研究. 食品工业科技, 2012, 33(11): 296-299, 317.

161. 侯玲, 陈琳, 金恩惠, 等. 茶树花蛋白质碱提和酶提工艺优化及其功能性质. 浙江大学学报(农业与生命科学版), 2016, 42(4): 442-450.

162. WANG L, XU R J, HU B, et al. Analysis of free amino acids in Chinese teas and flower of tea plant by high performance liquid chromatography combined with solid-phase extraction. Food Chem, 2010, 123(4): 1259-1266.

163. WU G Y. Amino acids: metabolism, functions, and nutrition. Amino acids, 2009, 37(1): 1-17.

164. ROSS S M. L-Theanine (Suntheanin) Effects of L-Theanine, an Amino Acid Derived From Camellia Sinensis (Green Tea), on Stress Response Parameters. Holist Nurs Pract, 2014, 28(1): 65-68.

165. CHEN Y Y, FU X M, MEI X, et al. Characterization of functional proteases from flowers of tea (Camellia Sinensis) plants. J Funct Foods, 2016, 25: 149-159.

166. 金玉霞. 茶树花精油提取及其抗氧化和抑菌作用的研究. 杭州: 浙江大学, 2010.

167. YANG Z Y, DONG F, BALDERMANN S, et al. Isolation and identification of spermidine derivatives in tea (Camellia Sinensis) flowers and their distribution in floral organs. J Sci Food Agr, 2012, 92(10): 2128-2132.

168. 李博. 茶花的安全性评价及茶黄素和茶籽黄酮苷对呼吸链酶作用机理的研究. 杭州: 浙江大学, 2010.

169. 邓宇杰. 茶树花提取物的抗氧化活性及其对HepG2细胞的抗增殖活性. 重庆: 西南大学, 2017.

170. WAY T D, LIN H Y, HUA K T, et al. Beneficial effects of different tea flowers against human breast cancer MCF-7 cells. Food Chem, 2009, 114(4): 1231-1236.

171. 凌泽杰, 熊昌云, 韩铨, 等. 茶树花对大鼠肥胖病和高脂血症预防作用研究. 中国食品学报, 2011, 11(7): 50-54.

172. 陈小萍张, 史劲松, 顾龚平. 茶树花利用价值和产品的综合开发. 现代农业科技, 2007, 3: 97-98.

173. 赵旭顾, 钱和. 茶树花冰茶的研制. 安徽农业科学, 2008, 7: 2924-2925.

174. 于健张, 麻汉林. 茶树花酸奶的研制. 食品工业科技, 2008, 4: 42-44.

175. 鄢颖霞. 一种发酵型茶树花苹果酒的研制. 合肥: 安徽农业大学, 2013.

176. 张星海. 保健茶花鲜啤酒生产工艺开发与研究. 中国科学技术协会、贵州省人民政府第十五届中国科协年会第20分会场: 科技创新与茶产业发展论坛论文集, 2013: 377-382.

177. 张丹, 陆颖, 李博, 等. 茶花皂的研制及性能探究. 浙江大学学报 (农业与生命科学版), 2016, 42 (3): 333-339.

178. 夏春华朱, 田洁华, 柳荣祥, 等. 茶皂素的表面活性及其相关的功能性质. 茶叶科学, 1990, 1: 1-10.

179. 江和源张, 高晴晴. 茶皂素的性质、制备与应用. 中国茶叶, 2007, 3: 14-15.

180. MURAKAMI T, NAKAMURA J, MATSUDA H, et al. Bioactive saponins and glycosides. XV. Saponin constituents with gastroprotective effect from the seeds of tea plant, Camellia sinensis L. var. assamica Pierre, cultivated in Sri Lanka: Structures of assamsaponins A, B, C, D, and E. Chem Pharm Bull, 1999, 47(12): 1759-1764.

181. MORIKAWA T, LI N, NAGATOMO A, et al. Triterpene saponins with gastroprotective effects from tea seed (the seeds of Camellia sinensis). J Nat Prod, 2006, 69(2): 185-190.

182. YOSHIKAWA M, SUGIMOTO S, NAKAMURA S, et al. Medicinal flowers. XXII - structures of chakasaponins V and VI, chakanoside I, and chakaflavonoside A from flower buds of Chinese tea plant (Camellia sinensis). Chem Pharm Bull, 2008, 56(9): 1297-1303.

183. 吴学进. 茶籽皂素的分离鉴定与定量检测. 杭州: 浙江大学, 2018.

184. SHEN X, SHI L Z, PAN H B, et al. Identification of triterpenoid saponins in flowers of four Camellia Sinensis cultivars from Zhejiang province: Differences between cultivars, developmental stages, and tissues. Ind Crop Prod, 2017, 95: 140-147.

185. YOSHIKAWA M, MORIKAWA T, YAMAMOTO K, et al. Floratheasaponins A-C, acylated oleanane-type triterpene oligoglycosides with anti-hyperlipidemic activities from flowers of the tea plant (Camellia Sinensis). J Nat Prod, 2005, 68(9): 1360-1365.

186. YOSHIKAWA M, NAKAMURA S, KATO Y, et al. Medicinal flowers. XIV. New acylated oleanane-type triterpene oligoglycosides with antiallergic activity from flower buds of chinese tea plant (Camellia Sinensis). Chem Pharm Bull (Tokyo), 2007, 55(4): 598-605.

187. SUGIMOTO S, YOSHIKAWA M, NAKAMURA S. Medicinal flowers. XXV. Structures of floratheasaponin J and chakanoside 2 from Japanese tea flower, flower buds of Camellia Sinensis. Heterocycles, 2009, 78(4): 1023-1029.

188. OHTA T, NAKAMURA S, MATSUMOTO T, et al. Chemical structure of an acylated oleanane-type triterpene oligoglycoside and anti-inflammatory constituents from the flower buds of Camellia Sinensis. Nat Prod Commun, 2017, 12(8): 1193-1196.

189. YOSHIKAWA M, SUGIMOTO S, KATO Y, et al. Acylated oleanane-type triterpene saponins with acceleration of gastrointestinal transit and inhibitory effect on pancreatic lipase from flower buds of chinese tea plant (Camellia Sinensis). Chem Biodivers, 2009, 6(6): 903-915.

190. MATSUDA H, HAMAO M, NAKAMURA S, et al. Medicinal flowers. XXXIII. Anti-hyperlipid-

emic and anti-hyperglycemic effects of chakasaponins I-III and structure of chakasaponin IV from flower buds of chinese tea plant (*Camellia Sinensis*). Chem Pharm Bull (Tokyo), 2012, 60(5): 674-680.

191. YOSHIKAWA M, SUGIMOTO S, NAKAMURA S, et al. Medicinal flowers. XXII. Structures of chakasaponins V and VI, chakanoside I, and chakaflavonoside A from flower buds of chinese tea plant (*Camellia Sinensis*). Chem Pharm Bull (Tokyo), 2008, 56(9): 1297-1303.

192. OHTA T, NAKAMURA S, NAKASHIMA S, et al. Acylated oleanane-type triterpene oligoglycosides from the flower buds of *Camellia Sinensis* var. assamica. Tetrahedron, 2015, 71(5): 846-851.

193. HU J L, NIE S P, HUANG D F, et al. Extraction of saponin from *Camellia Oleifera* cake and evaluation of its antioxidant activity. Int J Food Sci Tech, 2012, 47(8): 1676-1687.

194. MORIKAWA T, MIYAKE S, MIKI Y, et al. Quantitative analysis of acylated oleanane-type triterpene saponins, chakasaponins I-III and floratheasaponins A-F, in the flower buds of Camellia sinensis from different regional origins. J Nat Med, 2012, 66(4): 608-613.

195. YOSHIKAWA M, WANG T, SUGIMOTO S, et al. Functional saponins in tea flower (flower buds of *Camellia Sinensis*): gastroprotective and hypoglycemic effects of floratheasaponins and qualitative and quantitative analysis using HPLC. Yakugaku Zasshi, 2008, 128(1): 141-151.

196. KURISU M, MIYAMAE Y, MURAKAMI K, et al. Inhibition of amyloid β aggregation by acteoside, a phenylethanoid glycoside. 2013.

197. KITAGAWA N, MORIKAWA T, MOTAI C, et al. The antiproliferative effect of chakasaponins I and II, floratheasaponin A, and epigallocatechin 3-O-gallate isolated from camellia sinensis on human digestive tract carcinoma cell lines. Int J Mol Sci, 2016, 17(12).

198. Choi j h, kim j y, jeong e t, et al. Preservative effect of *Camellia Sinensis* (L.) Kuntze seed extract in soy sauce and its mutagenicity. Food Res Int, 2018, 105: 982-988.

199. MENG X, PENG L, GE H, et al. Ultrasonically-assisted aqueous enzymatic extraction of tea seed oil, involves measuring tea saponin content from tea seed powder, mixing seed powder and extracting agent solution, ultrasonically extracting, and solid-liquid separating, CN107653055-A. CN107653055-A 02 Feb 2018 C11B-001/04 201817.

200. LI E, SUN N, ZHAO J X, et al. In vitro evaluation of antiviral activity of tea seed saponins against porcine reproductive and respiratory syndrome virus. Antivir Ther, 2015, 20(7): 743-752.

201. GUCLU-USTUNDAG O, MAZZA G. Saponins: properties, applications and processing. Crit Rev Food Sci Nutr, 2007, 47(3): 231-258.

202. MORIKAWA T, NAKAMURA S, KATO Y, et al. Bioactive saponins and glycosides XXVIII: new triterpene saponins, foliatheasaponins I, II, III, IV, and V, from Tencha (the leaves of *Camellia Sinensis*). Chem Pharm Bull (Tokyo), 2007, 55(2): 293-298.

203. MYOSE M, WARASHINA T, MIYASE T. Triterpene saponins with hyaluronidase inhibitory activi-

ty from the seeds of *Camellia Sinensis*. Chem Pharm Bull（Tokyo）, 2012, 60（5）: 612-623.

204. CHEN W Q, ZHENG R S, BAADE P D, et al. Cancer statistics in China, 2015. Ca-Cancer J Clin, 2016, 66（2）: 115-132.

205. SIEGEL R L, MILLER K D, JEMAL A. Cancer statistics. Ca-Cancer J Clin, 2015, 65（1）: 5-29.

206. BRASSEUR K, GEVRY N, ASSELIN E. Chemoresistance and targeted therapies in ovarian and endometrial cancers. Oncotarget, 2017, 8（3）: 4008-4042.

207. MOXLEY K M, MCMEEKIN D S. Endometrial carcinoma: a review of chemotherapy, drug resistance, and the search for new agents. Oncologist, 2010, 15（10）: 1026-1033.

208. ZHANG X Y, ZHANG P Y. Recent perspectives of epithelial ovarian carcinoma. Oncology Letters, 2016, 12（5）: 3055-3058.

209. HAJIAGHAALIPOUR F, KANTHIMATHI M S, SANUSI J, et al. White tea（*Camellia Sinensis*）inhibits proliferation of the colon cancer cell line, HT-29, activates caspases and protects DNA of normal cells against oxidative damage. Food Chem, 2015, 169: 401-410.

210. YANG C S, WANG X, LU G, et al. Cancer prevention by tea: animal studies, molecular mechanisms and human relevance. Nature Reviews Cancer, 2009, 9（6）: 429-439.

211. LEE A H, SU D, PASALICH M, et al. Tea consumption reduces ovarian cancer risk. Cancer Epidemiol, 2013, 37（1）: 54-59.

212. MATSUDA H, HAMAO M, NAKAMURA S, et al. Medicinal flowers XXXIII nti-hyperlipidemic and anti-hyperglycemic effects of chakasaponins I-III and structure of chakasaponin IV from flower buds of chinese tea plant（*Camellia Sinensis*）. Chem Pharm Bull, 2012, 60（5）: 674-680.

213. 汤雯, 屠幼英, 张维. 茶树花皂苷提取分离、化学结构及生物活性研究进展. 茶叶, 2011, 37（3）: 137-142.

214. RIEDL S J, SHI Y. Molecular mechanisms of caspase regulation during apoptosis. Nature Reviews Molecular Cell Biology, 2004, 5（11）: 897-907.

215. BENCHIMOL S. p53-dependent pathways of apoptosis. Cell Death Differ, 2001, 8（11）: 1049-1051.

216. CHEN X, WU Q S, MENG F C, et al. Chikusetsusaponin IVa methyl ester induces G1 cell cycle arrest, triggers apoptosis and inhibits migration and invasion in ovarian cancer cells. Phytomedicine: International Journal of Phytotherapy and Phytopharmacology, 2016, 23（13）: 1555-1565.

217. XIAO X, ZOU J, BUI-NGUYEN T M, et al. Paris saponin II of rhizoma paridis--a novel inducer of apoptosis in human ovarian cancer cells. Bioscience trends, 2012, 6（4）: 201-211.

218. ZHAO W H, LI N, ZHANG X R, et al. Cancer chemopreventive theasaponin derivatives from the total tea seed saponin of *Camellia Sinensis*. J Funct Foods, 2015, 12: 192-198.

219. ZONG J F, WANG R L, BAO G H, et al. Novel triterpenoid saponins from residual seed cake of camellia oleifera abel show anti-proliferative activity against tumor cells. Fitoterapia, 2015, 104: 7-13.

220. ZONG J F, WANG D X, JIAO W T, et al. Oleiferasaponin C-6 from the seeds of camellia oleifera

abel: a novel compound inhibits proliferation through inducing cell-cycle arrest and apoptosis on human cancer cell lines in vitro. Rsc Adv, 2016, 6(94): 91386-91393.

221. GOMES N G M, LEFRANC F, KIJJOA A, et al. Can some marine-derived fungal metabolites become actual anticancer agents? Mar Drugs, 2015, 13(6): 3950-3991.

222. FESIK S W. Promoting apoptosis as a strategy for cancer drug discovery. Nature Reviews Cancer, 2005, 5(12): 995-995.

223. ZHANG J X, WU D, XING Z, et al. N-Isopropylacrylamide-modified polyethylenimine-mediated p53 gene delivery to prevent the proliferation of cancer cells. Colloid Surface B, 2015, 129: 54-62.

224. MALUMBRES M, BARBACID M. Is Cyclin D1-CDK4 kinase a bona fide cancer target?Cancer Cell, 2006, 9(1): 2-4.

225. VERMEULEN K, VAN BOCKSTAELE D R, BERNEMAN Z N. The cell cycle: a review of regulation, deregulation and therapeutic targets in cancer. Cell Proliferat, 2003, 36(3): 131-149.

226. MAILAND N, FALCK J, LUKAS C, et al. Rapid destruction of human Cdc25A in response to DNA damage. Science, 2000, 288(5470): 1425-1429.

227. YUAN Z, GUO W H, YANG J, et al. PNAS-4, an early DNA damage response gene, induces s phase arrest and apoptosis by activating checkpoint kinases in lung cancer cells. Journal of Biological Chemistry, 2015, 290(24): 14927-14944.

228. KINNER A, WU W Q, STAUDT C, et al. gamma-H2AX in recognition and signaling of DNA double-strand breaks in the context of chromatin. Nucleic acids research, 2008, 36(17): 5678-5694.

229. OUYANG L, SHI Z, ZHAO S, et al. Programmed cell death pathways in cancer: a review of apoptosis, autophagy and programmed necrosis. Cell Proliferat, 2012, 45(6): 487-498.

230. MARINO G, NISO-SANTANO M, BAEHRECKE E H, et al. Self-consumption: the interplay of autophagy and apoptosis. Nat Rev Mol Cell Bio, 2014, 15(2): 81-94.

231. MAIURI M C, ZALCKVAR E, KIMCHI A, et al. Self-eating and self-killing: crosstalk between autophagy and apoptosis. Nat Rev Mol Cell Bio, 2007, 8(9): 741-752.

232. ZHU J, YU W, LIU B, et al. Escin induces caspase-dependent apoptosis and autophagy through the ROS/p38 MAPK signalling pathway in human osteosarcoma cells in vitro and in vivo. Cell Death Dis, 2017: 8.

233. SHAN Y, GUAN F, ZHAO X, et al. Macranthoside B induces apoptosis and autophagy via reactive oxygen species accumulation in human ovarian cancer A2780 Cells. Nutr Cancer, 2016, 68(2): 280-289.

234. NIEMANN A, TAKATSUKI A, ELSASSER H P. The lysosomotropic agent monodansylcadaverine also acts as a solvent polarity probe. Journal of Histochemistry & Cytochemistry, 2000, 48(2): 251-258.

235. SHEN Z Y, XU L Y, LI E M, et al. Autophagy and endocytosis in the amnion. J Struct Biol, 2008,

162(2): 197-204.

236. ZHAO R L, CHEN M J, JIANG Z Q, et al. Platycodin-D induced autophagy in non-small cell lung cancer cells via PI3K/Akt/mTOR and MAPK cignaling pathways. J Cancer, 2015, 6(7): 623-631.

237. SUI Y X, YAO H, LI S G, et al. Delicaflavone induces autophagic cell death in lung cancer via Akt/mTOR/p70S6K signaling pathway. J Mol Med, 2017, 95(3): 311-322.

238. SCHERZ-SHOUVAL R, SHVETS E, FASS E, et al. Reactive oxygen species are essential for autophagy and specifically regulate the activity of Atg4. Embo J, 2007, 26(7): 1749-1760.

239. KIM A D, KANG K A, KIM H S, et al. A ginseng metabolite, compound K, induces autophagy and apoptosis via generation of reactive oxygen species and activation of JNK in human colon cancer cells. Cell Death Dis, 2013, 4.

240. WEBBER J L. Regulation of autophagy by p38 alpha MAPK. Autophagy, 2010, 6(2): 292-293.

241. CAGNOL S, CHAMBARD J C. ERK and cell death: mechanisms of ERK-induced cell death-apoptosis, autophagy and senescence. Febs Journal, 2010, 277(1): 2-21.

242. XU X H, LI T, FONG C M V, et al. Saponins from chinese medicines as anticancer agents. Molecules, 2016, 21(10).

243. MAIURI M C, TASDEMIR E, CRIOLLO A, et al. Control of autophagy by oncogenes and tumor suppressor genes. Cell Death Differ, 2009, 16(1): 87-93.

244. LI T, TANG Z H, XU W S, et al. Platycodin D triggers autophagy through activation of extracellular signal-regulated kinase in hepatocellular carcinoma HepG2 cells. Eur J Pharmacol, 2015, 749: 81-88.

245. ZHOU Y Y, LI Y, JIANG W Q, et al. MAPK/JNK signalling: a potential autophagy regulation pathway. Bioscience Reports, 2015: 35.

246. MARTINEZ-LOPEZ N, SINGH R. ATGs: scaffolds for MAPK/ERK signaling. Autophagy, 2014, 10 (3): 535-537.

247. ELLINGTON A A, BERHOW M A, SINGLETARY K W. Inhibition of Akt signaling and enhanced ERK1/2 activity are involved in induction of macroautophagy by triterpenoid B-group soyasaponins in colon cancer cells. Carcinogenesis, 2006, 27(2): 298-306.

248. YE Y C, WANG H J, XU L, et al. Oridonin induces apoptosis and autophagy in murine fibrosarcoma L929 cells partly via NO-ERK-p53 positive-feedback loop signaling pathway. Acta Pharmacol Sin, 2012, 33(8): 1055-1061.

249. 江平,赵国利. 茶树花初加工技术研究. 茶业通报,2008,4: 191-192.

250. 张婉婷,张灵枝. 不同加工工艺对茶树花品质的影响研究. 福建茶叶,2011,4: 13-14.

251. 谭少波,王小云,兰燕,等. 广西优质茶树花品种筛选及加工工艺初探. 南方农业学报,2014,09: 1657-1661.

252. 聂樟清,杨普香,刘小仙. 加工工艺对茶树花品质的影响. 蚕桑茶叶通讯,2009,1: 35-37.

253. 黎晓霞.中国茶文化的活化石-擂茶.南宁职业技术学院学报,2006,11(3): 5-8.

254. HU J H, CHEN Y Q, NI D J.Effect of superfine grinding on quality and antioxidant property of fine green tea powders.LWT-Food Science and Technology,2011,45(1): 8-12.

255. 耿西静.客家擂茶的起源、价值与传承研究.桂林: 广西师范大学,2009.

256. 林丽琳.芝麻有效成分提取及其在擂茶饮料加工中的应用研究.福州: 福建农林大学,2008.

257. 李琳,刘天一,李小雨,等.超微茶粉的制备与性能.食品研究与开发,2011,32(1): 53-56.

258. 彭亚锋.速溶擂茶粉生产工艺的探讨.农牧产品开发,2010,10: 8-9.

259. 刘燕群.擂茶的制作工艺.中国商办工业,2002,2: 48-49.

260. 赵学伟.食品挤压膨化机理研究进展.粮食加工,2010,39(2): 59-62.

261. 韩仲琦,李冷. 粉体技术辞典. 武汉: 武汉工业大学出版社,1999.

262. SHITTU T A, LAWAL M O.Factors affecting instsnt properties of powedered cocoa beverages. Food Chemistry,2007,100(1): 91-98.

263. 马永轩,魏振承,张名位,等.改善营养糊冲调性和流动性的配方优化和工艺研究.中国粮油学报, 2013,28(7): 81-87.

264. 梁进,陆宁.茶叶的超微加工及其在食品工业的应用.中国食品添加剂,2013,4: 152-157.

265. 陈洪嘉.膨化食品的生产技术.中国食品工业,2000,11: 31.

266. 国家质量监督检验检疫总局.化妆品标识管理规定.(2007-08-31). http://news.xinhuanet.com/politics/2007-08/31/content_7304307.htm.

# 成果附录

1. SHEN X, SHI L, PAN H, et al. Identification of triterpenoid saponins in flowers of four Camellia Sinensis cultivars from Zhejiang province: differences between cultivars, developmental stages, and tissues. Industrial Crops and Products, 2017, 95: 140−147.

2. JIA L Y, WU X J, GAO Y, et al. Inhibitory effects of total triterpenoid saponins isolated from the seeds of the tea plant (*Camellia Sinensis*) on human ovarian cancer cells. Molecules, 2017, 22: 1649.

3. WANG Y M, REN N, RANKIN G O, et al. Anti−proliferative effect and cell cycle arrest induced by saponins extracted from tea (*Camellia Sinensis*) flower in human ovarian cancer cells. Journal of Functional Foods, 2017, 37: 310−321.

4. ZHANG X H, GAO Y, XU J W, et al. Inhibitory effect of tea (*Camellia Sinensis* (L.) O. Kuntze, Theaceae) flower extracts on oleic acid−induced hepatic steatosis in hepg2 cells. Journal of Food and Nutrition Research, 2014, 2(10): 738−743.

5. JIA L Y, XIA H L, CHEN Z D. Anti−proliferation effect of theasaponin E1 on the ALDH−positive ovarian cancer stem−like cells. Molecules, 2018, 23(6): 1469.

6. YANG Z Y, DONG F, BALDERMANN S, et al. Isolation and identification of spermidine derivatives in flowers of tea (*Camellia Sinensis*) plants and their distributions in floral organs. Journal of the Science of Food and Agriculture, 2012, 92: 2128−2132.

7. CHEN Z C, MEI X, JIN Y X, et al. Optimisation of supercritical carbon dioxide extraction of essential oil of flowers of tea(*Camellia Sinensis* L.) plants and its antioxidative activity. Journal of the Science of Food and Agriculture, 2013, 94(2):316−321.

8. ZHANG X H, QUE F, XU J W, et al. Optimization of supercritical fluid extraction of tea flower polysaccharides by using response surface method. Proceedings of 2013 International Symposium on Tea Science and Tea Culture, 2013, 39(4): 442−451.

9. XU R J, YE H, SUN Y, et al. Reparation, preliminary characterization, antioxidant, hepatoprotective and antitumor activities of polysaccharides from the flower of tea plant (*Camellia Sinensis*). Food and Chemical Toxicology, 2012, 50(7): 2473−2480.

10. LI B, JIN Y X, XU Y, et al. Safety evaluation of tea (*Camellia Sinensis* (L.) O. Kuntze) flower extract: assessment of mutagenicity, and acute and subchronic toxicity in rats. Journal of Ethnopharmacology, 2011, 133(2): 583−590.

11. LI B, JIN Y X, XU Y, et al. Safety evaluation of tea(*Camellia Sinensis*(L.) O. Kuntze)flower extract: assessment of mutagenicity, and acute and subchronic toxicity in rats. Journal of Ethnopharmacology, 2011, 133(2): 583-590.

12. WANG L, XU R J, HU B, et al. Analysis of free amino acids in Chinese teas and flower of tea plant by high performance liquid chromatography combined with solid-phase extraction. Food Chemistry, 2010, 123(4): 1259-1266.

13. YANG Z Y, XU Y, JIE G L, et al. Study on the antioxidant activity of tea flowers(*Camellia Sinensis*). Asia Pacific Journal Of Clinical Nutrition, 2007, 16: 148-152.

14. YANG Z Y, TU Y Y, BALDERMANN S, et al. Isolation and identification of compounds from the ethanolic extract of flowers of the tea(*Camellia Sinensis*)plant and their contribution to the antioxidant capacity. LWT-Food Science and Technology, 2009, 42(8): 1439-1443.

15. 屠幼英, 徐元骏, 扬子银, 等. 茶树花资源的活性成分研究现状及市场前景. 茶资源综合利用论文集, 2013: 158-165.

16. 张星海, 虞培力, 许金伟, 等. 保健茶花鲜啤酒生产工艺开发与研究. 第十五届中国科协年会第20分会场: 科技创新与茶产业发展论坛论文集, 2013.

17. 陈小敏, 屠幼英, 徐懿, 等. 饮用干花中微量元素和黄酮类含量的分析. 食品工业科技, 2006, 27(10): 175-176.

18. 张星海, 许金伟, 周晓红, 等. 茶树花多糖的修正系数蒽酮-硫酸检测新方法研究. 茶叶科学, 2015, 35(2).

19. 张丹, 陆颖, 李博, 等. 茶花皂的研制及性能探究. 浙江大学学报(农业与生命科学版), 2016, 42(3): 333-339.

20. 侯玲, 沈娴, 陈琳, 等. 茶树花蛋白质碱提和酶提工艺优化及其功能性质. 浙江大学学报(农业与生命科学版), 2016, 42(4): 442-450.

21. 汤雯, 屠幼英, 张维. 茶树花皂苷提取分离、化学结构及生物活性研究进展. 茶叶, 2011, 37(3): 137-142.

22. 凌泽杰, 熊昌云, 韩铨, 等. 茶树花对大鼠肥胖病和高脂血症预防作用研究. 中国食品学报, 2011, 11(7): 50-54.

23. 李博. 茶花的安全性评价及茶黄素和茶籽黄酮苷对呼吸链酶作用机理的研究. 浙江大学, 2010.

24. 金玉霞. 茶树花精油提取及其抗氧化和抑菌作用的研究. 浙江大学, 2010.

心花传神

倚风自笑

翩翩和月

清影在君家

得静者相

快然自足

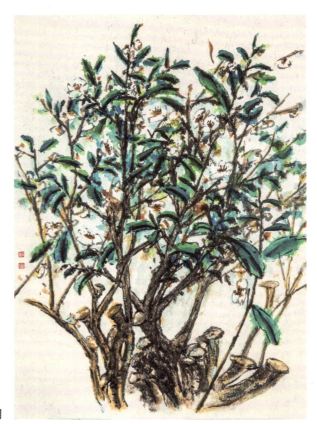

花与人期

风露香韵